"十三五"江苏省高等学校重点教材(编号:2018-2-082)

有机化学与光电材料实验教程

陈润锋　　郑　超　　李欢欢　**编著**

黄　维　**审定**

东南大学出版社
SOUTHEAST UNIVERSITY PRESS

·南京·

内 容 提 要

本书主要介绍了有机化学合成和有机光电材料制备,共分为 8 个章节:第 1 章是有机光电材料与有机电子学的基本概念;第 2、3、4 章详细介绍了有机化学实验的一般知识、有机化学实验的基本操作和有机化合物的性质及其物理常数测定;第 5 章重点介绍各种有机化学反应及光电材料制备;第 6 章和第 7 章简要介绍了有机化合物特殊制备技术和有机电子学相关无机材料的制备;第 8 章为材料分析技术与方法概述。

全书综合考虑了安全性、环保、专业方向、培养目标等多方面因素,实用性较强,涉及的操作技术比较全面,注重实验的安全和规范操作,制定了系统的、典型的和代表性的实验体系,注重有机电子学的相关知识,实验操作要点和技能训练,包括有机分子及其光电功能性质介绍、有机化合物特殊制备技术、有机半导体器件应用、材料分析技术与方法等内容。

本书可作为高等院校化学、化工、材料学、材料工程、高分子等专业本科生有机化学实验课程的教材或教学参考书,又可作为高年级学生和研究生进行开放性实验和科研活动的实验参考用书,也可供相关技术领域的科学家、科研人员、工程师参考使用。

图书在版编目(CIP)数据

有机化学与光电材料实验教程/陈润锋等编著.—南京:东南大学出版社,2019.10(2024.12重印)

ISBN 978 - 7 - 5641 - 8423 - 0

Ⅰ. ①有… Ⅱ. ①陈… Ⅲ. ①有机化学—化学实验—高等学校—教材②光电材料—实验—高等学校—教材 Ⅳ. ①O62-33②TN206-33

中国版本图书馆 CIP 数据核字(2019)第 095190 号

有机化学与光电材料实验教程
Youji Huaxue Yu Guangdiancailiao Shiyan Jiaocheng

编　著	陈润锋　郑　超　李欢欢
出版发行	东南大学出版社
社　　址	南京市四牌楼 2 号　邮编:210096
出 版 人	江建中
责任编辑	姜晓乐(邮箱:Joy_supe@126.com)
经　　销	全国各地新华书店
印　　刷	江苏凤凰数码印务有限公司
版　　次	2019 年 10 月第 1 版
印　　次	2024 年 12 月第 3 次印刷
开　　本	787 mm×1 092 mm　1/16
印　　张	18
字　　数	435 千
书　　号	ISBN 978-7-5641-8423-0
定　　价	59.00 元

本社图书若有印装质量问题,请直接与营销部联系。电话(传真):025-83791830

前　言

　　有机光电功能材料具有种类和结构多样、结构和性能高度可调节、便于大批量制备及可用于大面积柔性电子器件等特点,又因其独特的光、电、磁、热、化学、生物等响应特性能够实现传统无机半导体材料不具备的新型应用,因此获得了广泛的关注。近年来,有机合成化学、材料科学、电子技术、生物应用以及信息科学等多学科之间高度交叉又互相促进发展,由此诞生了一门新兴学科——有机电子学,成为目前最受瞩目的一个新兴研究领域。有机化学实验是与化学相关的各类专业必修的一门专业基础核心课程,是有机化学教学不可或缺的重要组成部分,学好这门课程对于培养有机化学、材料化学等专业人才起着非常重要的作用。有机化学实验教学的目的是训练学生的实验操作技能,学会正确选择有机化合物的合成路线、分离提纯与分析鉴定的方法,同时也是培养学生良好的实验习惯、理论联系实际的作风和实事求是的科学态度的一个重要环节。通过该实验课程的学习,可加深对有机化学基础理论、基本知识的理解,正确和熟练掌握有机化学实验技能和基本操作,提高观察、分析和解决实际问题的能力,培养实事求是的科学态度和良好的实验习惯,强化量化概念,为学习后续课程及科研工作,特别是进行有机光电材料设计和开发工作打下良好基础。

　　本书按照教育部“高等教育面向 21 世纪教学内容和课程体系改革计划”的要求,在借鉴了兰州大学有机化学教研室、复旦大学出版社、北京大学出版社、高等教育出版社等高校和机构编辑出版的各类有机化学实验教材,参考国内外同类教材及相关文献的基础上编写而成。本书的早期版本《有机化学实验》以自编教材的形式,从 2010 年开始作为南京邮电大学材料科学与工程学院材料化学、高分子材料与工程专业本科生的实验教学课程用书,经过近十年的实践取得了良好的教学效果。本书先后经过多次修订,完善了有机化学反应基本操作知识点,注重安全和规范操作在实验中的重要性,着重培养学生严谨、科学、认真和规范的工作态度和化学实验技能。在反应类型的选择上,综合考虑了安全性、环保、专业方向、培养目标等多方面因素,围绕有机光电材料合成和制备制定了系统的、典型的和代表性的实验体系。本次出版修订,与原教材相比,内容上保留了有机化学实验基本技能的相关操作和典型反应,侧重增加了有机电子学的相关知识、实验操作要点和技能训练,包括有机分子及其光电功能性质介绍、有机化合物特殊制备技术、有机半导体器件应用、材料分析技术与方法等方面的内容,使得其亦可用作相关学科研究生的实验参考用书。

　　本书内容由八个部分组成:有机光电材料与有机电子学、有机化学实验的一般知识、有机化学实验的基本操作、有机化合物的性质及其物理常数测定、有机化学反应及光电材料制备、有机化合物特殊制备技术、有机电子学相关的无机材料制备、材料分析技术与方法。本书附录部分提供了常用元素相对原子质量表、常用有机溶剂沸点和相对密度表、常用有机溶剂的纯化、常用有机溶剂在水中的溶解度、常用洗涤剂的配制、常见二元和三元共沸混合物、常见化学物质的毒性、核磁共振谱中质子的化学位移、核磁共振氢谱和碳谱的化学位移、有机化学文献和手册中常见的英文缩写等信息,方便读者参考和使用。

本书的正式出版,是团队对本科实验教学的经验总结,也是对相关研究成果的一次整理以及对有机电子学最新研究进展的系统思考,更是解放思想、教学科研协调发展教学改革实践的有益尝试。限于笔者的学术水平,定有不足和偏见之处以及未涉及的技术细节,恳望广大读者批评指正,帮助我们在以后的修订版本中不断完善和提高。

最后要感谢所有阅读和使用过《有机化学实验》自编教材和关心本书出版的老师、同学和朋友们,是他们对我们工作的肯定、鼓励和帮助才使我们有完成此教材正式出版的决心和动力。

感谢团队成员陈润锋教授、郑超博士、李欢欢博士等为本书的编写和整理工作付出的艰苦努力!

感谢团队博士研究生和硕士研究生为本书提供的创新性实验和实际操作经验!

感谢南京邮电大学对我们团队十余年来一贯的支持!

感谢东南大学出版社和姜晓乐编辑的热情支持和配合!

黄　维

于南京邮电大学

2018 年 7 月

目 录

第1章 有机光电材料与有机电子学

无机半导体及其器件的研究,历经半个多世纪的发展和完善,已经形成了一个相当完整的科学体系和现代电子产业结构,对工业生产、科学研究、金融管理,乃至人们的日常生活都产生了巨大的影响,创造出了巨大的财富。随着科学的发展,近二十年来,以有机共轭分子材料为代表的有机半导体引发了一场光电子材料领域的革命,出现了有机光电材料及其应用的研究热潮,并由此诞生了一门新兴学科——有机电子学/光电子学。有机光电材料是指用于光电子技术的具有光子和电子的产生、转换和传输特性的有机材料,与无机半导体相比,有机光电材料不仅具备信息获取、存储、转换、显示等功能,而且在超薄、柔性、大面积及低成本湿法加工等方面有其独到之处,新一代有机发光二极管、晶体管、光伏电池、传感、电存储和激光等应运而生,在平板显示、固体照明、绿色能源和国防科技等领域发挥着越来越重要的作用[1]。

在有机电子学发展的进程中,具有里程碑性质的工作是在 1986 年和 1987 年,美国柯达公司的 C. W. Tang 等相继提出并实现了有机光伏电池和有机发光二极管[2-3],为有机光电材料的实际应用打下了坚实的基础。人们致力于合成新型共轭和功能性的有机和高分子化合物,研究它们所构成的相关器件和工艺问题,对材料和器件的性能和功能特性进行物理和化学方面的测量与表征,研究有机光电材料的分子结构、器件结构、加工工艺与性能之间的关系,制备具有实用价值的高性能器件。经过三十多年的快速发展,有机光电材料在电致发光二极管(organic light-emitting diode, OLED)、太阳能电池(organic photovoltaic, OPV)、场效应晶体管(organic field-effect transistor, OFET)、存储器件(memory devices)、传感器(sensor)等领域都展现出广阔的应用前景,在光通信、光信息处理以及平板显示、白光照明等众多方面发挥着越来越重要的作用。

有机电子学最初的研究目的主要是集中于传统无机半导体材料不能实现的新型应用以及各种廉价应用。近年来,围绕有机光电材料的研究日新月异,各种高性能、多功能、新概念有机材料和器件应用被陆续报道,基于有机薄膜的器件已能部分挑战传统无机半导体器件的性能,并且通过制备工艺的改善和器件结构的优化,有机半导体器件的性能表现出逐年提高的趋势:在 OLED 方面,磷光器件的外量子效率已经超过 30%[4],基于热活化延迟荧光(TADF)材料的器件应用迅速崛起,器件性能大有全面超越磷光配合物之势[5];在 OPV 方面,单层和叠层器件的光电转换效率均超过 13%[6-7],钙钛矿材料的出现又使得效率可提升到 23.6%[8];在 OFET 方面,载流子迁移率已超过 10 cm² · V⁻¹ · s⁻¹[9],n 型有机半导体取得了长足发展。

有机电子学是目前最受瞩目的研究及开发领域,同时也在飞速发展。基于活性有机薄膜材料的器件,如最有名的有机发光电子显示屏,已经进入了市场,它具有高效率、高亮度、宽视角、超轻便等特点;有机薄膜晶体管和有机光伏器件的研究也取得了较大进展。目前,有机电子学正大举进入商业领域，可以预计在不久的将来，随着新一代超低成本、轻便灵活甚至可柔性的电子器件的问世，部分基于硅等传统半导体的非常昂贵的组件将被取代，而基于有机半导体薄膜材料的电子学将会成为人类科技的主流，展现出更为广阔的发展前景。

1.1 有机电子学及有机光电功能原理

有机光电材料由于具有制备成本低、种类和结构多样、性能可通过结构设计来调节、制备合成工艺简单、易于大面积制备及可用于柔性电子器件等特点受到广泛关注。研究发现，有机材料对光、电、热、化学等不同的驱动因子可表现出不同的应用价值新特性，而且这些特性与有机材料的分子结构密切相关。通过对有机分子的设计和裁剪，可得到成千上万的有预期功能的有机材料。有机材料作为活性组分在各类光电器件中的应用，使得有机材料科学、电子科学以及信息科学既高度交叉又互相促进发展，由此形成了一门新兴学科——有机电子学。

有机材料具有光电功能与其光化学行为密切相关，光化学是研究处于电子激发态的原子、分子的结构及其物理化学的科学，有机材料的光电功能正是受激发的有机分子所表现出来的光学和电学现象。现代光化学对激发态的研究所建立的新概念、新理论和新方法拓展了人们对有机材料的认识深度和广度，为开发新型高性能有机光电功能材料提供了重要的理论基础和方法指导[10]。

1.1.1 分子轨道

分子轨道是由构成分子的原子价壳层的原子轨道线性组合形成的。原子轨道和分子轨道都可以用电子波函数来描述，主要涉及五种类型的分子轨道：未成键电子 n 轨道、成键电子 π 和 σ 轨道、反键电子 π^* 和 σ^* 轨道。

根据前线分子轨道理论，分子周围分布的电子云根据能量细分为不同能级的分子轨道。有电子排布的、能量最高的分子轨道（即最高占据轨道 HOMO）和没有被电子占据的、能量最低的分子轨道（即最低未占轨道 LUMO）是决定分子的光物理性能及其发生化学反应的关键，其他能量的分子轨道虽然有影响但是影响很小，可以暂时忽略。这是因为在分子中，HOMO 上的电子能量最高，所受束缚最小，所以最活泼，容易变动，而 LUMO 在所有的未占轨道中能量最低，最容易接受电子，因此这两个轨道决定着分子的电子得失和转移能力，决定着分子间反应的空间取向等重要化学和物理性质。

1.1.2 电子激发态

将电子填充到分子轨道上可得到分子的电子组态，电子激发态是指将一个电子由低能轨道转移到高能轨道所形成的状态。

分子的内能包括整个分子的转动能、原子核间的振动能和电子的运动能，分子内能处于最低时的分子状态叫做基态；当分子吸收能量后，例如电子被激发后处于高能状态，称为激发态。在分子激发态中，根据分子多重性的不同，又分为单线态（singlet，S）和三线态（triplet，T）。态的多重性由 $2s+1$ 定义，式中 s 是态的总自旋。总自旋量子数为 0 时，$2s+1=1$，是单重态；总自旋量子数为 1 时，是三重态。单线态激子是自旋非对称的态，只有一个表示函数，而三线态激子是自旋对称的态，存在三种表示函数。在统计上，单线态的多重性是 1，三线态的多重性是 3，因此三线态的轨道是相应的单线态轨道数量的三倍。根据泡利原理,当占不同轨道的电子自旋相同时,体系的能量最低,由此,三线态的能量要比相应单线态的能量低。

1.1.3　激发态的产生

有多种方法可以将基态的分子激发到激发态,如放电、电离辐射、化学激活等,但最常用的是分子吸收光产生激发态。本节主要是针对光激发。

（1）Lambert-Beer 定律

在正常情况下,化合物的吸收特性可以用下述方程表示:

$$I = I_0 \times 10^{-\varepsilon cl}$$

式中:I_0 为入射单色光的强度;I 为透射光强度;c 为样品浓度;l 为样品的光程长度;摩尔消光系数 ε 为与化合物性质和入射光波长有关的常数。

Lambert-Beer 经验定律一般是适用的,但当用强光照射样品时,光照区域内的分子有一部分不是处于基态而处于激发态,此时 Lambert-Beer 定律不适用。

（2）Stark-Einstein 定律

Stark 和 Einstein 用量子理论提出“一个分子在吸收一个光子之后即生成电子激发态”。在一般情况下,光化学反应都是符合这个规律的,但在有些情况下却不然,比如多光子吸收。

（3）选择定则

一种电子跃迁是允许还是禁阻取决于跃迁过程中分子的几何形状和动量是否改变、电子的自旋是否改变、描述分子轨道的波函数是否对称以及轨道空间的重叠程度。

① Frank-Condon 原理:电子跃迁很快（10^{-15} s）,在这个时间间隔内,原子核可以看做是不动的,即“电子跃迁过程中,分子的几何和动量不变”。

② 自旋选择定则:在电子跃迁过程中电子的自旋不能改变,符合这一规则的跃迁是允许的,违背这一规则的是禁阻的。

③ 宇称禁阻:分子轨道的对称性取决于描述分子轨道的波函数在通过一个对称中心反演时符号是否改变,波函数分为对称的（g）和反对称的（u）两类,u→g 和 g→u 的跃迁是允许的,而 g→g 和 u→u 的跃迁是禁阻的。

④ 轨道重叠:如果电子跃迁涉及的两个轨道在空间的同一区域,即相互重叠,这种跃迁是允许的,否则是禁阻的。

1.1.4　激发态的衰减

在适当光的辐射下,分子中的电子可以吸收光能,由较低能级跃迁到较高能级,产生激发态分子。激发态分子是高能量的非稳定状态,它会在分子内和分子间产生各种电子跃迁,并伴随能量的转移和衰减。

（1）辐射跃迁

分子由激发态回到基态或由高级激发态到达低级激发态,同时发射一个光子的过程称为辐射跃迁。

① 荧光:荧光是多重度相同的状态间发生辐射跃迁产生的光,这个过程速度很快,荧光寿命一般在 ns 级别。

② 磷光:磷光是不同多重度的状态间发生辐射跃迁发出的光,这个过程是自旋禁阻的,其速率常数要小很多,磷光寿命一般在 $\mu s \sim ms$ 级别。

(2) 非辐射跃迁

激发态分子回到基态或者高级激发态到达低级激发态,不发射光子的过程称为非辐射跃迁。

① 内转换:内转换时相同多重度的能态间的一种非辐射跃迁,电子自旋不改变,跃迁非常迅速。

② 系间窜越:不同多重度的能态间的一种非辐射跃迁,跃迁过程中电子自旋发生反转。一般把单线态往三线态的跃迁称为系间窜越,而把三线态往单线态的跃迁称为反系间窜越。

(3) 能量传递

一个激发态分子和一个基态分子相互作用,结果激发态分子回到基态、基态分子变成激发态,这个过程中发生了能量传递。能量传递过程要求电子自旋守恒,能量传递的机制分为两种——共振机制和电子交换机制。

(4) 电子转移

激发态的分子可以作为电子受体,将一个电子给予一个基态分子,或者作为受体从一个基态分子得到一个电子,从而生成离子自由基对。与基态分子相比,激发态分子既是很好的电子受体又是很好的电子给体,这使得电子转移成为激发态失活的一条重要途径。

(5) 化学反应

激发态分子失活的另一条重要途径是发生化学反应而生成基态产物。

(6) Jablonski 图解

上述激发态时候的过程可以总结在 Jablonski 图中(见图 1.1),表示体系状态改变时可能出现的光化学和光物理现象。

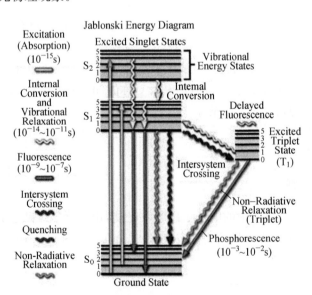

Absorption—吸收;Internal Conversion—内转换;Vibrational Relaxation—振动弛豫;Fluorescence—荧光;Intersystem Crossing—系间窜越;Quenching—淬灭;Non-Radiative Relaxation—非辐射弛豫;Excited Singlet States—激发单重态;Ground State—基态;Vibrational Energy States—振动能量态;Delayed Fluorescence—延迟荧光;Excited Triplet States—激发三重态;Phosphorescence—磷光

图 1.1　Jablonski 图解

1.2 有机光电子材料的基本研究思路与过程

理论上化学家可以通过不同的合成方法,合成出无限多的具有不同化学性质和物理结构的有机电子材料,可以通过分子设计和全合成技术,为特定的功能器件量身定制特定的功能材料,以达到符合要求的器件表现。在这无限的可能中寻找有限的偶然,是非常困难的,然而一旦发现了相关规律、偶然成为必然,这一进程将是非常迅速的。以 OLED 为例,在其起步伊始,适用的有机电子材料种类贫乏,红绿蓝(RGB)三基色难以实现,存在色纯度差、效率低、寿命短等难题(1990 年剑桥大学卡文迪许实验室 Richard H. Friend 教授在 *Nature* 报道的聚合物 OLED 外量子效率为 0.05%)。然而经过二十多年的摸索与发展,现在 OLED 外量子效率已经接近甚至超过了最大理论外量子效率,而小尺寸的 OLED 屏手机,MP3、电子相册等已经得到商业化应用,大面积的 OLED 电视、广告牌等正在产业化中。有机光电子材料发展至今已经孕育出许多功能结构单元,从最早的羟基喹啉铝、对苯乙烯撑到较常用的芴、苊、苝、噻吩、咔唑、噁二唑、苯并噻二唑等有机荧光材料,含磷、硅、锗、硼等主族杂原子的有机半导体,以及含金属铱、铂、钌、铕等配合物的有机磷光材料。高分子学科的诸多理论和设计概念在有机电子材料中得到了实际应用,例如嵌段、共聚、寡聚物、超支化、树枝状、立构规整等。

有机光电子材料的几个重要设计原则有:(a)构建刚性共轭体系,开发新型构筑单元(building block);(b)根据给体(donor,D)-受体(acceptor,A)理论,选择合适的 D 或 A型构筑单元,组建新型功能材料;(c)设计分子的拓扑结构,利用分子的空间结构影响其光电功能;(d)在超分子水平开展工作,根据分子自组装的研究成果,利用分子间弱相互作用,开发新型机制的光电器件。可以看出,新型功能构筑单元的设计与合成是有机电子材料研究的基础和核心,如同生物多样性是进化的源泉,有机电子材料的多样性极大地推动了有机电子学的发展,是解决有机材料迁移率低等关键问题的根本途径。

有机光电子材料的基本研究过程为:从分子结构设计、理论计算、材料合成和器件表征四个方面展开,结合量子化学理论计算结果和具体实验数据的分析,得到新型有机光电功能分子结构和性能关系的一般规律,开发性能优良的有机光电材料,具体如图1.2。

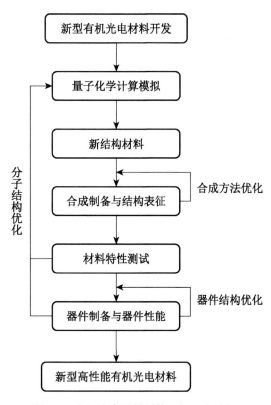

图 1.2 有机光电子材料的一般研究过程

1.3 有机光电分子的主要合成方法

有机材料的光电功能主要源于具有半导体性质和较小 HOMO/LUMO 能级差的共轭结构,因此有机光电分子合成的关键在于构建大 π 共轭的体系,能实现此目的的有机合成手段有各类偶联方法(如 C—C 偶联、C—N 偶联、氧化偶联等)、成环方法(如 Friedel-Crafts 反应等)等。为能进行最终的构建大 π 共轭结构的合成,又必须制备各种前体分子,如卤化物、硼酸酯化合物等。下面对典型的制备关键前体的方法以及偶联反应进行简单介绍,此外有机光电分子的高分子化也是制备高性能有机光电材料的重要方法,因此也将简要介绍共轭聚合物的制备方法。

1.3.1 卤化方法

卤化反应是在有机化合物分子中引入卤素原子以生产卤化物的反应过程。卤化作为一种合成手段,广泛用于有机合成以制取各种重要的原料、中间体以及工业溶剂等。

卤素族各元素的性质相近,但活泼程度有差别,故反应的具体条件和方法不尽相同。按引入卤素的不同,可分为氟化、氯化、溴化和碘化,其中以氯化和氟化更为常用。

氟化主要有三类:

(1) 氟化物与其他有机卤化物进行卤素的交换,例如:

$$CCl_4 + 4HF \longrightarrow CF_4 + 4HCl$$

(2) 有机物中的氢被金属氟化物中的氟所取代,例如:

$$RH + 2CoF_3 \longrightarrow RF + 2CoF_2 + HF$$

(3) 氟或氟化氢与烃类的反应

$$HC \equiv CH + HF \longrightarrow FHC = CH_2$$

氯化有四种类型:

(1) 加成氯化,例如:

$$H_2C = CH_2 + Cl_2 \longrightarrow CH_2ClCH_2Cl$$

(2) 取代氯化,例如:

$$CH_4 + Cl_2 \longrightarrow CH_3Cl + HCl$$

(3) 氯解反应,在氯化的同时伴随分子链断裂,例如:

$$C_3H_8 + 8Cl_2 \longrightarrow C_2Cl_4 + CCl_4 + 8HCl$$

(4) 氧化氯化反应,又称氧氯化,在氯化反应的同时发生氧化反应,例如:

$$H_2C = CH_2 + 2HCl + \frac{1}{2}O_2 \longrightarrow ClCH_2CH_2Cl + H_2O$$

溴化有加成溴化和取代溴化两类。在很多情况下,有机溴化物的生产可用类似于有机氯化物的方法。用液溴进行加成溴化或取代溴化比用氯分子进行相应的氯化时要难些。而用溴化氢进行加成溴化却比用氯化氢时容易。常用的溴化剂有溴、溴化物、溴酸盐、次溴酸盐等,反应可在液相或气液相中进行,为放热反应。溴化反应用于制备二溴乙烷、四溴乙烷等,在制药、染料及灭火剂等生产中也常作为中间步骤应用,还用于合成阻燃剂。

碘化反应与氯化反应及溴化反应的方法有些不同,主要是碳碘键比碳氯键及碳溴键都弱,一般很少直接用碘对有机物进行碘化反应。脂肪族碘化物常用醇和三碘化磷、氢碘酸、一氯化碘或一溴化碘反应得到,也可用有机氯化物或溴化物与碱金属碘化物进行置换反应得到。芳香族化合物与碘及氧化剂(如硝酸、发烟硫酸、氧化汞)反应可得芳香族碘化物,例如碘苯的合成。碘化反应一般在液相中进行,常用间歇操作,由于碘的价格比其他卤素昂贵,只在少数工业部门中应用,如制药、染料等。

1.3.2 硼酸化与锡化

硼酸化是在钯催化下芳基卤代物和双联硼试剂反应制备芳基硼酸酯的反应,也被称为Hosomi-Miyaura硼酸化反应。

锡化反应又称Stille反应,是有机锡化合物和不含β-氢的卤代烃(或三氟甲磺酸酯)在钯催化下发生的交叉偶联反应。其反应机理为:活性零价钯与卤代烃发生氧化加成反应,生成顺式的中间体,并很快异构化生成反式的异构体。后者与有机锡化合物发生金属交换反应,然后发生还原消除反应,生成零价钯和反应产物,完成一个催化循环。锡所连基团发生金属交换时的速率有如下顺序:炔基>烯基>芳基>烯丙基=苄基>α-烷氧基烃基>烃基零价钯。

1.3.3 C—C偶联方法

偶联反应是由两个有机化学单位进行某种化学反应而得到一个有机分子的过程,例如Suzuki反应、Stille反应、Ullmann反应、格氏反应等。偶联反应具有多种途径,在有机合成中应用比较广泛。

Suzuki反应是一个较新的有机偶联反应,是在零价钯配合物催化下,芳基或烯基硼酸或硼酸酯与氯、溴、碘代芳烃或烯烃发生交叉偶联的反应。优点:反应对水不敏感;可允许多种活性官能团存在;可允许进行通常的区域和立体选择性的反应;硼试剂易于合成,稳定性好;无机副产物无毒且易于除去。

Stille反应:Pd催化下,有机锡和有机卤、三氟甲磺酸酯等之间的交叉偶联反应。优点:对底物的兼容性好,具有广泛的官能团兼容性;在空气中有机锡极其稳定,对水和空气不敏感;反应产物形成锡盐,容易分离;反应选择性好,有很高的区域选择性;反应具有立体选择性。

Ullmann反应:卤代芳香族化合物与Cu共热生成联芳类化合物的反应称为Ullmann反应。芳基醚、烷基醚、芳基胺、烷基胺、芳基硫醚、烷基硫醚等在许多分子中是非常重要的结构片段,急需更好的新方法来合成。经典的铜催化的Ullmann反应由于在这方面显著的优势而得到广泛的研究。Ullmann反应是有机合成中形成C—C、C—N、C—O、C—S等键的有效方法,但是由于反应条件苛刻,它的应用具有很大的局限性。作为近年来有机化学的研究热点之一,它得到了众多化学家的关注。

格式反应:卤代烃在无水乙醚或THF中和金属镁作用生成烷基卤化镁RMgX,这种有机镁化合物被称作格氏试剂(Grignard reagent)。格氏试剂可以与醛、酮等化合物发生加成反应,经水解后生成醇,这类反应被称作格氏反应(Grignard reaction)。

1.3.4　C—X 制备方法

(1) C—N

Buchwald-Hartwig 交叉偶联反应:钯催化下胺与芳卤的交叉偶联反应,形成胺的N-芳基化产物。该反应是合成芳胺的重要方法。

Castro 试剂(BOP 和 PyBOP):BOP 和 PyBOP 为两种肽偶联试剂,主要用于形成酰胺键。

Chichibabin 反应:吡啶或其他含氮杂环化合物类与碱金属的氨基物共热发生氨化反应,得到相应的氨基衍生物,称为 Chichibabin 反应。

Delepine 反应合成伯胺的方法:卤代烃与六亚甲四胺反应成盐,而后在乙醇中盐酸作用下水解得到伯胺。常用的卤代烃为活泼卤代烃,如烯丙型、苄基型卤代烃和 α 卤代酮。

(2) C—Si

近年来,人们为了调控和改善分子的性质,将其他主族原子(如 N、S、O、Si 等)引入到传统的分子中去,其中极具代表性的就是杂芴。合成杂芴分子一种高效的方法就是 C—H、A(主族原子)—H 的活化偶联。以硅芴为例,合成硅芴的一种最有效的方法就是在铑催化剂催化下,活化 C—H、Si—H 键,偶联得到硅芴。

$$\text{（图示）} \xrightarrow[\substack{1,4\text{-二氧六环}\\135℃,\ 15\ \text{min}}]{\text{RhCl(PPh}_3)_3(0.50\ \text{mol\%})} \text{（图示）}$$

1.3.5　聚合方法

共轭聚合物的合成方法有 Wurtz-fitting 反应、Ullmann 反应、Yamamoto 反应、Suzuki 反应等。非共轭聚合物的合成方法包括自由基聚合、阴离子聚合、阳离子聚合等。

自由基聚合为用自由基引发,使链不断增长的聚合反应,又称游离基聚合。加成聚合反应绝大多数是由含不饱和双键的烯类单体作为原料,通过打开单体分子中的双键,在分子间进行重复多次的加成反应,把许多单体连接起来,形成大分子。它主要应用于烯类的加成聚合。最常用的产生自由基的方法是引发剂的受热分解或二组分引发剂的氧化还原分解反应,也可以用加热、紫外线辐照、高能辐照、电解和等离子体引发等方法产生自由基。

阴离子聚合是离子聚合的一种,在该类反应中,烯类单体的取代基具有吸电子性,使双键带有一定的正电性,具有亲电性。阴离子聚合反应的引发过程有两种形式:①催化剂分子中的负离子与单体形成阴离子活性中心;②碱金属把原子外层电子直接或间接转移给单体,使单体成为游离基阴离子。阴离子聚合反应常常是在没有链终止反应的情况下进行的。许多增长着的碳阴离子有颜色,如体系非常纯净,碳阴离子的颜色在整个聚合过程中会保持不变,直至单体消耗完。当重新加入单体时,反应可继续进行,相对分子质量也相应增加。这种在反应中形成的具有活性端基的大分子称为活性聚合物。在没有杂质的情况下,制备活性聚合物的可能性决定于单体和溶剂。如溶剂(液氨)和单体(丙烯腈)有明显的链转移作用,则很难得到活性聚合物。利用活性聚合物可制得嵌段共聚物、遥爪聚合物等。

1.4　有机光电器件

有机光电材料以其质轻、超薄、柔性、易修饰、可大面积低成本加工制备等优点,在众多应用领域备受关注,包括有机电致发光、有机太阳能电池、有机场效应晶体管、有机传感器、有机存储器等,表现出独特的多功能和高性能应用前景。

1.4.1　有机电致发光

活性介质在电场作用下产生的光辐射称为电致发光(electroluminescence,EL)。当夹在正极(ITO)和负极(金属电极)之间的活性物质是有机物时的电致发光就称为有机电致发光,它属于载流子注入型发光。有机电致发光二极管(OLED)器件结构及发光图片见图1.3。

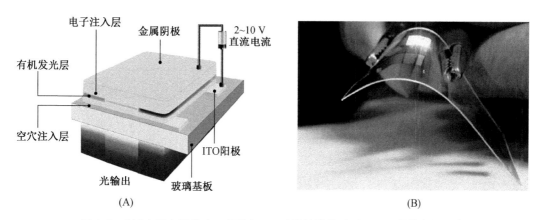

(A)　　　　　　　　　　　　　　　　　　(B)

图1.3　(A)有机电致发光二极管(OLED)器件结构;(B)OLED器件发光图片

(1)有机电致发光应用之一——信息显示

信息显示被认为是 IT 产业的三大支柱技术之一,对国民经济的发展有着重要的影响。近年来,我国内地已经成为全球显示器的重要生产基地,显示器产量从 2000 年起已连续多年居全球首位。显示技术的发展经历了从体积硕大、质量笨重并且耗电严重的阴极射线管显示(CRT)到各种轻便、小巧及节能型的平板显示(FPD)的过程。平板显示技术主要包括发光型和受光型两大类,其中发光型的平板显示包括等离子体显示器(PDP)、发光二极管(LED)显示器、有机发光二极管(OLED)显示器、场发射显示器(FED)、真空荧光显示器(VFD)等,受光型平板显示包括液晶显示器(LCD)、电致变色显示器(ECD)、电泳显示器(EPD)等。

基于 OLED 技术的信息显示技术是理想的下一代平板显示技术,OLED 显示技术具有自发光、广视角、几乎无穷高的对比度、较低耗电、极高反应速度等优点,在亮度、色纯度及寿命几个方面性能比 PDP 或者 LCD 差,但尚可改善。

发展 OLED 显示技术和产业的国家和地区主要集中在亚洲,包括韩国、日本、中国台湾地区以及中国大陆。2010 年三星电子在 OLED 产业的投资已经超过 LCD,并实现了 AMOLED 产品的量产和销售。除三星外,韩国 LG、中国台湾友达和奇美等传统显示企业 也在积极筹建 4.5 代或更高世代 AMOLED 生产线。韩国政府在 2010 年推出的显示器产 业动向及应对方案中提出要在 2013 年成为世界首个实现 AMOLED 显示面板量产的国家, 2015 年基本进入新型显示器时代。日本更是在 2008 年就开始实施"新一代大型 OLED 显 示器基础技术开发"项目,新能源和产业技术开发组织为这个项目提供 5 年内连续 35 亿日 元的支持。

（2）有机电致发光应用之二——固态照明

照明是人类必不可少的一个生存条件。白色照明光源是目前主要使用的照明设施,主 要包括高压钠灯、卤素灯、白色荧光管和白炽灯等。世界上约有 15% 以上的用电量用于照 明,消耗了大量的能源。

迄今为止,有潜力进入照明市场并且备受关注的白光固态照明技术有两种:无机发光器 件(无机 LED)和有机电致发光(OLED)技术。白色 OLED 具有小型、坚固、高效、自发冷光 及反应速度快的特点。相对无机 LED,由于有机材料结构的千变万化性、功能的可调性,材 料的选择范围比无机 LED 大大拓宽。因此 OLED 将会成为白光及背光源的主流技术,成为 除显示应用外另一个重要的应用领域。将白色 OLED 广泛用于照明,不但会节省用电量、 减少火力发电中燃烧产生的 CO_2 污染,还可以减少荧光灯管中汞等重金属污染,起到保护环 境的作用,见图 1.4。

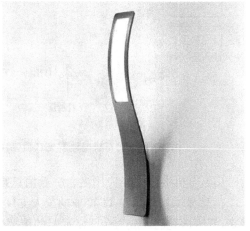

图 1.4　OLED 固体照明

1.4.2　有机太阳能电池

太阳能电池是将太阳能转化成电能的一种策略,是利用太阳能存储和利用能源的有效 途径之一。制备高效、价廉、可大面积制备的太阳能电池,一直是学术界和产业界关注的关 键科学原理与技术应用问题。

基于器件中的活性材料,太阳能电池可分为无机太阳能电池、染料敏化太阳能电池及有 机太阳能电池三大类。但由于无机太阳能电池成本昂贵,染料敏化太阳能电池使用过程烦琐，所以基于聚合物/有机活性材料的有机太阳能电池(OPV)研究日益受到人们的重视，并得到不断发展。有机太阳能电池具有很多优点，包括柔韧性高、制作成本低以及可得到大面积均匀膜层，还可以制成薄而透明的柔性电池等，见图1.5。它有望成为通信、建筑、交通、照明等领域的新型能源。

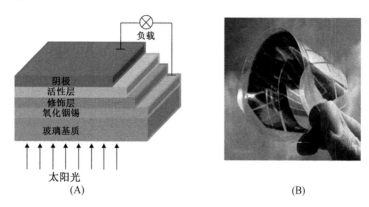

图1.5　(A)有机太阳能电池(OPV)器件结构；(B)大面积、柔性 OPV 器件照片

1.4.3　有机场效应晶体管

场效应晶体管(FET)是现代微电子技术中最重要的一类器件，它是靠改变电场来影响半导体材料导电性能的有源器件。场效应晶体管由介电层、半导体层及三个电极(源电极、漏电极、栅电极)所组成。它的工作原理是通过栅电极的引入来改变器件电场，从而控制电荷在源极和漏极之间的流动。

利用有机薄膜来代替普通无机半导体材料制备的有机场效应晶体管(OFET)(见图1.6)有很多优点，如制造工艺相对简单、生产能耗有望减少、性能可以简易地加以调节、价格低廉、可方便地实现大批量生产。如果将所有的材料都用有机物代替，就可以制备出具有良好柔韧性的电子器件，这也是有机场效应晶体管被大家强烈关注的原因之一。由于OFET 的性能如响应时间、开关比等不能与硅晶片相比，所以并没有期待它取代计算机中的中央处理器单元。但是基于 OFET 的廉价制备工艺、大面积及可柔性的特点，它可能成为低端且大需求量电子产品中的核心元件。

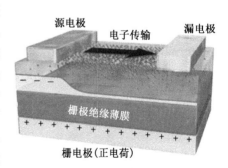

图1.6　有机场效应晶体管(OFET)器件结构

1.4.4　有机传感器和存储器

21 世纪是电子信息主宰的高科技时代。不论是高科技成果，还是日常文娱，抑或是种类繁多的商业广告等，都有机会以电子信息的形式存在。在电子信息技术中，包括三大基础过程，即信息的采集、交换、存储与处理。这几个过程是相互依存的，其中传感是信息的重要来源之一，存储是信息交换和处理的基础。

有机材料除了具有介电性能外，还有半导体、导电、电光、电导等多种功能，可用来制作热敏、力敏、声敏、导电敏、光敏、湿敏、气敏、离子敏和生物敏等多种传感器。由于制备廉价、种类繁多及光电特性丰富等优点,有机材料也可以成为很好的传感材料。有机传感器的工作原理见图1.7。

图1.7 有机传感器的工作原理

在21世纪的信息社会,信息存储的重要性毋庸置疑,目前基于无机半导体材料的存储器,由于光刻技术的限制,生产成本随尺寸变小呈指数增长,已经基本上接近于性能开发的极限。有机功能材料具有存储状态多、重量轻、结构可修饰、易加工、成本低等优良特性,以此为基础的存储器研究得到日益增多的关注和发展。电存储器的器件结构及电存储器件照片见图1.8。

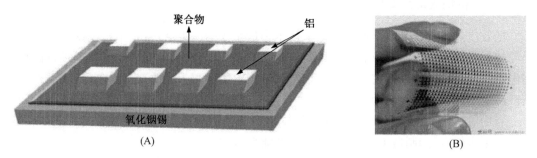

图1.8 (A)电存储器的器件结构;(B)电存储器件照片

第2章 有机化学实验的一般知识

有机化学是一门以实验为基础的科学,有机化学实验课是化学专业的必修基础课,重视和学好这门课程,对于培养有机化学人才起着很重要的作用。为此,首先介绍有机化学实验的一般知识,学生在进行有机化学实验之前应当认真学习这部分知识。

2.1 有机化学实验室规则

为保证有机化学实验正常进行,培养良好的实验方法,并保证实验室安全,学生必须遵守有机化学实验室的规则。

(1) 必须遵守实验室的各项制度,听从教师的指导,尊重实验室工作人员的职权。

(2) 应保持实验室的整洁:在整个实验过程中应保持桌面和仪器的整洁;水槽保持干净,任何固体物质不能投入水槽中;废纸和废屑应投入废纸箱中;废酸、废碱以及废有机溶剂应小心倒入废液缸中。

(3) 对公用仪器和工具要加以爱护,应在指定地点使用并保持整洁;对公用药品不能任意挪动,要保持药品架的整洁。实验时应爱护仪器和节约药品。

(4) 实验过程中,非经教师许可,不得擅自离开。

(5) 实验完毕离开实验室时,应把桌上的水、电、气等开关关闭。

2.2 实验室的一般注意事项、安全、事故的预防与处理常识

在有机化学实验中,经常使用到易燃溶剂,如乙醚、乙醇、丙酮、石油醚、乙酸乙酯等;易燃易爆的气体和药品,如氢气、乙炔和金属有机试剂等;有毒药品,如氰化钠、硝基苯、甲醇、某些有机磷化合物等;腐蚀性药品,如氯磺酸、浓硫酸、浓硝酸、浓盐酸、烧碱、溴,等等。这些药品如果使用不当,可能导致火灾、爆炸、烧伤、中毒等事故。此外,玻璃器皿、煤气、电器设备等使用或处理不当也会发生事故。但是,上述事故都是可以预防的。最重要的是需要实验者树立安全第一的思想,认真预习和了解所做实验中用到的物品和仪器性能、用途以及可能出现的问题和预防措施,严格执行操作规程,这样才能有效维护自身、他人和实验室的安全,确保实验顺利进行。

2.2.1 一般注意事项

(1) 实验前

① 做好预习,了解实验所用药品的性能、危害和注意事项。

② 熟悉安全用具,如灭火器、沙桶、急救箱的放置地点和使用方法,并妥善保管。

③ 安全用具及急救药品不准移作他用或挪动存放位置。

（2）实验操作

① 检查仪器是否完整无损，装置是否正确稳妥。

② 蒸馏、回流、加热所用仪器是否与大气连通，或者与大气相接处套一个气球。

③ 易燃挥发物品不得放在敞口容器中加热。

（3）实验防护措施

有可能发生危险的实验，操作时应加置防护屏，戴防护眼镜、面罩、手套等。

（4）实验进行中

① 经常注意仪器有无漏气、破裂情况，反应是否正常进行等。

② 实验所用药品不得随意丢失、遗弃。

③ 对反应中产生有害气体的实验，应按规定处理，以免污染环境，影响身体健康。

④ 玻璃管（棒）、温度计插入塞中前，应先检查塞孔大小是否合适，再将玻璃切口熔光，用布裹住并涂少许甘油等润滑剂，缓慢旋转而入。握玻璃管（棒）的手应尽量靠近塞子，以防玻璃管（棒）折断而割伤皮肤。

（5）实验结束后

及时洗手，严禁在实验室内吸烟、喝水、吃东西。

2.2.2 火灾、爆炸、中毒及触电事故的预防

（1）有机溶剂大多易燃，使用和管理不当引起火灾是有机实验中常见的事故。防火的基本原则是尽可能使溶剂远离火源，尽量不用明火加热，盛装有机溶剂的容器不得靠近火源，数量较多的易燃有机溶剂应放在危险药品橱内，不得存放在实验室内。

（2）实验过程中，回流或蒸馏液体时应放沸石，以防止溶液因过热暴沸而冲出。如加热后发现未放沸石，应停止加热，待稍冷后再放，防止在过热溶液中加入沸石导致液体突然沸腾而冲出瓶外，引起火灾等事故；不要用火焰直接加热烧瓶，应根据液体沸点高低使用石棉网、油浴、水浴或电热帽（套）；冷凝水要保持通畅，若冷凝管忘记通水，大量蒸气来不及冷却而逸出易造成火灾；在实验反应过程中添加或转移易燃有机溶剂时，应暂时熄火或远离火源，切勿用敞口容器存放、加热或蒸除有机溶剂。

（3）易燃有机溶剂（特别是低沸点易燃溶剂）在室温时即具有较大蒸气压。空气中混杂易燃有机溶剂蒸气达到某一极限时，遇有明火即发生爆炸。而且，有机溶剂蒸气较空气密度大，会沿着桌面或地面飘移至较远处，或沉积在低洼处，因此，切勿将易燃溶剂倒入废液缸中。量取易燃溶剂应远离火源，最好在通风橱中进行。蒸馏易燃溶剂（特别是低沸点易燃溶剂）的装置要防止漏气，接收器支管应与橡皮管相连，使余气通往水槽或室外。对于易燃物的性能，可以从三个方面来衡量：

① 闪点：指该液体上的蒸气形成燃烧混合物的最低温度。闪点在 22 ℃ 以下的是危险易燃物，在 22～66 ℃ 范围内的是易燃物。例如，乙醚的闪点为 −45 ℃，二硫化碳的为 −30 ℃，都是非常危险的易燃物。

② 燃点：该物质的蒸气自动着火的最低温度。

③ 爆炸极限：该物质蒸气与空气形成爆炸混合物的极限，又分下限（在空气中的浓度低于此限不着火爆炸）和上限（在空气中的浓度高于此限亦不着火爆炸）。爆炸上下限相隔越

大,说明该物质与空气混合有一个很宽的爆炸范围,危险性就越大。常用易燃气体、易燃液体的名称及其特性表见表 2.1、表 2.2。

（4）使用易燃、易爆气体,如氢气、乙炔等要保持室内空气通畅,严禁明火,防止一切火星的产生,如敲击、鞋钉摩擦、静电摩擦、马达碳刷、电器开关等所产生的火花。

（5）煤气开关应经常检查,并保持完好。煤气灯及其橡皮管在使用时应仔细检查,发现漏气应立即熄灭火源,打开窗户,用肥皂水排查漏气处。如不能自行解决时,应立即报告指导教师,马上抢修。

（6）常压操作时,应使全套装置有一定的地方通向大气,切勿造成密闭体系;减压蒸馏时,要用圆底烧瓶或吸滤瓶作接收器,不可用锥形瓶,否则可能会发生爆炸;加压操作时（如高压釜、封管等）,要有一定的防护措施,并经常注意釜内压力有无超过安全负荷,选用封管的玻璃厚度是否适当,管壁是否均匀。

（7）有些有机化合物遇氧化剂会发生猛烈爆炸或燃烧,有些实验可能生成有危险性的化合物,操作时应特别小心。存放药品时,应将氯酸钾、过氧化物、浓硝酸等强氧化剂和有机药品分开存放;有些类型的化合物具有爆炸性,如叠氮化物、干燥的重氮盐、硝酸酯、多硝基化合物等,使用时必须严格遵守操作规程,防止溶剂蒸干或震动;有些有机化合物,如醚或共轭烯烃,久置后会生成易爆炸的过氧化物,须特殊处理后才能使用。

（8）开启贮有挥发性液体的瓶塞时,必须先充分冷却,然后开启时,瓶口必须指向无人处,以免由于液体喷溅而造成伤害。如遇到瓶塞不易开启时,必须注意瓶内贮存药品的性质,切不可贸然用火加热或乱敲瓶塞等。

（9）使用有毒药品时,应认真操作,妥善保管,不许乱放,做到"用多少,领多少"。实验中所用的剧毒物质应有专人负责收发,并向使用者提出必须遵守的操作规程;实验后的有毒残渣,必须作妥善而有效的处理,不准乱丢;反应过程中可能生成有毒或有腐蚀性的气体的实验,应在通风橱中进行,且实验开始后不得把头伸入橱内,使用后的器皿应及时清洗;有些有毒物质会深入皮肤,在接触固体或液体有毒物质时,必须戴橡皮手套,操作后立即洗手,切勿让有毒物质沾及五官或伤口,例如氰化物沾及伤口后,可随血液循环全身,严重者会造成中毒死亡。

（10）使用电器时,应防止人体与电器导电部分直接接触,不能用湿的手或手握湿物接触电插头;装置和设备的金属外壳等应连接地线,防止触电;实验完毕先切断电源,再将连接电源的插头拔下。

表 2.1　常用易燃气体的名称及其特性表

名称	结构式或分子式	比重	蒸气压力/atm*	自燃点/℃	爆炸极限/% 下限	爆炸极限/% 上限	临界温度/℃	临界压力/(×10⁵ Pa)	沸点/℃
乙醛	CH_3CHO	0.8	1.5	140	4	60	188	—	21
乙炔	$CH\equiv CH$	0.62	0.91	305	2.5	100	36	62	−84
氨	NH_3	0.82	0.58	630	15	28	132	111.5	−33
一氧化碳	CO	0.79	0.97	570	12.5	74	139	35	−192
1,3-丁二烯	$CH_2\!=\!CHCH\!=\!CH_2$	0.65	1.87	430	2	12	150	43	−4
二甲胺	$(CH_3)_2NH$		1.6	400	2.8	14.4	127	53	−24

续表

名称	结构式或分子式	比重	蒸气压力/atm*	自燃点/℃	爆炸极限/% 下限	爆炸极限/% 上限	临界温度/℃	临界压力/(×10⁵ Pa)	沸点/℃
焦炉煤气	混合物				4.4	34	165	52	7
乙烯	CH_2=CH_2	0.61	0.98	425	2.7	36	10	51	102
二甲醚	CH_3OCH_3		1.6	350	3.4	27	127	71	11
氧化乙烯	CH_2CH_2O	0.9	1.5	429	3.6	100	195	71	11
甲醛	HCHO		1	424	7	73	—	—	
亚硝酸乙酯	CH_3CH_2ONO	0.9	2.6	90	3	50	—	—	17
氰化氢	HCN	0.7	0.9	538	5.6	40	184	53	26
硫化氢	H_2S		1.2	260	4	46	100	89	−60
天然气	混合物	—		482~650	3.5~6.5	13~17	—	—	
氧气	O_2	1.14	1.11				−119	50	−183
水煤气	混合物				7	72			
城市煤气	混合物		0.46	449~499	5.3	32			
氢气	H_2	0.09		585	4.1	75	−234.8	16.6	−253

注：* 1 atm=1.013×10^5 Pa

表 2.2 常用易燃液体的名称及其特性表

名称	结构或分子式	闪点/℃	爆炸极限/% 下限	爆炸极限/% 上限	自燃点/℃	沸点/℃	比重	备注
乙醛	CH_3CHO	−38	4.1	55	140	21	0.78	气体刺激性强
乙酸	CH_3COOH	40	5.4	16.1	485	118	1.05	
丙酮	CH_3COCH_3	−18	2.6	12.8	535	57	0.79	
丙烯腈	CH_2=$CHCN$		3	17	480	78	0.8	单体
苯	C_6H_6	−11	1.4	7.1	560	78	0.88	
丁醛	$CH_3CH_2CH_2CHO$	−7	2.5	12.5	230	76	0.82	
二硫化碳	CS_2	−30	12.5	50	100	46.5	1.26	剧毒
乙酸乙酯	$CH_3COOC_2H_5$	−4	2.2	11.4	460	77	0.9	
丙烯酸乙酯	CH_2=$CHCOOC_2H_5$		18	—	—	100	0.92	单体
乙醇	CH_3CH_2OH	13	3.3	19	365	78	0.79	
溴乙烷	CH_3CH_2Br	−20	6.7	11.3	511	38	1.4	
氯乙烷	CH_3CH_2Cl	−50	3.8	15.4	495	12	0.92	
甲酸乙酯	$HCOOC_2H_5$	−20	3.15	16.4	440	54	0.92	
亚硝酸乙酯	C_2H_5ONO	−35	3	50	90	0.9	17	剧毒、爆炸

名称	结构式或分子式	闪点/℃	爆炸极限/%		自燃点/℃	沸点/℃	比重	备注
			下限	上限				
己烷	C_6H_{12}	-23	1.18	7.4		69	0.66	
肼	NH_2NH_2	52	4.7	100	270	113	1.01	爆炸
乙醚	$CH_3CH_2OCH_2CH_3$	-45			180	34.5		
氢氰酸	HCN	-18	5.6	40	535	26	0.7	极毒
甲醇	CH_3OH	10	6.7	36.6		65	0.79	
羟胺	NH_2OH		—	—		33	1.2	爆炸
甲乙酮	$CH_3COC_2H_5$	2	2	10.1	190	80	0.81	
正戊烷	$CH_3CH_2CH_2CH_2CH_3$	-49	1.5	7.8	285	36	0.63	
汽油	混合物	-43	1.3	6	250～400	40～200	0.73	
石油醚	混合物	-56	1.4	5.9	288	38～71	0.64	

由表 2.1、表 2.2 看出,低碳烷烃、乙醛、氯乙烷、溴乙烷、二硫化碳、乙醚、石油醚、苯和丙酮等的闪点都比较低,即使存放在普通冰箱内(冰室最低温－18 ℃,无电火花消除器),也能形成可以着火的气氛,故这类液体不得贮存于普通冰箱内。另外,低闪点液体的蒸气只要接触红热物体的表面便会着火。其中,二硫化碳尤其危险,即使与暖气散热器或热灯泡接触,其蒸气也会着火,应特别小心。

2.2.3 事故的处理和急救

为处理事故需要,实验室应备有急救箱,内置以下物品:绷带、纱布、脱脂棉花、橡皮膏、医用镊子、剪刀等;凡士林、创可贴、玉树油或鞣酸油膏、烫伤油膏、消毒剂等;醋酸溶液(2%)、硼酸溶液(1%)、碳酸氢钠溶液(1%或饱和溶液)、医用酒精、甘油、红汞、龙胆紫等。

(1) 火灾

一旦发生火灾,应沉着镇静,立即采取相应措施,以减少事故损失。

首先,立即熄灭附近所有火源(关闭煤气),切断电源,移开附近易燃物质,再根据不同情况采取不同措施。

① 少量溶剂(仅几毫升,周围无其他易燃物)着火,可任其烧完;锥形瓶内溶剂着火,可用石棉网或湿布盖灭;小火可用湿布或黄沙盖灭;火势较大时,应根据具体情况采用不同灭火器材。

四氯化碳灭火器:扑灭电器内或电器附近的火灾,使用时只需连续抽动唧筒,四氯化碳即可从喷嘴喷出。但需注意,因四氯化碳在高温时生成剧毒的光气,不能在狭小和通风不良的实验室中使用。此外,四氯化碳和金属钠接触也会发生爆炸。

二氧化碳灭火器:有机实验室中最常用的灭火器。其钢筒内装有压缩的液态二氧化碳,使用时,打开开关,二氧化碳气体即会喷出,可以扑灭有机物及电器设备的火灾。但使用时应注意,一手提灭火器,一手应握在喷二氧化碳的喇叭筒的把手上,因喷出的二氧化碳压力骤减,温度也骤降,手若握在喇叭筒上易被冻伤。

泡沫灭火器:内部分别装有含发泡剂的碳酸氢钠溶液和硫酸铝溶液,使用时,将筒身颠倒,两种溶液即发生反应,生成硫酸氢钠、氢氧化铝及大量二氧化碳。灭火器筒内压力突然增大,大量二氧化碳泡沫喷出,一般情况下,非大火通常不用泡沫灭火器,后处理比较麻烦。

上述灭火器使用时,都应从火的四周开始向中心扑灭。

② 油浴和有机溶剂着火,绝对不能用水浇,这样反而会使火焰蔓延开来。

③ 衣服着火,切勿奔跑。应用厚的外衣包裹使其熄灭;较为严重者应躺在地上,以免火焰烧向头部,用防火毯紧紧包住,直至火灭,或打开附近自来水开关冲淋熄灭;烧伤严重者应急送医院治疗。

(2) 割伤

割伤应先取出伤口中的玻璃或固体物,用蒸馏水清洗后涂上红药水,用绷带扎住或敷上创可贴药膏;大伤口则应先按紧主血管以防止大量出血,急送医院治疗。

(3) 烫伤

轻伤涂以玉树油或鞣酸油膏,重伤涂以烫伤油膏后送医院。

(4) 试剂灼伤

酸:立即用大量水洗,再用3%～5%碳酸氢钠溶液洗,最后用水洗。严重时要消毒,拭干后涂烫伤油膏。

碱:立即用大量水洗,再用1%～2%硼酸液洗,最后用水洗。严重时同上处理。

溴:立即用大量水洗,再用酒精擦至无溴液存在为止,然后涂上甘油或烫伤油膏。

钠:用镊子移去可见的小块,其余与碱灼伤处理相同。

(5) 试剂或异物溅入眼内

任何情况下都要先洗涤,急救后送医院。

酸:用大量水洗,再用1%碳酸氢钠溶液洗。

碱:用大量水洗,再用1%硼酸液洗。

溴:用大量水洗,再用1%碳酸氢钠溶液洗。

玻璃:用镊子移去碎玻璃,或者在盆中用水洗,切勿用手揉动。

(6) 中毒

对于溅入口中尚未咽下者,应立即吐出,再用大量水冲洗口腔;如已经吞下,应根据毒物性质给以解毒剂,并立即送医院;吸入气体中毒者,需先移至室外,解开衣领及纽扣;吸入少量氯气或溴者,可用碳酸氢钠溶液漱口。

腐蚀性毒物:对于强酸,先饮大量水,然后服用氢氧化铝膏、鸡蛋白;对于强碱,也应先饮大量水,然后服用醋、酸果汁、鸡蛋白。无论酸或碱中毒皆可灌注牛奶,不要吃呕吐剂。

刺激性/神经性毒物:先给牛奶或鸡蛋白使之立即冲淡和缓解,再用一大匙硫酸镁(约30 g)溶于一杯水中催吐。也可用手指伸入喉部促使呕吐,然后立即送医院。

2.3 有机化学实验药品、仪器和使用

进行有机化学实验时,所用的化学药品、实验仪器(包括玻璃仪器、金属用具、电学仪器及其他设备)有的是公用的,有的是由个人保管使用。

2.3.1 化学药品

化学药品的存放处要远离火源,设置明显标志,采取防盗、通风、防晒、控温、防火、防爆、防潮、防雷、防静电、防腐、防渗漏等措施,配备灭火器、窗帘、温度计、湿度计和通风等设备,安装报警设施,有条件的单位或存放量较大的单位要安装视频监控。存放方法和要求如下:

(1)按分类存放

不同种类的危险化学药品要实行分类存放,易燃品要与易爆品、氧化剂远离,毒害品要与酸性腐蚀品远离,酸性腐蚀品与碱性腐蚀品远离。在危险化学药品柜中,从上至下的次序为易燃品、碱性腐蚀品、毒害品、氧化剂、酸性腐蚀品。

(2)注意特殊试剂的存放

黄磷存放于盛水的棕色试剂瓶中;钾、钠浸泡在无水煤油里;二硫化碳用水"液封";溴、过氧化氢、硝酸银、浓硝酸、苯酚等见光易变质试剂存放在棕色瓶里,放在阴凉处;易碎容器应存放在沙箱内;剧毒药品,如氰化钠、氰化钾、砒霜等用后,剩余部分应及时存入危险药品室(或柜)内。

(3)部分易制毒化学品储存方法

甲苯要储存于阴凉、通风、远离火种和热源的地方,储存温度不宜超过 30 ℃。应与氧化剂分开存放,切忌混储,保持容器密封。储区采用防爆型照明,禁止使用易产生火花的机械设备和工具。储区应备有泄漏应急处理设备和合适的收容材料。

硫酸储存于阴凉、通风的地方。储区温度不超过 35 ℃,相对湿度不超过 85%。保持容器密封。应与易(可)燃物、还原剂、碱类、碱金属、食用化学品分开存放,切忌混储。储区应备有泄漏应急处理设备和合适的收容材料。

盐酸(或硝酸)存储需要使用玻璃瓶,注意密封,并且使用玻璃塞子,不可使用橡胶塞子,需放在阴凉干燥的地方。硝酸要用棕色瓶,避光储存,因为硝酸不稳定,见光易分解。

丙酮储存于阴凉、通风、远离火种和热源的地方,储存温度不宜超过 29 ℃,保持容器密封。应与氧化剂、还原剂、碱类分开存放,切忌混储。储区采用防爆型照明,禁止使用易产生火花的机械设备和工具。储区应备有泄漏应急处理设备和合适的收容材料。

高锰酸钾储存于棕色广口瓶,防止日照和水。三氯甲烷应贮于密封的棕色瓶中。

乙醚沸点只有 34.6 ℃,极易挥发,其蒸气很容易引起燃烧和爆炸,乙醚也有抑制中枢神经的作用,所以储区要保持阴凉、干燥、通风,要远离热源、火种,避免阳光直射。与酒精、汽油这些易燃物隔离储藏。夏季高温时,储区需要采取一定的降温措施,因为如果密封不严,挥发产生的可燃性蒸气达到一定浓度,高温环境下很容易发生爆炸。

(4)定期检查

对存放的危险化学药品要定期检查,并做好检查记录。炎夏、寒冬等特殊季节要加大检查力度,以防燃烧、爆炸、挥发、泄漏等事故发生。检查内容:台账是否登记,账物是否相符;存放是否达到要求;包装是否破损,封口是否严密,标签是否脱落;试剂是否变质;存放处的温度、湿度、通风、遮光、灭火设备等情况是否正常。

2.3.2 玻璃仪器

有机实验所用的玻璃仪器(部分如图 2.1 所示),按口塞是否标准及磨口分为标准磨口仪器及普通仪器两类。标准磨口仪器由于可以互相连接,使用时既省时方便又严密安全,将逐渐代替同类普通仪器。使用玻璃仪器应轻拿轻放,容易滑动的仪器(如圆底烧瓶),不要重叠放置,以免打破。

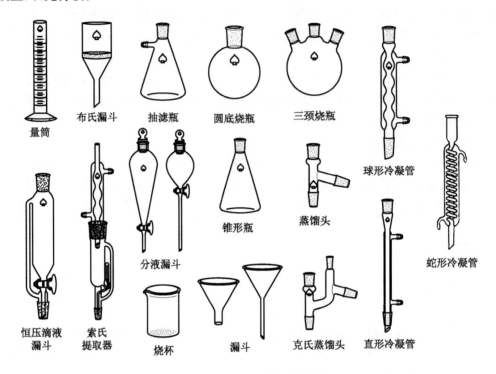

图 2.1　有机实验常用玻璃仪器

2.3.3　金属用具

有机实验中常用的金属用具有铁架、铁夹、铁圈、三脚架、水浴锅、镊子、剪刀、三角锉刀、圆锉刀、打孔器、水蒸气发生器、煤气灯、不锈钢刮片、升降台等。

2.3.4　电学仪器及小型机电设备

(1) 电吹风

电吹风应可吹冷风和热风,用于干燥玻璃仪器;放置干燥处,防潮、防腐蚀;定期加润滑剂。

(2) 电加热套(或电热帽)

电加热套是由玻璃纤维包裹电热丝制成帽状的加热器。由于非明火加热,不易引起着火,热效率高,可用于加热和蒸馏易燃有机物。加热温度由调节变压器控制,最高加热温度可达 400 ℃左右,是有机实验中较为简便、安全的加热装置。主要用作回流和加热的热源。进行蒸馏或减压蒸馏时,随蒸馏的进行,瓶内物质逐渐减少,这时使用电热套加热,会使瓶壁过热,造成蒸馏物烤焦的现象。若选用大一号的电热套,在蒸馏过程中,不断降低电热套的升降台的高度,会减少烤焦现象。电热套的容积一般与烧瓶的容积相匹配,从 150 mL 起各种规格都有。

（3）旋转蒸发仪

旋转蒸发仪是由马达带动可旋转的蒸发器（圆底烧瓶）、冷凝器和接收器组成，可在常压或减压下操作，可一次进料，也可以分批吸入蒸发料液。由于蒸发器的不断旋转，可免加沸石而不会暴沸，而且会使料液的蒸发面积大大增加，加快了蒸发速度，因此是浓缩溶液、回收溶剂的理想装置。

旋转蒸发仪主要用于在减压条件下连续蒸馏大量易挥发性溶剂。尤其对萃取液的浓缩和色谱分离时的接收液的蒸馏，可以分离和纯化反应产物。旋转蒸发仪的基本原理就是减压蒸馏，也就是在减压情况下，当溶剂蒸馏时，蒸馏烧瓶在连续转动。

蒸馏烧瓶是一个带有标准磨口接口的梨形或圆底烧瓶，通过回流蛇形冷凝管与减压泵相连，回流冷凝管另一开口与带有磨口的接收烧瓶相连，用于接收被蒸发的有机溶剂。在冷凝管与减压泵之间有一个三通活塞，当体系与大气相通时，可以将蒸馏烧瓶、接液烧瓶取下，转移溶剂，当体系与减压泵相通时，体系应处于减压状态。使用时，应先减压，再开动电动机转动蒸馏烧瓶。结束时，应先停机，再通大气，以防蒸馏烧瓶在转动中脱落。作为蒸馏的热源，常配有相应的恒温水槽。

（4）调压变压器

调压变压器是调节电源电压的一种装置，常用来调节加热电炉的温度，调整电动搅拌器的转速等。使用时应注意：

① 电源接到注明为输入端的接线柱上，输出端的接线柱与搅拌器或电炉等的导线连接，切勿接错。同时，变压器应有良好的接地。

② 调节旋钮时应均匀缓慢，防止因剧烈摩擦而引起火花及碳刷接触点受损，如碳刷磨损较大时应予以更换。

③ 不允许长期过载，防止烧毁或缩短使用寿命。

④ 碳刷及绕线组接触表面应保持清洁，经常用软布抹去灰尘。

⑤ 使用完毕后应将旋钮调回零位，切断电源，放置干燥通风处，不得靠近有腐蚀性的物品。

（5）电动搅拌器

电动搅拌器（或小马达连接调压变压器）在有机实验中作搅拌用，一般适用于油、水等溶液或固液反应中，不适用于过黏的胶状溶液，超负荷使用很易发热而烧毁。使用时必须接上地线。平时应注意保持清洁干燥，防潮，防腐蚀，轴承应经常加油保持润滑。

（6）磁力搅拌器

磁力搅拌器由一根玻璃或塑料密封的软铁（磁棒）和一个可以旋转的磁铁组成。将磁棒投入盛有欲搅拌的反应物容器中，将容器置于内有旋转磁场的搅拌器托盘上，接通电源，由于内部磁铁旋转使磁场发生变化，容器内磁棒亦随之旋转，达到搅拌的目的。一般的磁力搅拌器都有控制磁铁转速的旋钮及可控温度的加热装置。

（7）烘箱

烘箱用于干燥玻璃仪器或烘干无腐蚀性、加热不分解的物品。挥发性易燃物或刚用酒精、丙酮淋洗过的玻璃仪器切勿放入烘箱，以免发生爆炸。烘箱使用说明如下：

① 接上电源后，即可开启加热开关，再将控温旋钮由"0"位顺时针旋转至一定程度（视烘箱型号），此时烘箱内开始升温，红色指示灯发亮。若有鼓风机，可开启工作。

② 温度计升至工作温度时（观察烘箱顶部温度计），将控温旋钮按逆时针方向缓慢旋

回,旋至指示灯刚熄灭。指示灯明灭交替处即为恒温定点。

③ 一般干燥玻璃仪器时,应先沥干水后放入烘箱,再升温加热,将温度控制在 100～120 ℃。

④ 实验室内的烘箱是公用仪器,往烘箱里放置玻璃仪器时应自上而下依次放入,以免残留的水滴流下使下层已烘热的玻璃仪器炸裂。取出烘干后的仪器,应用干布衬手,防止烫伤。取出后不能碰水,以防炸裂。取出后的热玻璃器皿若自行冷却,内壁常会凝结水珠,因此,可用电吹风吹入冷风,助其冷却,以减少壁上凝聚的水气。

（8）冰箱

有些化学药品和产物需要冷藏或者冷冻保存,这时需要用到冰箱。易燃易爆的溶剂绝对不能放在冰箱,因为冰箱开启产生火花可能引起有机溶剂爆炸。易燃易爆的物品要放在防爆冰箱内。一般市售的家用冰箱就可以满足有机化学实验室的要求,当然最好把冰箱里的继电器改装到外面去。

（9）真空干燥箱

真空干燥箱是专为干燥热敏性、易分解和易氧化物质而设计的,工作时可使工作室内保持一定的真空度,并能够向内部充入惰性气体,特别是一些成分复杂的物品也能进行快速干燥。真空干燥箱广泛应用于生物化学、化工制药、医疗卫生、农业科研、环境保护等研究应用领域,作粉末干燥、烘焙以及各类玻璃容器的消毒和灭菌等用途。

真空干燥箱使用说明:将真空干燥箱后面的进气管用真空橡胶管与真空泵相连,接通真空泵电源;需要干燥处理的物品放入真空干燥箱内,将箱门关上,关闭真空阀,开启真空泵电源开始抽气,使箱内达到真空 -0.1 MPa,先关闭真空阀,再关闭电源开关;把电源开关打开,电源指示灯亮,控温仪上有数字显示;温度设定,按控温仪上的"SET"键进入温度设定状态,再按移位键,配合增加键或者减少键来设定,结束后按键"SET"确认;设定结束后,此时干燥箱进入升温状态,加热指示灯亮,当箱内温度接近设定温度时,加热指示灯忽亮忽熄,反复多次,进入恒温状态;根据不同物品潮湿程度,选择不同的干燥时间,如干燥时间长,真空度下降,需多次抽气恢复真空度,应该先开启真空泵电机开关,再开启真空阀;干燥结束后,应先关闭电源,旋转放气阀,解除箱内真空状态,再打开箱门取出物品。

2.3.5 其他仪器设备

（1）台秤

台秤是用于称量物体质量的仪器。其结构原理是一根中间有支点的杠杆,杠杆两边各装有一个秤盘,左盘放置被称量物体,右盘放砝码,杠杆支点处连有指针,指针后有标尺,与杠杆平行处有一根游码尺。台秤应保持清洁,所称物品不能直接放盘上,应放在清洁、干燥的表面皿、硫酸纸或烧杯中进行称量。台秤用完后应将砝码放回盒中,将游码复原至刻度。

（2）电子天平

在进行微量实验时,因普通台秤的灵敏度不够,可使用电子天平,准确到 0.000 1 g。

（3）钢瓶

钢瓶是一种在加压下贮存或运送气体的容器,通常有铸钢、低合金钢等材质。在有机化学实验中,有时会用到气体来作为反应物,如氢气、氧气等;也会用到气体作为保护气,例如氮气、氩气等;有的气体用来作为燃料,例如煤气、液化气等。所有这些气体都需要装在特制的容器中,一般都是用压缩气体钢瓶。将气体以较高压力贮存在钢瓶中,既便于运输又可以在一般实验室里随时用到非常纯净的气体。氢气、氧气、氮气、空气等在钢瓶中呈压缩气状态,二氧化碳、氨、氯、石油气等在钢瓶中呈液化状态。乙炔钢瓶内装有多孔性物质(如木屑、活性炭等)和丙酮,乙炔气体在压力下溶于其中。

　　正确识别钢瓶所装的气体种类也是一件相当重要的事情。虽然,所有的气体钢瓶外面都会贴有标签来说明瓶内所装气体的种类及纯度,但是这些标签往往会损坏或腐烂。为保险起见,所有的压缩气体钢瓶都会依据一定的标准根据所装的气体被涂成不同的颜色。各种钢瓶全国统一规定瓶身、横条、标字的颜色,以资区别(见有关手册)。

　　有机化学实验室里常用的压缩气体压强一般接近 2.026×10^7 Pa(200 个大气压)。实验室里用的压缩气体钢瓶,一般高度约 160 cm,毛重 $70 \sim 80$ kg。整个钢瓶的瓶体是非常坚实的,而最易损坏的应是安装在钢瓶出气口的排气阀,一旦排气阀被损坏,后果则不堪设想。由于钢瓶里装的是高压的压缩气体,因此在使用时必须严格注意安全,否则将会十分危险。

　　① 钢瓶应放置在阴凉、干燥、远离热源的地方,避免日光直晒,远离火源和有腐蚀性的物质,如酸、碱等。氢气钢瓶应放在与实验室隔开的气瓶房内。实验室中应尽量少放钢瓶。

　　② 搬运钢瓶时应旋上瓶帽,套上橡皮圈。

　　③ 使用钢瓶时,如直立放置应用支架或铁丝绑住,以免摔倒;如水平放置应垫稳,防止滚动,还应防止油和其他有机物沾污钢瓶。

　　④ 钢瓶使用时要用减压表,一般可燃性气体(氢、乙炔等)钢瓶气门螺纹是反向的,不燃或助燃性气体(氮、氧等)钢瓶气门螺纹是正向的,各种减压表不能混用。开启气门时应站在减压表的另一侧,以防减压表脱出而被击伤。

　　⑤ 钢瓶中的气体不可用完,应留有 0.5% 表压以上的气体,防止重新灌气时发生危险。

　　⑥ 用可燃气体时,一定要有防止回火的装置(有的减压表带有此类装置)。在导管中加细铜丝网,管路中加液封可以起保护作用。

　　⑦ 钢瓶应定期试压检验(一般三年检验一次)。逾期未经检验或锈蚀严重时,不得使用,漏气的钢瓶不得使用。

　　(4)减压表

　　减压表由指示钢瓶压力的总压力表、控制压力的减压阀、加压后的分压力表三部分组成。使用钢瓶时应注意:

　　① 把减压表和钢瓶连接好(勿猛拧!),将减压表的调压阀旋到最松的位置(即关闭状态),然后打开钢瓶总气阀门,总压力表即显示瓶内气体总压。用肥皂水检查各接头不漏气后,方可缓慢旋紧调压阀门,使气体缓缓送入系统。

　　② 使用完毕时,应首先关紧钢瓶总阀门,排空系统的气体,待总压力表与分压力表均指到"0"时,再旋松调压阀门。

　　③ 如钢瓶与减压表连接部分漏气,应加垫圈使之密封,且不能用麻丝等物堵漏,特别是氧气钢瓶及减压表绝对不能涂油,应特别注意!

2.4 玻璃仪器及其使用方法

　　有机化学实验最好采用标准磨口的玻璃仪器(简称标准口玻璃仪器),相同编号的标准磨口可以相互连接,既可以免去配塞子及钻孔等手续,又能避免反应物或产物被软木塞(或橡皮塞)所沾污。标准磨口玻璃仪器口径的大小通常用数字编号来表示,该数字是指磨口最大端直径的毫米整数,常用的有10、14、19、24、29、34、40、50等;也可以用两组数字来表示,另一组数字表示磨口的长度,例如14/30,表示磨口直径最大处为14 mm,磨口长度为30 mm。相同编号的磨口、磨塞可以紧密连接,如两个玻璃仪器因磨口编号不同无法直接连接时,则可借助不同编号的磨口接头(或称大小头)使之连接。

2.4.1 玻璃仪器使用注意事项

(1)除试管等少数玻璃仪器外,一般都不能直接用明火加热。

(2)锥形瓶不耐压,不能作减压用。

(3)厚壁玻璃器皿(如抽滤瓶)不耐热,故不能加热。

(4)广口容器(如烧杯)不能存放易挥发的有机溶剂。

(5)带活塞的玻璃器皿用过洗净后,在活塞与磨口间应垫上纸片,以防粘住。如已粘住,可在磨口四周涂上润滑剂或有机溶剂后用电吹风吹热风,或用水煮后再用木块轻敲塞子,使之松开。

(6)温度计不能当作搅拌棒用,也不能用来测量超过刻度范围的温度。温度计用后要缓慢冷却,不可立即用冷水冲洗,以免炸裂。

2.4.2 磨口玻璃仪器使用注意事项

(1)磨口处必须洗净。若粘有固体杂物,会使磨口对接不严密,导致漏气;若有硬质杂物,更会损坏磨口。使用前宜用软布揩拭干净,但不要粘上棉絮。

(2)用后应拆卸洗净,否则若长期放置,磨口连接处常会粘牢而难以拆开。

(3)一般用途的磨口无须涂润滑剂,以免沾污反应物或产物。若反应中有强碱,则应涂润滑剂,以免磨口连接处因碱腐蚀粘牢而无法拆开。减压蒸馏时,磨口应涂真空脂,以免漏气。

(4)安装标准磨口玻璃仪器装置时,应注意安装正确、整齐、稳妥,使磨口连接处不受歪斜的应力,否则易将仪器折断。特别在加热时,仪器因受热应力更大。

2.4.3 玻璃仪器装配注意事项

(1)装配时,所选玻璃仪器和配件要干净。

(2)选用器材要恰当。需加热的实验,圆底烧瓶其容积大小应使反应物占1/2左右,最多不超过2/3。

(3)装配时应选好主要仪器的位置,按照一定顺序逐个装起来,先下后上,从左到右。拆卸时,顺序相反。

(4)仪器装配要做到严密、正确、整齐、稳妥。常压下进行反应的装置应与大气连通,不能密闭。

(5)铁夹的双钳应贴有橡皮或绒布,或缠上石棉绳、布条等,否则易将仪器夹坏。

使用玻璃仪器时,最基本的原则是:切忌对玻璃仪器的任何部分施加过度压力或者扭歪。搭建实验装置时马虎会使其存在潜在的危险,扭歪的玻璃仪器在加热时会破裂,有时甚至在放置时也会崩裂。

2.4.4 玻璃仪器装置方法

有机化学实验常用的玻璃仪器装置,一般都用铁夹将仪器依次固定于铁架上。用铁夹夹玻璃器皿时,先用左手手指将双钳夹紧,再拧紧铁夹螺丝,待夹钳手指感到螺丝触到双钳时,即可停止旋动,做到夹物不松不紧。仪器安装应遵循先下后上,从左到右,做到正确、整齐、稳妥、端正,其轴线应与实验台边沿平行。

以回流装置为例:

(1) 先根据热源高低(一般以三脚架高低为准)用铁夹夹住圆底烧瓶瓶颈,垂直固定于铁架上。铁架应正对实验台外面,不要歪斜,若铁夹歪斜,重心不一致,则装置不稳。

(2) 球形冷凝管下端正对烧瓶口用铁夹垂直固定于烧瓶上方,再放松铁夹,将冷凝管放下,使磨口塞塞紧后,再将铁夹稍旋紧,固定好冷凝管,使铁夹位于冷凝管中部偏上一些。

(3) 用合适的橡皮管连接冷凝管,进水口在下方,出水口在上方。

(4) 最后,在冷凝管顶端装置干燥管。

2.4.5 玻璃仪器的清洗、干燥和保养

(1) 仪器的清洗

有机反应的实验仪器必须清洁干燥,避免杂质混入。最简单常用的清洗玻璃仪器的方法是用长柄毛刷(试管刷)蘸上去污粉(或肥皂粉),刷洗润湿的器壁,直至除去污物,最后用自来水清洗。有时去污粉的微小粒子会黏附在玻璃器皿壁上,不易被水冲走,此时可用2%盐酸摇洗,再用自来水清洗。当仪器倒置,器壁不挂水珠时,即已经洗净,可供一般实验需要。当需更为洁净的仪器时,可使用洗涤剂洗涤。若用于精制产品,或供有机分析用的仪器,则须用蒸馏水摇洗,以除去自来水冲洗时带入的杂质。

每次实验结束后应立即清洗使用过的仪器。实验当时对仪器的污物性质比较清楚,容易用合适的方法除去。不清洁的仪器如放置一段时间后,由于挥发性溶剂的逸出,使洗涤工作变得更加困难。若用过的仪器中有焦油状物,应先用纸或去污粉擦去大部分焦油状物后再酌情用各种方法清洗。例如:已知瓶中残渣为碱性,可用稀盐酸或稀硫酸溶解,反之酸性残渣可用稀的氢氧化钠溶液除去,如已知残留物溶解于某常用有机溶剂,可用适量的该溶剂处理等。

反对盲目使用各种化学试剂和有机溶剂来清洗仪器,这样不仅造成浪费,而且还可能带来危险。有机实验室中常用超声波清洗器来洗涤玻璃仪器,既省时又方便。把用过的仪器放在配有洗涤剂的溶液中,接通电源,利用声波的振动和能量即可达到清洗仪器的目的。清洗后的仪器再用自来水漂洗干净即可。

(2) 仪器的干燥

有机化学实验室经常需要使用干燥的玻璃仪器,故要养成在每次实验后马上把玻璃仪器洗净和倒置使之晾干的习惯,以便下次实验时使用。干燥玻璃仪器的方法有下列几种:

① 自然风干

自然风干是指把已洗净的玻璃仪器在干燥架上自然晾干,这是常用而简单的方法。但必须注意,若玻璃仪器洗得不够干净时,水珠不易流下,干燥较为缓慢。

② 烘干

烘干是指把已洗净的玻璃仪器由上层到下层放入烘箱中烘干。放入烘箱中干燥的玻璃

仪器,一般要求不带水珠,器皿口侧放。带有磨砂口玻璃塞的仪器必须取出活塞才能烘干,玻璃仪器上附带的橡胶制品在放入烘箱前也应取下,烘箱内的温度保持105℃左右约0.5 h,待烘箱内的温度降至室温时才能取出。切不可把很热的玻璃仪器取出,以免骤冷使之破裂,当烘箱已工作时,不能往上层放入湿的器皿,以免水滴下落,使热的器皿骤冷而破裂。

③ 吹干

有时仪器洗涤后需要立即使用,可使用吹干的方法,即用气流干燥器或电吹风把仪器吹干。首先将水尽量晾干后加入少量丙酮或乙醇摇洗并倒出,先通入冷吹风1~2 min,待大部分溶剂挥发后,再吹入热风至完全干燥为止,最后吹入冷风使仪器逐渐冷却。

（3）常用仪器的保养

有机化学实验的各种玻璃仪器的性能是不同的,必须掌握其性能、洗涤和保养的方法,正确使用,提高实验效果,避免不必要的损失。

① 温度计

水银温度计的水银球位置处的玻璃很薄,容易打破,使用时要特别小心。温度计使用应注意:不能当作搅拌棒使用;不能测定超过最高刻度的温度;不能长时间放在高温溶剂中;不得在测量高温后立即用水冲洗,应悬挂慢慢冷却后抹干放回盒内。

② 冷凝管

冷凝管通水后较重,安装时应用夹子夹在其重心位置,以免翻倒。洗涤时用特制长毛刷,用洗涤液或有机溶剂洗涤时用软木塞塞住一端。不用时,应直立放置,使之易干。冷凝管分为直形冷凝管、蛇形冷凝管和球形冷凝管,如图2.1。内外管都是玻璃材质的冷凝管不适用于高温蒸馏。

③ 蒸馏烧瓶

蒸馏烧瓶的支管容易破裂,无论使用或放置时都要注意保护,支管熔接处不得直接加热。

④ 分液漏斗

分液漏斗的活塞和盖子都是磨砂口的,若非原配则可能不严密。使用时要注意保护,不能相互调换。用后要在活塞和盖子的磨砂口间垫上纸片,以免日后难以打开。

⑤ 砂芯漏斗

使用后应立即用水冲洗,否则难于洗净。滤板不太稠密的漏斗可用强烈的水流冲洗。如果是较稠密的,则用抽滤的方法冲洗。

2.4.6 温度计的校正

为了进行准确测量,一般从市场购买的温度计,由于种种缺陷存在着一定的误差,因此在使用前应对温度计进行校正。校正温度计的方法一般有以下两种:

（1）比较法

选一支标准温度计与要进行校正的温度计在同一条件下测量温度,比较所指示的温度值,找出此温度计与标准温度计的误差值加以修正。

（2）定点法

选择几种已知熔点或沸点的标准样品,见表2.3和表2.4,测量它们的熔点或沸点。如果用同一台仪器和同一支温度计来测定,以实验值（t）为纵坐标,实验值与标准样品（文献值)的差(Δt)为横坐标作图,求得校正后的温度误差值,对实际使用的温度计加以校正。表2.3给出了一些标准有机化合物样品的熔点值,表2.4给出了一些标准有机化合物样品在常压下的沸点值。

表 2.3 一些标准有机化合物样品的熔点

样品名称	熔点/℃	样品名称	熔点/℃
冰水混合物	0	水杨酸	157
对二氯苯	53	马尿酸	187
间二硝基苯	90	蒽	216
邻苯二酚	105	均二苯脲	238
苯甲酸	121	草酰苯胺	257
尿素	132	蒽醌	286

表 2.4 一些标准有机化合物样品在常压下的沸点

化合物名称	沸点/℃	化合物名称	沸点/℃	化合物名称	沸点/℃
溴己烷	38.4	水	100	苯胺	184.5
丙酮	56.1	甲苯	110.6	苯甲酸甲酯	199.5
氯仿	61.3	氯苯	131.8	硝基苯	210.9
四氯化碳	76.8	溴苯	156.2	水杨酸甲酯	223
苯	80.1	环己醇	161.1	对硝基甲苯	238.3

2.4.7 玻璃管的加工

在有机化学实验中,常常需要自己动手加工制作一些玻璃用品,如滴管、弯管、毛细管、搅拌棒等。因此,学会这些实验用品的制作也是非常必要的。

(1) 玻璃管(棒)的清洗与切割

在加工玻璃管(棒)之前,应用水将内外冲洗干净。如果玻璃管内脏物较多,且管径比较粗,可以将两端系有绳子的布条塞入玻璃管内来回拉动,使管内的脏物除去。制备熔点管和点样用的毛细管,在拉制前应用洗涤剂或酸性洗液浸泡后再用水冲洗干净,烘干后才能加工。

玻璃管的切割可以根据管的直径采用不同的工具。对于直径为 5~10 mm 的玻璃管(棒),可用三棱锉或鱼尾锉的边棱进行切割;对较细的玻璃管如毛细管等,可用小砂轮切割,有时用碎瓷片的锐棱切割也可收到同样效果。

切割时,把锉刀的边棱压在要切割的位置上,一只手按住玻璃管(棒),另一只手握住锉刀,朝一个方向用力锉出一个稍深的凹痕,若凹痕不够深或不够长时,可以在同一凹痕处重复上述操作 2~3 次,用力方向应保持一致。切忌来回乱锉,给后面的操作带来困难。划好凹痕后,两手握住凹痕两侧,两手拇指顶住凹痕的背面,轻轻向前推,同时两手向外拉,玻璃管(棒)就会在凹痕处平整地断开。也可在凹痕处涂点水,折断时更容易。为了安全,折断玻璃管(棒)时,可在玻璃管凹痕两端垫一小块布,推拉时离眼睛稍远些。以上的切割方法为冷切法。

对较粗的玻璃管或者切割处离玻璃管一端比较近时,可利用玻璃管(棒)骤热、骤冷易裂的性质进行切割。其方法是:将要切割的玻璃管(棒)在切割部位用锉刀划出凹痕,并且用水润湿。用一根末端较细的玻璃棒在煤气灯上烧成呈赤红色,趁热立即压触到用水湿润过的玻璃管(棒)凹痕处,此时玻璃管(棒)可在凹痕处立即炸裂开。此方法为热切法。

玻璃断开后,切口处非常锋利,应把玻璃管(棒)断面插入氧化火焰的边缘,并不断转动玻璃管(棒),使其切口处稍微软化成圆形即可。

(2) 玻璃弯管的制备

① 玻璃管加热方法:双手握住需要加工玻璃管的两端,将要弯制的部位先放在火焰的上边缘弱火中预热几分钟,然后向下放入强火中进行加热。加热时,为了使加热面积加大,两手一上一下来回倾斜约 $15°\sim30°$,同时均匀地同方向转动玻璃管,受热长度应保持在 $5\sim8$ cm。

② 玻璃管弯制方法:当玻璃管软化变红可以弯动时,离开火焰,轻轻地在同一平面上向内或向外用力弯成所需要的角度。

应当注意的是,在弯玻璃管时不要急于求成,尤其是弯度小于 $90°$ 时,可以通过几次加热弯管周围的玻璃,待软化后,再重复弯管的动作。反复多次加热弯曲,每次加热的部位要稍有偏移,直到弯成所需要的角度。如果遇到弯管处有塌陷,可以趁热用手或用塞子将一端堵住,用嘴向另一端吹气,直到塌陷部位变平滑为止。

玻璃弯管的标准应该是管径均匀,不扭曲,角度符合要求。

玻璃制品加工后应及时进行退火处理。其方法是:将玻璃制品在火焰的弱火上加热一会儿,慢慢离开火焰,放在石棉网上冷却至室温,防止玻璃急速冷却,内部产生很大应力,导致使用时玻璃裂开。

(3) 毛细管的制备

根据使用要求选择不同直径、不同壁厚、不同长度的玻璃管洗净烘干。按上述玻璃管加热的方法进行加热。当玻璃管烧软可以拉动时,离开火焰,趁热双手向外快速均匀地拉伸。在拉毛细管的过程中,双手应保持在同一水平上。拉长之后,松开一只手,另一只手提着玻璃管的一端,使玻璃依靠重力拉直并冷却定型。待中间部分冷却之后,放在石棉布上,以防烫坏实验台面。待玻璃管全部冷却后,用小瓷片的锐棱把拉好的毛细管根据需要截断使用。

测熔点用的毛细管内径为 $1\sim1.2$ mm,长度为 $7\sim8$ cm,一端要封闭起来。封管方法是:取一段截好的毛细管,用酒精灯加热,将毛细管一端进入火焰的边缘 $1\sim1.5$ mm 慢慢加热,同时不断捻动毛细管(一般习惯是左手食指和拇指捏住毛细管的中部,右手食指和拇指捏住毛细管另一端并不断捻动),当看见毛细管端口处有小红珠出现时,取出观看是否封住,如果没有封好再继续上述操作,直到封好为止。也可以截长一点(约 15 cm),两边封住后从中间截断。点样用的毛细管内径约为 0.5 mm,长度可根据需要来截取,一般 $5\sim7$ mm 即可,不需要封口。减压毛细管要求端口越细越好,一般是按拉毛细管的方法拉好后,从中间一截两段制成两根,如果毛细管端口不够细,在已经拉好的毛细管端口处再拉一次。

2.4.8 塞子的配置和钻孔

为使各种不同的仪器连接装配成套,在没有标准磨口仪器时就要借助于塞子。有机实验中常用的塞子有玻璃磨口塞、橡皮塞、软木塞。玻璃磨口塞密封性好,但不同瓶子的磨口塞不能任意调换,否则不能很好地密封,且这种瓶子不适于装碱性物质。橡皮塞密封性好,钻孔也方便,但易为有机溶剂所腐蚀或溶胀。软木塞不易与有机物作用,但不耐酸碱。有机实验中仪器上一般使用软木塞。但是在要求密封的实验中,例如抽气过滤或减压蒸馏等就必须使用橡皮塞,以防漏气。

钻孔的工具是钻孔器,它由一组直径不同的金属管组成。金属管一端有手柄,另一端很锋利。钻孔的步骤如下:

(1) 塞子大小的选择

塞子的大小应与仪器的口径相适合,塞子进入瓶颈或管颈部分不能少于本身高度的1/3,也不能多于2/3。

(2) 钻孔器的选择

选择一个比要插入的玻璃管口径略粗的钻孔管,因为橡皮塞有弹性,孔道钻成后会收缩使孔径变小。在软木塞上钻孔,钻孔器孔径应比要插入的物体口径略小一点,因为软木塞的弹性稍差。

(3) 钻孔方法

将塞子的小头水平放在桌面上的一块木板上(避免钻坏桌面),左手持塞,右手握住钻孔器的手柄,并在钻孔管前端涂点甘油或水(可减小摩擦力),然后将钻孔器按在选定的位置上,经顺时针方向,一面旋转一面用力向下钻动。钻孔管要垂直于塞子的面上,不能左右摆动,更不能倾斜,以免钻斜。钻到塞子的高度的一半深时,旋出钻孔器,再从另一头钻,注意要对准原孔的位置,必要时可用圆锉加以修整。将仪器插入塞孔中时,应将手握住插入物接近塞子处,慢慢旋入孔内,如果用力过猛或手离塞子太远,都可能折断插入物而引起割伤。因此,可将插入物用水或甘油润滑,必要时可用布包住玻璃管。实验后,将所配好用过的塞子洗净、干燥,保存备用,以节约器材。

2.5　有机实验常用装置

为了便于查阅和比较有机化学实验中常见的基本操作,在这一节里集中讨论加热、冷却、回流、蒸馏、气体吸收及搅拌等操作的仪器装置。

2.5.1　加热装置

为了加速有机化学反应,以及将产物蒸馏、分馏等,往往需要加热。但是考虑到大多数有机化合物包括有机溶剂都是易燃易爆物,所以在实验室安全规则中规定,禁止用明火直接加热(特殊需要除外)。为了保证加热均匀,一般使用热浴进行间接加热。作为传热的介质有空气、水、有机液体、熔融的盐和金属等,根据加热温度、升温的速度等需要,使用者应根据具体情况选用不同性能和使用范围的热浴。下面是几种常用方法。

(1) 水浴和蒸汽浴

当加热的温度不超过100 ℃时,使用水浴加热较为方便。但是必须指出(强调),当用到金属钾、钠的操作以及无水操作时,绝不能在水浴上进行,否则会引起火灾或使实验失败,使用水浴时勿使容器触及水浴器壁及其底部。由于水浴时水不断蒸发,适当时要添加热水,使水浴中的水面经常保持稍高于容器内的液面。电热多孔恒温水浴使用起来较为方便。如加热温度稍高于 100 ℃时,可选用适当无机盐类的饱和溶液作为热浴液。

（2）油浴

当加热温度在 100～250 ℃时,宜使用油浴,优点是使反应物受热均匀,反应物的温度一般低于油浴温度 20 ℃左右。常用的油浴有:

① 甘油:可以加热到 140～150 ℃,温度过高时则会炭化。

② 植物油:如菜油、花生油等,可以加热到 220 ℃,常加入 1%的对苯二酚等抗氧化剂,便于久用。若温度过高时分解,达到闪点时可能燃烧起来,所以使用时要小心。

③ 石蜡油:可以加热到 200 ℃左右,温度稍高并不分解,但较易燃烧。

④ 硅油:在 250 ℃时仍较稳定、透明度好、安全,是目前实验室里较为常用的油浴之一,但其价格较贵。

使用油浴加热时应注意:

① 特别小心防止着火,当油浴受热冒烟时,应立即停止加热。

② 油浴中应挂一温度计,可以观察油浴的温度和有无过热现象,同时便于调节控制温度。

③ 油量不能过多,否则受热后有溢出的危险,使用油浴时要竭力防止产生可能引起油浴燃烧的因素。

④ 加热完毕取出反应容器时,仍用铁夹夹住反应器离开油浴液面悬置片刻,待容器壁上附着的油滴完后,再用纸片或干布擦干器壁。

（3）电热套

电热套属于比较好的空气浴,是一般实验室常用的加热设备。电热套中的电热丝是玻璃纤维包裹着的,比较安全,一般可加热至 400 ℃,连接调压变压器控制温度。主要用于回流加热,蒸馏或减压蒸馏不用为宜,因为蒸馏过程中随着容器内物质逐渐减少,会使容器壁过热。电热套有各种规格,选用时要与容器大小相适应。

（4）酸浴

酸浴常用的酸液为浓硫酸,可加热至 250～270 ℃,当热至 300 ℃左右时分解,生成白烟,若酌量加入硫酸钾,加热温度可升到 350 ℃左右。但是混合物冷却时,成半固体或固体,因此,温度计应在液体未完全冷却前取出。

（5）沙浴

加热温度需要达到数百度以上时（如 220 ℃以上时）,往往使用沙浴。将清洁干燥的细沙平铺在铁盘上,盛有液体的容器埋入沙中,在铁盘下加热,液体间接受热。由于沙对热的传导能力较差而散热较快,所以容器底部与沙浴接触的沙层要薄,使易于受热,而容器周围与沙接触的部分可用较厚的沙层,使其不易散热。由于沙浴散热太快,温度上升较慢且不易控制,因而使用不广。

2.5.2　冷却装置

有些化学反应,其中间体在室温下不够稳定,必须在低温下进行,如重氮化反应等;有的放热反应易引起或增加副反应,因此,需要除去过剩的热量,进行冷却;减少固体化合物在溶剂中的溶解度,使易于析出结晶,也需要冷却。冷却方法主要有下面几种。

（1）水/冰-水

水/冰-水是最常用的简单的冷却方法。将反应物容器浸入冷水、冰或冰水混合物中,与器壁接触良好,降温效果好。

（2）冰-盐

反应混合物需要冷却到0 ℃以下,可用食盐和碎冰的混合物。例如,食盐与碎冰以1∶3的质量比混合后的混合物,实际操作中可降至−5～−18 ℃;冰与六水合氯化钙结晶($CaCl_2$·$6H_2O$)的混合物,理论上可得到−50 ℃左右的低温。在实际操作中,十份六水合氯化钙结晶与7～8份碎冰均匀混合,可达到−20～−40 ℃低温。

（3）液氨

液氨是常用的冷却剂,温度可达−33 ℃。氨的分子间氢键使得氨挥发速度并不是很快。

（4）干冰或干冰与有机溶剂按一定比例混合

干冰可达−60 ℃,干冰与乙醇的混合物,可冷至−72 ℃,干冰与丙酮的混合物可冷至−78 ℃,干冰与乙醚的混合物可冷至−100 ℃。

（5）液氮

液氮可降低温度至−196 ℃。

低温注意事项:

① 温度低于−38 ℃时,不能使用水银温度计(水银凝固点−38.87 ℃),应使用低温温度计(甲苯:−90 ℃,正戊烷:−130 ℃)。

② 干冰、干冰混合物、液氨、液氮等应盛放在保温瓶中(也称杜瓦罐),保持绝热良好,降低挥发速度。

2.5.3 回流装置

很多有机反应需要在反应体系的溶剂或液体反应物的沸点附近进行,这时就要用回流装置。如图2.2中A是可以隔绝潮气的回流装置,如不需要防潮,可以去掉球形冷凝管顶端的干燥管;若回流中无不易冷却的物体放出,可以把气球套在冷凝管上口,隔绝潮气的渗入;图2.2中B是带有吸收反应中生成气体装置的回流装置,适用于回流时有水溶性气体(如氯化氢、溴化氢、二氧化硫等)产生的实验;C为带分水器的回流装置;D、E和F均为回流时可以同时滴加液体的装置。回流加热前应先放沸石,根据瓶内液体的沸腾温度,选用水浴、油浴,回流的速率应控制在液体蒸气浸润不超过两个球为宜。

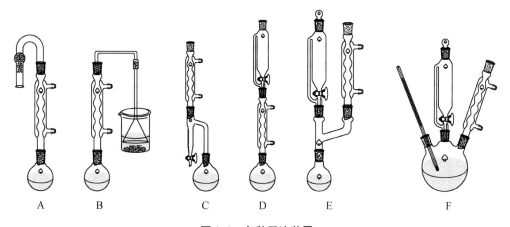

A　　　　B　　　　C　　　　D　　　　E　　　　F

图2.2　各种回流装置

2.5.4 蒸馏装置

蒸馏是分离两种或两种以上沸点相差较大的液体或除去有机溶剂的常用方法。图2.3是几种常用的蒸馏装置,可用于不同要求的实验中。图2.3中A是最常用的蒸馏装置,该装置出口处与大气连通,可能逸出蒸馏液蒸气;如果蒸馏易挥发的低沸点液体时,需将接液管的支管连上橡皮管,通向水槽或室外。图2.3中B在支管口接上干燥管,可用作防潮的蒸馏。C是应用空气冷凝管的蒸馏装置,常用于蒸馏沸点在140℃以上的液体,若使用直形冷凝管,由于液体蒸气温度较高而使冷凝管炸裂。D是蒸除较大量溶剂的装置,由于液体可自滴液漏斗中不断加入,既可调节滴入和蒸出的速度,又可避免使用较大的蒸馏瓶。E和F分别是水蒸气和减压蒸馏装置。

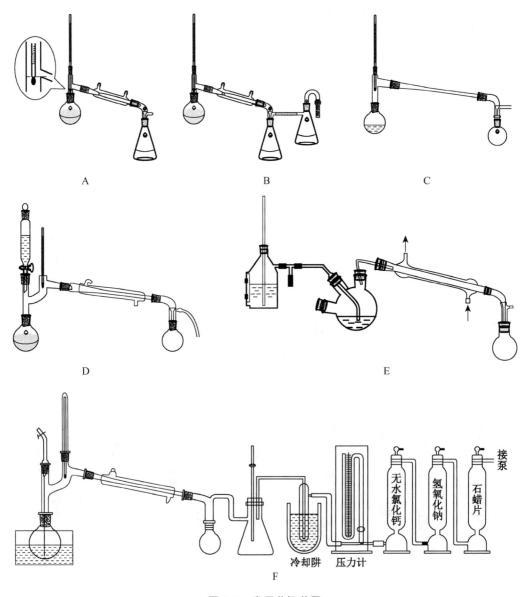

图 2.3　常用蒸馏装置

2.5.5　气体吸收装置

气体吸收装置用于吸收反应过程中生成的有刺激性的水溶性气体(如氯化氢、二氧化硫等)。图2.4中是两种气体吸收装置,其中A可作少量气体的吸收装置,玻璃漏斗应略微倾斜使漏斗口一半在水中,一半在水面上,既能防止气体逸出也可防止水被倒吸至反应瓶中。如果反应过程中有大量气体生成或气体逸出很快时,可使用B装置,水自上端流入(可利用冷凝管流出的水)抽滤瓶中,在恒定的平面上溢出。粗的玻璃管恰好伸入水面,被水封住,以防止气体逸出到大气中。图中的粗玻璃管也可用Y形管代替。

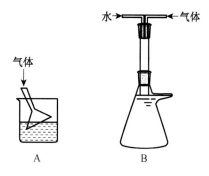

图2.4　常用的气体吸收装置

2.5.6　搅拌装置

搅拌器是有机化学实验必不可少的仪器之一,它可以使反应物迅速均匀地混合,避免局部过浓、过热而导致其他副反应发生或有机物降解,很好地控制反应温度,同时也能缩短反应时间和提高产率,从而有利于化学反应的进行(特别是非均相反应)。搅拌的方法有三种:人工搅拌、磁力搅拌、机械搅拌。人工搅拌一般借助于玻璃棒就可以进行,磁力搅拌是利用磁力搅拌器,机械搅拌则是利用机械搅拌器。

磁力搅拌器可以用来进行连续搅拌,较易安装,尤其当反应量比较少或反应在密闭条件下进行时使用更为方便。磁力搅拌器是利用磁场的转动来带动磁子的转动。磁子是用一层惰性材料(如聚四氟乙烯等)包裹着的一小块金属,也可以自制(用一截10#铁铅丝放入细玻管或塑料管中,两端封口)。磁子的大小有10 mm、20 mm、30 mm长,还有更长的磁子,磁子的形状有圆柱形、椭圆形和圆形等,需根据实验的规模来选用。缺点是对于一些黏稠液或有大量固体参加或生成的反应,磁力搅拌器无法顺利使用,这时就应选用机械搅拌器作为搅拌动力。

机械搅拌器主要包括三部分:电动机、搅拌棒和搅拌密封装置。电动机是动力部分,固定在支架上,由调速器调节其转动快慢。搅拌棒与电动机相连,当接通电源后,电动机就带动搅拌棒转动而进行搅拌。搅拌密封装置是搅拌棒与反应器连接的装置,它可以使反应在密封体系中进行。搅拌的效率在很大程度上取决于搅拌棒的结构,应根据反应器的大小、形状、瓶口的大小及反应条件的要求,选择较为合适的搅拌棒。

常用的搅拌装置见图2.5,其中A是可同时进行搅拌、回流和自滴液漏斗加入液体的实验装置;B是可以同时监测反应温度的装置;C采用了简易密封装置,在加热回流情况下进行搅拌,可避免蒸气或生成的气体直接逸出到大气中;D装置采用磁力搅拌器。

简易密封搅拌装置制作方法(以250 mL三颈瓶为例)如下:

(1) 在250 mL的三颈瓶的中口配置橡皮塞,打孔。孔洞必须垂直且位于橡皮塞中央,插入长6~7 cm、内径较搅拌棒略粗的玻璃管。

(2) 取一段长约2 cm、内壁与搅拌棒紧密接触、弹性较好的橡皮管套于玻璃管上端,自玻璃管下端插入已经制好的搅拌棒。这样,固定在玻璃管上端的橡皮管因与搅拌棒紧密接

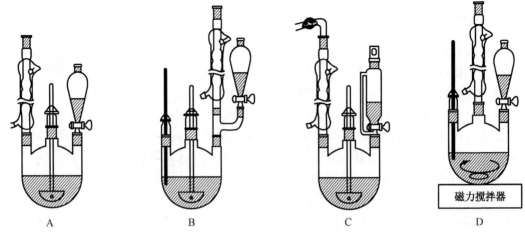

图 2.5　常用的搅拌装置

触而达到密封的效果。

（3）搅拌棒的上端用橡皮管与固定在搅拌器上的一个短玻璃棒连接，下端接近三颈瓶底部，离瓶底适当距离，不可相碰。搅拌时要避免搅拌棒与塞中的玻璃管相碰。

2.5.7　过滤装置

过滤是分离固液混合物的一种操作方法。一般有两个目的：一是滤除溶液中的不溶物得到溶液，二是去除溶剂（或溶液）得到固体。图 2.6 列出了常见的一种过滤装置。

图 2.6　常用的过滤装置

2.5.8　升华装置

升华是提纯固体化合物的方法之一。某些物质在固态时具有相当高的蒸气压，当加热时，不经过液态而直接汽化，这个过程叫升华，蒸气受到冷却又直接冷凝成固体，这个过程叫凝华。若固态混合物具有不同的挥发度，则可以应用升华法提纯。升华得到的产品一般具有较高的纯度，此法特别适用于提纯易潮解及与溶剂起离解作用的物质。升华法只能用于在不太高的温度下有足够大的蒸气压力（在熔点前高于 266.6 Pa）的固态物质，因此有一定的局限性。

图 2.7 中 A 是常压下简单的升华装置，在瓷蒸发皿中盛粉碎了的样品，上面用一个直径小于蒸发皿的漏斗覆盖，漏斗颈用棉花塞住，防止蒸气逸出，两者用一张穿有许多小孔（孔刺向上）的滤纸隔开，以避免升华上来的物质再落到蒸发皿内，操作时，加热应控制温度（低于被升华物质的熔点）让其慢慢升华。蒸气通过滤纸小孔，冷却后凝结在滤纸上或漏斗壁上。为了加快升华速度，可在减压下进行升华，减压升华法特别适用于常压下蒸气压不大或受热易分解的物质，图 B 用于少量物质的减压升华。

为了提高有机小分子材料的纯度，从而提高器件

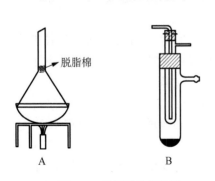

图 2.7　常用的升华装置

的稳定性、效率等问题,主要采用升华仪在真空条件下对有机混合物进行升华达到纯化的目的。升华仪是通过利用不同组分材料的不同升华温度来分离提纯获得高品质、高纯度的有机小分子材料,主要处理的对象为具有升华性的有机材料,或具有流动相特性的混合物如有机声光产品(如有机发光显示器用的有机光电材料)或纳米材料。

2.6　实验注意事项

2.6.1　实验前的准备工作

实验做得成功与否,与实验前的准备有很大关系。

(1) 科学实验是认识客观、改造客观的实践。在进行每一项实验之前,首先应对所进行的实验方法做周密的调查,根据具体情况进行实验设计。

(2) 一个化合物的合成,往往要经过几个中间产品的制备才能得到。为了多、快、好、省地进行实验,凡没有经过亲自实践过、对反应情况不熟悉,以及合成未知化合物的,均应从小量试制开始,待熟悉和掌握反应情况后,再进行大量制备。

(3) 每次实验开始前,要事先根据实验的具体操作步骤和条件,列好提纲,全盘考虑,准备好适当的仪器和适当规格的原料药品。对可能发生危险的实验,应做好预防事故的措施。同时还要计划和安排好当天的工作,尽量有效地利用工作时间,提高工作效率。

(4) 玻璃仪器要事先洗涤干净,以备随时使用。

(5) 有些实验在无水条件下操作,要事先准备无水溶剂,使用的玻璃仪器必须干燥,否则影响实验结果。应将在室温已经晾干的玻璃仪器放入烘箱内,在 $100 \sim 110$ ℃烘干 $1 \sim 2$ h,取出后放入干燥器内冷却,或立即搭装置,并采取防潮措施。如玻璃仪器过长或过大,不能放入烘箱内干燥,可用少量乙醇、二氯甲烷依次洗涤后用电吹风机吹干后立即使用。在空气湿度较大时,更要注意玻璃仪器的干燥。

2.6.2　实验中的注意事项

(1) 认识来源于实践。在实验过程中,必须注意实验条件的控制,因为化学反应与温度、压力、时间、各种原料和溶剂用量的比例,以及原料加入先后次序有关。同时,还必须注意观察反应情况,并把观察到的一切现象详细记录下来。

(2) 国内实验室一般都采用标准磨口玻璃仪器,为合成工作提供了很大方便,但还不能完全代替软木塞或橡皮塞。在有机化学实验中,一般应尽量用软木塞,其优点是不被某些有机溶剂所溶胀,但在要求封闭严密的实验中,如减压蒸馏等,必须使用橡皮塞。

(3) 有些实验需要回流搅拌,电动搅拌器应垂直装置,注意减少摩擦。应根据实验的要求,或是依据反应溶液的黏度调节搅拌器的速度。对非均相反应的混合物,更应给予良好的搅拌。如果使用温度计,应装置在搅拌棒的转动范围以外,以防破损。应先搅拌后加热回流。使用玻璃仪器应先检查是否完整无损。装置时铁夹要夹得松紧适宜,过紧夹坏仪器,过松则仪器易于脱落。如需使用氯化钙干燥管,应注意通气是否良好。使用磨口玻璃仪器要用润滑剂如凡士林在磨口上涂薄薄一层,使磨口之间接触紧密。

(4) 根据实验的要求计算用量。称量前要检查药品瓶标签是否与所需药品及其规格相符。称量时不得使药品污染天平盘,随时记下使用砝码的重量,称毕加以复核。称量物品重量应在天平的最大称量重量以下。有的液体药品可从它的密度折算成体积后用量筒量取。

(5) 使用金属钠时,应戴眼镜和使用镊子。金属钠外层的氧化钠应该完全切除。切时要尽量地薄,直至出现金属钠光泽为止。切好后放入液体石蜡内称重,擦干使用。凡与金属钠接触过的用具或纸等,均应仔细检查有无金属钠剩留,剩留的金属钠屑应及时用乙醇处理,待反应完毕后,再用水处理。切除下来的废钠片仍放在液体石蜡内,集中处理。

(6) 实验室经常使用玻璃管和玻璃棒制成各种弯管和搅拌棒。切断时,要用布裹住,割断以后两端要烧圆滑,以免损伤仪器和割伤手。若将玻璃管插入软木塞或橡皮塞中,也要用布裹住,不断旋转而入。有时可在塞孔中涂些甘油润滑。注意不可用力过猛,手握的地方尽可能靠近塞子,不要把弯管玻璃的弯角处当作旋柄来用力,以防折断而受伤。

(7) 搬运气体钢瓶时要轻轻移动,开启阀门要轻。气体通入溶液以前,要先试好气体的流速,再通入溶液,根据实验的要求,装置洗涤或干燥系统。气体钢筒应放置于墙角阴凉处,防止翻倒。

(8) 实验室内仪器和药品应分类登记保管,特别是易燃、易爆和剧毒药品必须妥善保管。使用时应注意安全操作。

(9) 经常注意实验室内空气流畅。凡产生有害气体的实验应在通风橱内操作。实验完毕后,要及时整理,经常保持实验台面、地面、仪器、水槽等整洁。实验台上尽量不放与本实验无关的仪器药品。下班前或离开实验室前都要洗手。

(10) 在工作时间内必须严肃认真,重视实验室安全。实验进行时如需离开,要有人代管,交代清楚。使用剧毒药品时,一般都应在通风橱内操作,并根据其毒理特性,选择戴上眼镜、防护面罩、防护手套等。使用易燃、易爆药品时,应远离火源。蒸馏或回流易燃溶剂时,仪器装置气密性要好,保持冷凝管内流水畅通。蒸馏易爆试剂时,例如无水肼、含过氧化物的醚类,不能蒸干,以免发生爆炸。减压蒸馏时,要仔细检查仪器是否有裂痕,能否耐压。要用圆底烧瓶,切不可选用三角瓶作为接收器。用水泵抽气时,要经常留意水压的变化,以免水倒吸。如用真空干燥器抽气,还需要用布包好,以防干燥器炸裂。下班前或离开实验室前应检查水、电、煤气是否关闭。有机合成实验室虽容易发生各种事故,但只要思想上重视安全,加强责任心,严格遵守必要的操作规程,预防或避免事故的发生是完全可能的。

2.6.3 实验后的问题

(1) 要及时整理实验记录。实验记录的内容大体上应包括实验日期、化合物的名称或结构式、反应方程式、原料规格及用量、具体操作程序和条件、操作中观察到的现象、分离纯化方法、产物产率和物理常数以及其他应该注意的事项等。

(2) 要及时总结经验。对实验过程中所得的第一手资料(包括正常和反常两个方面)要加以去粗取精、去伪存真、由此及彼、由表及里的思索,从而得出正确的结论。特别是实验失败后,不要盲目地重复,要养成分析的习惯,学会分析的方法,提出解决的办法。

(3) 要及时清洗仪器。使用过的仪器,特别是磨口仪器,在实验完毕后应及时拆开清洗,不要放置过长时间,以防磨口难以拆开。凡合成有毒物质用过的仪器,或盛放过有毒试剂的瓶子,应先消毒后再清洗。对实验室"三废"处理的基本原则是:不腐蚀或堵塞下水管道,不影响环境保护,不造成火灾、爆炸事故。

(4) 要及时回收溶剂。对一切可以回收的溶剂应及时处理,回收再用。对剩余的中间产品要登记、保管好,以利于交流,互通有无。

2.7　实验预习、实验记录和实验报告

2.7.1　实验预习

实验预习是有机化学实验的重要环节,对保证实验成功与否、收获大小起着关键作用。为了避免照方抓药、依葫芦画瓢,必须认真做好实验预习,积极主动、准确地完成实验。每个学生都应准备一本实验记录本,该本子应是装订本,空出前面几页,留作编目录用,并编上页码。每做一个实验,应从新的一页开始,记录的文字要简明,书写整齐,字迹清楚。教师有义务拒绝那些未进行预习的学生进行实验。实验预习的具体要求如下:

(1) 将本实验的目的、要求、反应式(包括正反应和主要副反应)、反应物、试剂及产物的物理常数(查手册或辞典)、用量(g、mL、mol)、规格等摘录于笔记本中。

(2) 写出实验简单步骤。每个学生应将实验内容中的文字描述改写成简单明了的实验步骤(不是照抄实验内容!)。步骤中的文字可以用符号简化,例如,试剂可以写分子式,沉淀写成"↓",气体逸出写成"↑"等。仪器以示意图代之。在实验初期可画装置图,步骤写得详细些,以后可逐步简化。这样在实验之前形成一个工作提纲,使实验有条不紊地进行。

(3) 列出粗产物纯化过程及原理,明确各步骤操作的目的和要求。

2.7.2　实验记录

实验是培养学生科学素养的主要途径,实验中要做到认真操作,仔细观察,思考积极,并将所用物料的数量、浓度、观察到的现象(反应温度变化、体系颜色变化、结晶或沉淀情况、吸热放热、气体放出等)和测得的各种数据及时如实地记录于笔记本中。实验者必须养成边进行实验边直接在记录本上做记录的习惯,不许用零星的散纸暂记再转抄,更不许事后凭记忆补写"回忆录"。

实验记录应记上实验的题目、日期、气候、试剂的规格和用量,仪器的名称、牌号,每步反应或操作的时间,实验现象和数据等。对于观察到的现象应忠实而详尽地记录,不能虚假。此外,产物的分离、提纯方法以及原理、流程,产品的分析、鉴定,包括元素分析、光谱分析和其他物理常数也应详细记录。

实验完毕后学生将实验记录本和产物交给教师。产物要盛于样品瓶中(固体产物可放在硫酸纸袋中或培养皿中),贴好标签。

以正溴丁烷为例,标签格式如图2.8。

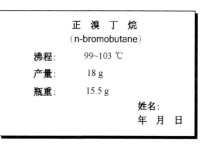

图 2.8　实验产物标签格式示例

2.7.3 实验记录格式及实验报告格式

每个学生都应准备一本实验记录本，做好实验预习和实验记录。

（1）实验记录本应是一装订本，空出头几页，留作编录用，并编上页码；每做一个实验，应从新的一页开始；记录的文字要简明，书写要整齐，字迹要清楚。

（2）实验编号。实验编号位于实验记录页的右上角，因为涉及每一个制备得到的化合物，因而非常重要。实验编号的方法推荐如下：实验者（BB）的实验记录本依次编号为A、B、C、D 等，位于记录本 A 中第 23 页的实验就编号为 BBA23，如果该一个反应中得到多个化合物，可以再加上后缀，如 a、b、c 等，加在参考编号的后面。a 是 TLC 板上爬得最高的点，b 是其次高的，依此类推。因此，对这个实验来说，分离出两个产物，参考编号为 BBA23a 和 BBA23b。

（3）实验日期。

（4）反应方程式。反应方程式在实验记录页的最上方写出，以便于以后查找。如果反应按预计的方式发生，则完整保留方程式。如果预计的产物没有得到，则用红笔在反应方程式中间打叉来表示。如果得到其他产物，需用其他颜色笔加上。要达到一翻开记录本就能看到大量关于反应的信息的效果。

（5）参考文献。

（6）反应物的投量。在开始的部分列出每种反应物的投量，包括相对分子质量、物质的量，这些信息对实验来说是非常重要的。有了化合物的相对分子质量可以节省做其他实验的大量时间以及便于质谱分析等，这些参数对估计反应产率非常重要，也可据此调整和修改后续的反应步骤。

（7）实验步骤。这部分应是实际反应操作的准确的记录。可以相当简洁，不必达到出版论文的标准，只要便于理解即可。

（8）反应过程监控。TLC 是最广为使用的反应过程监控方法。记录下一个完整的 TLC 板监控结果是非常重要的，包括给出展开剂、样品点及显色方法。TLC 可以让我们对反应过程有一个直观的感觉。一个好的 TLC 板图在跟踪反应进程中能够抵得上很多文字。其他，如 HPLC、GC 等技术都可以用于监控反应进程，同样的，也需要将其准确记录下来。

（9）后处理和产物提纯的细节。对色谱来说，确定吸附剂类型和数量以及洗脱溶剂体系非常重要。一般选择 TLC 的 R_f 在 0.3 左右的极性柱子。产物如果通过重结晶提纯，则需要记录使用的溶剂量和熔点。如果用蒸馏的方法提纯，则需要描述蒸馏结构类型并记录沸点和压力。

（10）表征数据。每个化合物应进行恰当的结构表征，包括核磁共振、质谱、紫外等。

（11）最后记录下关于反应的初步结论和评价。

图 2.9、图 2.10 是两个实验记录的例子，供参考。

在实验操作完成之后，必须对实验进行总结，即讨论观察到的现象，分析出现的问题，整理归纳实验数据等。这是完成整个实验的一个重要组成部分，也是把各种实验现象提高到理性认识的必要步骤。实验报告就是进行这项能力的培养和训练的。在实验报告中还应完成指定的思考题或提出改进本实验的意见等。

9 March 2000   *A23*

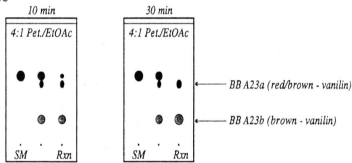

BBA21a mw = 348   mw = 350

Ref., J.-L. Luche, L. Rodriguez-Hahn and P. Crabbe, J. Chem. Soc., Chem. Commun., 1978, 601

Substance	Quant.	Mol. wt.	m.moles	Equiv.	Source
BB A21a	200mg	348	0.57		p. A21
NaBH₄	27mg	38	0.71	2.84(H⁻)	Aldrich
CeCl₃(0.4M/MeOH)	2ml		0.8	1.4	
MeOH	25ml				

Method:

   The aldehyde (200mg) and CeCl₃ solution (2ml) in MeOH (25ml), was cooled to 0°C, then treated with NaBH₄ (27mg) in MeOH (8ml).

TLC

After 30 min tlc shows no SM, but two products. MeOH was evaporated, CH₂Cl₂ (30ml) added and the mixture washed with 10% HCl (10ml) followed by satd. NaHCO₃ (3 x 10ml), dried and evaporated. (210mg crude)

Flash chromatography using 9:1 (pet. ether/EtOAc) on 8g of silica provided:

BB A23a 27mg (12% yield)- NMR (BB28), MS (BB19), IR (BB27), Data sheet 6 - looks like:

C₂₅H₃₀O₄
mw = 394

BB A23b 140mg (69% yield) - NMR (BB29), MS (BB20), IR (BB28), Data sheet 5 - OK for:

C₂₃H₂₆O₃
mw = 350

Comment:

   Next time use aqueous solvent - may avoid acetal formation

图 2.9 实验记录格式示例 1

实验报告格式				
实验时间： 编号：				
反应方程式： （反应底物名称依次为 A，B，C，…）				
反应底物及试剂 M_w mmol 当量 用量 A B				
实验步骤及实验现象： a b c d				
实验监测： TLC				
实验结果：				
产率：				
表征数据：				

图 2.10　实验记录格式示例 2

实验报告应包括以下内容：

（1）实验目的

（2）实验原理（包括主反应和副反应）

（3）主要试剂及产物的物理常数

（4）主要试剂规格及用量

（5）仪器装置图

（6）实验步骤和现象记录

（7）产品外观、质量及产率计算

（8）讨论

（9）回答思考题

注意,实验报告应有个人特色,反映个人的体会、思维的创造性。以下是以正溴丁烷为例的实验报告:

实验××　正溴丁烷(n-bromobutane)

(1) 目的和要求

① 了解由醇制备溴代烷的原理及方法。

② 初步掌握回流气体吸收装置和分液漏斗的使用。

(2) 反应式

主要反应:

$$NaBr + H_2SO_4 \longrightarrow HBr + NaHSO_4$$

$$n\text{-}C_4H_9OH + HBr \longrightarrow n\text{-}C_4H_9Br + H_2O$$

副反应:

$$CH_3CH_2CH_2CH_2OH \xrightarrow{H_2SO_4} CH_3CH_2CH\!=\!CH_2 + H_2O$$

$$2n\text{-}C_4H_9OH \xrightarrow{H_2SO_4} n\text{-}(C_4H_9)_2O + H_2O$$

$$2NaBr + 3H_2SO_4 \longrightarrow Br_2 + SO_2\uparrow + 2H_2O + 2NaHSO_4$$

(3) 主要物料及产物的物理常数

名称	相对分子质量	性状	折光率	相对密度(d_4^{20})	熔点/℃	沸点/℃
正丁醇	74.12	无色透明液体	1.399 31	0.809 78	−89.2～−89.9	117.71
正溴丁烷	137.03	无色透明液体	1.439 8	1.299	−112.4	101.6

(4) 主要物料用量及规格

正丁醇实验试剂:15 g(18.5 mL,0.2 mol)。

浓硫酸工业品:53.4 g(29.0 mL,0.54 mol)。

溴化钠实验试剂:25 g(0.24 mol)。

(5) 实验步骤及现象记录

步　　骤	现　　象
在 150 mL 烧瓶中放置 20 mL 水,加 29 mL 浓 H_2SO_4,振摇冷却	放热,烧瓶烫手
加入 18.5 mL n-C_4H_9OH 及 25 g NaBr,振摇并加入沸石	不分层,有许多 NaBr 未溶解;瓶中出现白雾状 HBr
装冷凝管、HBr 洗气装置,石棉网小火加热 1 h	沸腾,瓶中白雾状 HBr 增多,并从冷凝管上升,为气体吸收装置吸收。瓶中液体由一层变成三层,上层开始极薄,中层为橙黄色,上层越来越厚,中层越来越薄,最后消失。上层颜色由淡黄→橙黄色
稍冷,改成蒸馏装置,加入沸石,蒸出 n-C_4H_9Br	馏出液浑浊、分层,瓶中上层越来越少,最后消失,消失后片刻停止蒸馏。蒸馏瓶冷却析出无色透明晶体(NaHSO$_4$)
粗产物用 15 mL 水洗	产物在下层

步　骤	现　象
在干燥分液漏斗中用10 mL H₂SO₄洗,15 mL水洗	加一滴浓 H₂SO₄沉至下层,证明产物在上层。两层交界处有些絮状物
15 mL 饱和 NaHCO₃洗,15 mL 水洗,粗产物置于50 mL 烧瓶中,加入 2 g CaCl₂干燥	粗产物有些浑浊,稍摇后透明
产物滤入 30 mL 烧瓶,搭蒸馏装置,加入沸石蒸馏,收集 99~103 ℃馏分	90 ℃以前馏出液很少,长时间稳定于101~102 ℃左右后升至 103 ℃,温度下降,瓶中液体很少,停止蒸馏。无色液体,瓶重 15.5 g,共重 33.5 g,产物重 18 g

（6）粗产物纯化过程及原理

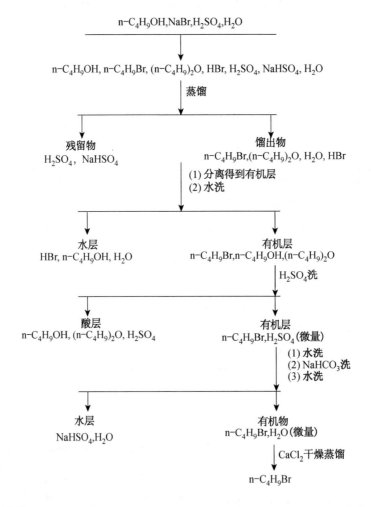

（7）产率计算

因为其他试剂过量,理论产率应按正丁醇计算:0.2 mol 正丁醇产生 0.2 mol[即 0.2×137＝27.4（g）]正溴丁烷。

$$产率＝\frac{18}{27.4}×100\%＝66\%$$

（8）讨论

醇能与硫酸生成锌盐，而卤代烷不溶于硫酸，故随着正丁醇转化为正溴丁烷，烧瓶中分成三层。上层为正溴丁烷，中层可能为硫酸正丁酯，中层消失即表示大部分正丁醇已转化为正溴丁烷。上中两层液体呈橙黄色，可能是由于副反应产生的溴所致。从实验可知溴在正溴丁烷中的溶解度较硫酸中的溶解度大。

蒸去正溴丁烷后，烧瓶冷却析出的结晶是硫酸氢钠。

由于操作时疏忽大意，反应开始前忘记加沸石，使回流不正常。停止加热稍冷后，再加沸石继续回流，致使操作时间延长。这点今后要引起注意。

2.7.4 产率的计算

有机化学反应中，理论产量是指根据化学方程式计算得到产物的数量，即原料全部转化成产物，同时在分离和纯化过程中没有损失的产物的数量。产量（实际产量）是指实验中实际分离获得的纯粹产物的数量。产率是指实际得到的纯粹产物的质量和计算的理论产量的比值，即：

$$产率 = \frac{实际产量}{理论产量} \times 100\%$$

［例1］用20 g 环己醇和催化量的硫酸一起加热时，可得到12 g 环己烯，试计算它的百分产率。

环己醇和环己烯的相对分子质量分别为100和82。

根据化学反应式：1 mol 环己醇生成1 mol 环己烯，用20 g 即20/100＝0.2 mol 环己醇，理论上应得到0.2 mol 环己烯，理论产量为82 g×0.2＝16.4 g，但实际产量为12 g，因此，百分产量为：12/16.4×100%＝73%。

［例2］用12.2 g 苯甲酸、35 mL 乙醇和4 mL 浓硫酸一起回流，制得苯甲酸乙酯12 g。其中，浓硫酸为酯化反应的催化剂。

	COOH	+ C_2H_5OH	$\xrightarrow[\triangle]{H_2SO_4}$	$COOC_2H_5$	+ H_2O
	122	46		150	
相对分子质量	122	46		150	
	12.2 g(0.1 mol)			26.6 g(0.58 mol)	

从反应方程式中各物料的物质的量之比很容易看出乙醇是过量的，故理论产量应根据苯甲酸来计算。0.1 mol 苯甲酸理论上应产生0.1 mol 即0.1×150＝15(g)苯甲酸乙酯，产率为：

$$\frac{12}{15} \times 100\% = 80\%$$

有机化学实验中产率通常不可能达到理论值,这是由于以下因素影响:

(1) 可逆反应:在一定条件下,化学反应建立了平衡,反应物不可能完全转化成产物。

(2) 反应复杂:在发生主要反应的同时,一部分原料消耗在副反应中。

(3) 处理操作:分离和纯化等处理过程引起损失。

提高产率办法:通常增加某一反应物的用量。根据反应的实际情况、反应的特点、物料相对价格、后处理是否易于除去、减少副反应等因素来决定选择哪个反应物的用料过量。

2.8　手册的查阅及有机化学文献

化学文献是有关化学方面的科学研究、生产实践等的记录和总结。查阅化学文献是科学研究的一个重要组成部分,是培养动手能力的一个重要方面,是每个化学工作者应具备的基本功之一。查阅文献资料的目的是为了了解某个课题的历史概况、目前国内外的水平、发展的动态和方向。只有"知己知彼"才能使工作起始于一个较高的水平,并有一个明确的目标。文献资料是人类文化科学知识的载体,是社会进步的宝贵财富。因此,每个科学工作者必须学会查阅和应用文献资料。但是,由于种种原因,有的文献把最关键的部分,或叙述得不甚详尽,或避实就虚。这就要求我们在查阅和利用文献时必须采取辩证的分析方法对待。本节把文献资料分为工具书和专业参考书、期刊、化学文摘三部分,分别予以介绍。

2.8.1　工具书和专业参考书

一、工具书

(1) 化工辞典(第二版),王箴主编,化学工业出版社出版,1979 年 12 月。

(2) 化学化工药学大辞典,黄天守编译,台湾大学图书公司出版,1982 年 1 月。

(3) Aldrich,美国 Aldrich 化学试剂公司出版。

(4) *The Merck Index*,9th Ed.,Stecher P. G.,1979.

(5) *Handbook of Chemistry and Physics*.

(6) *Lange's Handbook of Chemistry*,Dean,J.A.,McGraw-Hill Company,1985.

(7) *Dictionary of Organic Compounds*,5th Ed.,Heilbron I. V.,1982.

(8) *Purification of Laboratory Chemicals*.

二、有机合成方面的专业参考书

(1) *Organic Synthesis*.

(2) *Organic Reactions*.

(3) *Reagents for Organic Synthesis*,Fieser L.F.and Fieser M.

(4) *Synthetic Method of Organic Chemistry*.

(5) 基础有机化学(第三版),邢其毅等编著,高等教育出版社,2005 年。

(6) 有机电子学,黄维、密保秀、高志强编著,科学出版社,2011 年。

(7) 有机电子学概论,吴世康、汪鹏飞编著,化学工业出版社,2010 年。

三、有机化学实验参考书

目前,国内陆续出版了一些有机化学实验教科书,并从国外引进了一些同类教材,部分列举如下:

（1）有机化学实验，北京大学化学系有机教研室编著，北京大学出版社，1990 年。

（2）有机化学实验，谷珉珉等编著，复旦大学出版社，1991 年。

（3）有机化学实验（第二版），曾昭琼编著，高等教育出版社，1986 年。

（4）有机化学实验，许遵乐、刘汉标编著，中山大学出版社，1988 年。

（5）有机化学实验，兰州大学、复旦大学化学系有机化学教研室编著，高等教育出版社，1978 年。

（6）*Organic Experiments*，3rd Ed.，Louis F. Fieser，Kenneth L. Williamson，D. C. Heath and Company，1983.

（7）*Vogel's Textbook of Practical Organic Chemistry*，4th Ed.，Longman Group Limited，1978.

（8）Laboratory Practice of Organic Chemistry，5th Ed.，Thomas L. Jacobs，William E. Truce，G. Ross Robertson，MacMillan Publishing Co.Inc.，1974.

2.8.2　期刊(与有机化学有关的主要中文和外文杂志)

一、中国期刊

（1）《中国科学》

月刊，期刊英文名 *SCIENCE CHINA*。刊登我国各个自然科学领域中有水平的研究成果。期刊分为 A、B 两辑，B 辑主要包括化学、生命科学、地学方面的学术论文。

（2）《科学通报》

半月刊，自然科学综合性学术刊物，有中、外两种版本。

（3）《化学学报》

月刊，原名《中国化学学会会志》。主要刊登化学方面有创造性的、高水平的和重要意义的学术论文。

（4）《高等学校化学学报》

月刊，化学学科综合性学术期刊。除重点报道我国高校师生创造性的研究成果外，还反映我国化学学科其他各方面研究人员的最新研究成果。

（5）《有机化学》

双月刊，刊登有机化学方面的重要研究成果。

（6）《化学通报》

月刊，以知识介绍、专论、教学经验交流等为主，也有研究工作报道。

（7）*Chinese Chemical Letters*

月刊，刊登化学学科各领域重要研究成果的简报。

（8）各综合性大学学报。

二、英国主要有关期刊

（1）*Journal of the Chemical Society*，简称 *J. Chem. Soc.*(1841—)

该刊为英国化学会会志，月刊，1962 年起取消卷号，按公元纪元编排。本刊为综合性化学期刊，主要刊载研究论文，包括无机、有机、生物化学、物理化学。全年末期有主题索引和作者索引。

（2）*Chemical Society Reviews*(London)

刊载化学方面的评述性文章。

（3）*Nature Chemistry*，简称 *Nat.Chem.*

这本化学综合类期刊创建于 2009 年，月刊，主要刊载分析化学、无机化学、有机化学和物理化学等领域的研究成果。

（4）*Chemical Communications*，简称 *Chem.Commun.*

创刊于 1996 年，半月刊。主要刊登与化学领域相关的研究性论文。

（5）*Journal of Materials Chemistry C*，简称 *J.Mater.Chem.C.*

主要刊载材料科学领域的研究型论文。

三、美国主要有关期刊

（1）*Journal of American Chemical Society*，简称 *J.Am.Chem.Soc.*

这本美国化学会会志是自 1879 年开始的综合性双周期刊，主要刊载研究工作论文。内容涉及无机化学、有机化学、生物化学、物理化学、高分子化学等领域，并有书刊介绍。每卷末有作者索引和主题索引。

（2）*Journal of the Organic Chemistry*，简称 *J.Org.Chem.*

这本有机化学杂志开始于 1936 年，月刊。主要刊登有机化学方面的研究工作论文。

（3）*Chemical Reviews*，简称 *Chem.Rev.*

这本化学评论开始于 1924 年，双月刊。主要刊载化学领域中的专题及发展近况的评论。内容涉及无机化学、有机化学、物理化学等各方面的研究成果和发展概况。

（4）*Advanced Materials*，简称 *Adv.Mater.*

这本先进材料杂志开始于 2008 年，半月刊。刊载与材料相关的研究领域的科研成果，其 2017 年 ISI 影响因子为 21.95。

（5）*ACS Nano*

这本杂志开始于 2007 年，综合性月刊。主要刊登材料科学、纳米科技、物理化学、化学综合等领域的研究成果。

（6）*ACS Applied Materials & Interfaces*，简称 *ACS.Appl.Mater.Inter.*

这本应用材料杂志开始于 2009 年，月刊。主要刊登材料科学方面的研究工作论文。

四、德国主要有关期刊

（1）*Chemische Berichte*，简称 *Chem. Ber.*

以有机化学方面的研究论文为主，也有一些无机化学和物理化学方面的内容。

（2）*Annalen der Chemie Justus Liebigs*，简称 *Ann.*

以有机化学方面的研究论文为主，也有其他化学方面的内容。

（3）*Angewandte Chemie*，简称 *Angew.Chem.*

（4）*Chemistry-A European Journal*，简称 *Chem-Eur.J.*

这本欧洲化学杂志创刊于 1995 年，是一本化学综合性期刊，半月刊。

（5）*Advanced Functional Materials*，简称 *Adv.Funct.Mater.*

这本先进功能材料杂志创刊于 2001 年，月刊。主要刊载电子、能源、环保等材料领域的研究文章。

五、其他与有机化学专业内容有关的基本国际性杂志

（1）*Tetrahedron*

迅速发表有机化学方面的研究工作和评论性综述文章。

（2）*Tetrahedron Letters*

迅速发表有机化学方面的初步研究工作。

（3）*Synthesis*

主要刊载有机化学合成方面的论文。

（4）*Journal of Organometallic Chemistry*

国际性金属有机化学杂志，简称 *J.Organomet.Chem.*

（5）*Organic Preparation and Procedures International*（*The new Journal for Organic Synthesis*）

美国出版的国际有机制备与步骤杂志，简称 OPPI。创刊于 1969 年，原称 *Organic Preparations and Procedures*，自 1971 年第 3 卷改用现名，双月刊。主要刊载有机制备方面最新成就的论文和短评，还包括有机化学工作者需要使用的无机试剂的制备、光化学合成及化学动力学测定用新设备等。

2.8.3　化学文摘

化学文摘是将大量分散的、各种文字的文献加以收集、摘录、分类、整理，以便于查阅，这是一项十分重要的工作。美国、德国、俄罗斯、日本都有文摘性刊物，其中以美国化学文摘最为重要。美国化学文摘（*Chemical Abstracts*）简称 CA，创刊于 1907 年，自 1962 年起每年出两卷。自 1967 年上半年即 67 卷开始，每逢单期号刊载生化类和有机化学类内容，逢双期号刊载大分子类、应用化学与化工、物理化学与分析化学类内容。

美国化学文摘 CA 包括以下两部分内容：

（1）从资料来源刊物上将一篇文章按一定格式缩减为一篇文摘，再按索引词字母顺序编排，或给出该文摘所在的页码或给出它在第一卷栏数及段落，现在发展成为一篇文摘有一条顺序编号。

（2）索引部分，其目的是用最简便、最科学的方法既全又快地找到所需资料的摘要，若有必要再从摘要列出的来源刊物寻找原始文献。

CA 的优点在于从各方面编制各种索引，使读者省时、全面地找到所需要的资料。因此，掌握各种索引的检索方法是查阅 CA 的关键。

2.8.4　Web of Science

ISI Web of Science 是全球最大、覆盖学科最多的综合性学术信息资源，收录了自然科学、工程技术、生物医学等各个研究领域最具影响力的 8 700 多种核心学术期刊。利用 Web of Science 丰富而强大的检索功能——普通检索、被引文献检索、化学结构检索，可以方便快速地找到有价值的科研信息，既可以越查越旧，也可以越查越新，全面了解有关某一学科、某一课题的研究信息。SCI 数据库包含的是关于引文的数据库。通过该数据库，可以检索到哪些文章是曾经被引用过的。因为好的文章，或者有启发性的文章当然或者说必然被应用，因此该引文库具有相当的科学价值。由于该库对期刊的评价相当严格，因此被索引到的文献具有很高的学术价值。ISI 所谓最有影响力的研究成果，指的是报道这些成果的文献大量的被其他文献引用。为此，作为一部检索工具，SCI 一反其他检索工具通过主题或分类途径检索文献的常规做法而设置了独特的"引文索引"（citation index），即通过先期的文献被当前文献的引用，来说明文献之间的相关性及先前文献对当前文献的影响力。SCI 以上做法上的特点，使得 SCI 不仅作为一部文献检索工具使用，而且成为科研评价的一种依据。科研机构被 SCI 收录的论文总量反映整个机构的科研，尤其是基础研究的水平，个人的论文被 SCI 收录的数量及被引用次数反映他的研究能力与学术水平。

一、检索方式

Web of Science 提供 Easy Search 和 Full Search 两种检索界面。

Easy Search：通过主题、人物、单位或者城市名和国别检索。

Full Search：提供较全面的检索功能。能够通过主题、刊名、著者、著者单位、机构名称检索，也能够通过引文著者（cited author）和引文文献（cited reference）名检索，同时可以对文献类型、语种和时间范围等进行限定。建议使用 Full Search 方式。

（1）Easy Search（简单检索）

可以选择三种检索途径：

Topic —— 从主题检索；

Person —— 从论文著者、引文著者以及文献中涉及的人物检索；

Place —— 从著者地址检索。

注：Easy Search 方式下的每个检索命令最多命中 100 篇文献。

（2）Full Search（充分检索）

包括通用（General Search）和引文（Cited Reference Search）检索两种方式。几点说明如下：

① 在 Full Search 方式下，选择"Latest date"或"Relevance"排序时，检索结果最多为 500 篇。

② 选择"Times Cited""First Author"或"Source Title"排序时，如果命中文献超出 300 篇，系统提示需缩小检索范围，重新检索。

③ 如果用户需要检索浏览较大量的文献，可以选择一年或者几年检索，不要选择所有年代。

二、检索之前需要做的选择

（1）要检索文献的时间范围。

（2）选择检索类型：

通用检索——通过主题、著者、期刊名称或者著者地址检索。

引文检索——通过引文著者或者引文文献检索。

命中结果排列顺序的确定

默认选项——根据 ISI 收录文献的日期排序，最新的排在前面。

Relevance ——相关性排序。系统根据每篇记录包含检索词的数目、检索词出现的频率以及它们之间的靠近程度排序，相关性高的排在前面。

Times Cited ——根据文献被引用的次数排序。

First Author ——根据第一著者的字母顺序排序。

Source Title ——根据来源出版物的名称字母顺序排序。

三、存储/执行检索策略

点击 Search 进行检索之前或者之后,都可以存储检索策略,以备后用。检索策略存储在用户本地的硬盘或者软盘上,用户可以指定文件目录。

调入先前已存储检索策略的对话框,在进入 Full Search 第一页的最底端点击 Browse,选定目录和文件后调入,就可以用先前存储检索策略检索了。

2.8.5 RSS 订阅

RSS 订阅是站点用来和其他站点之间共享内容的一种简易方式,即 Really Simple Syndication(简易信息聚合)。对于材料人来说,通常使用 RSS 订阅文献,以及时获得所订阅期刊的最新研究内容。目前,RSS 订阅不仅可以在电脑上使用,也可同时在手机上使用。一般来说,我们只需下载和安装一个 RSS 阅读器,然后从网站上提供的目录列表中订阅感兴趣的内容。订阅后,将会及时获得所订阅期刊的最新内容。

2.9 有机化学相关软件简介

2.9.1 ChemOffice

ChemOffice 是由 CambridgeSoft 开发的综合性科学应用软件包。ChemOffice 的组成主要有 ChemDraw 化学结构绘图、Chem3D 分子模型及仿真、ChemFinder 化学信息搜寻整合系统。

ChemDraw 模块——是世界上最受欢迎的化学结构绘图软件,是各论文期刊指定的格式,化学家可以利用 ChemDraw 准确处理和描绘有机材料、有机金属、聚合材料和生物聚合物(包括氨基酸、肽、DNA 及 RNA 序列等),以及处理立体化学等高级形式。

Chem3D 模块——提供工作站级的 3D 分子轮廓图及分子轨道特性分析,并和数种量子化学软件结合在一起。由于 Chem3D 提供完整的界面及功能,已成为分子仿真分析最佳的前端开发环境。

ChemPro 模块——预测 BP、MP、临界温度、临界气压、吉布斯自由能、$\log P$、折射率、热结构等性质。

ChemFinder 模块——化学信息搜寻整合系统,可以建立化学数据库、储存及搜索,或与 ChemDraw、Chem3D 联合使用,也可以使用现成的化学数据库。ChemFinder 是一个智能型的快速化学搜寻引擎,所提供的 ChemInfo 信息系统是目前世界上最丰富的数据库之一,包含 ChemACX、ChemINDEX、ChemRXN、ChemMSDX,并不断有新的数据库加入。ChemFinder 可以从本机或网上搜寻 Word、Excel、Powerpoint、ChemDraw 和 ISIS 格式的分子结构文件,还可以与微软的 Excel 结合,可联结的关联式数据库包括 Oracle 及 Access,输入的格式包括 ChemDraw、MDL ISIS SD 及 RD 文件。

ChemOffice WebServer——化学网站服务器数据库管理系统可将 ChemDraw、Chem3D 作品发表在网站上,使用者就可用 ChemDraw Pro plugin 网页浏览工具,用 www 方式观看 ChemDraw 的图形,或用 Chem3D Std 插件中的网页浏览工具观看 Chem3D 的图形。WebServer 还提供 250 000 种化学品数据库,包含 Sigma、Aldrich、Fisher、Acros 等国外大公司。

2.9.2 NoteExpress

NoteExpress 具备文献信息检索与下载功能,可以用来管理参考文献的题录,以附件方式管理参考文献全文或者任何格式的文件、文档。数据挖掘的功能可以帮助用户快速了解某研究方向的最新进展、各方观点等。除了管理以上显性的知识外,类似日记、科研心得、论文草稿等瞬间产生的隐性知识也可以通过 NoteExpress 的笔记功能记录,并且可以与参考文献的题录联系起来。在编辑器(比如 MS Word)中 NoteExpress 可以按照各种期刊的要求自动完成参考文献引用的格式化——完美的格式、精准的引用将大大增加论文被采用的概率。与笔记以及附件功能的结合、全文检索、数据挖掘等,使该软件可以作为强大的个人知识管理系统。主要功能包括以下几点:

一、题录采集

(1)从互联网上数以千计的国内外电子图书馆、文献数据库中检索、下载文献书目信息,软件内置多线程,是同类软件中下载速度最快的。以后将提供用户自己添加、管理这些链接的功能。

(2)可以从全球最大的在线书店 Amazon 的资料库中检索、下载题录信息。

(3)从硬盘本地文件中导入用户以前搜集的各种的文献资料题录,速度比国外同类软件快 10 倍以上(参考文献的全文可以通过附件管理)。

(4)手工添加。

二、题录管理

(1)检索方便,检索结果可以保存下来作为一个研究方向专题。

(2)数据库容易携带、备份。

三、题录使用

(1)快速检索和浏览,以了解研究方向的最新进展。

(2)NoteExpress 的核心功能之一就是在学术论文、专著或研究报告等的正文中,按照国际通行惯例、国家制定的各种规范、各种期刊要求的规范(可由用户自己编辑规则),在正文中的指定位置添加相应的参考文献注释或说明,进而根据文中所添加的注释,按照一定的输出格式(可由用户自己选择),自动生成所使用的参考文献、资料或书目的索引,添加到作者所指定的位置(通常是章节末尾或者文末)。目前在同类软件中,NoteExpress 的 Word 插件的性能最好。

四、笔记功能

可以为正在阅读的题录添加笔记,并把笔记和题录通过链接关联起来,方便以后阅读。任意格式的附件和文献全文、题录、笔记与附件功能结合,可以把该软件作为个人的知识管理系统。参考文献的全文也是作为题录或者笔记的附件来保存。

2.9.3 Gaussian

Gaussian(高斯软件)是一个功能强大的量子化学综合软件包,其可执行程序可在不同型号的大型计算机、超级计算机、工作站和个人计算机上运行,并相应有不同的版本。通过高斯软件可以对分子的过渡态能量和结构、键和反应能量、分子轨道、原子电荷和电势、振动频率、红外和拉曼光谱、核磁性质、极化率和超极化率、热力学性质、反应路径进行计算模拟,计算可以对体系的基态或激发态执行，可以预测周期体系的能量、结构和分子轨道。因此，Gaussian 可以作为功能强大的工具，用于研究许多化学领域的课题，例如取代基的影响、化学反应机理、势能曲面和激发能等。

2.9.4　Adobe illustrator

Adobe illustrator 是一种应用于出版、多媒体和在线图像的工业标准矢量插画的软件，作为一款非常好的图片处理工具，Adobe illustrator 广泛应用于印刷出版、海报书籍排版、专业插画、多媒体图像处理和互联网页面的制作等，也可以为线稿提供较高的精度和控制，适合生产任何小型设计到大型的复杂项目。

2.9.5　Origin

Origin 是美国 OriginLab 公司开发的图形可视化和数据分析软件，是科研人员和工程师常用的高级数据分析和制图工具。Origin 自 1991 年问世以来，由于其操作简便、功能开放，很快就成为国际流行的分析软件之一，是公认的快速、灵活、易学的工程制图软件，既可以满足一般用户的制图需要，也可以满足高级用户数据分析、函数拟合的需要。

Origin 包括两大类功能：数据分析和科学绘图。数据分析功能包括：给出选定数据的各项统计参数平均值、标准偏差、标准误差、总和以及数据组数 N；数据的排序、调整、计算、统计、频谱变换；线性、多项式和多重拟合；快速 FFT 变换、相关性分析、FFT 过滤、峰找寻和拟合；可利用约 200 个内建的以及自定义的函数模型进行曲线拟合，并可对拟合过程进行控制；可进行统计、数学以及微积分计算。准备好数据后进行数据分析时，只要选择要分析的数据，然后选择相应的菜单命令即可。Origin 的绘图是基于模板的，本身提供了几十种二维和三维绘图模板。绘图时只需选择所要绘图的数据，然后再单击相应的工具栏按钮即可。二维图形可独立设置页、轴、标记、符号和线的颜色，可选用多种线形，选择超过 100 个内置的符号。调整数据标记（颜色、字体等），选择多种坐标轴类型（线性、对数等）、坐标轴刻度和轴的显示，选择不同的记号，每页可显示多达 50 个 XY 坐标轴，可输出为各种图形文件或以对象形式拷贝到剪贴板。用户可自定义数学函数、图形样式和绘图模板，可以和各种数据库软件、办公软件、图像处理软件等方便连接；可以方便地进行矩阵运算，如转置、求逆等，并通过矩阵窗口直接输出三维图表；可以用 C 语言等高级语言编写数据分析程序，还可以用内置的 Lab Talk 语言编程。

第3章 有机化学实验的基本操作

在有机化学反应结束后,反应体系一般是混合物,将目标有机化合物进行分离和提纯对于有机化学实验非常关键。常用的分离提纯方法包括过滤、蒸馏、重结晶、萃取、色谱等。蒸馏是分离液体混合物的基本方法,基于气-液平衡原理,根据不同的混合物体系,可以选择简单蒸馏、分馏、减压蒸馏或水蒸气蒸馏;重结晶是分离固体混合物的基本方法,根据混合物各组分在不同条件下的溶解性差异来实现分离;萃取分为液-液萃取和液-固萃取,也是利用混合物各组分的溶解性质差异实现分离提取;色谱技术或利用吸附-解吸平衡或利用溶解分配平衡,对混合物实现高效分离。

3.1 过滤

过滤是分离固-液混合物的一种操作方法。一般有两个目的:一是滤除溶液中的不溶物得到溶液,二是去除溶剂(或溶液)得到固体。

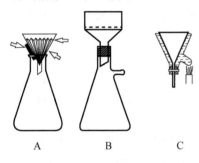

图 3.1 常用过滤装置

常用过滤方法有三种:

(1) 常压过滤:用内衬滤纸的锥形玻璃漏斗过滤,滤液靠自身的重力透过滤纸流下,实现分离[见图 3.1(A)]。

(2) 减压过滤(抽气过滤):用安装在抽滤瓶上铺有滤纸的布氏漏斗或玻璃砂芯漏斗过滤,吸滤瓶支管与抽气装置连接,过滤在减低的压力下进行,滤液在内外压差作用下透过滤纸或砂芯流下,实现分离[见图 3.1(B)]。

(3) 加热过滤:用插有一个玻璃漏斗的铜制热水漏斗过滤。热水漏斗内外壁间的空腔可以盛水,加热使漏斗保温,使过滤在热水保温下进行[见图 3.1(C)]。

3.1.1 常压过滤

用圆锥形玻璃漏斗,将滤纸四折放入漏斗内,其边缘比漏斗边缘略低,润湿滤纸。小心地向漏斗中倾入液体,液面应比滤纸边缘低一些。

若沉淀物粒子细小,可将溶液静置使沉淀沉降,再小心地将上层清液倾入漏斗,最后将沉淀部分倒入漏斗。这样可以使过滤速度加快。

3.1.2 减压过滤

减压过滤装置包括瓷质的布氏漏斗、抽滤瓶、安全瓶和抽气泵。减压过滤程序:剪裁符合规格的滤纸放入漏斗中→用少量溶剂润湿滤纸→开启水泵并关闭安全瓶上的活塞,将滤纸吸紧→打开安全瓶上的活塞,再关闭水泵→借助玻璃棒,将待分离物分批倒入漏斗中,并用少量滤液洗出黏附在容器上的晶体,一并倒入漏斗中→再次开启水泵并关闭安全瓶上的活塞进行减压过滤直至漏斗颈口无液滴为止→打开安全瓶上的活塞,再关闭水泵→用少量溶剂润湿晶体→再次开启水泵并关闭安全瓶上的活塞进行减压过滤直至漏斗颈口无液滴为止(必要时可用玻塞挤压晶体,此操作一般进行 1～2 次)。减压过滤的优点是过滤和洗涤的速度快,液体和固体分离得较完全,滤出的固体容易干燥。

3.1.3 加热过滤

用锥形玻璃漏斗过滤热饱和溶液时,常因冷却导致在漏斗中或其颈部析出晶体,使过滤发生困难,此时用热水漏斗过滤。热水漏斗是铜制的,内外壁间有空腔可以盛水。热水漏斗中插一个玻璃漏斗,使用时在外壳支管处加热,可把夹层中的水烧热使漏斗保温。加热过滤时为不使滤纸贴在漏斗壁上,提高过滤效率,使用折叠滤纸。折叠方法见图 3.2。

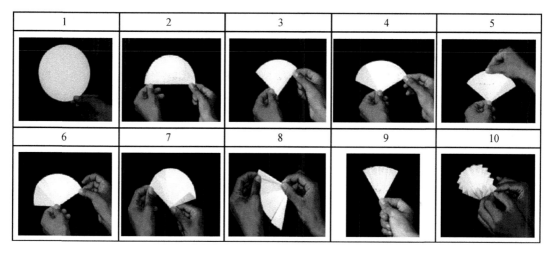

图 3.2 折叠滤纸示意图

3.2 结晶与重结晶

结晶是指在适当控制条件下使溶质从溶液中析出的操作。将晶体溶于溶剂或熔融以后又重新从溶液或熔体中结晶的过程称重结晶。重结晶可以使不纯净的物质获得纯化,或使混合在一起的物质彼此分离。

重结晶法是提纯固体有机化合物的一种很有用的方法。常用的重结晶方法有两大类,一是温度梯度法,即利用固体有机物在溶剂中的溶解度与温度的密切关系,先把固体溶解在热的溶剂中达到饱和,冷却时由于溶解度降低,溶液变成过饱和而析出晶体;另一类是挥发溶剂法,即利用溶剂对被提纯物质及杂质的溶解度不同,随着溶剂的蒸发,使被提纯物质从过饱和溶液中析出,而让杂质全部或大部分仍留在溶液中(若在溶剂中的溶解度极小,则配成饱和溶液后被过滤除去)。

3.2.1　重结晶原理及一般过程

重结晶提纯法的基本原理是利用混合物中各组分在某种溶剂中的溶解度不同,将被提纯物质溶解在热的溶剂中达到饱和(被提纯物质溶解度一般随温度升高而增大),趁热过滤除去不溶性杂质,然后冷却(或溶剂挥发)时由于溶解度降低,溶液变成过饱和而使被提纯物质从溶液中析出结晶,让杂质全部或大部分仍留在溶液中,从而达到提纯目的。重结晶提纯法的一般过程为:

(1) 选择适宜的溶剂。

(2) 将样品溶于热溶剂中制成饱和溶液。

(3) 趁热过滤除去不溶性杂质。如溶液的颜色深,则应先脱色,再进行热过滤。

(4) 冷却溶液,或蒸发溶剂,使之慢慢析出结晶而杂质则留在母液中。

(5) 减压过滤分离母液,分出结晶。

(6) 洗涤结晶,除去附着的母液。

(7) 干燥结晶。

(8) 测定晶体的熔点。

一般重结晶法只适用于提纯杂质含量在 5% 以下的晶体化合物,如果杂质含量大于 5%,必须先采用其他方法进行初步提纯,如萃取、水蒸气蒸馏等,然后再用重结晶法提纯。

3.2.2　溶剂选择

在重结晶操作中,最重要的是选择合适的溶剂。选择溶剂应符合下列条件:

(1) 与被提纯的物质不发生反应。

(2) 对被提纯的物质的溶解度在热的时候较大,冷时较小。

(3) 对杂质的溶解度非常大或非常小(前一种情况杂质将留在母液中不析出,后一种情况是使杂质在热过滤时被除去)。

(4) 溶剂的沸点不宜太低,也不宜过高(溶剂沸点过低时制成溶液和冷却结晶两步操作温差小,影响收率;溶剂沸点过高,附着于晶体表面的溶剂不易除去)。

(5) 对被提纯物质能生成较整齐的晶体。

(6) 无毒或毒性很小,便于操作。

(7) 价廉易得。

(8) 适当的时候可以选用混合溶剂。

常用于结晶和重结晶的溶剂有水、乙醇、丙酮、石油醚、四氯化碳、苯和乙酸乙酯等。在选择溶剂时必须了解欲纯化的化学药品的结构,因为溶质往往易溶于与其结构相近的溶剂中("相似相溶"原理:极性物质易溶于极性溶剂,而难溶于非极性溶剂中;相反,非极性物质易溶于非极性溶剂,而难溶于极性溶剂中)。这个溶解度的规律对实验工作有一定的指导作用,如欲纯化的化学药品是非极性化合物,实验中已知其在异丙醇中的溶解度太小,异丙醇不宜作其结晶和重结晶的溶剂,这时一般不必再实验极性更强的溶剂,如甲醇、水等,应实验极性较小的溶剂,如丙酮、二氧六环、苯、石油醚等。适用溶剂的最终选择只能用实验的方法来决定。表 3.1 中溶剂可供选择参考。

表 3.1　常见有机化合物结晶和重结晶溶剂选择

物质的类别	溶解度大的溶剂	物质的类别	溶解度大的溶剂
烃(疏水性)	烃、醚、卤代烃	酰胺	醇、水
卤代烷	醚、醇、烃	低级醇	水
酯	酯	高级醇	有机溶剂
酮	醇、二氧环己烷、冰醋酸	盐(亲水性)	水
酚	乙醇、乙醚等有机溶剂		

若不能选择出一种单一的溶剂对欲纯化的化学药品进行结晶和重结晶,则可应用混合溶剂。混合溶剂一般是由两种可以以任何比例互溶的溶剂组成,其中一种溶剂较易溶解欲纯化的化学药品,另一种溶剂较难溶解欲纯化的化学药品。一般常用的混合溶剂有乙醇和水、乙醇和乙醚、乙醇和丙酮、乙醇和氯仿、二氧六环和水、乙醚和石油醚、氯仿和石油醚等,最佳复合溶剂的选择必须通过预实验来确定。先将目标物质溶于易溶溶剂中,沸腾时趁热逐渐加入难溶的溶剂,至溶液变浑浊,再加入少许前一种溶剂或稍加热,溶液又变澄清。放置,冷却,使结晶析出。在此操作中,应维持溶液微沸。

3.2.3　结晶和重结晶的仪器装置

结晶和重结晶实验用到的主要仪器装置有以下三类:

(1) 溶解样品的器皿

溶解样品时常用锥形瓶或圆底烧瓶作容器,既可减少溶剂的挥发,又便于摇动促进固体物质溶解。若采用的溶剂是水或不可燃、无毒的有机液体,只需在锥形瓶或圆底烧瓶上盖上表面皿即可;若溶剂是水,还可用烧瓶作容器,盖上表面皿即可。但当采用的溶剂是低沸点易燃或有毒的有机液体时,必须选用回流装置,见图 3.3(A)。若固体物质在溶剂中溶解速度较慢,需要加热较长时间时,也要采用回流装置,以免溶剂损失。

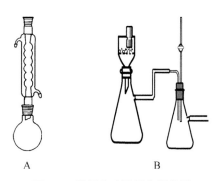

图 3.3　结晶和重结晶仪器装置

(2) 重力过滤装置

在趁热过滤时,一般选用无颈漏斗,也可选用热水漏斗。滤纸采用折叠式,以加快过滤速度。

(3) 减压抽滤装置

减压抽滤装置见图 3.3(B)。

3.2.4　结晶和重结晶实验操作

(1) 选择适宜的溶剂

可查阅有关的文献和手册,了解某化合物在各种溶剂中不同温度的溶解度,也可通过实验来确定化合物的溶解度。即可取少量的重结晶物质在试管中,加入不同种类的溶剂进行预试。

（2）将待重结晶物质制成热的饱和溶液

制饱和溶液时，溶剂可分批加入，边加热边搅拌至固体完全溶解后，再多加20％左右（这样可避免热过滤时晶体在漏斗上或漏斗颈中析出造成损失）。切不可再多加溶剂，否则冷后析不出晶体。如需脱色，待溶液稍冷后，加入活性炭（用量为固体的1％～5％），煮沸5～10 min（切不可在沸腾的溶液中加入活性炭，那样会有暴沸的危险）。

（3）趁热过滤除去不溶性杂质

趁热过滤时，先熟悉热水漏斗的构造，放入菊花滤纸（要使菊花滤纸向外突出的棱角紧贴于漏斗壁上），先用少量热的溶剂润湿滤纸（以免干滤纸吸收溶液中的溶剂，使结晶析出而堵塞滤纸孔），将溶液沿玻璃棒倒入，过滤时，漏斗上可盖上表面皿（凹面向下）减少溶剂的挥发，盛溶液的器皿一般用锥形瓶（只有水溶液才可收集在烧杯中）。

（4）抽滤

抽滤前先熟悉布氏漏斗的构造及连接方式，将剪好的滤纸放入，滤纸的直径切不可大于漏斗底边缘，否则滤纸会折过，滤液会从折边处流过造成损失。将滤纸润湿后，可先倒入部分滤液（不要将溶液一次倒入），启动水循环泵，通过缓冲瓶（安全瓶）上二通活塞调节真空度，开始真空度可低些，这样不致将滤纸抽破，待滤饼已结一层后，再将余下溶液倒入，此时真空度可逐渐升高些，直至抽"干"为止。停泵时，要先打开放空阀（二通活塞），再停泵，可避免倒吸。

（5）结晶的洗涤和干燥

用溶剂冲洗结晶再抽滤，除去附着的母液。抽滤和洗涤后的结晶，表面上吸附有少量溶剂，因此尚需用适当的方法进行干燥。固体的干燥方法很多，可根据重结晶所用的溶剂及结晶的性质来选择，常用的方法有以下几种：空气晾干、烘干、用滤纸吸干、置于干燥器中干燥。

3.2.5 在实施结晶和重结晶的操作时要注意的几个问题

（1）溶剂量的多少

决定溶剂量时应同时考虑两个因素：溶剂少则收率高，但可能给热过滤带来麻烦，并可能造成更大的损失；溶剂多，显然会影响回收率。故两者应综合考虑。一般可比需要量多加20％左右的溶剂。为了定量地评价结晶和重结晶的操作，以及为了便于重复，固体和溶剂应予以称量和计量。

（2）溶解温度

可以在溶剂沸点温度时溶解固体，但必须注意实际操作温度是多少，否则会使实际操作时被提纯物晶体大量析出。但对某些晶体析出不敏感的被提纯物，可考虑在溶剂沸点时溶解成饱和溶液，故应视具体情况决定，不能一概而论。

（3）安全性

为了避免溶剂挥发及可燃性溶剂着火或有毒溶剂中毒，应在锥形瓶上装置回流冷凝管，添加溶剂可从冷凝管的上端加入。

（4）脱色

若溶液中含有色杂质，则应加活性炭脱色，用量约相当于欲纯化的物质重量的1/50～1/20，或加入滤纸浆、硅藻土等使溶液澄清。加入脱色剂之前要先将溶剂稍微冷却，因为加入的脱色剂可能会自动引发原先抑制的沸腾，从而发生激烈的、爆炸性的暴沸。活性炭内含有大量的空气,故能产生泡沫。加入活性炭后可煮沸 5～10 min,然后趁热抽滤去活性炭。在非极性溶剂中,如苯、石油醚中活性炭脱色效果不好,可试用其他办法,如用氧化铝吸附脱色等。

(5) 抽滤分离

欲使析出的晶体与母液有效地分离,一般用布氏漏斗抽滤。为了更好地使晶体和母液分离,最好用清洁的玻璃棒将晶体在布氏漏斗上挤压,并随同抽气尽量地去除母液。晶体表面的母液,可用尽量少的溶剂来洗涤。这时应暂时停止抽气,用玻璃棒或不锈钢刀将已压紧的晶体挑松,加入少量的溶剂润湿,稍待片刻,使晶体能被均匀地浸透,然后再抽干,这样重复 1～2 次,使附于晶体表面的母液全部除去为止。应注意滤纸的折叠方法及操作要领(包括漏斗的预热、滤纸的热水润湿等);应洗净抽滤瓶,注意滤纸的大小、滤纸的润湿等操作,开始不要减压太多,以免将滤纸抽破(在热溶剂中,滤纸强度大大下降)。

(6) 烘干

晶体若遇热不分解,可采用在烘箱中加热烘干的方法干燥。若晶体遇热易分解,则应注意烘箱的温度不能过高,或放在真空干燥器中在室温下干燥。若用沸点较高的溶剂重结晶,应用沸点低的且对晶体溶解度很小的溶剂洗涤,以利于干燥;易潮解的晶体应将烘箱预先加热到一定的温度,然后将晶体放入。但是极易潮解的晶体,往往不能用烘箱烘,必须迅速放入到真空干燥器中干燥。用易燃的有机溶剂重结晶的晶体在送入烘箱前应预先在空气中干燥,否则可能引起溶剂的燃烧或爆炸。

(7) 小量及微量的物质的重结晶

小量的物质的结晶或重结晶基本要求同前所述,但均采用与该物质的量相适应的小容器。微量物质的结晶和重结晶可在小的离心管中进行。热溶液制备后立即离心,使不溶的杂质沉于管底,用吸管将上层清液移到另一个小的离心管中,令其结晶。结晶后,用离心的方法使晶体和母液分离。同时可在离心管中用小量的溶剂洗涤晶体,用离心的方法将溶剂与晶体分离。母液中常含有一定数量的所需要的物质,要注意回收。如将溶剂除去一部分后再让其冷却使结晶析出,通常其纯度不如第一次析出来的晶体。若经纯度检查不合要求,可用新鲜溶剂结晶,直至符合纯度要求为止。

(8) 析出晶体

有时由于滤液中有焦油状物质或胶状物存在,使结晶不易析出,或有时因形成过饱和溶液也不析出晶体,在这种情况下,可用玻璃棒摩擦器壁以形成粗糙面,使溶质分子定向排列而形成结晶的过程较在平滑面上迅速和容易,或者投入晶种(同一物质的晶体,若无此物质的晶体,可用玻璃棒蘸一些溶液,稍干后即会析出晶体),供给定型晶核,使晶体迅速形成。

有时被提纯化合物呈油状析出,虽然该油状物经长时间静置或足够冷却后也可固化,但这样的固体往往含有较多的杂质(杂质在油状物中常较在溶剂中的溶解度大,其次,析出的固体中还包含一部分母液),纯度不高。用大量溶剂稀释,虽可防止油状物生成,但将使产物大量损失。这时可将析出油状物的溶液重新加热溶解,然后慢慢冷却。一旦油状物析出便剧烈搅拌混合物,使油状物在均匀分散的状况下固化,但最好是重新选择溶剂,使其得到晶形产物。

(9) 判定结晶纯度的方法

理化性质均一,固体化合物熔程不大于 2 ℃,TLC 或 PC 展开呈单一斑点,HPLC 或 GC 分析呈单峰热过滤装置。

3.2.6　长单晶

单晶生长制备方法大致可以分为气相生长、溶液生长、水热生长、熔盐法、熔体法。最常见有机单晶制备的技术有挥发法、扩散法、温差法、接触法、高压釜法等。

（1）挥发法

原理：依靠溶液的不断挥发，使溶液由不饱和达到饱和或过饱和状态。

条件：固体能溶解于较易挥发的有机溶剂，理论上所有溶剂都可以（注意：不同溶剂可能培养出的单晶结构不同），但一般选择60～120 ℃。

方法：将固体溶解于所选有机溶剂，有时可采用加热的办法使固体完全溶解，冷却至室温或者再加溶剂使之不饱和，过滤，封口，静置培养。

（2）扩散法

原理：利用两种完全互溶的沸点相差较大的有机溶剂。固体易溶于高沸点的溶剂，难溶或不溶于低沸点溶剂。在密封容器中，使低沸点溶剂挥发进入高沸点溶剂中，降低固体的溶解度，从而析出晶核，生长成单晶。一般选难挥发的溶剂，如 DMF、DMSO、甘油甚至离子液体。

条件：固体在难挥发的溶剂中溶解度较大或者很大，在易挥发溶剂中不溶或难溶。

经验：固体在难挥发溶剂中溶解度越大越好。培养时，固体在高沸点溶剂中必须达到饱和或接近过饱和。

方法：将固体加热溶解于高沸点溶剂，接近饱和，放置于密封容器中，密封容器中放入易挥发溶剂，密封好，静置培养。

（3）温差法

原理：利用固体在某一有机溶剂中的溶解度随温度的变化有很大的变化，使其在高温下达到饱和或接近饱和，然后缓慢冷却，析出晶核，生长成单晶。一般的，水、DMF、DMSO，尤其是离子液体适用此方法。

条件：溶解度随温度变化比较大。

经验：高温中溶解度越大越好，完全溶解。

推广：建议大家考虑使用离子液体做溶剂，尤其是对多核或者难溶性的配合物。

（4）接触法

原理：如果配合物极易由两种或两种以上的物质合成，选择性高且所形成的配合物很难找到溶剂溶解，则可使原料缓慢接触，在接触处形成晶核，再长大形成单晶。一般无机合成、快反应使用此方法。

方法：①用 U 形管，可采用琼脂降低离子扩散速度。②用直管，可做成两头粗中间细。③用缓慢滴加法或稀释溶液法（对反应不是很快的体系可采用）。④缓慢升温（对温度有要求的体系适用）。

经验：原料的浓度尽可能地降低，可以人为地设定浓度或比例。

（5）高压釜法

原理：利用水热或溶剂热，在高温高压下，使体系经过一个析出晶核、生长成单晶的过程，因高温高压条件下可发生许多不可预料的反应。

方法：将原料按组合比例放入高压釜中，选择好溶剂，利用溶剂的沸点选择体系的温度，高压釜密封好后放入烘箱中，调好温度，反应1～4 h均可。然后，关闭烘箱，冷至室温，打开反应釜,观察情况按如下过程处理:①没有反应:重新组合比例,调节条件,包括换溶剂,调pH,加入新组分等。②反应但全是粉末,且粉末什么都不溶解:首先从粉末中挑选单晶或晶体,若不成,改变条件,换配体或加入新的盐,如季铵盐、羧酸盐等,或者进行破坏性实验,设法使其反应变成新物质。③部分是固体,部分在溶液中:首先通过颜色或条件变化推断两部分的大致组分,是否相同组成,固体挑单晶,溶液挥发培养单晶,若组成不同,固体按上述①或②的方法处理。④全部为溶液:旋蒸得到固体,将固体提纯,将主要组成纯化,再根据特点用上述四种单晶培养方法培养单晶。

3.3　蒸馏

蒸馏是分离和提纯液态物质的最重要的方法。最简单的蒸馏是通过加热使液体沸腾,产生的蒸气在冷凝管中冷凝下来并被收集在另一容器中的操作过程。液体分子由于分子运动有从表面逸出的倾向,这种倾向随温度的升高而加大,这就造成了液体在一定的温度下具有一定的蒸气压,与体系存在的液体和蒸气的绝对量无关。当液体的蒸气压与外界压力相等时,液体沸腾,即达到沸点。每种纯液态化合物在一定压力下具有固定的沸点。根据不同的物理性质将蒸馏分为普通蒸馏、水蒸气蒸馏和减压蒸馏。

3.3.1　蒸馏的相关概念

(1) 蒸气压

蒸气压是气体分子热运动产生的作用力。当一种液体在简单蒸馏装置中加热时,液体分子的能量升高,分子从液体表面逸出的倾向也就随着温度升高而增大。气相中分子的数量和运动能量都随温度的升高而增大,表现为液体的蒸气压随温度升高而增高。

(2) 饱和蒸气压

液体的分子由于分子运动有从表面逸出的倾向。这种倾向随着温度的升高而增大,如果把液体置于密闭的真空体系中,液体分子继续不断地逸出而在液面上部形成蒸气,最后使得分子由液体逸出的速度与分子由蒸气中回到液体的速度相等,蒸气保持一定的压力,此时液面上的蒸气达到饱和,称为饱和蒸气,它对液面所施的压力称为饱和蒸气压。实验证明,液体的饱和蒸气压只与温度有关,即液体在一定温度下具有一定的蒸气压。这是指液体与它的蒸气平衡时的压力,与体系中液体和蒸气的绝对量无关。

(3) 沸点

当液体的蒸气压随温度升高而增加到与大气压相等时,液体开始沸腾。此时的温度即是这种液体在给定大气压下的沸腾温度,亦即沸点。若液体在 101.33 kPa 压力下沸腾,此时的沸腾温度即为正常沸点。在其他压力下的沸点应注明压力,例如在 85.3 kPa 时水在 95 ℃沸腾,这时水的沸点可以表示为 95 ℃/85.3 kPa。

3.3.2　蒸馏与分馏

蒸馏沸点差别较大的混合液体时,沸点较低者先蒸出,沸点较高的随后蒸出,不挥发的留在蒸馏器内,这样可达到分离和提纯的目的,故蒸馏是分离和提纯液态化合物常用的方法之一,是重要的基本操作,必须熟练掌握。但在蒸馏沸点比较接近的混合物时,各种物质的蒸气将同时蒸出,只不过低沸点的多一些,故难以达到分离和提纯的目的,只好借助于分馏。纯液态化合物在蒸馏过程中沸程范围很小(0.5~1 ℃),所以可以利用蒸馏来测定沸点。用蒸馏法测定沸点的方法为常量法,此法样品用量较大,要 10 mL 以上,若样品不多,应采用微量法。

蒸馏操作是化学实验中常用的实验技术,一般应用于下列几方面:

(1) 分离液体混合物,仅对混合物中各成分的沸点有较大的差别时才能达到较有效的分离。

(2) 测定纯化合物的沸点。

(3) 提纯,通过蒸馏含有少量杂质的物质,提高其纯度。

(4) 回收溶剂,或蒸出部分溶剂以浓缩溶液。

3.3.3 蒸馏装置及操作

一套蒸馏装置一般包括蒸馏烧瓶、蒸馏头、温度计及套管、直形冷凝管、接液管和接收瓶。操作方法和步骤根据蒸馏类型不同有所差异,下面逐一进行介绍。

1. 普通蒸馏

由于很多有机物在 150 ℃ 以上已显著分解,而沸点低于 40 ℃ 的液体用普通蒸馏操作又难免造成损失,故普通蒸馏主要用于沸点为 40~150 ℃ 之间的液体分离,同时普通蒸馏只是进行一次蒸发和冷凝的操作,因此待分离的混合物中各组分的沸点要有较大的差别时才能有效地分离,通常沸点应相差 30 ℃ 以上。

(1) 普通蒸馏所用仪器

普通蒸馏操作可用于测定液体化合物的沸点,提纯或除去不挥发性物质,回收溶剂或蒸出部分溶剂以浓缩溶液,主要用于分离液体混合物,由图3.4 可知,所用仪器主要包括三部分。

① 汽化部分

由圆底烧瓶、蒸馏头、温度计组成。液体在瓶内受热汽化,蒸气经蒸馏头侧管进入冷凝器中,蒸馏瓶的大小一般选择待蒸馏液体的体积不超过其容量的 1/2,也不少于 1/3。

② 冷凝部分

由冷凝管组成,蒸气在冷凝管中冷凝成为液体,当液体的沸点高于 140 ℃ 时选用空气冷凝管,低于 140 ℃ 时则选用水冷凝管(通常采用直形冷凝管而不采用球形冷凝管)。冷凝管下端侧管为进水口,上端侧管为出水口,安装时应注意上端出水口侧管应向上,保证套管内充满水。

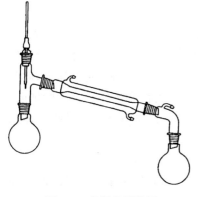

图 3.4　普通蒸馏装置

③ 接收部分

由接液管、接收器(圆底烧瓶或梨形瓶)组成,用于收集冷凝后的液体,当所用接液管无支管时,接液管和接收器之间不可密封,应与外界大气相通。

(2) 普通蒸馏操作要点

安装的顺序一般是先从热源处开始,然后由下而上、从左往右依次安装。

① 以热源高度为基准,用铁夹夹在烧瓶瓶颈上端并固定在铁架台上。

② 装上蒸馏头和冷凝管,使冷凝管的中心线和蒸馏头支管的中心线成一直线,然后移动冷凝管与蒸馏头支管紧密连接起来,在冷凝管中部用铁架台和铁夹夹紧,再依次装上接液管和接收器。整个装置要求准确端正,无论从正面或侧面观察,全套仪器中各个仪器的轴线都要在同一平面内。所有的铁架台和铁夹都应尽可能整齐地放在仪器的背部。

③ 在蒸馏头上装上配套专用温度计,如果没有专用温度计可用搅拌套管或橡皮塞装上一温度计,调整温度计的位置,使温度计水银球上端与蒸馏头支管的下端在同一水平线上,如图 3.5 所示,以便在蒸馏时它的水银球能完全为蒸气所包围,若水银球偏高则引起所量温度偏低,反之则偏高。

④ 如果蒸馏所得的产物易挥发、易燃或有毒,可在接液管的支管上接一根长橡皮管,通入水槽的下水管内或引出室外。若室温较高,馏出物沸点低甚至与室温接近,可将接收器放在冷水浴或冰水浴中冷却,如图 3.6 所示。

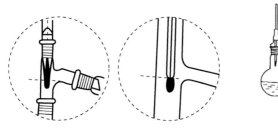

图 3.5 普通蒸馏温度计位置

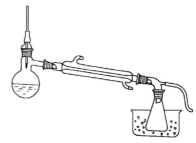

图 3.6 接收器装置

⑤ 假如蒸馏出的产品易受潮分解或是无水产品,可在接液管的支管上连接一盛有氯化钙的干燥管,如图 3.7(A)。如果在蒸馏时放出有害气体,则需装配气体吸收装置,如图 3.7(B)。

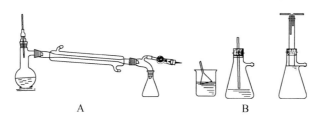

A   B

图 3.7 接收器装置

（3）普通蒸馏实验操作方法

① 将样品沿瓶颈慢慢倾入蒸馏烧瓶,加入数粒沸石,以便在液体沸腾时,沸石内的小气泡成为液体汽化中心,保证液体平稳沸腾,防止液体过热而产生暴沸,然后由下而上、从左往右依次安装好蒸馏装置。

② 检查仪器的各部分连接是否紧密和妥善。

③ 接通冷凝水,开始加热,随加热进行,瓶内液体温度慢慢上升,液体逐渐沸腾,当蒸气的顶端到达温度计水银球部分时,温度计读数开始急剧上升。这时应适当控制加热程度,使蒸气顶端停留在原处,加热瓶颈上部和温度计,让水银球上液体和蒸气温度达到平衡,此时

温度正是馏出液的沸点。然后适当加大加热程度，进行蒸馏，控制蒸馏速度，以每秒 1～2 滴为宜。蒸馏过程中，温度计水银球上应始终附有冷凝的液滴，以保持气液两相平衡，这样才能确保温度计读数的准确。

④ 记录第一滴馏出液落入接收器的温度（初馏点），此时的馏出液是物料中沸点较低的液体，称"前馏分"。前馏分蒸完，温度趋于稳定后蒸出的就是较纯的物质（此过程温度变化非常小），当这种组分基本蒸完时，温度会出现非常微小的回落（加热过快会出现温度不降反而快速上升），说明这种组分蒸完。记录下这部分液体开始馏出时和最后一滴时的温度读数，即是该馏分的"沸程"。纯液体沸程差一般不超过 1～2 ℃。

⑤ 当所需的馏分蒸出后，应停止蒸馏，不要将液体蒸干，以免造成事故。

⑥ 蒸馏结束后，称量馏分和残液并记录。

⑦ 蒸馏结束后，先移去热源，冷却后停止通水，按装配时的逆向顺序逐件拆除装置。

（4）普通蒸馏注意事项

① 不要忘记加沸石。若忘记加沸石，必须在液体温度低于其沸腾温度时方可补加，切忌在液体沸腾或接近沸腾时加入沸石。

② 始终保证蒸馏体系与大气相通。

③ 蒸馏过程中欲向烧瓶中添加液体，必须停止加热待冷却后进行，不得中断冷凝水。

④ 对于乙醚等易生成过氧化物的化合物，蒸馏前必须检验过氧化物，若含过氧化物，务必除去后方可蒸馏且不得蒸干，蒸馏硝基化合物也切忌蒸干，以防爆炸。

⑤ 当蒸馏易挥发和易燃的物质时，不得使用明火加热，否则容易引起火灾事故。

⑥ 停止蒸馏时应先停止加热，冷却后再关冷凝水。

⑦ 严格遵守实验室的各项规定（如用电、用火等）。

2. 水蒸气蒸馏

水蒸气蒸馏是用来分离和提纯液态或固态有机化合物的一种方法。其过程是在不溶或难溶于热水并有一定挥发性的有机化合物中加入水后加热，或通入水蒸气后在必要时加热，使其沸腾，然后冷却其蒸气使有机物和水同时被蒸馏出来。水蒸气蒸馏的优点在于所需要的有机物可在较低的温度下从混合物中蒸馏出来，通常用于下列几种情况：

① 某些高沸点的有机物，在常压下蒸馏虽可与副产品分离，但其会发生分解。

② 混合物中含有大量树脂状杂质或不挥发性杂质，采用蒸馏、萃取等方法都难于分离。

③ 从较多固体反应物中分离出被吸附的液体产物。

④ 要求除去易挥发的有机物。

当不溶或难溶有机物与水一起共热时，整个系统的蒸气压根据分压定律应为各组分蒸气压之和，即 $p_{总} = p_{水} + p_{有机物}$，当总蒸气压（$p_{总}$）与大气压力相等时混合物沸腾。显然，混合物的沸腾温度（混合物的沸点）低于任何一个组分单独存在时的沸点，即有机物可在比其沸点低得多的温度且在低于水的正常沸点下被安全地蒸馏出来。使用水蒸气蒸馏时，被提纯有机物应具备下列条件：

① 不溶或难溶于水。

② 共沸腾下，与水不发生化学反应。

③ 在水的正常沸点时必须具有一定的蒸气压（一般不小于 1 333 Pa）。

（1）水蒸气蒸馏仪器装置

图 3.8 是实验室水蒸气蒸馏的常用装置，包括水蒸气发生器、蒸馏部分、冷凝部分和接收器四个部分。

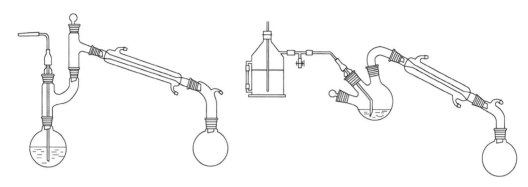

图 3.8　水蒸气蒸馏装置

① 水蒸气发生器：一般使用专用的金属制的水蒸气发生器，也可用 500 mL 的蒸馏烧瓶代替（配一根长 1 m、直径约为 7 mm 的玻璃管作安全管），水蒸气发生器导出管与一个 T 形管相连，T 形管的支管套上一短橡皮管。橡皮管用螺旋夹夹住，以便及时除去冷凝下来的水滴，T 形管的另一端与蒸馏部分的导管相连（这段水蒸气导管应尽可能短些，以减少水蒸气的冷凝）。

② 蒸馏部分：采用圆底烧瓶，配上克氏蒸馏头，这样可以避免由于蒸馏时液体的跳动引起液体从导出管冲出，以致沾污馏出液。为了减少由于反复换容器而造成产物损失，常直接利用原来的反应器进行水蒸气蒸馏。

③ 冷凝部分：一般选用直形冷凝管。

④ 接收部分：选择合适容量的圆底烧瓶或梨形瓶作接收器。

（2）水蒸气蒸馏实验操作方法

① 将被蒸馏的物质加入烧瓶中，尽量不超过其容积的 1/3，仔细检查各接口处是否漏气，并将 T 形管上螺旋夹打开。

② 开启冷凝水，然后水蒸气发生器开始加热，当 T 形管的支管有蒸气冲出时，再逐渐旋紧 T 形管上的螺旋夹，水蒸气开始通向烧瓶。

③ 如果水蒸气在烧瓶中冷凝过多，烧瓶内混合物体积增加，以至超过烧瓶容积的 2/3 时，或者水蒸气蒸馏速度不快时，可对烧瓶进行加热，要注意烧瓶内溅跳现象，如果溅跳剧烈则不应加热，以免发生意外。蒸馏速度每秒 2～3 滴。

④ 欲中断或停止蒸馏一定要先旋开 T 形管上的螺旋夹，然后停止加热，最后再关冷凝水，否则烧瓶内混合物将倒吸到水蒸气发生器中。

⑤ 当馏出液澄清透明，不含有油珠状的有机物时，即可停止蒸馏。

（3）水蒸气蒸馏操作要点及注意事项

① 蒸馏烧瓶的容量应保证混合物的体积不超过其 1/3，导入蒸气的玻璃管下端应垂直地正对瓶底中央，并伸到接近瓶底。安装时要倾斜一定的角度，通常为 45°左右。

② 水蒸气发生器上的安全管（平衡管）不宜太短，其下端应接近容器底，盛水量通常为其容量的 1/2，最多不超过 2/3，最好在水蒸气发生器中加进沸石防止暴沸。

③ 应尽量缩短水蒸气发生器与蒸馏烧瓶之间的距离,以减少水气的冷凝。

④ 开始蒸馏前应把 T 形管上的止水夹打开,当 T 形管的支管有水蒸气冲出时,接通冷凝水,开始通水蒸气进行蒸馏。

⑤ 为使水蒸气不致在烧瓶中冷凝过多而增加混合物的体积。在通水蒸气时,可在烧瓶下用小火加热。

⑥ 在蒸馏过程中,要经常检查安全管中的水位是否正常,如发现其突然升高,意味着有堵塞现象,应立即打开止水夹,移去热源,使水蒸气发生器与大气相通,避免发生事故(如倒吸),待故障排除后再蒸馏。如发现 T 形管支管处水积聚过多,超过支管部分,也应打开止水夹,将水放掉,否则将影响水蒸气通过。

⑦ 当馏出液澄清透明,不含有油珠状的有机物时,即可停止蒸馏,这时也应首先打开夹子,然后移去热源。

⑧ 如果随水蒸气挥发馏出的物质熔点较高,在冷凝管中易凝成固体堵塞冷凝管,可考虑改用空气冷凝管。

3. 减压蒸馏

液体的沸腾温度是在液体的蒸气压与外压相等时的温度,外压降低时,其沸腾温度随之降低。在蒸馏操作中,一些有机物加热到其正常沸点附近时,会由于温度过高而发生氧化、分解或聚合等反应,使其无法在常压下蒸馏。若将蒸馏装置连接在一套减压系统上,在蒸馏开始前先使整个系统压力降低到只有常压的十几分之一至几十分之一,那么这类有机物就可以在较其正常沸点低得多的温度下进行蒸馏。减压蒸馏对于分离或提纯沸点较高或性质比较不稳定的液态有机化合物具有特别重要的意义。

人们通常把低于 1×10^{-5} Pa 的气态空间称为真空,欲使液体沸点下降得多就必须提高系统内的真空程度。实验室常用水喷射泵(水泵)或真空泵(油泵)来提高系统真空度。在进行减压蒸馏前,应先从文献中查阅清楚欲蒸馏物质在选择压力下相应的沸点,一般来说,当系统内压力降低到 15 mmHg(1 mmHg＝133.3 Pa)左右时,大多数高沸点有机物沸点随之下降 100~125 ℃左右,当系统内压力在 10~15 mmHg 之间进行减压蒸馏时,大体上压力每相差 1 mmHg,沸点相差约 1 ℃。

(1) 减压蒸馏仪器装置

减压蒸馏的装置见图 3.9,主要仪器设备有蒸馏烧瓶(图 3.9A)、冷凝管(图 3.9B)、接收

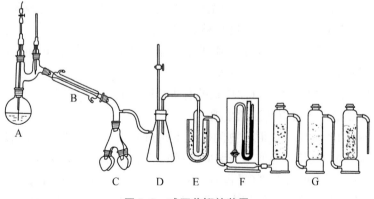

图 3.9 减压蒸馏的装置

器(图 3.9C)、安全瓶(图 3.9D)、冷阱(图 3.9E)、测压计(图 3.9F)、吸收装置(图 3.9G)和减压泵。

① 蒸馏部分

蒸馏部分由蒸馏烧瓶、冷凝管、接收器三部分构成。

蒸馏烧瓶采用圆底烧瓶。冷凝管一般选用直形冷凝管,如果蒸馏液体较少且沸点高或为低熔点固体可不用冷凝管。接收器一般选用多个梨形(圆形)烧瓶接在多头接液管上。

② 测压计

测压计(压力计)有玻璃和金属两种材质的。常使用的是水银压力计(压差计),是将汞装入 U 形玻璃管中制成的,分为开口式和封闭式。开口式水银压力计的特点是管长必须超过 760 mm,读数时必须配有大气压计,因为两管中汞柱高度的差值是大气压力与系统内压之差,所以蒸馏系统内的实际压力应为大气压力减去这一汞柱之差,其所量压力准确。封闭式水银压力计轻巧方便,两管中汞柱高度的差值即为系统内压,但不及开口式水银压力计所量压力准确,常用开口式水银压力计来校正。金属制压力表,其所量压力的准确度完全由机械设备的精密度决定。一般的压力表所量压力不太准确,然而它轻巧、不易损坏、使用安全,对测量压力准确度要求不太高时用其非常方便。

③ 吸收装置

只有使用真空泵(油泵)时采用此装置,其作用是吸收对真空泵有害的各种气体或蒸气,借以保护减压设备,一般由下述几部分组成:

捕集管——用来冷凝水蒸气和一些挥发性物质,捕集管外用冰-盐混合物冷却;

氢氧化钠吸收塔——用来吸收酸性蒸气;

硅胶(或用无水氯化钙)干燥塔——用来吸收经捕集管和氢氧化钠吸收塔后还未除净的残余水蒸气。

④ 安全瓶

一般用吸滤瓶,壁厚耐压,安全瓶与减压泵和测压计相连,并配有活塞用来调节系统压力及放气。

⑤ 减压泵

实验室常用的减压泵有水喷射泵(水泵)和真空泵(油泵)两种。若不需要很低的压力时可用水喷射泵(水泵),若需要很低的压力时就要用真空泵(油泵)了。"粗"真空(系统压力大于 10×133.3 Pa),一般可用水喷射泵(水泵)获得。"次高"真空(系统压力小于 10×133.3 Pa,大于 133.3×10^{-3} Pa),可用油泵获得。"高"真空(系统压力小于 133.3×10^{-3} Pa),可用扩散泵获得。

(2)减压蒸馏操作要点

装配时要注意仪器应安排得十分紧凑,既要做到系统通畅,又要做到不漏气、气密性好。所有橡皮管最好用厚壁的真空用的橡皮管,磨口处均匀地涂上一层真空脂。如能用水喷射泵(水泵)抽气的,则尽量使用水喷射泵。如蒸馏物中含有挥发性杂质,可先用水喷射泵减压抽除,然后改用真空泵(油泵)。

(3)减压蒸馏操作方法

① 进行装配前,首先检查减压泵抽气时所能达到的最低压力(应低于蒸馏时的所需值),然后按图 3.9 进行装配。装配完成后,开始抽气,检查系统能否达到所要求的压力,如果不能满足要求,说明漏气,则分段检查出漏气的部位(通常是接口部分),在解除真空后进

行处理,直到系统能达到所要求的压力为止。

② 解除真空,装入待蒸馏液体,其量不得超过烧瓶容积的 1/2,然后开动减压泵抽气,调节安全瓶上的活塞达到所需压力。

③ 开启冷凝水,开始加热,液体沸腾时,应调节热源,控制蒸馏速度每秒 1～2 滴为宜。整个蒸馏过程中密切注意温度计和压力计的读数,并记录压力、相应的沸点等数据。当达到要求时,小心转动接液管,收集馏出液,直到蒸馏结束。

④ 蒸馏完毕,除去热源,待系统稍冷后,缓慢解除真空,关闭减压泵,最后关闭冷凝水,按从右往左、由上而下的顺序拆卸装置。

（4）减压蒸馏注意事项

① 蒸馏液中含低沸点组分时,应先进行普通蒸馏再进行减压蒸馏。

② 减压系统中应选用耐压的玻璃仪器,切忌使用薄壁的甚至有裂纹的玻璃仪器,尤其不要使用平底瓶(如锥形瓶),否则易引起内向爆炸。

③ 蒸馏过程中若有堵塞或其他异常情况,必须先停止加热,稍冷后,缓慢解除真空才能进行处理。

④ 抽气或解除真空时,一定要缓慢进行,否则汞柱急速变化,有冲破压力计的危险。

⑤ 解除真空时,一定要稍冷后进行,否则大量空气进入有可能引起残液的快速氧化或自燃,发生爆炸。

3.4　升华

升华是固体化合物提纯的又一手段。由于不是所有固体都具有升华性质,因此,它只适用于以下情况:①被提纯的固体化合物具有较高的蒸气压(一般高于 2.67 kPa),在低于熔点时,就可以产生足够的蒸气,使固体不经过液体熔融状态直接变为气体,从而达到分离的目的;②固体化合物中杂质的蒸气压较低,有利于分离。

升华的操作比重结晶要简便,纯化后产品的纯度较高。但是产品损失较大,时间较长,不适合大量产品的提纯。

3.4.1　基本原理

升华是利用固体混合物的蒸气压或挥发性不同,将不纯净的固体化合物在固体熔点温度以下加热,利用产物蒸气压高,杂质蒸气压低的特点,使产物不经液体过程而直接汽化,遇冷后固化,而杂质则不发生这个过程,达到分离的目的。

一般来说,具有对称结构的非极性化合物,因电子云密度分布比较均匀,偶极矩较小,晶体内部静电引力小,这种固体都具有较高的蒸气压。为进一步说明问题,考察图 3.10 所示的 CO_2 的三相平衡图。

图中的 3 条曲线将图分成 3 个区域,每个区域代表 CO_2 的一相。3 条曲线的交点是 CO_2 的三相平衡点,在此状态下物质以气、液、固相共存。由于不同物质具有不同的液态、固态与气态处于平衡时的温度与压力,因此,不同的物质三相点是不同的。固体的熔点与三相点之间相差很小,只有千分之几度,因此常常把熔点近似地看作是物质的三相点。

从图中可以看出,在三相点以下,物质处于气、固两相的状态,因此,升华都是在物质的

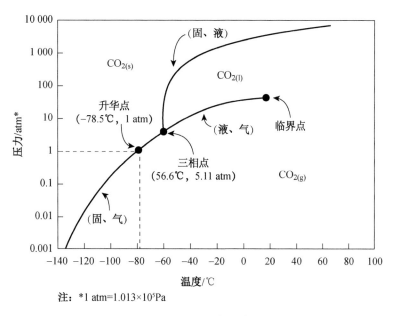

注：*1 atm=1.013×10⁵Pa

图 3.10 CO₂ 三相平衡图

熔点和三相点温度以下进行。

与液体化合物的沸点相似,当固体化合物的蒸气压等于外界所施加给固体化合物表面的压力时,具有升华性质的固体化合物开始升华,此时的温度为该物体的升华温度。在常压下不易升华的物质,可通过减压进行升华。

查阅化合物的熔点,可以得到化合物是否具有升华性质的信息,缩写词"Sub"表示化合物可以升华,如咖啡因和樟脑等。

3.4.2 升华操作

（1）常压升华

常用的常压升华装置如图 3.11 所示。

（2）减压升华

常用的减压升华装置如图 3.12 所示。

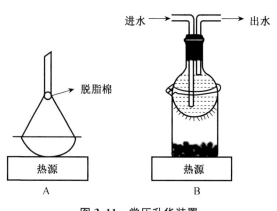

图 3.11 常压升华装置

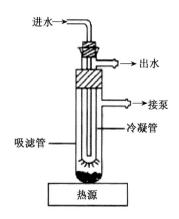

图 3.12 减压升华装置

3.4.3 注意事项

(1) 升华温度一定要控制在固体化合物的熔点以下。

(2) 被升华的固体化合物一定要干燥,如有溶剂会影响升华后固体的凝结。

(3) 滤纸上的孔应尽量大些,以便蒸气上升时顺利通过滤纸,在滤纸的上面和漏斗中结晶,否则将会影响晶体的析出。

(4) 减压升华中,停止抽滤时,一定要先打开安全瓶上的放空阀,再关泵,否则循环水泵内的水会倒吸进入吸滤管中,实验失败。

3.5 萃取

萃取是将存在于某一相的有机物用溶剂浸取、溶解,转入另一液相的分离过程。这个过程是利用有机物按一定的比例在两相中溶解分配的性质实现的。萃取分为液-液萃取和液-固萃取。液-液萃取是用一种适宜溶剂从溶液中萃取有机物的方法,此时所选溶剂与溶液中的溶剂不相溶,有机物在这两相以一定的分配系数从溶液转向所选溶剂中。液-固萃取是用一种适宜溶剂浸取固体混合物的方法,所选溶剂对此有机物有很大的溶解能力,有机物在固-液两相间以一定的分配系数从固体转向溶剂中。

3.5.1 萃取的原理

设溶液由有机化合物 X 溶解于溶剂 A 构成。要从其中萃取 X,我们可选择一种对 X 溶解度极好,而与溶剂 A 不相混溶和不起化学反应的溶剂 B,把溶液放入分液漏斗中,加入溶剂 B,充分振荡,静置后,由于 A 和 B 不相混溶,故分成两层,利用分液漏斗进行分离。此过程中,X 在 B、A 两相间的浓度比在一定温度下为一常数叫做分配系数,以 K 表示,这种关系叫做分配定律。

$$K = \frac{c_B}{c_A}$$

式中:c_B 为 X 在溶剂 B 中的浓度;c_A 为 X 在溶剂 A 中的浓度。

假设 V_A 为原溶液的体积(mL),m_0 为萃取前溶质 X 的总量(g),m_1、m_2、…、m_n 分别为萃取一次、二次、…、n 次后 A 溶液中溶质的剩余量(g),V_B 为每次萃取溶剂的体积(mL)。则有:

第一次萃取后: $\dfrac{(m_0 - m_1)/V_B}{m_1/V_A} = K$ $\qquad m_1 = m_0 \left(\dfrac{V_A}{KV_B + V_A} \right)$

第二次萃取后: $\dfrac{(m_1 - m_2)/V_B}{m_2/V_A} = K$ $\qquad m_2 = m_1 \left(\dfrac{V_A}{KV_B + V_A} \right)$

第 n 次萃取后: $\qquad m_n = m_0 \left(\dfrac{V_A}{KV_B + V_A} \right)^n$

例如,100 mL 水中含有溶质的量为 4 g,在 15 ℃时用 100 mL 苯来萃取($K = 3$)。如果用 100 mL 苯一次萃取,可萃取出 3.0 g 溶质。如果用 100 mL 苯分三次,每次以 33.3 mL 萃取,则可萃取出 3.5 g 溶质。由此可见,将 100 mL 苯分三次连续萃取要比一次萃取有效得多。依照分配定律,要节省溶剂而提高提取的效率,用一定分量的溶剂一次加入溶液中萃取,则不如把这个分量的溶剂分成几份多次萃取好。

1. 萃取操作

萃取是有机化学实验室中用来提纯和纯化化合物的手段之一,但它的操作过程并不造成被萃取物质化学成分的改变(或说萃取过程中不发生化学反应),所以萃取操作是一个物理过程。

(1) 混合过程:原料液和溶剂充分接触,各组分发生了不同程度的相际转移,进行了质量传递。

(2) 澄清过程:分散的液滴凝聚合并,形成的两相萃取相和萃余相由于密度差而分层。

2. 萃取操作应用范围

(1) 液体混合物中各组分的挥发能力差异很小,即其相对挥发度接近 1,采用精馏操作不经济。

(2) 液体混合物蒸馏时形成恒沸物。

(3) 欲回收的物质为热敏性物料,或蒸馏时易分解、聚合或发生其他变化。

(4) 液体混合物中含有较多汽化潜热很大的易挥发组分,特别是该组分又不是目标组分,利用精馏操作能耗较大。

3.5.2　液-液萃取

液-液萃取是指用选定的溶剂分离液体混合物中某种组分,溶剂必须与被萃取的混合物液体不相溶,具有选择性的溶解能力,而且必须有好的热稳定性和化学稳定性,并有小的毒性和腐蚀性。

1. 仪器的选择

液体萃取,一般选择容积较被萃取液大 1~2 倍的分液漏斗。最常用的萃取器皿为分液漏斗,常见的有圆球形、圆筒形和梨形三种(分别见图 3.13 中 A、B 和 C)。分液漏斗从圆球形到长的梨形,其漏斗越长,振摇后两相分层所需时间越长。因此,当两相密度相近时,采用圆球形分液漏斗较合适,一般常用梨形分液漏斗。无论选用何种形状的分液漏斗,加入全部液体的总体积不得超过其容量的 3/4。盛有液体的分液漏斗应妥善放置,否则玻璃塞及活塞

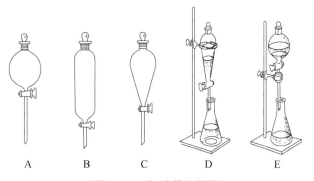

图 3.13　液-液萃取装置

易脱落,从而使液体倾洒,造成不应有的损失。

正确的放置方法通常有两种:一种是将其放在用棉绳或塑料膜缠扎好的铁圈上,铁圈则被牢固地固定在铁架台的适当高度,见图 3.13 中 D;另一种是在漏斗颈上配一塞子,然后用万能夹牢固地将其夹住并固定在铁架台的适当高度,见图 3.13 中 E。但不论如何放置,从漏斗口接收放出液体的容器内壁都应贴紧漏斗颈。

2. 操作方法

(1) 如图 3.13 装置,将含有机化合物的溶液和萃取剂(一般为溶液体积的 1/3),依次自上而下倒入分液漏斗中,装入量约占分液漏斗体积的 1/3,塞上玻璃塞。注意:玻璃塞上如有侧槽必须将其与漏斗上端口径的小孔错开!

图 3.14 萃取操作示意图

(2) 取下漏斗,用右手握住漏斗上口径,并用手掌顶住塞子,左手握住漏斗活塞处,用拇指和食指压紧活塞,并能将其自由地旋转,如图 3.14(A)所示。

(3) 将漏斗稍倾后(下部支管朝上),由外向里或由里向外振摇,以使两液相之间的接触面增加,提高萃取效率。在开始时振摇要慢,每摇几次以后,就要将漏斗上口向下倾斜,下部支管朝向斜上方的无人处,左手仍握在支管处,食拇两指慢慢打开活塞,使过量的蒸气逸出,这个过程称为"放气",如图 3.14(B)所示。这对低沸点溶剂如乙醚或者酸性溶液用碳酸氢钠或碳酸钠水溶液萃取放出二氧化碳来说尤为重要,否则漏斗内压力将大大超过正常值,玻璃塞或活塞就可能被冲脱使漏斗内液体损失。待压力减小后,关闭活塞。振摇和放气重复几次,至漏斗内超压很小,再剧烈振摇 2～3 min,最后将漏斗仍按图 3.13 中(D)或(E)静置。

(4) 移开玻璃塞或旋转带侧槽的玻璃塞使侧槽对准上口径的小孔。待两相液体分层明显,界面清晰时,缓缓旋转活塞,放出下层液体,收集在大小适当的小口容器(如锥形瓶)中,下层液体接近放完时要放慢速度,放完后要迅速关闭活塞。

(5) 取下漏斗,打开玻璃塞,将上层液体由上口倒出,收集在另一容器中。一般宜用小口容器,大小应事先选择好。

(6) 萃取次数一般 3～5 次,在完成每次萃取后一定不要丢弃任何一层液体,以便一旦搞错还有挽回的机会。如要确认何层为所需液体,可参照溶剂的密度,也可将两层液体取出少许,实验其在两种溶剂中的溶解性质。

(7) 萃取过程中可能会产生两种问题:第一,萃取时剧烈的摇振会产生乳化现象,使两相界面不清,难以分离。引起这种现象的原因往往是存在浓碱溶液,或溶液中存在少量轻质沉淀,或两液相的相对密度相差较小,或两溶剂易发生部分互溶。破坏乳化现象的方法是较长时间静置,或加入少量电解质(如氯化钠),或加入少量稀酸(对碱性溶液而言),或加热破乳,还可以滴加乙醇。第二,在界面上出现未知组成的泡沫状的固态物质,遇此问题可在分层前过滤除去,即在接受液体的瓶上置一漏斗,漏斗中松松地放少量脱脂棉,将液体过滤,见图 3.14(C)。

(8) 洗涤有机层以除去杂质

洗涤相的体积通常是有机相体积的 1/10～1/2。最好重复洗涤 2～3 次。酸洗(通常用

10% HCl)可以除去胺,碱洗(通常用饱和 NaHCO₃ 或 10% NaOH)可以除去酸性杂质。大多数情况下,当杂质既非酸性又非碱性时,可用蒸馏水洗涤,以除去各种无机杂质。

（9）反向萃取回收损失的产品

如果产物有水溶性(含有几个极性基团),可能需要用乙醚或乙酸乙酯反向萃取水层,以避免过多产物流失在水相中。可以使用 TLC 检测是否所有产物已经从水相中被萃取出。

（10）在结束阶段进行盐洗(饱和 NaCl 溶液)

此操作有利于干扰乳化,并且可以除去溶于有机相中的水,起到"干燥"有机层的作用。

（11）干燥有机层

将有机溶液和水相分离之后,在有机相中加入干燥剂以除去微量的水。通常用高效快速的 MgSO₄(轻微的酸性),或用 Na₂SO₄(中性),它的干燥速度稍慢,效率较低。这些化合物可以和残留在有机溶液中的水结合,作用后形成团块。加入的干燥剂要适量,只要有一些干燥剂不再结块,说明用量足够。

（12）抽滤

选择合适的抽滤瓶和布氏漏斗,剪好两张和布氏漏斗一样大小的干净滤纸(一般垫两张,防止抽破,滤纸一般比漏斗口径稍微小一点为最好)。用叠好的滤纸和布氏漏斗将溶液抽滤到抽滤瓶中(注意布氏漏斗抽滤口朝向以及倒吸等情况)。

（13）将抽滤瓶中的液体倒入圆底烧瓶中脱溶

圆底烧瓶的大小选择一般为溶液量不要超过圆底烧瓶容量的一半,防止在旋转蒸发时暴沸。旋转蒸发浓缩溶液,然后将产物溶解在少量溶剂中,并将其转入一个稍小的已知重量的圆底烧瓶中,再次旋转蒸发浓缩溶液。通过浓缩、加入二氯甲烷,然后重复几次操作,高沸点的溶剂可被有效地除去。

（14）用真空泵除去残留的溶剂

对于非挥发性的化合物,可以用真空泵高效地除去残留的溶剂。另外,也可以排空圆底烧瓶,充入氮气,重复此过程,然后用真空泵抽干。如果产物是挥发性的(低相对分子质量或低沸点),应该用旋转蒸发仪旋干至样品恒重。

（15）样品恒重

从真空泵(或旋转蒸发仪)上取下圆底烧瓶,称重,然后继续蒸发 15～30 min,再次称重。

3. 操作要点与注意事项

（1）选择容积较液体体积大 1～2 倍的分液漏斗,检查玻璃塞和活塞芯是否与分液漏斗配套,如不配套,往往漏液或根本无法操作。待确认无漏液情况后方可使用。

（2）选择分液漏斗的大小。通常选用 125 mL 或 250 mL 的分液漏斗,较大量的反应(1～10 g)可以用 500 mL 或 1 L 的分液漏斗。请记住:分液漏斗中要装得下溶剂及洗涤液,两者在漏斗中必须能完全混合。

（3）萃取溶剂的选择,应根据被萃取化合物的溶解度而定,同时要易于和溶质分开,所以最好用低沸点溶剂。一般难溶于水的物质用石油醚等萃取;较易溶者,用苯或乙醚萃取;易溶于水的物质用乙酸乙酯等萃取。每次使用萃取溶剂的体积一般是被萃取液体的 1/5～1/3,两者的总体积不应超过分液漏斗总体积的 2/3。乙醚是最常用的有机溶剂,因为可方便地用旋转蒸发仪将其除去。乙酸乙酯也是很好的溶剂,但是它相对比较难被除去。应该尽量避免使用二氯甲烷,因为二氯甲烷比水重,容易形成难以处理的乳状液和复杂的物质。

（4）将活塞芯擦干，并在上面薄薄地涂上一层润滑脂，如凡士林（注意：不要涂进活塞孔里），将塞芯塞进活塞，旋转数圈使润滑脂均匀分布（呈透明状）后将活塞关闭好，再在塞芯的凹槽处套上一直径合适的橡皮圈，以防活塞芯在操作过程中因松动漏液或因脱落使液体流失造成实验的失败。

（5）需要干燥分液漏斗时，要特别注意拔出活塞芯，检查活塞是否洁净、干燥，不合要求者，经洗净干燥后方可使用。

（6）若萃取溶剂为易生成过氧化物的化合物（如醚类）且萃取后进一步纯化需蒸去此溶剂，则在使用前应检查溶剂中是否含过氧化物，如含有应除去后方可使用。

（7）若使用低沸点、易燃的溶剂，操作时附近的火都应熄灭，如果实验室中操作者较多时，要注意排风，保持空气流通。

（8）上层液体一定要从分液漏斗上口倒出，切不可从下面活塞放出，以免被残留在漏斗颈下的第一种液体所沾污。分液时一定要尽可能分离干净，有时在两相间可能出现的一些絮状物应与弃去的液体层放在一起。

（9）以下任一操作环节出现失误都可能造成实验失败：

① 分液漏斗不配套或活塞润滑脂未涂好造成漏液或无法操作。

② 对溶剂和溶液体积估计不准，使分液漏斗装得过满，摇振时不能充分接触，妨碍该化合物对溶剂的分配过程，降低萃取效果。

③ 忘记了把玻璃活塞关好就将溶液倒入，待发现后已大部分流失。

④ 摇振时，上口气孔未封闭，致使溶液漏出，或者不经常开启活塞放气，使漏斗内压力增大，溶液自玻璃塞缝隙渗出，甚至冲掉塞子。溶液漏失，漏斗损坏，严重时会产生爆炸事故。

⑤ 静置时间不够，两液分层不清晰时分出下层，不但没有达到萃取目的，反而使杂质混入。

⑥ 放气时尾部对着人，放出的有害气体对人造成伤害。

（10）破乳的有效方法：

① 用滤纸过滤：对于有树脂状、黏液状悬浮物存在而引起的乳化现象，可将分液漏斗中的物料用质地密致的滤纸进行减压过滤。过滤后物料则容易分层和分离。

② 离心分离：将乳化混合物移入离心分离机中，进行高速离心分离。

③ 加无机盐及减压：对于乙酸乙酯与水的乳化液，加入食盐、硫酸铵或氯化钙等无机盐，使之溶于水中，可促进分层。

④ 对于由乙醚形成的乳化液，可将乳化部分分出，装入一个细长的筒形容器中，向液面上均匀地筛撒充分脱水的硫酸钠粉末，此时，硫酸钠一边吸水，一边下沉，在容器底部可形成水溶液层。

⑤ 超声波等一些方法在一定的情况下对破乳也是很实用的。

3.5.3　液-固萃取

固-液萃取，也叫浸取，用溶剂分离固体混合物中的组分，如用水浸取甜菜中的糖类，用酒精浸取黄豆中的豆油以提高油产量，用水从中药中浸取有效成分以制取流浸膏叫"渗沥"或"浸沥"。从固体混合物中萃取所需要的物质，最简单的方法是把固体混合物粉碎或研细，放在容器里，加入适当溶剂，加热提取。

一次提取：在回流装置中加入固体混合物和溶剂，加热至回流，一段时间后停止。过滤，收集滤液,完成一次提取。

多次提取:多次提取常使用索氏提取器(Soxhlet extractor),将滤纸做成与提取器大小相应的套袋,然后把固体混合物放入套袋,装入提取器内。在蒸馏烧瓶中加入提取溶剂和沸石,连接好蒸馏烧瓶、提取器、回流冷凝管,接通冷凝水,加热。沸腾后,溶剂的蒸气从烧瓶进到冷凝管中,冷凝后的溶剂回流到套袋中,浸取固体混合物。溶剂在提取器内到达一定的高度时,就携带所提取的物质一同从侧面的虹吸管流入烧瓶中。溶剂在仪器内循环流动,把所要提取的物质集中到下面的烧瓶内。

1. 索氏提取器装配要点

索氏提取装置如图3.15所示,下部为圆底烧瓶,放置萃取剂,中间为提取器,放被萃取的固体物质,上部为冷凝器。提取器上有蒸气上升管和虹吸管。

(1)按由下而上的顺序,先调节好热源的高度,以此为基准,然后用万能夹固定住圆底烧瓶。

(2)装上提取器,在上面放置球形冷凝管并用万能夹夹住,调整角度,使圆底烧瓶、提取器、冷凝管在同一条直线上且垂直于实验台面。

(3)滤纸套大小既要紧贴器壁,又要能方便取放,其高度不得超过虹吸管,纸套上面可折成凹形,以保证回流液均匀浸润被萃取物。

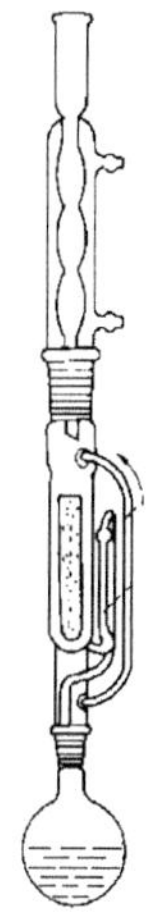

2. 操作方法

(1)研细固体物质,以增加液体浸浴的面积,然后将固体物质放在滤纸套内,置于提取器中,防止漏出堵塞虹吸管。

图3.15 索氏提取装置

(2)在圆底烧瓶内加入沸石。

(3)通冷凝水,选择适当的热浴进行加热。当溶剂沸腾时,蒸气通过玻璃管上升,在冷凝管内冷却为液体,滴入提取器中。

(4)当液面超过虹吸管的最高处时,即虹吸流回烧瓶,因而萃取出溶于溶剂的部分物质。就这样利用回流、溶解和虹吸作用使固体中的可溶物质富集到烧瓶中。然后用其他方法将萃取到的物质从溶液中分离出来。

3.6 干燥及干燥剂

干燥是指除去附着在固体或混杂在液体或气体中的少量水分,包括除去少量溶剂。有机化合物在进行波谱分析等表征之前,都必须经过干燥,否则会影响结果的准确性。液体有机物蒸馏之前通常要先进行干燥,除去水分,减少前馏分并且破坏某些生成的共沸混合物。某些特殊化学反应,如要求无氧、无水等条件,必须对原料和溶剂进行干燥处理,防止空气中的潮气进入反应器。因此,在有机化学实验中,试剂和产品的干燥具有十分重要的意义。

3.6.1 基本方法及原理

干燥的方法通常可分为以下两种:

(1)物理方法:吸附、分馏、共沸蒸馏、离子交换树脂、分子筛等。

（2）化学方法：

第一类，与水结合生成水化物（$MgSO_4 + H_2O \longrightarrow MgSO_4 \cdot 7H_2O$）。

第二类，与水作用生成新的化合物（$Na + H_2O \longrightarrow NaOH$）。

被干燥样品分离水分后，置于锥形瓶，取适量的干燥剂放入，用软木塞塞紧，振摇片刻。可观察样品是否澄清判断是否干燥。过滤后，将干燥的液体进行蒸馏。也可以利用分馏或二元、三元共沸混合物来除去水分。对于与水不生成共沸混合物的液体有机物，可用精密分馏柱分开。

3.6.2　液体有机化合物的干燥

（1）干燥剂的选择

① 干燥剂不能与液体有机化合物发生化学反应。

② 干燥剂不溶于液体有机化合物。

③ 考虑干燥剂的吸水容量和干燥效能。吸水容量为单位重量干燥剂所吸收的水量，干燥效能为达到平衡时液体的干燥程度。

（2）干燥剂的用量

① 根据吸水容量计算干燥剂的用量。若用量不足，则不能达到干燥的目的；若用量过多，则会由于干燥剂的吸附造成液体损失。

② 实际操作：先加少量的干燥剂到液体中，摇匀，如出现干燥剂黏壁或互相黏结时，应补加；如投入干燥剂后出现水相，先用吸管把水吸出，再添加新的干燥剂。

（3）常用干燥剂的性能与应用

常用干燥剂的性能与应用见表 3.2。

表 3.2　常用干燥剂性能

干燥剂名称	最大吸水产物及失水温度	性质	干燥效能	适用范围	不适用范围	备注
无水 $CaCl_2$	$CaCl_2 \cdot 6H_2O$ 30 ℃以上开始失水	中性	中等	烷烃、烯烃、醚、酮、硝基化合物、中性气体	胺、氨、酰胺、醇、酯、酸和某些醛酮类化合物	吸水量大，作用快，常用于初步干燥。由于含 CaO 等杂质不能干燥酸性物质
无水 $MgSO_4$	$MgSO_4 \cdot 7H_2O$ 48 ℃以上开始失水	中性	较弱	一般有机化合物都能干燥，尤其是不能用无水 $CaCl_2$ 干燥的物质		吸水量大（1.05），作用快，效力高
无水 Na_2SO_4	$Na_2SO_4 \cdot 10H_2O$ 32.4 ℃以上开始失水	中性	弱	一般有机化合物都能干燥，尤其是不能用无水 $CaCl_2$ 干燥的物质		吸水量大（1.25），作用慢，效力低，常用于初步干燥
无水 $CaSO_4$	$CaSO_4 \cdot 2H_2O$ 80 ℃以上开始失水成无水盐	中性	强	一般有机化合物都能干燥，尤其是不能用无水 $CaCl_2$ 干燥的物质		吸水量小，作用快，效力高，常与 Na_2SO_4 配合用作二次干燥

干燥剂名称	最大吸水产物及失水温度	性质	干燥效能	适用范围	不适用范围	备　注
无水 K_2CO_3	$K_2CO_3 \cdot 2H_2O$	碱性	较弱	醇、酮、酯、胺、杂环等碱性化合物	酚及酸性化合物	吸水量小(0.2)，干燥速度慢，易潮解
CaO	$CaO + H_2O \longrightarrow Ca(OH)_2$	碱性	较弱	中性及碱性气体、胺、乙醚、低级醇	酸和酯类化合物	干燥速度较快，不易挥发，热稳定性好，干燥后可不过滤，直接蒸馏
NaOH	可被水溶解	强碱	中等	氨、醚、胺、杂环等碱性化合物	醇、酯、醛、酸、酚等化合物	干燥速度快，效力高，吸湿性强
Na	$Na + H_2O \longrightarrow NaOH + 1/2\ H_2 \uparrow$	强碱	强	仅限于醚、烃、三级胺中少量水的干燥	醇、酸等物质，与氯代烃相遇有爆炸危险	作用慢，效力高，与水接触强烈放热并可自燃，常用作二次干燥
分子筛	物理吸附	中性	强	各类有机化合物及溶剂、不饱和烃气体		吸水量较小(0.25)，作用快，效力高，常用作二次干燥和放在干燥器中
硅胶				常用于干燥器中	HF	

（4）各类有机物常用干燥剂

有机物常用干燥剂见表3.3。

表 3.3　有机物常用干燥剂

化合物类型	干燥剂	化合物类型	干燥剂
烃	$CaCl_2$、Na、P_2O_5	酮	K_2CO_3、$CaCl_2$、$MgSO_4$、Na_2SO_4
卤代烃	$CaCl_2$、$MgSO_4$、Na_2SO_4、P_2O_5	酸、酚	$MgSO_4$、Na_2SO_4
醇	$MgSO_4$、CaO、Na_2SO_4	酯	$MgSO_4$、Na_2SO_4、K_2CO_3
醚	$CaCl_2$、Na、P_2O_5	胺	KOH、NaOH、K_2CO_3、CaO
醛	$MgSO_4$、Na_2SO_4	硝基化合物	$CaCl_2$、$MgSO_4$、Na_2SO_4

（5）溶剂脱水常用的干燥剂

① 金属及金属氧化物：铝、钙、镁多用于醇类溶剂的干燥；钠、钾适用于烃类、醚、环己胺等，千万不能用于卤代烃；氢化钙适用于烃、卤代烷、醇、胺、醚等，特别是四氢呋喃、二甲亚砜；$LiAlH_4$ 常用于醚等干燥。

② 中性干燥剂：硫酸钙、硫酸钠、硫酸镁适用于烃、卤代烷、醚、酯、腈等；氯化钙适用于烃、卤代烃、醚、硝基化合物、腈、环己胺等；活性氧化铝适用于烃、胺、酯、甲酰胺等；分子筛可以用于几乎所有的溶剂。

3.6.3　固体有机化合物的干燥

常用干燥器及干燥有机物的注意事项如下：

（1）普通干燥器。盖与缸身之间的平面为磨砂面，在磨砂处涂润滑脂。缸中有多孔瓷板,瓷板下面放置干燥剂,上面放置装有待干燥样品的表面皿等。

（2）真空干燥器。有玻璃活塞可以抽真空,活塞下端呈弯钩状,口向上,防止在通向大气时,空气流入太快冲散固体。在盛有样品的表面皿的上面覆盖另一个表面皿。水泵抽气过程中,干燥器外围最好以金属丝围住,以保证安全。

（3）真空恒温干燥器。适用于少量物质的干燥,若所需干燥物质的数量较大,可用真空恒温干燥箱。

除此之外,晾干、加热干燥、烘箱烘干（电热烘箱、红外线烘箱）、减压干燥等方法都是常用来干燥固体有机化合物的方法。

3.6.4 气体干燥

在有机实验中,常有气体参与反应,常用的气体有 N_2、O_2、H_2、Cl_2、NH_3 和 CO_2 等。有些反应要求气体中无水无氧,因此需要对使用的气体进行干燥处理。常用的方法是将固体干燥剂装入干燥管、干燥塔或大的 U 形管中,液体干燥剂则装在各种形式的洗气瓶中。根据被干燥气体的性质、用量、潮湿程度以及反应条件,选择不同的干燥剂和仪器,表 3.4 给出了常用的气体干燥剂。

表 3.4　常用的气体干燥剂及适用范围

干燥剂	性质	可干燥的气体
CaO、碱石灰、NaOH、KOH	碱性	NH_3 类
P_2O_5	酸性	H_2、CO_2、SO_2、N_2、O_2、烷烃
H_2SO_4	酸性	H_2、N_2、CO_2、Cl_2、HCl、烷烃
$CaCl_2$	中性	H_2、HCl、CO_2、CO、SO_2、N_2、O_2、 低级烷烃、醚、烯烃、卤代烃
$CaBr_2$	中性	HBr
$ZnBr_2$	中性	HBr

在使用过程中应当注意:

（1）用无水氯化钙干燥气体时,切勿用细粉末,以免吸潮后结块堵塞。

（2）用浓硫酸干燥时,酸的用量要适当,并控制好通入气体的速度。为了防止发生倒吸,在洗气瓶与反应瓶之间应连接一个安全瓶。

（3）用干燥塔进行干燥时,为了防止干燥剂在干燥过程中结块,那些不能保持其固有形态的干燥剂,如五氧化二磷,应加入一些如石棉绳、玻璃纤维、浮石等载体混合使用。

（4）低沸点的气体可通过冷阱将其中的水或其他可凝性杂质冷却除去,从而获得干燥的气体,固体二氧化碳与甲醇组成的体系或液态空气都可用作冷却阱的冷冻液。

（5）为了防止大气中的水蒸气侵入,有特殊干燥要求的开口反应装置可加干燥管,进行空气的干燥。

3.7　色谱法

色谱法也叫层析法,它是一种高效能的物理分离技术,将它用于分析化学并配合适当的检测手段,就成为色谱分析法。色谱分离是利用待分离的各种物质在两相中的分配系数、吸附能力等亲和能力的不同来进行分离的。

使用外力使含有样品的流动相(气体、液体)通过一固定于柱中或平板上、与流动相互不相溶的固定相表面。当流动相中携带的混合物流经固定相时,混合物中的各组分与固定相发生相互作用。由于混合物中各组分在性质和结构上的差异,与固定相之间产生的作用力的大小、强弱不同,随着流动相的移动,混合物在两相间经过反复多次的分配平衡,使得各组分被固定相保留的时间不同,从而按一定次序由固定相中先后流出。与适当的柱后检测方法结合,实现混合物中各组分的分离与检测。色谱法的优点有以下几条:

(1) 分离效率高,几十种甚至上百种性质类似的化合物可在同一根色谱柱上得到分离,能解决许多其他分析方法不能解决的复杂样品分析。

(2) 分析速度快,一般而言,色谱法可在几分钟至几十分钟的时间内完成一个复杂样品的分析。

(3) 检测灵敏度高,随着信号处理和检测器制作技术的进步,不经过预浓缩可以直接检测 10^{-9} g 级的微量物质。如采用预浓缩技术,检测下限可以达到 10^{-12} g 数量级。

(4) 样品用量少,一次分析通常只需数纳升至数微升的溶液样品。

(5) 选择性好,通过选择合适的分离模式和检测方法,可以只分离或检测感兴趣的部分物质。

(6) 多组分同时分析,在很短的时间内(20 min 左右),可以实现几十种成分的同时分离与定量。

(7) 易于自动化,现在的色谱仪器已经可以实现从进样到数据处理的全自动化操作。色谱法的主要缺点为定性能力较差,为克服这一缺点,已经发展起来了色谱法与其他多种具有定性能力的分析技术的联用。

流动的混合物溶液称为流动相,固定的物质(支持剂或吸附剂)称为固定相(可以是固体或液体)。按分离过程的原理,可分为吸附色谱、分配色谱、离子交换色谱等,按操作形式又可分为柱色谱、纸色谱、薄层色谱等。

3.7.1　柱色谱

柱色谱(又称柱层析)属于液-固吸附色谱。当混合物溶液加在固定相上,固体表面借各种分子间力(包括范德华力和氢键)作用于混合物中各组分,使各组分以不同的作用强度被吸附在固体表面。由于吸附剂对各组分的吸附能力不同,当流动相流过固体表面时,混合物各组分在液-固两相间分配。吸附牢固的组分在流动相分配少,吸附弱的组分在流动相分配多。流动相流过时各组分会以不同的速率向下移动,吸附弱的组分以较快的速率向下移动。随着流动相的移动,在新接触的固定相表面上又按照这种吸附-溶解过程进行新的分配,新鲜流动相流过已趋平衡的固定相表面时也重复这一过程,结果是吸附弱的组分随着流动相移动在前面,吸附强的组分移动在后面,吸附特别强的组分甚至会不随流动相移动,各种化合物在色谱柱中形成带状分布,实现混合物的分离。柱色谱法对于分离相当大量的混合物仍是最有用的一项技术。

图 3.16 柱色谱装置

1. 仪器装置

柱色谱装置如图 3.16 所示,它是由一根带活塞的玻璃管(称为柱)直立放置并在管中装填经过活化的吸附剂组成的。

2. 操作要点

(1) 吸附剂的选择与活化

常用的吸附剂有氧化铝、硅胶、氧化镁、碳酸钙和活性炭等。吸附剂一般要经过纯化和活化处理,颗粒大小应当均匀。对于吸附剂来说,颗粒小,表面积大,吸附能力强,但颗粒小时,溶剂的流速就太慢,因此应根据实际需要而定。柱色谱使用的氧化铝有酸性、中性和碱性三种。酸性氧化铝是用 1% 盐酸浸泡后,用蒸馏水洗至氧化铝的悬浮液 pH 为 4,用于分离酸性物质;中性氧化铝的 pH 约为 7.5,用于分离中性物质;碱性氧化铝的 pH 为 10,用于胺或其他碱性化合物的分离。以上吸附剂通常采用灼烧使其活化。

(2) 溶质的结构和吸附能力

化合物的吸附和它们的极性成正比,化合物分子中含有极性较大的基团时吸附性也较强。氧化铝对各种化合物的吸附性按以下次序递减:酸和碱>醇、胺、硫醇>酯、醛、酮>芳香族化合物>卤代物>醚>烯>饱和烃。

(3) 溶剂的选择

溶剂的选择是重要的一环,通常根据被分离物中各种成分的极性、溶解度和吸附剂活性等来考虑。溶剂应符合以下要求:

① 溶剂较纯。

② 溶剂和氧化铝不能发生化学反应。

③ 溶剂的极性应比样品小。

④ 溶剂对样品的溶解度不能太大,也不能太小。

⑤ 有时可以使用混合溶剂。

(4) 洗脱剂的选择

样品吸附在氧化铝柱上后,用合适的溶剂进行洗脱,这种溶剂称为洗脱剂。如果原来用于溶解样品的溶剂冲洗柱不能达到分离的目的,可以改用其他溶剂,一般极性较强的溶剂影响样品和氧化铝之间的吸附,容易将样品洗脱下来,达不到分离的目的。因此常用一系列极性渐次增强的溶剂,即先使用极性最弱的溶剂,然后加入不同比例的极性溶剂配成洗脱溶剂。常用的洗脱溶剂的极性按如下次序递增:己烷和石油醚<环己烷<四氯化碳<三氯乙烯<二硫化碳<甲苯<二氯甲烷<氯仿<乙醚<乙酸乙酯<丙酮<丙醇<乙醇<甲醇<水<吡啶<乙酸。

3. 操作步骤

(1) 选柱

选用的色谱管应为内径均匀、下端缩口的硬质玻璃管,下端用棉花或玻璃纤维塞住,管内装有吸附剂。色谱柱的大小、吸附剂的品种和用量以及洗脱时的流速均按各单体中的规定。吸附剂的颗粒应尽可能保持大小均匀,以保证良好的分离效果,除另有规定外通常多采用直径为 0.07~0.15 mm 的颗粒。吸附剂的活性或吸附力对分离效果有影响,应予注意。

（2）装柱

柱色谱的分离效果不仅依赖于吸附剂和洗脱剂的选择，且与吸附柱的大小和吸附剂用量有关。根据经验规律，要求柱中吸附剂用量为被分离样品量的 30～40 倍，若需要时可增至 100 倍，柱高与柱的直径之比一般为 8：1，表 3.5 列出了它们之间的相互关系。

表 3.5　色谱柱大小、吸附剂量及样品量

样品量/g	吸附剂量/g	柱的直径/cm	柱高/cm
0.01	0.3	3.5	30
0.10	3.0	7.5	60
1.00	30.0	16.0	130
10.00	300.0	35.0	280

色谱柱先用洗液洗净，用水清洗后再用蒸馏水清洗，干燥。在玻璃管底铺一层玻璃丝或脱脂棉，轻轻塞紧，再在脱脂棉上盖一层厚约 0.5 cm 的石英砂（或用一张比柱直径略小的滤纸代替），最后将吸附剂装入管内。装入的方法有湿法和干法两种。

① 干法：将吸附剂一次加入色谱管，振动管壁使其均匀下沉，然后沿管壁缓缓加入开始层析时使用的流动相，或将色谱管下端出口加活塞，加入适量的流动相，旋开活塞使流动相缓缓滴出，然后自管顶缓缓加入吸附剂，使其均匀地润湿下沉，在管内形成松紧适度的吸附层。操作过程中应保持有充分的流动相留在吸附层的上面。

② 湿法：将吸附剂与流动相混合，搅拌以除去空气泡，徐徐倾入色谱管中，然后再加入流动相，将附着于管壁的吸附剂洗下，使色谱柱表面平整，使填装吸附剂所用流动相从色谱柱自然流下，液面将与柱表面相平时，即加试样溶液。

（3）加样

把分离的样品配制成适当浓度的溶液。将吸附剂上多余的溶剂放出直到柱内液体表面到达吸附剂表面时，停止放出溶剂，沿管壁加入样品溶液，样品溶液加完后，开启下端活塞，使液体渐渐放出，当样品溶液的表面和吸附剂表面相齐时，即可用溶剂洗脱。除另有规定外，将试样溶于层析时使用的流动相中，再沿色谱管壁缓缓加入，注意勿使吸附剂翻起，或将试样溶于适当的溶剂中，再使溶剂挥发去尽后使呈松散状，将混有试样的吸附剂加在已制备好的色谱柱上面。如试样在常用溶剂中不溶解，可将试样与适量的吸附剂在乳钵中研磨混匀后加入。

（4）洗脱和分离

继续不断加入洗脱剂，且保持一定高度的液面，洗脱后分别收集各个组分。如各组分有颜色，可在柱上直接观察到，较易收集；如各组分无颜色，则采用等份收集。每份洗脱剂的体积随所用吸附剂的量及样品的分离情况而定。一般用 50 g 氧化铝，每份洗脱液为 50 mL。除另有规定外，通常按流动相洗脱能力大小，递增变换流动相的品种和比例，分别分步收集流出液，至流出液中所含成分显著减少或不再含有时，再改变流动相的品种和比例。操作过程中应保持有充分的流动相留在吸附层的上面。

4. 注意事项

（1）湿法装柱的整个过程中不能使氧化铝有裂缝和气泡，否则影响分离效果。

（2）加样时一定要沿壁加入，注意不要使溶液将氧化铝冲松浮起，否则易产生不规则色带。

（3）在洗脱的整个操作中勿使氧化铝表面的溶液流干，一旦流干再加溶剂，易使氧化铝柱产生气泡和裂缝，影响分离效果。

（4）要控制洗脱液的流出速度，一般不宜太快，太快了柱中交换来不及达到平衡而影响分离效果。

（5）由于氧化铝表面活性较大，有时可能促使某些成分破坏，所以尽量在一定时间内完成一个柱色谱的分离，以免样品在柱上停留的时间过长，发生变化。

3.7.2 纸色谱

1. 纸色谱的原理

分配色谱是利用化合物在两种互不混溶（或微溶）的溶剂中溶解度或分配情况不同的性质进行分离的过程。在一定温度下，可以近似地把有机物在两种溶剂中的溶解度之比称为"分配系数"。

分配色谱是使混合物中的组分在移动的溶剂与固定的溶剂之间进行分配。前者称为移动相，后者称为固定相。为使固定相固定下来，需要一种固体吸附着，这种固体称为载体或支持剂，在薄层或柱色谱中常用硅藻土和纤维素。纤维素是由大量的纤维二糖通过 β-1,4-苷键连接的，由于有许多羟基，所以具有亲水性。一分子水与纤维素的两个羟基结合，称为"纤维素-H_2O 络合物"。这种固定相可以看成是多糖浓溶液，即使使用与水相混溶的溶剂，也依然形成类似不相混的两相。

当在有机溶剂中进行层析时，原点上的溶质就在纤维素的水相和有机相之间进行分配。有一部分溶质离开原点进入有机相中，并随着它向前移动，当进入无溶质的薄层区时，在两相间又重新进行分配，一部分溶质不断向前移动，同时不断重复分配。有机溶质在薄层上移动的快慢取决于在两相间的分配系数，极性化合物在水中溶解度大些，分配在固相中多些，移动较慢；非极性化合物易溶于有机相，分配在移动相多些，移动较快。通过这样一个分配过程使样品中各组分得以分离。

纸色谱属于分配色谱的一种。它的分离作用不是靠滤纸的吸附作用，而是以滤纸作为惰性载体，以吸附在滤纸上的水或有机溶剂作为固定相，流动相是被水饱和过的有机溶剂（展开剂）。

纸色谱与薄层色谱一样，主要用于分离和鉴定有机化合物。纸色谱多用于多官能团或高极性化合物，如糖、氨基酸等的分离。它的优点是操作简单，价格便宜，所得到的色谱图可以长期保存。缺点是展开时间较长，因为在展开过程中，溶剂的上升速度随着高度的增加而减慢。

2. 纸色谱装置

图3.17给出了几种不同的纸色谱装置，它们是由展缸、玻璃塞、钩子组成。钩子固定在玻璃塞上，展开时将滤纸挂在钩子上。

3. 操作方法

纸色谱操作过程与薄层色谱一样，所不同的是薄层色谱需要吸附剂作为固定相，而纸色谱只用一张滤纸，或在滤纸上吸附相应的溶剂作为固定相。在操作和选择滤纸、固定相、展开剂过程中应注意：

（1）所选用的滤纸薄厚应均匀，无折痕，滤纸纤维松紧适宜。通常做定性实验时，可采用国产1号展开滤纸，滤纸大小可自行选择。

（2）在展开过程中，将滤纸挂在展开缸内，展开剂液面高度不能超过样品点高度。

（3）流动相（展开剂）与固定相的选择，根据被分离物质性质而定。一般规律如下：

① 对于易溶于水的化合物，可直接以吸附在滤纸上的水作为固定相（即直接用滤纸），以能与水混溶的有机溶剂作为流动相，如低级醇类。

② 对于难溶于水的极性化合物，应选择非水性极性溶剂作为固定相，如甲酰胺、N，N-二甲基甲酰胺

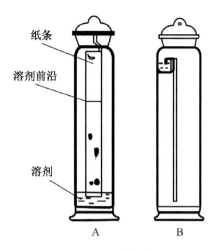

图3.17 纸色谱装置

等，以不能与固定相相混溶的非极性化合物作为流动相，如环己烷、苯、四氯化碳、氯仿等。

③ 对于不溶于水的非极性化合物，应以非极性溶剂作为固定相，如液体石蜡等，以极性溶剂作为流动相，如水、含水的乙醇等。

当一种溶剂不能将样品全部展开时，可选择混合溶剂。常用的混合溶剂有正丁醇-水，一般用饱和的正丁醇，正丁醇-醋酸-水可按4∶1∶5的比例配制，混合均匀，充分振荡，放置分层后，取出上层溶液作为展开剂。

3.7.3 薄层色谱

最常用的薄层色谱也属于液-固吸附色谱。与柱色谱不同的是，吸附剂被涂布在玻璃板上，形成薄薄的平面涂层。干燥后在涂层的一端点样，竖直放入一个盛有少量展开剂的有盖容器中。展开剂接触到吸附剂涂层，借毛细作用向上移动。与柱色谱过程相同，经过在吸附剂和展开剂之间的多次吸附-溶解作用，将混合物中各组分分离成孤立的样点，实现混合物的分离。除了固定相的形状和展开剂的移动方向不同以外，薄层色谱和柱色谱在分离原理上基本相同。由于薄层色谱操作简单，试样和展开剂用量少，展开速度快，所以经常被用于探索柱色谱分离条件和监测柱色谱过程。

薄层色谱（薄层层析）兼备了柱色谱和纸色谱的优点，是近年来发展起来的一种微量、快速而简单的色谱法，一方面适用于小量样品（小到几十微克，甚至$0.01~\mu g$）的分离，另一方面若在制作薄层板时，把吸附层加厚，将样品点成一条线，则可分离多达$500~mg$的样品，因此又可用来精制样品。此法特别适用于挥发性较小或在较高温度易发生变化而不能用气相色谱分析的物质。此外它既可用作反应的定性"追踪"，也可作为进行柱色谱分离前的一种"预试"。

1. 仪器装置

薄层层析所用仪器通常由下列部分组成：

（1）展开室：通常选用密闭的容器，常用的有标本缸、广口瓶、大量筒及长方形玻璃缸。

（2）层析板：可根据需要选择大小合适的玻璃板。

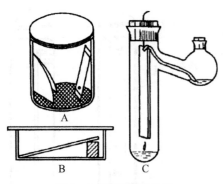

图 3.18　薄层色谱装置

（3）实验所用的层析装置一般可自制一个直径为 3.5 cm、高度为 8 cm 的玻璃杯，作展开室，用医用载玻片作层析板，如图 3.18 所示。

2. 操作要点

（1）吸附剂的选择

薄层层析中常用的吸附剂（或载体）和柱色谱一样，常用的有氧化铝和硅胶，其颗粒大小一般以通过 200 目左右筛孔为宜。如果颗粒太大，展开时溶剂推进的速度太快，分离效果不好。如果颗粒太小，展开太慢，得到拖尾而不集中的斑点，分离效果也不好。薄层层析常用的硅胶可分为硅胶 G、硅胶 H。硅胶 H 不含黏合剂，使用时必须加入适量的黏合剂，如羧甲基纤维素钠（简称 CMC）。氧化铝也可分为氧化铝 G 和层析用氧化铝。

（2）薄层板的制备

在洗净干燥且平整的玻璃板上铺上一层均匀的薄层吸附剂以制成薄层板。薄层板制备的好坏是薄层层析成败的关键。为此，薄层必须尽量均匀且厚度（0.25～1 mm）要固定。否则，在展开时溶剂前沿不齐，色谱结果也不易重复。

（3）薄层板的活化

由于薄层板的活性与含水量有关，且其活性随含水量的增加而下降，因此必须进行干燥。其中氧化铝薄层干燥后，在 200～220 ℃烘 4 h，可得到约Ⅱ级活性薄层，150～160 ℃烘 4 h 可得到Ⅲ～Ⅴ级活性薄层。

3. 操作步骤

（1）薄层板的制备

称取 0.5～0.6 g CMC，加蒸馏水 50 mL，加热至微沸，慢慢搅拌使其溶解，冷却后，加入 25 g 硅胶或氧化铝，慢慢搅动均匀，然后调成糊状物，采用下面的涂布方法制成薄层板。

① 倾注法：将调好的糊状物倒在玻璃板上，用手左右摇晃，使表面均匀光滑（必要时可于平台处让一端触台面，另一端轻轻跌落数次并互换位置）。

② 浸入法：选一个比玻璃板长度高的层析缸，置放糊状的吸附剂，然后取两块玻璃板叠放在一起，用拇指和食指捏住上端，垂直浸入糊状物中，然后以均匀速度垂直向上拉出，多余的糊状物令其自动滴完，待溶剂挥发后把玻璃板分开，平放。此法特别适用于与硅胶 G 混合的溶剂为易挥发溶剂的吸附剂，如乙醇-氯仿（2∶1），把铺好的层析板放于已校正水平面的平板上晾干。

（2）薄层板的活化

把制成的薄层板先放于室温晾干后置烘箱内加热活化，活化一般在烘箱内慢慢升温至 105～110 ℃，约 30～50 min，然后将活化的薄层板立即放置在干燥器中保存备用。

（3）点样

在铺好的薄层板一端约 0.5 cm 处画一条线，作为起点线，在离顶端 1～1.5 cm 处画一条线作为溶剂到达的前沿。用毛细管吸取样品溶液（一般以氯仿、丙酮、甲醇、乙醇、苯、乙醚或四氯化碳等作溶剂配成 1% 的溶液），垂直地轻轻接触到薄层的起点线上，如溶液太稀，一次点样不够，待第一次点样干后，再点第二次、第三次。点的次数依样品溶液浓度而定，一般为 2～5 次。若为多处点样时,则各样品间的距离为 2 cm 左右。

（4）展开

薄层色谱展开剂的选择和柱色谱一样,主要根据样品中各组分的极性、溶剂对于样品中各组分溶解度等因素来考虑。展开剂的极性越大,对化合物的洗脱力也越大。选择展开剂时,除参照相关资料中溶剂极性来选择外,更多地采用实验的方法,在一块薄层板上进行实验。若所选展开剂使混合物中所有的组分点都移到了溶剂前沿,此溶剂的极性过强;若所选展开剂几乎不能使混合物中的组分点移动,留在了原点上,此溶剂的极性过弱。当一种溶剂不能很好地展开各组分时,常选择用混合溶剂作为展开剂。先用一种极性较小的溶剂为基础溶剂展开混合物,若展开不好,用极性较大的溶剂与前一溶剂混合,调整极性,再次实验,直到选出合适的展开剂组合。合适的混合展开剂常需多次仔细选择才能确定。

薄层的展开需在密闭的容器中进行。先将选择的展开剂放在展开室中,展开剂高度为 0.5 cm,并使展开室内空气饱和 5～10 min,再将点好样的薄层板放入展开室中。常用展开方式有三种:

① 上升法:用于含黏合剂的色谱板,将色谱板竖直置于盛有展开剂的容器中[见图 3.18 (A)]。

② 倾斜上行法:色谱板倾斜 15°,适用于无黏合剂的软板,含有黏合剂的色谱板可以倾斜 45°～60°,如图 3.18(B)所示。

③ 下行法:展开剂放在圆底烧瓶中,用滤纸或纱布等将展开剂吸到薄层的上端,使展开剂沿板下行,这种连续展开法适用于 R_f 值小的化合物。如图 3.18(C)所示。

点样处的位置必须在展开剂液面之上。当展开剂上升至薄层的前沿时,取出薄层板放平晾干。根据 R_f 值的不同对各组分进行鉴定。

（5）显色

展开完毕,取出薄层板。如果化合物本身有颜色,就可直接观察它的斑点,用小针在薄层上画出观察到斑点的位置。但多数情况下化合物没有颜色,要识别样点,必须使样点显色。不同类型的化合物需选用不同的显色剂,通用的显色方法有碘蒸气显色和紫外线显色。

① 碘蒸气显色:将展开的薄层板挥发干展开剂后,放在盛有碘晶体的封闭容器中,升华产生的碘蒸气能与有机物分子形成有色的缔合物,完成显色。

② 紫外线显色:用掺有荧光剂的固定相材料(如硅胶 F、氧化铝 F 等)制板,展开后再用紫外线照射展开的干燥薄层板,板上的有机物会吸收紫外线,在板上出现相应的色点,可以被观察到。有时对于特殊有机物使用专用的显色剂显色。此时常用盛有显色剂溶液的喷雾器喷板显色。

（6）计算各组分 R_f 值(比移值)

在固定条件下,不同化合物在薄层板上按不同的速度移动,所以各个化合物的位置也各不相同。通常用 R_f 值表示移动的距离,其计算公式如下:

$$R_f = \frac{溶质最高浓度中心至原点中心的距离}{溶剂前沿至原点中心的距离}$$

当温度、薄层板质量和展开剂都相同时,一个化合物的 R_f 值是一个特定常数,由于影响因素较多,实验数据与文献记载不尽相同,因此在测定 R_f 值时,常采用标准样品在同一薄层板上点样对照。

4. 注意事项

(1) 在制糊状物时,搅拌一定要均匀,切勿剧烈搅拌,以免产生大量气泡,难以消失,致使薄层板出现小坑,使薄层板展开不均匀,影响实验效果。

(2) 点样时,所用样品不能太少也不能太多,一般以样品斑点直径不超过 0.5 cm 为宜。因为若样品量太少,有的成分不易显出,若量过多时易造成斑点过大,互相交叉或拖尾,不能得到很好的分离。

(3) 用显色剂显色时,对于未知样品判断显色剂是否合适,可先取样品溶液一滴,点在滤纸上,然后滴加显色剂,观察是否有色点产生。

(4) 用碘熏法显色时,当碘蒸气挥发后,棕色斑点容易消失(自容器取出后,呈现的斑点一般于 2~3 s 内消失),所以显色后应立即用铅笔或小针标出斑点的位置。

5. 薄层色谱应用

(1) 可用于判断两个化合物是否相同(同一展开条件下是否有相同的移动值)。

(2) 可用于确定混合物中含有的组分数。

(3) 可用于为柱色谱选择合适的展开剂,监视柱色谱分离状况和效果。

(4) 可用于检测反应过程。

3.7.4 气相色谱

气相色谱(gas chromatography,GC)目前发展极为迅速,已成为许多工业部门(如石油化工)必不可少的工具。气相色谱主要用于分离和鉴定气体及挥发性较强的液体混合物,对于沸点高、难挥发的物质可用高压液相色谱进行分离鉴定。气相色谱常分为气液色谱(GLC)、气固色谱(GSC),前者属于分配色谱,后者属于吸附色谱。本节主要介绍气液色谱法。

1. 原理

气相色谱中的气液色谱属于分配色谱,其原理与纸色谱类似,都是利用混合物中各组分在固定相与流动相之间分配情况不同达到分离的目的。所不同的是气液色谱中的流动相是载气,固定相是吸附在载体或担体上的液体。担体是具有热稳定性和惰性的材料,常用的担体有硅藻土、聚四氟乙烯等。担体本身没有吸附能力,对分离不起什么作用,只是用来支撑固定相,使其停留在柱内。分离时,先将含有固定相的担体装入色谱柱中。当配成一定浓度溶液的样品用微量注射器注入汽化室后,样品在汽化室中受热迅速汽化,随载气进入色谱柱,由于样品中各个组分的极性和挥发性(沸点)不同,汽化后的样品在柱中固定相与流动相之间不断地发生分配平衡。这样,易挥发的组分先随流动相流出色谱柱,进入检测器鉴定,而难挥发的组分随流动相移动得慢,后进入检测器,从而达到分离的目的。

2. 气相色谱仪

气相色谱仪由样品汽化室、进样器、色谱柱、检测器、记录仪、收集器组成,如图 3.19 所示。

通常使用的检测器为热导检测器。热导检测器是将两根材料相同、长度一样且电阻值相等的热敏电阻丝作为惠斯通电桥的两臂,利用含有样品气的载气与纯载气热导率的

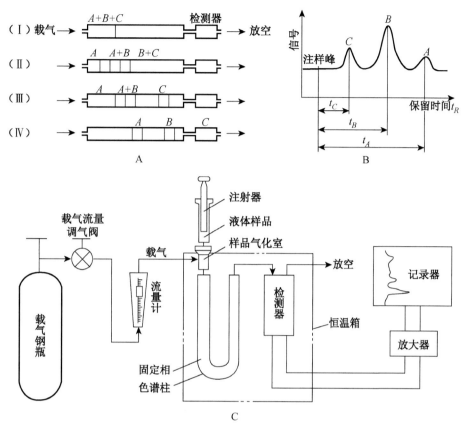

图 3.19 气相色谱仪的原理和结构

不同,引起热敏丝的电阻值发生变化,使电桥电路不平衡,产生信号。将此信号放大并记录下来就得到一条检测器电流对时间的变化曲线,通过记录仪画在纸上便得到了一张色谱图。

利用气相色谱还可以进行化合物的定量分析。其原理是:在一定范围内色谱峰的面积与化合物各组分的含量呈直线关系,即色谱峰的面积(或峰高)与组分的浓度成正比。峰面积 A 等于峰高乘以半峰宽 $W/2$,即 $A = H \times W/2$。峰面积确定后,某组分的质量分数为

$$X_i = \frac{A_i}{A_1 + A_2 + \cdots + A_n} \times 100\%$$

式中:X_i 是 i 组分的质量分数;A_i 是体系中某组分的峰面积。

3.7.5 显色剂的选择与配制

显色剂可以分成两大类:一类是检查一般有机化合物的通用显色剂,另一类是根据化合物分类或特殊官能团设计的专属性显色剂。

(1)通用显色剂

通用显色剂可以对很多化合物进行显色检测,其主要类型见表3.6。

表 3.6　常见通用显色剂

通用显色剂	配制方法	使用方法
硫酸	硫酸-水(1:1)溶液	喷洒后处理:空气中干燥 15 min,再热至 110 ℃直至出现颜色或荧光
	硫酸-甲醇或乙醇(1:1)溶液	
	1.5 mol/L 硫酸溶液	
	0.5~1.5 mol/L 硫酸铵溶液	
碘	0.5%碘的氯仿溶液	喷涂后显色,对很多化合物显色
	碘结晶	层析板放密闭缸内或瓷盘内,缸内预先放有碘结晶少许,大部分有机化合物呈棕色斑点
高锰酸钾	中性 0.05%高锰酸钾溶液	喷涂后显色,易使还原性化合物在淡红背景上显黄色
	碱性高锰酸钾试剂,溶液Ⅰ:1%高锰酸钾溶液,溶液Ⅱ:5%碳酸钠溶液,溶液Ⅰ和溶液Ⅱ等量混合应用	喷涂后显色,易使还原性化合物在淡红背景上显黄色
	酸性高锰酸钾试剂:1.6%高锰酸钾浓硫酸溶液(溶解时注意防止爆炸)	喷洒后处理:180 ℃ 加热 15~20 min 显色
重铬酸钾	5%重铬酸钾浓硫酸溶液	喷洒后加热到 150 ℃至显色出现
磷钼酸	5%磷钼酸乙醇溶液	喷洒后加热到 120 ℃至显色出现
铁氰化钾-三氯化铁	溶液Ⅰ:1%铁氰化钾溶液,溶液Ⅱ:2%三氯化铁溶液,临用前将溶液Ⅰ和溶液Ⅱ等量混合	喷涂后显蓝色,再喷 2 mol/L 盐酸溶液,则蓝色加深

(2)专属性显色剂

由于化合物种类繁多,因此专属性显色剂也有很多,现将在各类化合物中最常用的显色剂列举如表 3.7~表 3.17 所示。

①烃类

表 3.7　常见烃类化合物的显色剂

化合物种类	显色剂种类	配制方法	使用方法
卤代烃类	硝酸银/过氧化氢	硝酸银 0.1 g 溶于 1 mL 水,加 2-苯氧基乙醇 100 mL,用丙酮稀释至 200 mL,再加 30%过氧化氢 1 滴	喷后置未过滤的紫外光下照射;结果:斑点呈暗黑色
不饱和烃	荧光素/溴	Ⅰ.荧光素 0.1 g 溶于 100 mL 乙醇;Ⅱ.5%溴的四氯化碳溶液	先喷(Ⅰ),然后置含溴蒸气容器内,荧光素转变为四溴荧光素(曙红),荧光消失,然后喷(Ⅱ),不饱和烃斑点由于溴的加成,阻止生成曙红而保留荧光,多数不饱和烃在粉红色背景上呈黄色

续表

化合物种类	显色剂种类	配制方法	使用方法
芳香烃	四氯邻苯二甲酸酐	2%四氯邻苯二甲酸酐的丙酮与氯代苯(10:1)的溶液	喷后置紫外光下观察
多环芳烃	甲醛/硫酸	0.2 mL 37%甲醛溶液溶于浓硫酸 10 mL	直接喷涂

② 醇类

表 3.8　常见醇类化合物的显色剂

化合物种类	显色剂种类	配制方法	使用方法
醇类	3,5-二硝基苯酰氯	Ⅰ.2%本品甲苯溶液;Ⅱ.0.5%氢氧化钠溶液;Ⅲ.0.002%罗丹明溶液	先喷(Ⅰ),在空气中干燥过夜,用蒸气熏 2 min,将纸或薄层通过试液(Ⅱ)30 s,喷水洗,趁湿通过(Ⅲ)15 s,空气干燥,紫外灯下观察
	硝酸铈铵	Ⅰ.1%硝酸铈铵的 0.2 mol/L 硝酸溶液;Ⅱ.N,N-二甲基-对苯二胺盐酸盐 1.5 g 溶于甲醇、水与乙酸(128 mL+25 mL+1.5 mL)混合液中	将(Ⅰ)与(Ⅱ)等量混合,喷板后于 105 ℃加热 5 min
高级醇、酚、甾类及精油	香草醛/硫酸	香草醛 1 g 溶于 100 mL 硫酸	喷后于 120 ℃加热至呈色最深
醇类、萜烯、羰基、酯与醚类	二苯基苦基偕肼	15 mg 溶于 25 mL 氯仿	喷后于 110 ℃加热 5～10 min,紫色背景呈黄色斑点

③ 醛酮类

表 3.9　常见醛酮类化合物的显色剂

化合物种类	显色剂种类	配制方法	使用方法
醛基化合物	品红/亚硫酸	Ⅰ.0.01%品红溶液,通入二氧化硫直至无色;Ⅱ.0.05 mol/L 氯化汞溶液;Ⅲ.0.05 mol/L 硫酸溶液	将Ⅰ、Ⅱ、Ⅲ以 1:1:10 混合,用水稀释至 100 mL
醛类、酮类	邻联茴香胺	邻联茴香胺乙酸饱和溶液	喷涂后显色
醛基、酮基及酮糖	2,4-二硝基苯肼	Ⅰ.0.4%本品的 2 mol/L 盐酸溶液;Ⅱ.本品 0.1 g 溶于 100 mL 乙醇中,加浓盐酸 1 mL	喷溶液Ⅰ或Ⅱ后,立即喷铁氰化钾的 2 mol/L 盐酸溶液。饱和酮立即呈蓝色;饱和醛反应慢,呈橄榄绿色;不饱和羰基化合物不显色
类胡萝卜素醛类	绕丹宁	Ⅰ.1%～5%绕丹宁乙醇溶液;Ⅱ.25%氢氧化铵或 27%氢氧化钠溶液	先喷溶液Ⅰ,再喷溶液Ⅱ,干燥

④ 有机酸类

表 3.10　常见有机酸类化合物的显色剂

化合物种类	显色剂种类	配制方法	使用方法
有机酸类方法	溴甲酚绿	溴甲酚绿 0.1 g 溶于 500 mL 乙醇和 5 mL 0.1 mol/L 氢氧化钠溶液	浸板,蓝色背景产生黄色斑点
芳香酸	过氧化氢	0.3%过氧化氢溶液	喷后置紫外光(365 nm)下观察,呈强蓝色荧光
有机酸与酮酸	2,6-二氯苯酚-靛酚钠	0.1%本品的乙醇溶液	喷后微温,结果:蓝色背景呈红色

⑤ 酚类

表 3.11　常见酚类化合物的显色剂

化合物种类	显色剂种类	配制方法	使用方法
酚类、芳香胺类及挥发油	Emerson 试剂 [4-氨基安替比林/铁氰化钾(Ⅲ)]	Ⅰ.4-氨基安替比林 1 g 溶于 100 mL乙醇;Ⅱ.铁氰化钾(Ⅲ)4 g 溶于 50 mL 水,用乙醇稀释至 100 mL	先喷溶液Ⅰ,在热空气中干燥 5 min,再喷溶液Ⅱ,再于热空气中干燥 5 min,然后将板置含有氨蒸气(25%氨溶液)的密闭容器中。结果:斑点由橙色变至淡红色。挥发油在亮黄色背景下呈红色斑点
酚类	氯醌(四氯代对苯醌)	1%本品的甲苯溶液	直接喷涂
酚类	DDQ(二氯二氰基苯醌)试剂	2%本品的甲苯溶液	直接喷涂
酚类、芳香碳氢化物、杂环类、芳香胺类	TCNE（四氰基乙烯)试剂	0.5%～1%本品的甲苯溶液	直接喷涂
酚类	Gibbs（2,6-二溴苯醌氯亚胺)试剂	2%本品的甲醇溶液	直接喷涂
酚类、羟酰胺酸	氯化铁	1%～5%氯化铁的 0.5 mol/L 盐酸溶液	直接喷涂,酚类呈蓝色,羟酰胺酸呈红色

⑥ 含氮化合物

表 3.12　常见含氮化合物的显色剂

化合物种类	显色剂种类	配制方法	使用方法
脂肪族含氮化合物,如氨基氰、胍、脲与硫脲及其衍生物,肌酸及肌酐	FCNP(硝普钠/铁氰化物)试剂	溶液:10%氢氧化钠溶液、10%硝普钠溶液、10%铁氰化钾溶液与水按 1:1:1:3 混合	在室温至少放置 20 min,冰箱保存数周,用前将混合液与丙酮等体积混合,直接喷涂

续表

化合物种类	显色剂种类	配制方法	使用方法
芳香族含氮化合物,如生物碱类、抗心律不齐药物	Dragendorff试剂(碘化铋钾试剂)	Ⅰ.碱式硝酸铋 0.85 g 溶于 10 mL 冰醋酸及 40 mL 水中;Ⅱ.碘化钾 8 g 溶于 20 mL 水中	将上述溶液Ⅰ及Ⅱ等量混合,置棕色瓶中作为储备液,用前取储备液 1 mL、冰醋酸 2 mL 与水 10 mL 混合。结果:呈橘红色斑点
含氮杂环化合物	4-甲基伞形酮	本品 0.02 g 溶于 35 mL 乙醇,加水至 100 mL	方法:喷板后置 25%氨水蒸气的容器中,取出后于紫外灯(365 nm)下观察
生物碱类及有机含氮化合物	碘铂酸钾	3 mL 10%六氯铂酸溶液与 97 mL 水混合,加 6%碘化钾溶液,混匀	直接喷涂
吲哚衍生物及胺类	Ehrlich(对二甲氨基苯甲醛/盐酸)试剂	1%本品的浓盐酸溶液与甲醇 1∶1 混合	喷后板于 50 ℃加热 20 min。结果:呈不同颜色的斑点

⑦ 胺类

表 3.13　常见胺类化合物的显色剂

化合物种类	显色剂种类	配制方法	使用方法
脂肪族胺类	硝酸/乙醇	50 滴 65%硝酸于 100 mL 乙醇中	直接喷涂,需要时 120 ℃加热
抗氧剂、酰胺(辣椒素)、伯仲脂肪胺、仲叔芳香胺、芳香碳氢化物、苯氧基乙酸除草剂等	2,6-二氯醌氯亚胺	新鲜制备的 0.5%~2%本品乙醇溶液	喷后薄层于 110 ℃加热 10 min,再用氨蒸气处理
胺类	茜素	0.1%本品的乙醇溶液	直接喷涂
胺类	丁二酮单肟/氯化镍	Ⅰ.丁二酮单肟 1.2 g 溶于热水 35 mL 中,加氯化镍 0.95 g,冷却后加浓氨水 2 mL;Ⅱ.盐酸羟胺 0.12 g 溶于 200 mL 水中	将溶液Ⅰ及Ⅱ混合,放置 1 天,过滤
酚类、胺类和能偶合的杂环化合物	Pauly(对氨基苯磺酸)试剂	对氨基苯磺酸 4.5 g 溶于 45 mL 温热的 12 mol/L 盐酸中,用水稀释至 500 mL,取 10 mL 于冰中冷却,加 4.5%亚硝酸钠冷溶液 10 mL,于 0 ℃放置 15 min。用前加等体积 10%碳酸钠溶液	直接喷涂
生物碱,伯、仲、叔胺类	硫氰酸钴(Ⅱ)	3 g 硫氰酸铵与 1 g 氯化钴溶于 20 mL 水	直接喷涂,结果:白色至粉红色背景上呈蓝色斑点,2 h 后颜色消退。若将薄层喷水或放入饱和水蒸气容器内,可重现色点

续表

化合物种类	显色剂种类	配制方法	使用方法
芳香胺类方法	1,2-萘醌-4-磺酸钠	本品 0.5 g 溶于 95 mL 水,加乙酸 5 mL,滤去不溶物即得	喷后反应 30 min 显色
芳香胺类	葡萄糖/磷酸	葡萄糖 2 g 溶于 85%磷酸 10 mL 与水 40 mL 混合液中,再加乙醇与正丁醇各 30 mL	方法:喷后于 115 ℃ 加热 10 min

⑧ 硝基及亚硝基化合物

表 3.14　常见硝基及亚硝基化合物的显色剂

化合物种类	显色剂种类	配制方法	使用方法
3,5-二硝基苯甲酸酯、二硝基苯甲酰胺	α-萘胺	Ⅰ.0.5% α-萘胺乙醇溶液;Ⅱ.10%氢氧化钾甲醇溶液	先喷溶液Ⅰ,再喷溶液Ⅱ。结果:呈红褐色斑点
亚硝胺类	二苯胺/氯化钯	1.5%二苯胺乙醇溶液与 0.1 g 氯化钯的 0.2%氯化钠溶液 100 mL,按 5:1 混合	方法:喷后置紫外光(254 nm)下观察。结果:显紫色斑点

⑨ 氨基酸及肽类

表 3.15　常见氨基酸及肽类化合物的显色剂

化合物种类	显色剂种类	配制方法	使用方法
氨基酸、胺与氨基糖类	茚三酮	溶液:本品 0.2 g 溶于 100 mL 乙醇中	方法:喷后于 110 ℃ 加热。结果:呈红紫色斑点
氨基酸及杂环胺类	茚三酮/乙酸镉	溶液:1 g 茚三酮及 2.5 g 乙酸镉溶于 10 mL 冰醋酸中,用乙醇稀释至 500 mL	方法:喷后于 120 ℃ 加热 20 min
氨基酸	1,2-萘醌-4-磺酸钠	溶液:临用前将本品 0.02 g 溶于 100 mL 5%碳酸钠中	方法:喷后室温干燥。结果:不同氨基酸呈不同色点
氨基酸与某些肽类	靛红/乙酸锌	溶液:靛红 1 g 与乙酸锌 1 g 溶于 100 mL 95%异丙醇中,加热至 80 ℃,冷却后加 1 mL 乙酸,冰箱保存	方法:喷后于 80~85 ℃ 加热 30 min
二肽及三肽	茚三酮/冰醋酸	溶液:1%茚三酮吡啶溶液与冰醋酸按 5:1 混合	方法:喷后于 100 ℃ 加热 5 min
氨基酸及胺类	香草醛	溶液:Ⅰ.本品 1 g 溶于丙醇 50 mL 中;Ⅱ.1 mol/L 氢氧化钾溶液 1 mL,用乙醇稀释至 1 000 mL	方法:先喷溶液Ⅰ后于 110 ℃ 干燥 10 min,再喷溶液Ⅱ,于 110 ℃ 再干燥 10 min,于紫外光(365 nm)下观察

⑩ 甾类

表 3.16   常见甾类化合物的显色剂

化合物种类	显色剂种类	配制方法	使用方法
甾体激素	香草醛/硫酸	溶液:1%香草醛浓硫酸溶液	方法:喷后于 105 ℃加热 5 min
雌激素类	氯化锰	溶液:0.2 g 氯化锰溶于含硫酸 2 mL 的 60 mL 甲醇中	方法:喷后置紫外光(365 nm)下观察
甾体激素	高氯酸	溶液:5%高氯酸甲醇溶液	方法:喷后于 110 ℃加热 5 min,置紫外光(365 nm)下观察
甾类与二萜类	三氯化锑/乙酸	溶液:三氯化锑 20 g 溶于20 mL乙酸与 60 mL 氯仿混合液中	方法:喷后于 100 ℃加热 5 min,紫外光长波下观察。结果:二萜类斑点呈红黄—蓝紫色
甾族化合物、黄酮类与儿茶酸类	对甲苯磺酸	溶液:20%本品的氯仿溶液	方法:喷后于 100 ℃加热数分钟,紫外光长波下观察。结果:斑点呈荧光
三萜、甾醇与甾族化合物	氯磺酸/乙酸	溶液:5 mL 氯磺酸在冷却下加入 10 mL 乙酸中溶解	方法:喷后于 130 ℃加热 5～10 min,置紫外光长波下观察。结果:斑点显荧光

⑪ 糖类

表 3.17   常见糖类化合物的显色剂

化合物种类	显色剂种类	配制方法	使用方法
碳氢化合物	茴香胺、邻苯二酸试剂	溶液:1.23 g 茴香胺及 1.66 g 邻苯二酸于 100 mL 95%乙醇中的溶液	方法:喷雾或浸渍。结果:己糖呈绿色,甲基戊糖呈黄绿色,戊糖呈紫色,糖醛酸呈棕色
苷类、酚类、糖酸类	四乙酸铅/2,7-二氯荧光素	Ⅰ.1.2%四乙酸铅的冰醋酸溶液;Ⅱ.1% 2,7-二氯荧光素乙醇溶液。溶液Ⅰ、Ⅱ各 5 mL 混匀,用干燥的苯或甲苯稀释至 200 mL,试剂溶液只能稳定 2 h	方法:浸板
糖类	邻氨基联苯/磷酸	溶液:0.3 g 邻氨基联苯加 5 mL 85%磷酸与 95 mL 乙醇	方法:喷板后110 ℃加热 15～20 min。结果:斑点呈褐色
还原糖	苯胺/二苯胺/磷酸	溶液:4 g 二苯胺、4 mL 苯胺与 20 mL 85%磷酸共溶于 200 mL 丙酮中	方法:喷后于 85 ℃加热 10 min。结果:产生各种颜色,1,4-己醛糖、低聚糖呈蓝色
酮糖	双甲酮/磷酸	溶液:10.3 g 双甲酮(5,5-二甲基环己烷-1,3-二酮)溶于 90 mL 乙醇与 10 mL 85%磷酸中	方法:喷板后于 110 ℃加热 15～20 min。结果:日光下观察,白色背景上呈黄色斑点,紫外光长波下呈蓝色荧光

续表

化合物种类	显色剂种类	配制方法	使用方法
糖类	联苯胺/三氯乙酸	溶液:0.5 g 联苯胺溶于 10 mL 乙酸,再加 10 mL 40％三氯乙酸水溶液,用乙醇稀释至 100 mL	方法:喷后置紫外光下照射 15 min。结果:斑点呈灰棕—红褐色
氨基糖	对二甲氨基苯甲醛/乙酰丙酮	溶液:Ⅰ.1.5 mL 50％氢氧化钾溶液与 20 mL 乙醇混匀,取此溶液 0.5 mL,加乙酰丙酮 0.5 mL 与正丁醇 50 mL 的混合液 10 mL,此两种溶液均需新鲜配制,临用前混合;Ⅱ.1 g 对二甲氨基苯甲醛溶于 30 mL 乙醇中,再加 30 mL 浓盐酸,需要时此溶液可用 180 mL 正丁醇稀释	方法:先喷Ⅰ后于 105 ℃加热 5 min,再喷Ⅱ,然后于 90 ℃干燥 5 min。结果:斑点呈红色

第4章　有机化合物的性质及其物理常数测定

4.1　有机化合物的性质

最初,有机化合物是指从动植物体内取得的物质,现在是指除一氧化碳、二氧化碳、碳酸盐等少数简单含碳化合物以外的其他含碳化合物。有机化合物的特点是:熔点较低;对热不稳定,容易燃烧;难溶于水,易溶于有机溶剂;反应较慢;普遍存在同分异构现象。以前,有机化合物来源于动植物,现在有机化合物的重要来源是煤、石油、天然气。许多有机化合物可以通过人工方法合成出来。

4.1.1　烷烃的性质

（1）烷烃的物理性质

有机化合物的物理性质通常是指物态、沸点、熔点、密度、溶解度、折射率、比旋光度和光谱性质等。纯的有机化合物在一定条件下都有恒定的物理常数,通过测定物理常数,常常可以测定有机化合物及其纯度。有机化合物的物理性质与分子结构有密切的关系。同系列化合物的物理性质随碳原子数的增加而有规律地变化。下面是烷烃的物理性质。

① 物态

在室温和常压下,含有 $1\sim4$ 个碳原子的正烷烃是气体,含 $5\sim17$ 个碳原子的正烷烃是液体,含 18 个碳原子及以上的正烷烃是固体。

② 沸点

直链烷烃的沸点随着碳原子的增多呈现出规律性的升高。低级烷烃每增加一个碳原子沸点差别较大,随着碳原子数不断增多,沸点差距逐渐减小,分子间的范德华（van der Waals）力则随之增强,其沸点相应增高。在同分异构体中,分子的支链越多,沸点就越低。这是由于支链增多,分子的形状趋于球形,阻碍了分子间的相互靠近,使其有效接触面积减少,从而减弱了分子间的作用力。

③ 熔点

烷烃的熔点基本上也是随着碳原子的增多而升高,但不像沸点变化那样有规律。这是由于晶体分子间的作用力,不仅取决于相对分子质量的大小,而且取决于它们在晶格中的排列情况。一般来说,分子越对称,分子在晶格中的排列越紧密,熔点也越高。例如,戊烷的三种异构体中以对称性最好的新戊烷的熔点最高。

④ 相对密度

直链烷烃的密度也是随碳原子数的增加而增大,这也与分子间引力有关,分子间引力增大,分子间的距离相应减小,相对密度则增大,最大接近于 $0.8\ \mathrm{g\cdot cm^{-3}}$ 左右,所以,所有的烷烃都比水轻。

⑤ 溶解度

烷烃分子是极性很弱或非极性的化合物,根据"极性相似者互溶"的经验规律,它不溶于强极性的水,而易溶于非极性或极性弱的有机溶剂如乙醚、苯、四氯化碳等。

(2) 烷烃的化学性质

烷烃是饱和烃,分子中只有 C—C σ 键和 C—H σ 键,所以烷烃具有很高的化学稳定性。在室温下,烷烃与强酸、强碱、强氧化剂及强还原剂都不发生反应。但在适宜的反应条件下,如光照、高温或在催化剂的作用下,烷烃能发生共价键均裂的自由基反应。

① 氧化反应

有机化学中习惯于把在反应分子中加入氧或脱去氢的反应称为氧化反应,去氧或加氢称为还原反应。烷烃燃烧,与氧反应生成二氧化碳和水,同时放出热量,这也是燃料燃烧的主要反应。

甲烷燃烧时,若控制氧的量,使甲烷的燃烧不彻底,能生成可用于橡胶、塑料的填料和黑色油漆及印刷油漆等工业上极为有用的炭黑。

$$CH_4 + O_2 \longrightarrow C + 2H_2O$$

化合物完全燃烧后放出的热量称为燃烧热。碳氢化合物只有在高温下才会燃烧,火焰或火花均会提供这种高温条件,而一旦反应发生放出热量后,此热量就可以维持高温继续燃烧。燃烧热是很重要的热化学数据,可以精确测量,直链烷烃每增加一个(CH_2),燃烧热平均增加约 655 kJ/mol,同数碳原子的烷烃异构体中,直链烷烃的燃烧热最大,支链数增加,燃烧热随之下降。燃烧热的大小能反映出这些异构体之间位能或焓的高低。燃烧热越小,化合物也越稳定,生成热也越小。

燃料在引擎中的燃烧反应过程非常复杂,汽缸中燃料和空气的混合物在充分燃烧的同时还常常伴随着所谓的爆震过程,后者的产生会大大降低引擎的动力。不同结构的烷烃有不同的爆震情况,人们把燃料的相对抗震能力以"辛烷值"来表示。将抗震性很差的正庚烷的辛烷值定为 0,抗震性较好的 2,2,4-三甲基戊烷的辛烷值定为 100。往汽油中添加某些物质可以提高燃料的辛烷值,有支链的烷烃、烯烃及某些芳烃常具有较好的抗震性。

② 热解反应

化合物在高温无氧条件下的分解作用称为热解。烷烃的热解是一个很复杂的反应,烷烃中甲烷对热的稳定性最大,而后随着相对分子质量的增加而降低。同分异构体中,带支链的烷烃比直链的烷烃容易发生热解,C—C 键或 C—H 键均能在热解反应中均裂。如丁烷热解可以生成两个乙基自由基或一个甲基自由基、一个丁基自由基和一个氢原子。烷基自由基的反应活性很高,寿命极短,它们可以相互结合生成新的烷烃分子,也可以从另一个烷基自由基夺取一个氢原子生成烷烃,与此同时,失去了氢的烷基自由基转变为烯烃。

因此,高级烷烃热解时,碳链可以在任何一处断裂,从而生成各种相对分子质量较小的烷烃、烯烃和氢气等复杂的混合物产物。热解反应时,较弱的键较易裂解,烷烃中 C—C 键比 C—H 键更容易裂解,共价键裂解生成原子或自由基的反应中焓的变化称为键裂解能,自由基中未配对电子在伯、仲、叔碳原子上的分别称为伯、仲、叔自由基。

根据键裂解能和烷烃的生成热,可以计算出各种烷基的生成热。结果表明,自由基的生成热都是正值,说明它们比生成它的元素更不稳定,而不同类型的烷基、自由基的稳定性次序为叔烷基自由基最大,伯烷基自由基最小。

③ 磺化和硝化反应

烷烃在高温下能与硫酸反应,称之为烷烃的磺化。如洗涤剂中的重要成分十二烷基磺酸钠从十二烷基磺酸得来,后者可通过如下的反应生成:

$$C_{12}H_{26} + H_2SO_4 \longrightarrow C_{12}H_{25}SO_3H + H_2O$$

烷烃与硝酸反应后生成硝基化合物的反应称为烷烃的硝化,反应还伴随有碳链的断裂,得到的常常是多种硝基化合物的混合物。烷烃的磺化和硝化反应也是自由基型反应。

④ 卤化反应

在紫外光或 $250 \sim 400℃$ 的温度下,甲烷与氯发生反应生成氯化氢和氯甲烷 CH_3Cl,此反应又称为氯化反应。反应后,氯原子取代了甲烷中的一个氢原子,故这是一类取代反应。

$$CH_4 + Cl_2 \longrightarrow CH_3Cl + HCl$$

甲烷与溴的反应与氯相仿,但溴化反应不如氯化反应容易。甲烷与碘并无作用,因为生成的另一个产物 HI 对碘化物有强烈的还原作用,反应是可逆的,且强烈偏向于生成烷烃和碘。甲烷与氟的反应十分剧烈,即使在黑暗中和室温的条件下也会产生爆炸现象,很难控制。故需要在较低压力下,用惰性气体稀释反应物的浓度。因此,卤素与甲烷的反应活性次序为 $F_2 > Cl_2 > Br_2 > I_2$。

4.1.2　卤代烃的性质

(1) 卤代烃的物理性质

室温下,大多数卤代烃为液体,少于四个碳的氟卤代烃、氯甲烷、氯乙烷、氯乙烯和溴甲烷等少数卤代烃为气体,高级卤代烃则为固体。卤代烃的沸点随碳原子数目的增多和卤素原子序数的增加而升高,同分异构体中,支链分子的沸点较直链低,支链越多,沸点越低。除一些一氟代烃、一氯代烃比水轻外,其余卤代烃都比水重。

卤代烃难溶于水,可溶于苯、乙醚、醇、乙酸乙酯和烃类等有机溶剂,卤代烃能溶解许多有机化合物,所以氯仿、二氯甲烷等都是常用的有机溶剂,但是包括氯仿、四氯化碳在内的许多氯代烃会引起慢性中毒,有的甚至是致癌物,因此使用时应注意通风保护。

(2) 卤代烃的化学性质

卤原子作为卤代烃的官能团,许多化学性质都是由卤原子引起的。卤代烃的反应主要是 C—X 键的反应,包括亲核取代反应、消除反应及与金属的反应。

① 硝酸银醇溶液实验

$$RX + AgNO_3 \longrightarrow RONO_2 + AgX \downarrow$$

在试管中放入 1 mL 饱和的硝酸银醇溶液,再加入 2 滴样品,摇荡后,在室温下静置 5 min,观察有无沉淀产生。若无沉淀产生,将反应混合物温热 2 min,再观察结果。有沉淀时,可以加入 2 滴 5% HNO_3,振荡后,沉淀不溶解的表明样品中含有活泼性的卤素。如果溶液只是稍微显出浑浊而没有沉淀析出,应该认为是负性的结果。

注意:本实验中,切不可加浓硝酸,因为浓硝酸与醇反应能引起爆炸。

② 与稀碱的作用

在试管中装入 1～2 滴溴乙烷和 1～2 mL 5%氢氧化钠溶液,用小火加热到沸腾。为了减少溴乙烷的蒸发,加热要缓和,要从液面开始,逐渐下移到试管底部,并不断摇动试管。冷却后取出一部分水溶液,加入等体积的 3 mol/L 硝酸,再加几滴 2%硝酸银溶液,观察有什么变化。

③ 拜尔斯坦铜丝实验

将一根铜丝的一端绕成 2～3 圈螺旋,在氧化焰中加热至火焰无色。冷却,并将铜丝浸入卤化物中,然后再将铜丝加热,观察火焰的颜色。

4.1.3 醇的性质

（1）醇的物理性质

低级饱和一元醇为无色透明的液体,往往有特殊气味,能与水混溶。12 个碳原子以上的高级醇为蜡状固体,难溶于水。饱和一元醇的比重都比相对分子质量相近的烷烃大,但小于 1,低级醇的熔点和沸点都比相对分子质量相近的烷烃要高,含支链醇的沸点比同碳原子数的直链醇要低。

醇的沸点比烷烃高得多,是因为醇分子间能形成氢键。羟基是极性很强的基团,在液体状态,醇分子间可通过氢键缔合在一起,而气体状态的醇是不缔合的。要使液态醇变为蒸气,必须提供断开氢键的能量,因此沸点升高。

直链饱和一元醇随着相对分子质量的增加,沸点呈有规律的上升,每增加一个系列差（CH_2）沸点约升高 18～20 ℃。饱和一元醇随着相对分子质量的增加,与水形成氢键的能力和在水中的溶解度都迅速减小。多元醇分子中含有多个羟基,分子之间及与水分子都有机会形成氢键,因此它们的沸点更高,水溶性也会增大。

除此之外,低级醇还能与某些无机盐如无水氯化钙、无水氯化镁、无水硫酸铜等形成结晶醇配合物,此配合物能溶于水而不溶于有机溶剂。因此,低级醇不能用上述无机盐作为干燥剂。

（2）醇的化学性质

醇的化学性质主要由羟基决定,由于氧的电负性较大,与氧相连的共价键都具有很强的极性。

在化学反应中,C—O 键和 O—H 键都可发生断裂。C—O 键的断裂主要是醇羟基的取代反应或脱羟基的消除反应。O—H 键断裂使醇具有弱酸性。醇羟基氧上有两对未共用电子,故醇可作为亲核试剂与其他化合物发生亲核取代或亲核加成反应,如醇可发生分子间脱水反应、醇与无机酸或羧酸可发生酯化反应、醇与醛生成缩醛等。具有 α-H 的醇还可发生氧化反应。

① 醇钠的生成和水解

在两个干燥的试管中,分别加入 1 mL 无水乙醇和 1 mL 正丁醇,再各加入 2～3 粒绿豆大小的金属钠,观察反应速度有何差异。等到气体平稳放出时,使试管口靠近灯焰,观察有何现象。

乙醇与钠作用,溶液逐渐变稠,金属钠外面包上一层乙醇钠,反应逐渐变慢。这时,稍微加热可使反应加快,然后静置冷却,乙醇钠就从溶液中析出。

把得到的乙醇钠溶于 5 mL 水中[如果反应停止后溶液中仍有残余的钠,应先用镊子将钠取出(放在乙醇中破坏),然后加水]。加两滴酚酞指示剂,观察现象。

② 醇的氧化

在试管中加入 1 mL 0.5%高锰酸钾溶液和 0.5 mL 乙醇,摇动试管,并用小火加热,观察有什么变化。

③ 卢卡斯实验——伯醇、仲醇、叔醇的鉴别

在三个干燥的试管中,分别加入 1 mL 正丁醇、仲丁醇和叔丁醇,然后各加入 10 mL 卢卡斯试剂(卢卡斯试剂为浓盐酸与无水氯化锌所配制的溶液,温度最好保持在 26~27 ℃),用软木塞塞住瓶口,振荡后静置,观察其变化。记下混合液变浑浊和出现两个液层的时间。

④ 硝酸铈铵实验

用正丁醇、仲丁醇和叔丁醇为样品做此实验。

溶于水的样品:取 0.5 mL 硝酸铈铵溶液放在试管中,用 3 mL 蒸馏水稀释后,加 5 滴样品,振荡。观察溶液颜色的变化。

固体样品可先溶于水中,然后取 4~5 滴溶液加到硝酸铈铵溶液中去。

不溶于水的样品:取 0.5 mL 硝酸铈铵溶液放在试管中,加 3 mL 1,4-二氧六环。如果有沉淀产生,加 3~4 滴水,振荡使沉淀溶解。然后加 5 滴样品,振荡后,出现红色即表示醇的存在。

固体样品可以先把它溶在 1,4-二氧六环中,然后取出 4~5 滴溶液,加到硝酸铈铵溶液中去。

⑤ 多元醇与氢氧化钠的作用

在一试管中加入 2~3 滴甘油,用 1 mL 水稀释。在另一试管中放入 1 mL 5%硫酸铜溶液,滴入稍微过量的 5%氢氧化钠溶液,立刻有氢氧化铜沉淀析出,静置后倾去上层液体,再加 2~3 mL 水,摇动使成悬浮溶液。把这悬浮溶液的一半倒入甘油溶液中,可以看到生成的甘油铜的颜色。在甘油铜溶液中加入过量的稀盐酸,再观察所发生的变化。

4.1.4　酚的性质

(1) 酚的物理性质

酚能形成分子间氢键,故酚类的熔点和沸点比芳烃高,大多数酚在室温下为结晶性固体,只有少数烷基酚(如间甲苯酚)为高沸点的液体,甲酚的皂溶液俗称来苏儿,也称煤酚皂液,在临床上用作消毒剂。酚羟基与水分子也能形成氢键,所以酚类在水中有一定溶解度,并且溶解度随分子中羟基数目的增多而增大。酚通常可溶于乙醇、乙醚、苯等有机溶剂。

(2) 酚的化学性质

酚羟基的性质在某些方面与醇羟基相似,但由于酚的羟基直接与芳环相连,故大多数酚的反应与芳环有关。酚的反应可以发生在羟基上,也可以发生在芳环上,但绝不是两者的简单加合。

① 酚的酸性

a. 用玻璃管分别蘸取苯酚和苦味酸的饱和水溶液,在蓝石蕊试剂和刚果红试纸上检验

它们的酸性。

b. 在三个小试管中各加入苯酚 0.1 g,再分别加入水、5％氢氧化钠溶液、5％碳酸氢钠溶液各 1 mL,振荡并观察比较。

c. 取少量苦味酸晶体,加到 1 mL 5％碳酸氢钠溶液中,观察发生的现象。

② 酚与溴水的作用

a. 在试管中加入 2～3 滴苯酚的饱和水溶液和 1 mL 水,再滴加饱和的溴水,并不断振荡,直到析出的白色沉淀变为淡黄色为止。将混合物煮沸 1～2 min,以除去过量的溴。放置冷却后,沉淀又析出。向冷的混合液中滴加几滴 1％ 碘化钾溶液,再加 1 mL 苯,用力振荡,观察现象。

b. 在试管中加入 1 mL 苯酚的饱和水溶液,再加入 1 mL 饱和的溴水,观察所起的变化。放置 10 min 后,再观察有什么变化。

③ 酚与三氯化铁的作用

a. 取 0.5 mL 苯酚的饱和水溶液,加入 1 mL 水,再滴加 3～4 滴 1％三氯化铁溶液,观察现象。

b. 在试管中加入 0.5 mL 对苯二酚的饱和水溶液,再滴几滴 1％三氯化铁溶液,观察溶液颜色的变化。放置片刻后再观察。

继续往试管中滴加三氯化铁溶液,同时充分摇荡,一直加到墨绿色的沉淀消失为止。如果再加入 0.5 mL 对苯二酚的饱和水溶液,则立刻又生成大量墨绿色沉淀。

④ 苯酚-甲醛树脂的生成

在大试管中加入 3 mL 液体苯酚(含苯酚 94％)和 2 mL 福尔马林(36％ 甲醛水溶液),混合均匀后,再加 4 滴浓盐酸。取一个合适的单孔软木塞,插一根长约 30 cm 的玻璃管,把软木塞塞入试管口。把试管放在沸水浴中加热 20 min,同时间歇地加以振荡。然后,用水冷却试管,这时下层树脂凝成黏稠的物质。倾去上层的水,再用冷水将试管内的树脂洗涤几次。用玻璃棒取出少量树脂,观察其外观,并且实验它在热乙醇中是否溶解。

称取 0.3 g 六次甲基四胺,加到试管中湿的树脂上。重新装上带玻璃管的软木塞,放在 120 ℃左右的油浴中加热 20 min,在开始一段时间中,稍加振荡。试管中的树脂逐渐硬化成黄色的硬块,冷却后用玻璃棒或铁丝把它从试管中钩出来。用镊子夹取一小块硬化了的树脂,放在灯焰上加热,观察它的变化。将少量树脂研碎,实验它在热乙醇中是否溶解。

4.1.5 醛和酮的性质

(1) 醛和酮的物理性质

常温下除甲醛是气体外,12 个碳以下的脂肪族醛、酮都是无色液体,高级的醛、酮为固体,芳香族的醛、酮多为固体。低级醛有刺鼻气味,而有些天然醛、酮有特殊的香味,可作为香料用于化妆品或食品添加剂。

因为醛、酮分子中羰基上氧原子没有连接氢原子,分子间不能形成氢键,所以其沸点比相对分子质量相近的醇和羧酸低。由于醛、酮分子有较强的极性,分子间的作用力较大,所以其沸点高于相对分子质量相近的醚。羰基中的氧原子可以与水形成分子间氢键,所以低级的醛、酮,如甲醛、乙醛、丙酮等可溶于水,高级的醛、酮微溶或不溶于水。所有的醛、酮都溶于有机溶剂。

（2）醛和酮的化学性质

羰基是醛、酮的官能团，所以醛、酮的化学反应主要发生在羰基上。醛、酮的化学性质很活泼，可发生加成、取代、还原、缩合等反应。

① 2,4-二硝基苯肼实验

取 2 mL 2,4-二硝基苯肼试剂于试管中，加 2～3 滴样品，振荡，观察有无沉淀生成。若没有，静置几分钟后观察。

用 5% 甲醛、5% 乙醛、5% 丙酮的水溶液及苯甲醛和苯乙酮做此实验。

② 斐林试剂实验

将 1 mL 斐林试剂甲（125 g NaOH 与 137 g 酒石酸钠溶于 500 mL 水中）和 1 mL 斐林试剂乙（34.5 g 结晶硫酸铜溶于 500 mL 水中，加 0.5 mL 硫酸）在试管中混合均匀，加入 0.5 mL 样品。振荡后，把试管放在沸水浴中加热。注意观察颜色的变化以及是否有红色沉淀析出。如果样品的用量很少，可能只得到绿色的浑浊液。

用 5% 甲醛、5% 乙醛、5% 丙酮的水溶液和苯甲醛做此实验。

③ 与银氨溶液作用（银镜反应）

在洁净的试管中放入 2 mL 2% 硝酸银溶液，加 1 小滴 5% 氢氧化钠溶液。然后一边摇动试管，一边滴加 2% 氨水，直到起初生成的棕色的氧化银恰好溶解为止。加 2 滴样品，静置几分钟后观察。如果没有变化，把试管放在水浴中温热到 50～60 ℃，再观察有无银镜生成。

用 5% 乙醛、5% 丙酮的水溶液和苯甲醛做此实验。

④ 品红醛试剂实验

取 1 mL 品红醛试剂，加 1～2 滴样品，振荡后静置数分钟，观察颜色的变化。

用 5% 甲醛、5% 乙醛、5% 丙酮的水溶液及苯甲醛和苯乙酮做此实验。

⑤ 碘仿反应

将 5 滴样品放在试管中，加 1 mL 碘溶液，再滴加 5% 氢氧化钠溶液至红色消失为止，观察有无沉淀析出，是否能嗅到碘仿的气味。如果出现白色乳浊液，把试管放到 50～60 ℃ 的水浴中温热几分钟，再观察结果。

用 5% 甲醛、5% 乙醛、5% 丙酮的水溶液，95% 乙醇，异丙酮和苯乙酮做此实验。

⑥ 与亚硫酸氢钠的加成

在两个试管中各加入 2 mL 饱和亚硫酸钠溶液，再分别加入 1 mL 纯丙酮和 5% 丙酮溶液，振荡。把试管用冷水冷却，比较两个试管的结果有什么不同，并说明其原因。

4.1.6 羧酸的性质

1. 羧酸的物理性质

常温下，一元羧酸中低级脂肪酸是液体，可溶于水，具有刺鼻的气味。5～10 个碳原子的脂肪酸也是液体，但部分溶于水，具有难闻的气味。随着碳原子数的增加，高级脂肪酸呈蜡状固体，难溶于水，无味。芳香酸是晶体，在水中溶解度不大。

羧酸的沸点比相对分子质量相近的醇的沸点要高。例如，乙酸和正丙醇的相对分子质量均为 60，乙酸的沸点是 118 ℃，而正丙醇的沸点仅为 97.2 ℃，这是因为两个羧酸分子之间能通过两个氢键相互结合，形成二缔合体。羧酸分子间的氢键比醇分子间的氢键牢固，羧酸在固态或液态时主要以二缔合体的形式存在,相对分子质量较小的羧酸如甲酸、乙酸甚至在气态也以二缔合体状态存在。

所有的二元羧酸都是晶体,低级的二元羧酸溶于水,随着相对分子质量的增加,二元羧酸在水中的溶解度减小,但存在奇数碳原子的二元羧酸比少一个碳原子的偶数碳原子的二元羧酸溶解度大的规律。这是因为二元羧酸分子的碳链呈锯齿状排列,奇数碳原子二元羧酸的两个羧基处于链的同侧,分子极性高,水溶性好;而偶数碳原子二元羧酸的两个羧基分处于链的两侧,分子极性低,在水中溶解度小。

2. 羧酸的化学性质

羧酸中的 p-π 共轭使羧基的极性降低,对羧酸化学性质的影响表现为不利于羰基与亲核试剂的亲核加成反应,羧酸的 α-H 不及醛酮的 α-H 活泼。羧酸中羟基氧原子上的电子云部分向羰基转移,从而加强了 O—H 键的极性,有利于氢的解离,使羧酸表现出明显的酸性。此外,羧基的吸电子作用使羧基与 α-C 之间的 C—C 键容易断裂。

(1) 羧基中羟基氢的反应

羧基中羟基氢被取代成盐,也可以与卤代烷反应成酯。在非质子极性溶剂如 HMP 中,各种卤代烃与羧酸作用可以成酯,这个反应常用来合成那些由于位阻效应难以由羧酸和醇直接酯化制备的酯。

上述反应只适用于伯卤代烷,因为仲卤代烷和叔卤代烷在反应过程中会形成烯烃副产物。羧酸银盐也可以合成酯,虽然银盐较贵,但是它的反应较快,有空间阻碍的酸也可以顺利进行。羧酸烃基上若有双键,不能由一般的酸催化酯化时,用银盐的方法比较好。

上面这反应的氧负离子是按 S_N2 过程进行的。与此机理一样,羧酸可以与重氮甲烷反应生成甲酯,反应在室温下就可以进行,而且产率很高。反应过程为,羧酸将质子转移给重氮甲烷,形成羧酸负离子。

酸性条件下,羧酸和烯烃加成生成酯,这个反应特别适合那些因位阻效应而难以由羧酸和醇直接酯化成酯,利用分子内的烯烃和羧酸的加成反应还可合成 γ- 或 δ-内酯。

(2) 羧基中羟基的反应

① 酯化反应

羧酸和醇在酸催化下反应成酯。

酸催化剂可以是硫酸、磷酸、盐酸、三氟化硼和苯磺酸及强酸性离子交换树脂和固体硫酸等,这个反应是可逆的。

为得到较高产率的酯,必须要打破平衡,使反应尽量向正反应进行。要做到这一点,可以用两种方法。一种方法是将产物水移走,使逆反应不能进行,这可用加进合适的脱水剂如无水 $CuSO_4$、$Al_2(SO_4)_3$、二环己基碳二亚胺(DCC)等或恒沸水的手段来实现。另一种方法就是视原料来源情况和价格差别,加入过量的酸或醇,使正反应加快,并改变反应达到平衡时反应物和产物的组成。

DCC 是一个很有效的脱水缩合剂,室温下它使羧酸转化成带有比烷氧基更好的离去基团的化合物,而本身生成二环己基脲沉淀,后者受热脱水再生成 DCC。

酯化反应速度一般较慢,如乙酸和乙醇的酯化反应室温状态下需要 16 年才会到达平衡点。若反应在 150 ℃进行,也需要几天时间才能达到平衡。如果加入少许酸性催化剂,则到达平衡只需几小时就可以了。酸性催化剂的作用是提供质子给羧酸中羰基氧原子形成锌盐,使羧基中的碳原子带有正电荷而易于和醇结合成键。

② 形成酰卤、酰胺、酸酐

羧酸和卤化磷反应,羧基上的羟基和醇羟基一样被取代成卤素,产物是酰卤。

更常用的得到酰氯的方法就是羧酸和氯化亚砜作用,由于反应产生的另两个副产物是气体,故反应朝有利于产物的方向进行,产率很高,产物也很纯。

羧酸和氨或胺反应,首先形成铵盐,而后受热分解产生酰胺,这也是一个可逆反应,故产率也不高,在高温下将氨气通入羧酸,酰胺的产率也可提高。羧酸通过脱水反应形成酸酐。

二元酸和二元胺作用,就可以形成线形的聚酰胺。反应时将两个原料以等物质的量比例混合成盐,而后将聚合过程产生的水减压除去。如由己二酸和己二胺聚合反应得到尼龙66。尼龙66有良好的耐油、耐磨和绝缘性能,作为工程塑料可在很宽的温度范围内使用。

（3）羧基中羰基的还原反应

羧酸中的羰基并不活泼,它不会发生醛酮中羰基所特有的亲核加成反应,也很难催化氢化和被 Na/CH_3CH_2OH 所还原,但锂铝还是可以将酸还原为伯醇。

硼酸也可以将羧酸还原为伯醇,但对酯的作用很小,故可以用于选择性还原。

（4）羧酸中烃基的反应

羧基 α-碳上的氢也有一定的活性。但由于羧酸中羰基碳的电正性可由相邻羟基得到一定补偿,故减弱了从 α-碳上获得电子的要求。与醛酮相比较,羧酸上的 α-氢活性要小得多,烯醇含量极少,在 α-氢上的取代反应也并不容易。如羧酸和卤素的反应很慢,要在磷或硫催化下才能发生 α-卤代作用生成 α-卤代羧酸。

羧酸 α-氢的卤代反应又称 Hell-volhard-Zelinsky 反应（简称 HVZ 反应）。反应先生成酰卤,而后通过酰卤的烯醇式反应得到产物 α-卤代酰卤,后者再和未反应的羧酸交换一个卤原子生成产物并再生成酰卤,酰卤则再在体系中循环使用。

（5）羧酸与有机锂试剂的反应

羧酸与有机锂试剂反应,先生成羧酸锂盐,它在溶剂中溶解性能很好并能接受第二个有机锂试剂对酰基碳的亲核进攻,形成的中间体水解后得到酮。

（6）二元羧酸的一些特性反应

所有的二元酸都是结晶化合物,由于碳链两端都有羧基,分子间吸引力大,它们的熔点和溶解度比相对分子质量相近的一元羧酸高。二元酸中有两个可以离解的氢。

由于羧基有较强的吸电子诱导效应,故它们的解离常数 K_1 较大,两个羧基靠得越近,K_1 越大。第一个羧基离解后形成羧基负离子,此时它产生的是给电子诱导效应,使第二个羧基离解质子变得困难。K_{a1} 和 K_{a2} 的比值也随着两个羧基之间距离的增加而减小。

二元酸受热后可以发生脱羧或脱水反应,但各种二元酸的作用不相同,反应中形成五元或六元环结构产物的倾向较大,取代丙二酸的脱羧反应在合成化学反应中非常有用。

丁二酸、顺丁烯二酸和戊二酸单独加热或与乙酐共热脱水生成五元和六元环酐。

己二酸在氧化钡存在下加热生成环戊酮,单独加热或与乙酐共热生成不稳定的环酐,后者在储存或加热时转变为聚酐,庚二酸以上的二元酸在加热时也都形成聚酐。

（7）脱羧反应

一般来说,羧酸化合物是稳定的,但在羧基的 α 位有重键存在时也易脱羧。许多取代的芳香羧酸也容易发生脱羧或羧基重排反应,特别是羧基的邻、对位有给电子基团存在或羧基邻位有大的立体位阻基团存在的情况下更是如此。羧酸的碱金属盐电解脱羧,在阳极上生成烃,即 Kolbe 反应。

羧酸 β-碳原子上有双键时,脱羧反应也很容易进行。这些反应都经过一个六元环过渡态,因此不能形成烯醇双键结构的 β-羰基羧酸不易脱羧,而 β、γ-双键在脱羧后重排到 α、β-位之间。

4.1.7　胺的性质

1. 胺的物理性质

伯胺、仲胺分子间可以形成氢键,叔胺氮上无氢原子,分子间不能形成氢键。所以,相对分子质量相同的胺的沸点是伯胺＞仲胺＞叔胺＞烷烃。由于氮的电负性比氧的电负性小,因此胺的氮氢间的氢键不如醇、羧酸的氧氢间的氢键强,胺沸点比相对分子质量相近的醇和羧酸的沸点低。脂肪族低级胺在室温下为气体或易挥发液体,高级脂肪胺为固体,芳香胺为高沸点液体或低熔点固体。伯胺、仲胺和叔胺都能与水形成氢键,含 6 个碳原子以下的脂肪胺都溶于水,芳香胺一般难溶于水。

2. 胺的化学性质

(1) 胺的碱性

① 在两个小试管中,各加入 2 滴苯胺和 0.5 mL 水,振荡使成乳浊液,再分别滴加浓盐酸、浓硫酸 1～2 滴,同时振荡,观察结果。再各用 1 mL 水稀释,观察有没有变化。

② 取二苯胺晶体少许,加 0.5～1 mL 乙醇使它完全溶解。再加入 0.5～1 mL 水,溶液变成白色浑浊状。滴加盐酸可使溶液转为透明。再用水稀释此酸性溶液,则溶液再次变浑。

(2) 亚硝酸实验

取 0.5 mL 胺类样品于试管中,加 0.2 mL 浓盐酸、2 mL 水,搅拌使它溶解,放在冰浴中冷却至 0 ℃。另取 0.5 g 亚硝酸钠溶于 2 mL 水中,将此溶液慢慢滴加到上述冷溶液中去,并加以搅拌,直到混合溶液遇到碘化钾淀粉试纸立即呈深蓝色为止。

根据下列情况区别胺的类别:

① 起泡,放出气体,得到澄清溶液,表示为脂肪族伯胺。

② 溶液中有黄色固体或油状物析出,加碱不变色,表示为仲胺;加碱至呈碱性时转变为绿色固体,表示为芳香族叔胺。

③ 不起泡,得到澄清溶液时,取溶液滴加到 5% β-苯胺溶于 5% 氢氧化钠的溶液中,若出现橙红色沉淀,表示为芳香族伯胺;无颜色,表示为脂肪族叔胺。

(3) 兴斯堡反应(苯磺酰氯实验)

在一个带磨口塞的小锥形瓶中,加入 0.5 g(或 0.3 mL)胺类样品。再加入 10 mL 5% 氢氧化钠溶液和 0.5 mL 苯磺酰氯,用力振荡。如果反应过于猛烈,用水冷却锥形瓶;如果不起反应,在热水浴上微热。用试纸检验溶液是否呈碱性,观察是否有固体或油状物析出。如果无沉淀析出,则加入盐酸酸化并用玻璃棒摩擦管壁,再观察是否有沉淀析出。

实验析出的固体或油状物是否溶于酸或碱,根据实验的结果作出结论。如果得到固体的磺酰胺,用乙醇作为溶剂进行重结晶后测定其熔点。

4.2 密度的测定

4.2.1 基本原理

密度是鉴定液体化合物的重要参数,可用来区别密度不同而组成相似的化合物,特别是当这些样品不能制备成适宜的固体衍生物时。例如液态烷烃,就是以沸点、密度、折射率等的测定结果来鉴定的。

单位体积内所含物质的质量称为该物质的密度。密度的数值常以 d_4^{20} 形式记载,指的是20 ℃时的物质重量与 4 ℃时同体积水的重量之比。因为水在 4 ℃时的密度为 1.000 00 g/cm³,所以用 g/cm³ 为单位时,即该物质的密度。物质密度的大小与它所处的条件(温度、压力)有关。对于固体或液体物质来说,压力对密度的影响可以忽略不计。

4.2.2 测定方法

在实验室中测定液体准确的密度常用比重瓶。比重瓶的容量通常为 1～5 mL。测定时先用洗液和蒸馏水将比重瓶洗净,干燥后在分析天平上准确称重。然后用蒸馏水把它充满,置于 20 ℃的恒温槽中 15 min,取出后将瓶中的液面调到比重瓶的刻度处。擦干,称重,这样可求得瓶中蒸馏水在 20 ℃时的重量。倾去水,用少量乙醇润冲两次,再用乙醚润冲一次,吹干。干燥后,装入样品,在 20 ℃恒温槽中恒温后,调节瓶中液面到同一刻度。擦干,称重,这样就可求得与水同体积的液体样品在 20 ℃时的重量。在测定时我们没有测定比重瓶中蒸馏水在 4 ℃时的重量,因为那温度通常低于室温很多,比较难维持。但只要用 20 ℃时水的重量除以 20 ℃时水的密度(0.998 23 g/cm³),就得到同体积水在 4 ℃时的重量。因此在测定密度时,样品的纯度很重要。液体样品一般需要再进行一次蒸馏,蒸馏时收集沸点稳定的中间馏分供测定密度用。

4.3 熔点的测定

通常结晶物质加热到一定温度,即从固态转变为液态,此时的温度可视为该物质的熔点。熔点的严格定义为,固液两态在大气压力下达平衡时的温度。纯粹的固体有机化合物一般都有固定的熔点,自初熔至全熔(熔点范围称熔程)一般不超过 0.5～1.0 ℃。如果混有杂质,熔点会有所下降,熔程也较长,根据熔程长短可以定性地看出该化合物的纯度。大多数有机化合物熔点都在 300 ℃以下,便于利用熔点估计化合物的纯度。

在鉴定某未知物时,如测得其熔点和某已知物的熔点相同或相近时,不能认为它们为同一物质。还需把它们混合,测该混合物的熔点,若熔点仍不变,才能认为它们为同一物质。若混合物熔点降低,熔程增大,则说明它们属于不同的物质。故此种混合熔点实验是检验两种熔点相同或相近的有机物是否为同一物质的最简便方法。

4.3.1 基本原理

在一定的温度和压力下,某物质的固液两相在同一容器中可能发生三种情形:固相迅速

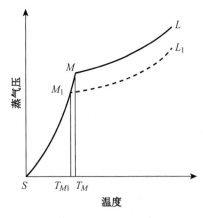

转化为液相(固体熔化),液相迅速转化为固相(液体固化),固液两相同时并存。在某一温度何种情况占优势可以从物质的蒸气压与温度的曲线图(见图4.1)中理解:曲线 SM 表示物质固相的蒸气压与温度的关系,曲线 ML 表示液相的蒸气压与温度的关系,曲线 SM 的变化速率(即固相蒸气压随温度的变化速率)大于曲线 ML 的变化速率,两曲线相交于 M 点,此时固液两相蒸气压相等,且固液两相平衡共存,这时的温度(T_M)为该物质的熔点。

加热纯固体化合物的过程中,固体开始熔化直至固体全部转化为液体时,温度不变,固体全部转化为液体之后继续加热温度就会线性上升。以上说明纯粹的有机化合物有固定而又敏锐的熔点,同时要想精确测定熔点,则

图 4.1 蒸气压-温度曲线

在接近熔点时升温的速度不能太快,必须严格控制加热速度,以每分钟升高 1~2 ℃为宜,这样,才能使整个熔化过程尽可能接近于两相平衡条件,测得的熔点也越精确。

4.3.2 显微熔点测定仪测定熔点

用毛细管法测定熔点,操作简便,但样品用量较大,测定时间长,同时不能观察出样品在加热过程中晶形的转化及其变化过程。为克服这些缺点,实验室常采用显微熔点测定仪。显微熔点测定仪的主要组成可分为两大部分,即显微镜和微量加热台。显微镜可以是专用于这种仪器的特殊显微镜,也可以是普通的显微镜。微量加热台的组成部件如图4.2所示。

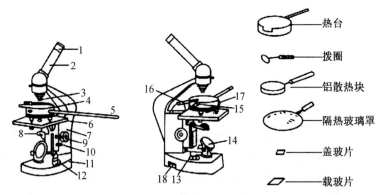

1—目镜;2—镜筒;3—物镜;4—载物台;5—试样夹;6—机架;7—镜柱;8—聚光镜;9—微调手轮;
10—载物台移动手轮;11—底座;12—电源;13—旋钮;14—反光镜;15—铝散热块;16—拨圈;
17—热台;18—电源开关

图 4.2 放大镜式显微熔点测定仪

(1) 显微熔点测定仪的优点

① 可测微量样品的熔点。

② 可测高熔点(熔点可达 350 ℃)的样品。

③ 通过放大镜可以观察样品在加热过程中变化的全过程,如失去结晶水、多晶体的变化及分解等。

（2）实验操作

先将玻璃载片洗净擦干，放在一个可移动的载片支持器内，将微样品放在载片上，使其位于加热器的中心孔上，用盖玻璃将样品盖住，放在圆玻璃盖下，打开光源，调节镜头，使显微镜焦点对准样品，开启加热器，用可变电阻调节加热速度，自显微镜的目镜中仔细观察样品晶形的变化和温度计的上升情况（本仪器目镜视野分为两半，一半可直接看出温度计所示温度，另一半用来观察晶体的变化）。

当温度接近样品的熔点时，控制温度上升的速度为 $1\sim2$ ℃/min，当样品晶体的棱角开始变圆时，即晶体开始熔化，结晶形完全消失即熔化完毕。重复 2 次读数。测定完毕，停止加热，稍冷，用镊子去掉圆玻璃盖，拿走载片支持器及载玻片，放上水冷铁块加快冷却，待仪器完全冷却后小心拆卸和整理部件，装入仪器箱内。根据上述原理，可以利用放大镜、加热板及温度计制成比较简单的微量熔点测定装置。

4.3.3　检测不同样品的方法

（1）易升华的物质：应用两端封闭的毛细管，并将毛细管全部浸入加热液体中。压力对于熔点的影响极微，所以应用封闭的毛细管测定熔点，并无影响。

（2）易吸潮的物质：亦可应用两端封闭的毛细管测定熔点，以免测定熔点中途样品吸潮而致熔点下降。

（3）蜡状的物质：将试样用最低温度熔化后，吸入两端开口的毛细管中，使高达 10 mm。冷却，待凝结成固体后，附在温度计旁。一般以水为传热液体，试样上端应在液面下约 10 mm 处，徐徐加热。待试样体积在毛细管中开始上升，检读温度，即为该试样的熔点。

（4）易分解的物质：有些化合物加热时常易分解，如产生气体、碳化、变色等。由于分解产物的生成，原化合物即混有杂质，熔点自行下降。分解产物生成的数量常跟加热时间有关系，所以易分解样品的熔点亦随加热快慢而不同。酪氨酸渐渐加热时熔点为 $290\sim295$ ℃，如快速加热，熔点为 $314\sim318$ ℃；硫脲的熔点亦有 $167\sim172$ ℃（徐徐加热）及 180 ℃（快速加热）的区别。为了使他人能重复测得相同的熔点，对易分解物质的熔点测定常需作较详细的说明，并在熔点之后用括号注明"分解"。

（5）低熔点的物质：熔点在室温可将装有样品的毛细管与温度计一起冷却，使样品结成固体，将此毛细管及温度计一起移至一个冷却到同样低温度的双套管中，撤除冷却，容器内温度慢慢上升，观察熔点。

4.3.4　熔点测试实验

（1）实验目的

学习使用显微熔点仪测定样品的熔点。

（2）实验器材

X-4 型显微熔点测定仪（数显）。

① 测量范围：室温～320 ℃（一般不超过 220 ℃）。

② 样品用量：不大于 0.1 mg。

③ 样品前处理：把待测样品研细，放在干燥器内，用干燥剂干燥，或者用烘箱直接快速烘干（不超过待测样品的熔点温度）。

（3）实验步骤

① 将热台的电源线接入调压测温仪后侧的输出端。将传感器插入热台孔，另一端与调压测温仪后侧的插座相连。将调压测温仪的电源线与 AC220 V 电源相连。

② 取两片玻片，用蘸有乙醚（或乙醚与酒精混合液）的脱脂棉擦拭干净，晾干。取适量待测样品（不大于 0.1 mg）薄而均匀地放到一片载玻片上，再盖上另一片载玻片，轻轻压实，然后放置在热台中心。

③ 盖上隔热玻璃。

④ 松开显微镜升降手轮，参考显微镜的工作距离（88 mm 或 33 mm），上下调整显微镜，直到从目镜中能看到熔点热台中央的待测样品轮廓时，锁紧该手轮，然后调节调焦手轮，直至能清晰地看到待测样品的像为止。

⑤ 打开电源开关，调压测温仪显示出热台即时的温度值。

⑥ 根据被测样品的熔点值，控制调温手钮 1（升温电压宽量调整）或 2（升温电压窄量调整），在升到样品温度前，达到如下要求：

前段：升温迅速，两调温手钮顺时针调至较大；

中段（至待测样品熔点 40 ℃附近）：升温渐慢，两调温手钮逆时针回调；

后段（至待测样品熔点 10 ℃附近）：升温平缓，控制升温速度约 1 ℃/min。

⑦ 观察被测样品熔化过程，记录初熔和全熔时的温度值，然后用镊子取下隔热玻璃和玻片，即完成一次测试。

⑧ 如需重复测试，只需将散热器放在热台上，电压调至 0 或切断电源，使温度降至熔点值以下 40 ℃附近即可。

⑨ 测试完毕，将散热器放在热台上，电压调至 0 或切断电源，拔出传感器妥善保存，待热台冷却后方可结束。

⑩ 及时清理测试的样品，玻片可用乙醚擦拭干净，以备下次使用。

（4）注意事项

① 熔点样品测试时，可先用中或较高电压快速粗测一次，找到物质熔点的大约值，再根据该粗测值适当调整和精细控制测量过程，最后实现较精确测量。

② 精密测试时，对实验值进行修正，并多次测试，计算平均值。

③ 透镜表面有污秽时，可用脱脂棉蘸少量乙醚和乙醇混合液轻轻擦拭；有灰尘时，可用洗耳球吹掉。

④ 测试过程中，一定要使用镊子取样品，严禁用手触摸，以免烫伤。

⑤ 熔点台属高温金属部件，应防止进水或溶剂腐蚀，散热器应擦干后使用，以免发生短路等危险。

4.4　沸点的测定

液体在一定温度下具有一定的蒸气压，这压力是指液体与它的蒸气平衡时的压力，与体系中存在的液体和蒸气的绝对量无关。当液体的蒸气压增大到与外界施于液面的总压力（通常是大气压力）相等时，就有大量气泡从液体内部逸出，即液体沸腾，这时的温度称为液体的沸点。沸点是物质的重要常数之一，有助于对物质进行确证，测定沸点是鉴定有机化合物和判断物质纯度的依据之一。

4.4.1　基本原理

图 4.3 是几种化合物温度与蒸气压的相关曲
线,显然液体的沸点与外界压力的大小有关。通
常所说的沸点,是指在 1.013×10^5 Pa
(760 mmHg)的压力下(即一个大气压)液体沸腾
时的温度。在说明液体沸点时应注明压力。例如
水的沸点为 100 ℃,是指在 760 mmHg 的压力下
水在 100 ℃时沸腾。在其他压力下的沸点应注明
压力,如在 50 mmHg 时,水在 92.5 ℃沸腾,这时
水的沸点可表示为 92.5 ℃/50 mmHg。

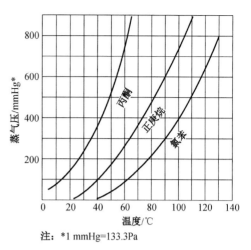

注:*1 mmHg=133.3Pa

图 4.3　温度与蒸气压关系图

4.4.2　沸点的测定

纯液态有机化合物在蒸馏过程中沸点范围很小(0.5～1 ℃),常用微量法(毛细管法)和
常量法(蒸馏法)来测量。当用毛细管法测定时,先加热到内管有连续气泡快速逸出,然后停
止加热,使温度自行下降,气泡逸出速度逐渐减慢,当最后一个气泡刚要缩进内管而还没有缩
进,即与内管管口平行时,这时待测液体的蒸气压就正好等于外界大气压,这时的温度就是待
测液体的沸点。通常用蒸馏或分馏的方法来测定液体的沸点,称为常量法。但若仅有少量试
样时,则用微量法测定可以得到满意的结果。

1. 微量法(毛细管法)测定沸点

图 4.4　沸点测定装置

毛细管法测定沸点的装置见图 4.4。

(1) 沸点管的制备

沸点管由外管和内管组成,外管用长 7～8 cm、内径
0.2～0.3 cm 的玻璃管将一端烧熔封口制得,内管用市购
的毛细管截取 3～4 cm 封其一端而成。测量时将内管开口
向下插入外管中。

(2) 沸点的测定

取 1～2 滴待测样品滴入沸点管的外管中,将内管插入
外管中,然后用小橡皮圈把沸点管附于温度计旁,再把该温
度计的水银球位于 b 形管两支管中间,然后加热。加热时
由于气体膨胀,内管中会有小气泡缓缓逸出,当温度升到比沸点稍高时,管内会有一连串的
小气泡快速逸出。这时停止加热,使溶液自行冷却,气泡逸出的速度即渐渐减慢。在最后一
气泡不再冒出并要缩回内管的瞬间记录温度,此时的温度即为该液体的沸点,待温度下降
15～20 ℃后,可重新加热再测一次(2 次所得温度数值不得相差 1 ℃)。

(3) 微量法测定注意点

① 加热不能过快,被测液体不宜太少,以防液体全部汽化。

② 沸点内管里的空气要尽量赶干净。正式测定前,让沸点内管里有大量气泡冒出,以
此带出空气。

③ 观察要仔细及时。重复几次,要求几次的误差不超过 1 ℃。

2. 常量法测定沸点

当溶液的量在 10 mL 以上时可按一般的蒸馏方法测定,具体操作方法可参阅蒸馏。

4.4.3 影响沸点测定的几点因素

影响沸点测定准确性的主要因素可分三点:温度计的准确性、大气压的影响、过热现象。

(1)温度计的准确性

温度计的标化及测得沸点的校正包括校正温度计刻度以及对温度计外露段所引起的误差进行读数的校正等。

(2)大气压的影响

标准大气压为 1.013×10^5 Pa(760 mmHg),但由于地区不同,地势高低不同,大气压略有不同。即使在同一地点,大气压也随着气候的变化而在一定的范围内变化。大气压稍有偏高或偏低对测得的沸点会造成影响,可按下列公式将测得的沸点转换成标准状态时的沸点:

$$T_0 = t - (0.030 + 0.000\ 11\ t)\Delta p$$

式中:T_0 为标准状态时的沸点;t 为测得的沸点;Δp 为测定时大气压与标准大气压之差(以汞柱高度计)。

例如,在大气压为 730 mm 汞柱高度时,测得的水沸点为 98.88 ℃,则应用上列公式转化成标准状态时的沸点为 100.11 ℃,基本上与实际情况相符合。

(3)过热现象

测定沸点时的过热现象在用半微量测定法时一般是不存在的。当用蒸馏法时,最后三分之一至四分之一部分馏出时,可能出现一些过热现象。因此沸点的测定可取自蒸馏开始后温度不再变动一段时间内的读数。

4.5 折射率的测定

设光在某种媒质中的速度为 v,由于真空中的光速为 c,所以这种媒质的绝对折射率公式为 $n = c/v$。光从真空射入介质发生折射时,入射角 γ 的正弦值与折射角 β 正弦值的比值($\sin \gamma / \sin \beta$)叫做介质的"绝对折射率",简称"折射率"。它表示光在介质中传播时,介质对光的一种特征。

阿贝折射仪是利用全反射原理测量介质折射率和平均色散的仪器,能测定透明、半透明液体或固体(其中以测透明液体为主)的折射率和平均色散,如仪器上接恒温器,则可测定温度为 0~70 ℃ 内的折射率。折射率和平均色散是物质的重要光学常数之一,能借以了解物质的光学性能、纯度及色散大小等。

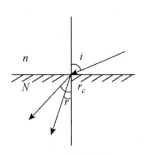

图 4.5 折射率原理图

4.5.1 基本原理

应用阿贝折射仪测量物质的折射率的方法是建立在全反射原理基础上的掠入射法。如图 4.5 所示,光由折射率为 n 的介质射入折射

率为 N 的介质时,由折射定律知,入射角 i 与折射角 r 有以下关系:

$$n \sin i = N \sin r \tag{1}$$

如果 $n < N$,即光由光疏介质射入光密介质时,折射光靠近法线,亦即 $r < i$。入射角可取由 $0°$ 到 $90°$ 的任何一数值,由式(1)折射角亦具有对应的某个数值。当入射角达最大值 $i = 90°$ 时,折射角达最大值 $r = r_c$。此时的入射光线称掠射光线,对应的折射角 r_c 称为折射临界角或又称全反射角,以此代入(1)式得(2)式:

$$\left. \begin{array}{l} n \sin 90° = N \sin r_c \\ n = N \sin r_c \end{array} \right\} \tag{2}$$

已知 N 值,则测出折射临界角 r_c,即可算出待测介质的折射率 n。

实验中常用直角三棱镜(已知 N 的介质)进行测量。如图 4.6 (A),掠射光线由待测折射率为 n 的介质入射到折射率为 N 的直角三棱镜 ABC 中,产生折射临界角 r_c,然后以出射角 i_0 射入折射率为 1 的空气中。所有入射角小于 $90°$ 光线入射到三棱镜 ABC 中时,其折射角都小于 r_c,而从三棱镜 AB 边射出时,其出射角都大于 i_0。故在棱镜上侧光线出射处放一望远

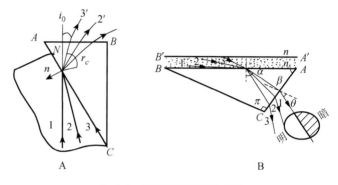

图 4.6 阿贝折射仪工作原理

镜,则具有不同出射角的平行光线都会聚在望远镜焦面的不同位置上。当望远镜筒轴线与出射角为 i_0 的光线平行时,从目镜中可以看到半边是明区和半边是暗区,并在明暗区间有一条分界线的现象,即"半荫视场",如图 4.6(B)所示。此时望远镜与 AB 表面的垂线间的夹角即为出射角 i_0,因为 i_0 与临界角 r_c 间有一定关系,将此关系代入(2)式并加以整理得(3)式:

$$n = \sin A \sqrt{N^2 - \sin^2 i_0} - \cos A \cdot \sin i_0 \tag{3}$$

若已知棱镜顶角 A 及折射率 N,测得出射角 i_0,即可算出待测物质的折射率 n。在阿贝折射仪中,实际上是用转动棱镜的方法去改变 i_0,以适应不同折射率 n 值的测量。而读数望远镜中的标尺(分度盘)则已按(3)式将出射角 i_0 换算成折射率值标出,故仪器中的读数即为被测物质的折射率。

4.5.2 阿贝折射仪使用方法

(1)仪器的安装

将折光仪置于靠窗的桌子或白炽灯前,但勿使仪器置于直照的日光中。阿贝折射仪装置见图 4.7。

(2)仪器的使用

① 加样:旋开测量棱镜 5 和辅助棱镜 6 的闭合旋钮,使辅助棱镜 6 的磨砂斜面处于水平

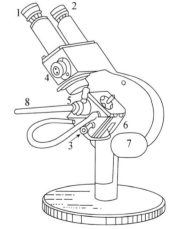

1—望远镜筒;2—读数镜筒;3—恒温器接头;4—阿米西棱镜手轮;5—棱镜组;6—圆盘;7—棱镜转动手轮;8—温度计

图 4.7 阿贝折射仪

位置,若棱镜表面不清洁,可滴加少量丙酮,用擦镜纸顺单一方向轻擦镜面(不可来回擦)。待镜面洗净干燥后,用滴管滴加数滴试样于辅助棱镜 6 的毛镜面上,迅速合上辅助棱镜 6,旋紧闭合旋钮。若液体易挥发,动作要迅速,或先将两棱镜闭合,然后用滴管从加液孔中注入试样(注意切勿将滴管折断在孔内)。

② 调光:调节反射镜 7 使入射光线达到最强,然后转动棱镜使目镜出现半明半暗,分界线位于十字线的交叉点,这时从放大镜 2 即可在标尺上读出液体的折射率。如出现彩色光带,调节消色补偿器,使彩色光带消失,阴暗界面清晰。

③ 读数:从读数望远镜中读出刻度盘上的折射率数值。常用的阿贝折射仪可读至小数点后的第四位,为了使读数准确,一般应将试样重复测量三次,每次相差不能超过 0.0002,然后取平均值。

④ 清洗:测完之后,打开棱镜并用丙酮洗净镜面,也可用吸耳球吹干镜面,实验结束后,除必须使镜面清洁外,尚需夹上两层擦镜纸才能扭紧两棱镜的闭合螺丝,以防镜面受损。

4.5.3 注意事项

阿贝折射仪是一种精密的光学仪器,使用时应注意以下几点:

(1)使用时要注意保护棱镜,清洗时只能用擦镜纸而不能用滤纸等。加试样时不能将滴管口触及镜面。对于酸碱等腐蚀性液体不得使用阿贝折射仪。

(2)每次测定时,试样不可加得太多,一般只需加 2~3 滴即可。

(3)要注意保持仪器清洁,保护刻度盘。每次实验完毕,要在镜面上加几滴丙酮,并用擦镜纸擦干。最后用两层擦镜纸夹在两棱镜镜面之间,以免镜面损坏。

(4)读数时,有时在目镜中观察不到清晰的明暗分界线,而是畸形的,这是由于棱镜间未充满液体。若出现弧形光环,则可能是由于光线未经过棱镜而直接照射到聚光透镜上。

(5)若待测试样折射率不在 1.3~1.7 范围内,则阿贝折射仪不能测定,也看不到明暗分界线。

4.5.4 校正和保养

阿贝折射仪的刻度盘的标尺零点有时会发生移动,须加以校正。校正的方法一般是用已知折射率的标准液体,常用纯水。通过仪器测定纯水的折光率,读取数值,如该条件下纯水的标准折光率不符,调整刻度盘上的数值,直至相符为止。也可用仪器出厂时配备的折光玻璃来校正,具体方法一般在仪器说明书中有详细介绍。

阿贝折射仪使用完毕后,要注意保养。应清洁仪器,如果光学零件表面有灰尘,可用高级鹿皮或脱脂棉轻擦后,再用洗耳球吹去。如有油污,可用脱脂棉蘸少许汽油轻擦后再用乙醚擦干净。用毕后将仪器放入有干燥剂的箱内,放置于干燥、空气流通的室内,防止仪器受潮。搬动仪器时应避免强烈振动和撞击,防止光学零件损伤而影响精度。

4.5.5 折射率测定实验

实验目的:

(1)了解阿贝折射仪的原理和结构,学会阿贝折射仪的调整和使用方法。

(2)掌握使用阿贝折射仪测定物质折射率的方法。

实验器材：

阿贝折射仪,待测液体若干,蒸馏水,镜头纸。

实验步骤：

（1）仪器调整

参照阿贝折射仪的外形图,打开采光棱镜的挡板,并调节读数镜视场采光棱镜,使两个望远镜视场明亮,调节望远镜系统中的目镜,看清分划板上的刻度线（X形准线）,调节读数望远镜中的目镜,并转动棱镜手轮,看清刻度值。

（2）蒸馏水校准

把棱镜组打开,用酒精将棱镜表面擦洗干净,将蒸馏水用滴管注入照明棱镜的磨砂面上,使之均匀铺满一层。合上棱镜,转动棱镜手轮,使读数达到 1.333 0,观察视场内黑白分界线是否与十字线焦点重合,如不重合,则调节刻度螺丝。如出现色散,则调节手轮使色散消失。

（3）测定待测液体的折射率

在一定温度下,对一定浓度的某种溶液来说,其折射率是一定的。先将棱镜表面擦洗干净,滴上待测液体,使照明望远镜中见到"半荫视场",转动消色散棱镜手轮直至能看到很清晰的暗区边缘为止,再调节手轮使暗区边缘恰好与十字线叉丝重合,由刻度盘上记下此时的折射率。重复 3 次。然后测定液体的折射率,记录读数 3 次,且记录测试温度。

1	2	3	n（平均值）

计算实验标准差：

$$s(n) = \sqrt{\frac{\sum (n_i - \bar{n})^2}{3-1}}$$

式中：n_i 为各折射率测得值（$i = 1 \sim 3$）；$\bar{n}$ 为 3 个折射率测得值的平均值。

注意事项：

（1）阿贝棱镜质地较软,在利用滴管加液时,不能让滴管碰到棱镜面上,以免划伤。并合棱镜时,应防止待测液层中存在有气泡,否则视场中的明暗分界线将模糊不清。

（2）每次测量后,棱镜表面必须用蒸馏水冲洗干净,用棉花擦镜纸轻轻把水分吸干,擦净。

（3）实验前,应首先用蒸馏水或已知标准折射率的油来校正阿贝折射仪的读数。

（4）实验完毕,必须将仪器擦洗干净,整理放妥。

思考题：

如果待测液体的折射率 n 大于折射棱镜的折射率 N,能不能用掠入射法来测定 n? 为什么？

4.6　旋光度的测定

当平面偏振光通过含有某些光学活性物质（如具有不对称碳原子的化合物）的液体或溶液时,能引起旋光现象,使偏振光的振动平面向左或向右旋转。偏振光旋转的度数称为旋光度。旋光度有右旋、左旋之分,偏振光向右旋转（顺时针方向）称"右旋",用符号"＋"

表示;偏振光向左旋转(逆时针方向)称为"左旋",用符号"－"表示。偏振光透过长 1 dm 且每 1 mL 中含有旋光性物质 1 g 的溶液,在一定波长与温度下,测得的旋光度称为比旋度。比旋度是旋光物质的重要物理常数,可以用来区别药物或检查药物的纯杂程度,也可用来测定含量。

物质的旋光度不仅与其化学结构有关,而且还和测定时溶液的浓度、光路长度以及测定时的温度和偏振光的波长有关。

4.6.1 基本原理

当一单色光(钠光谱的 D 线即 589.3 nm)通过起偏镜产生直线偏振光向前进行,当通过装有含某些光学活性(即旋光性)的化合物液体的测定管时,偏振光的平面(偏振面)就会向左或向右旋转一定的角度,即该旋光性物质的旋光度,其值可以从自动示数盘上直接读出。

偏振光透过长 1 dm 且每 1 mL 中含有旋光性物质 1 g 的溶液,在一定波长与温度下,测得的旋光度称为比旋度。

对液体样品:

$$[\alpha]_D^t = \frac{\alpha}{ld}$$

对固体样品:

$$[\alpha]_D^t = \frac{100\alpha}{lc}$$

式中:$[\alpha]$ 为比旋度;D 为钠光谱的 D 线波长;t 为测定时的温度;l 为测定管长度,单位:dm;α 为测得的旋光度;d 为液体的相对密度;c 为每 100 mL 溶液中含有被测物质的质量,单位:g(按干燥品或无水物计算)。

4.6.2 旋光度的测定

1. 实验仪器

旋光计:《中国药典》规定,应使用读数至 0.01 并经过检定的旋光计,旋光计的结构示意图见图 4.8。

旋光计的检定:可用标准石英旋光管进行校正,读数误差应符合规定。

2. 测定方法

将测定管用供试液体或固体物质的溶液(取固体供试品,按各药品项下的方法制成)冲洗数次,缓缓注入供试液或溶液适量(注意勿使发生气泡),置于旋光计内检测读数,即得供试液的旋光度。用同法读取旋光度 3 次,取 3 次的平均数,计算供试品的比旋度或浓度。

3. 实验步骤

(1) 打开稳压电源开关,稍等片刻,待电压表指针稳定地指示在 220 V 处。

(2) 打开旋光仪电源开关,经 5 min 钠光灯发光稳定后再工作。

(3) 扳上直流开关,若直流开关扳上后,灯熄灭,则再将直流开关上下重复扳动 1～2 次,使钠灯在直流下点亮为正常。

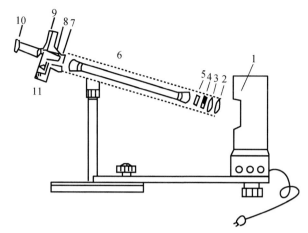

1—光源；2—会聚透镜；3—滤色片；4—起偏镜；5—石英片；6—测试管；
7—检偏镜；8—望远镜物镜；9—刻度盘；10—望远镜目镜；11—刻度盘手动转轮

图 4.8 旋光计的结构示意图

（4）将测定管用供试品所用的溶剂冲洗 3～4 遍，缓缓注入适量溶剂。

（5）测定管中若有气泡，应先将气泡浮在凸颈处，通光面两端的雾状液滴应用擦镜纸揩干。

（6）测定管螺帽不宜旋得过紧，以免产生应力，影响读数。

（7）将测定管放入样品室，测定管安放时，应注意标记的位置和方向，盖上箱盖。

（8）打开示数，调节零位手轮，使旋光示值为零。

（9）取出测定管，将空白溶液倒出，用供试品溶液冲洗 3～4 遍，将供试品溶液缓缓注入测定管，用擦镜纸擦净测定管，特别要擦净两端的通光面，按相同的位置和方向正确地放入样品室内，盖好箱盖。

（10）示数盘将转出该样品的旋光度。示数盘上红色示值为左旋（—），黑色示值为右旋（＋）。

（11）逐次按下复测按钮，重复读取旋光度 3 次，取 3 次的平均值作为测定结果。

（12）如果样品超过测量范围，仪器在±45°处自动停止，此时取出测定管，按一下复测按钮开关，仪器即转回零位。

（13）钠灯在直流供电系统出现故障不能使用时，仪器也可在钠灯交流供电的情况下测试。但仪器的性能可能略有降低。

（14）测定完毕后，取出测定管，将测定管用纯化水洗净。应晾干，防尘保存。

（15）关闭"示数"开关，示数盘复原。

（16）关闭"直流"及"电源"开关。

（17）关闭稳压电源开关，关闭总电源开关。

（18）罩好防尘罩，填写操作记录。

4. 注意事项

（1）《中国药典》（2000 年版）二部规定，用钠光谱的 D 线（589.3 nm）测定旋光度，除另有规定外，测定管长度为 1 dm（如使用其他管长，应进行换算），测定温度为 20 ℃。

（2）配制溶液及测定时，均应调节温度至（20±0.5）℃（或各药品项下规定的温度）。

（3）供试的液体或固体物质的溶液应不显浑浊或不含有混悬的小粒。如有上述情况时，应预先滤过，并弃去初滤液。

（4）每次测定前应以溶剂作空白校正，测定后，再校正1次，以确定在测定时零点有无变动，如第2次校正时发现零点有变动，则应重新测定旋光度。

（5）测定供试品与空白校正，应按相同的位置和方向放置测定管于仪器样品室，并注意测定管内不应有气泡，否则影响测定的准确度。

（6）测定管使用后，尤其在盛放有机溶剂后，必须立即洗净，以免橡皮圈受损发黏。测定管每次洗涤后，切不可置烘箱中干燥，以免发生变形，橡皮圈发黏。

（7）测定管两端的通光面，使用时须特别小心，避免碰撞和触摸，只能以擦镜纸揩拭，以防磨损。应保护其光亮、清洁，否则影响测定结果。

（8）测定管螺帽不宜旋得过紧，以免产生应力，影响读数。

（9）钠灯使用时间一般勿连续使用超过2 h，并不宜经常开关。当关熄钠灯后，如果要继续使用，应等钠灯冷后再开。

（10）仪器应放在干燥通风处，防止潮气侵蚀，镇流器应注意散热。搬动仪器应小心轻放，避免震动。

（11）光源积灰或损坏，可打开机壳擦净或更换。

（12）机械部分摩擦阻力增大，可以打开后门板，在伞形齿轮、蜗轮蜗杆处加稍许钟油。

（13）如果发现仪器停转或其他元件损坏的故障，应按电原理图详细检查。

第5章 有机化学反应及光电材料制备

有机光电子材料是电子材料高科技领域的后起之秀,它作为一门学科已与金属材料、无机陶瓷材料并驾齐驱,在国际上被列为一级学科,是当前科学技术发展中的一个热点,也是21世纪最有前途的一类电子材料。有机电子材料之所以受到人们的极大关注,主要在于它不是作为现有无机材料的代用品或者延伸,而是将成为无机材料所不能替代的新一代电子材料,在许多应用领域中非它莫属。目前人们已合成了近700万种有机化合物,并且每年又以出现十几万种新有机物的速度发展。它广泛应用于电子和光电子信息技术、生物技术、空间技术、海洋工程等领域。由于它的原料来源丰富、制造方便、加工容易、形态多样、用途广泛,因此在新材料领域中的地位日益突出。

从本章开始,我们将系统介绍有机化合物的反应,特别是围绕有机光电材料的合成与制备展开介绍。

5.1 烃类的制备

有机光电材料的主要特征在于其分子中具有共轭基团,这些共轭基团的存在使得材料具有载流子注入和传输、光的吸收和发射、形变等功能,从而应用于电致发光、太阳能电池、传感器、电储存、人工肌肉、激光、吸波、防静电等领域。但是这些共轭功能基团的致命缺点是不溶、不熔,即在溶剂中的溶解性差以及在熔融之前就分解,导致其加工性很差,限制其应用。因此,在有机电子材料中广泛通过引入烷基(或烷氧基等)改善材料的溶解性和熔融性,提高材料的可加工性。

5.1.1 烷烃的性质

烷烃是饱和的碳氢化合物,含有牢固的 σ 键,一般情况下化学性质比较稳定。但烷烃和氯或溴在强光的照射或高温的影响下可以发生卤代反应,与氟则直接起反应,与碘通常不起反应。室温下,烷烃一般不与氧化剂(如高锰酸钾、臭氧等)反应,也不与空气中的氧反应。

5.1.2 烯烃的性质

烯烃分子含有双键,一个 σ 键,一个 π 键,由于 π 键容易被极化和断裂,故能发生加成、氧化反应。

(1)加成反应:环己烯中逐滴加入 $3\%Br_2/CCl_4$,不断褪色。该反应可用来检验不饱和脂肪烃。

(2)氧化反应:烯烃在中性或碱性条件下逐滴加入 $2\%KMnO_4$,紫红色褪去,生成黑褐色 MnO_2 沉淀;在酸性条件下,$KMnO_4$ 还原到 Mn^{2+},紫红色褪去,无沉淀生成。若只有开始

几滴 $KMnO_4$ 能褪色,可能是样品中少量杂质导致,不能认为是阳性反应。该反应可用来检验不饱和脂肪烃。

5.1.3　炔烃的性质

炔烃分子含有三键,一个 σ 键,两个 π 键,易打开 π 键发生加成、氧化反应。另外,当炔烃中含有炔氢(炔烃分子中与碳碳三键碳原子直接相连的氢原子)时,由于炔烃具有弱酸性,能被某些金属或金属离子取代生成金属炔化物。

(1)加成反应:乙炔与溴的加成反应比烯烃慢。

(2)氧化反应:乙炔与 $KMnO_4$ 反应,中性或弱碱性条件下,有黑褐色 MnO_2 沉淀生成;酸性条件下则还原到 Mn^{2+} ,紫红色褪去,无沉淀生成。

(3)炔氢反应:先作乙炔银实验,再做乙炔亚铜实验,以免通入乙炔时,红色的乙炔亚铜沉淀污染白色乙炔银,影响颜色观察。若乙炔银稍带黄色,是因为乙炔中含有硫、磷等杂质。该反应可用于检验乙炔和末端炔烃的存在。

5.1.4　芳香烃的性质

芳香烃具有芳香性,由于苯环具有特殊的稳定性,一般情况下难发生加成和氧化反应,但容易发生环上取代反应,例如卤代、硝化、磺化反应,且取代产物仍保持苯环结构。如果含有侧链,且与苯环相连的碳原子上含有 α-H,则侧链易被强氧化剂(如高锰酸钾、重铬酸钾等)氧化成羧酸。

(1)卤代反应:试管要干燥。在没有催化剂存在下,苯不发生卤代反应,但甲苯在光照或加热下能发生侧链上的卤代反应。

(2)硝化反应:试管要干燥。甲苯反应比苯快。苯(甲苯)发生硝化反应,放 50~60 ℃水浴中加热一段时间,产物为黄色油状液体,密度大于水,若苯(甲苯)较多没有反应完,与硝基苯[对(邻)硝基甲苯]互溶,可能导致黄色油状液体浮于水上。萘具有芳香性,比苯容易发生亲电取代反应。硝化产物为黄色固体,密度也大于水,试管内红棕色气体为硝酸分解产生的二氧化氮。

(3)氧化反应:苯不被氧化。甲苯侧链能被氧化。萘比苯容易被氧化。

实验一　9,9'-二辛基芴的制备

实验目的:

(1)学习卤代烷的亲电加成反应。

(2)学习分液漏斗的使用。

(3)掌握化合物的柱层析方法。

实验原理:

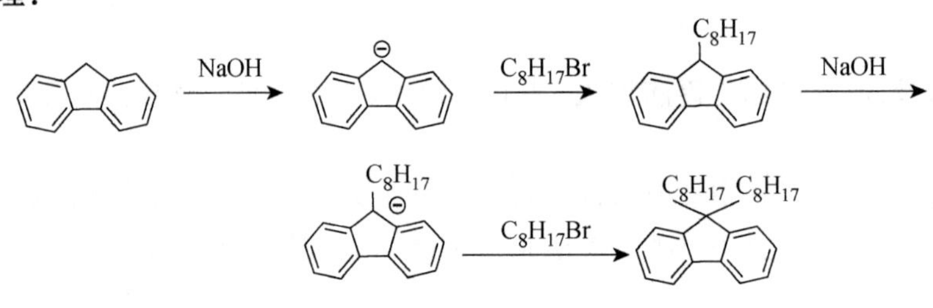

芴碳负离子的生成,采用 NaOH 拔氢产生,也可以用丁基锂,主要副反应是一取代芴和芴酮。

$$C_8H_{17}$$

试剂:

0.5 g(3 mmol)芴,0.05 g 苄基三乙基氯化铵,1.2 mL(6.6 mmol)1-溴辛烷,四丁基溴化胺,NaOH,二甲亚砜,蒸馏水,二氯甲烷,无水硫酸钠,硅胶,石油醚,四氢呋喃(THF)。

实验步骤:

(1) 实验方法(Ⅰ)

在 50 mL 圆底烧瓶中依次加入 0.5 g 芴、0.05 g 苄基三乙基氯化铵、5 mL 二甲亚砜,搅拌溶解后缓慢滴加 0.6 mL 氢氧化钠水溶液(50 %),反应 15 min 后加入 1.2 mL 的 1-溴辛烷,反应在 40 ℃下过夜。反应结束前,点板监测反应是否完成,如未完成则适当加热。

反应结束后,将反应液倒入冰水中并充分搅拌,移入分液漏斗,用二氯甲烷萃取,充分摇振(学习分液漏斗操作方式,操作注意及时放气!)后静置,收集下层有机相,萃取操作重复三次。合并收集有机相,用无水硫酸钠干燥 0.5 h 左右。点板,记录反应液的进行情况。

将干燥好的有机相滤入 250 mL 的圆底烧瓶,旋蒸除去二氯甲烷后进行柱层析提纯,得到纯净的产物,产率大于 95%。

测定产物的折光率并与标准物点板进行对比,初步判断是否得到了目标产物。

(2) 实验方法(Ⅱ)

在无水无氧条件下,将粉末状芴单体溶于无水四氢呋喃,降温到－78 ℃(丙酮和干冰),滴加正丁基锂,搅拌 45 min。之后滴加溴辛烷,然后在室温下搅拌 3 h,反应结束。后处理过程同实验方法(Ⅰ)。

(3) 实验方法(Ⅲ)

在无氧条件下,将粉末状芴单体、四丁基溴化胺、50%的氢氧化钠水溶液、1-溴辛烷在 70 ℃搅拌 4 h,反应结束。后处理过程同实验方法(Ⅰ)。

注意事项:

(1) 实验方法(Ⅰ)反应温度不宜过高和过低,过高会增加芴酮含量,过低则会导致反应不完全,有较多的一取代芴存在。

(2) 实验方法(Ⅱ)反应需要在低温和无水无氧条件下进行反应,四氢呋喃需特殊处理。

思考题:

(1) 实验中苄基三乙基氯化铵、四丁基溴化胺的作用是什么?

(2) 将反应液倒入冰水中的作用是什么?

实验二　3-辛基噻吩的制备

实验目的：

(1) 掌握格氏试剂的制备方法。

(2) 学习 C—C 偶联反应。

实验原理：

$$C_8H_{17}Br \xrightarrow[Et_2O]{Mg} C_8H_{17}MgBr \xrightarrow[Et_2O]{\text{3-溴噻吩}} \text{3-辛基噻吩}$$

试剂：

1.141 g(7 mmol)3-溴噻吩，1.62 g(8.4 mmol)1-溴辛烷，0.11 g Ni(dppf)Cl$_2$，0.22 g (9.2 mmol)镁，乙醚，碘。

实验步骤：

(1) 格氏试剂的制备

准备 50 mL 三口烧瓶，依次加入磁子、0.22 g 打磨过的镁条、一粒碘粒，上接回流冷凝管和恒压滴液漏斗，密封，抽真空，充 N$_2$。先加入 5 mL 乙醚并搅拌，然后将溶有1-溴辛烷的乙醚溶液加入恒压滴液漏斗中，滴加使反应进行，滴加完毕后加热回流1.5 h(观察溶液中的镁条剩余情况)。

(2) 偶联反应

准备 250 mL 三口烧瓶，加入磁子、0.11 g Ni(dppf)Cl$_2$，上接回流冷凝管和恒压滴液漏斗，密封，抽真空，充 N$_2$，加入 3-溴噻吩、少量乙醚，搅拌使之溶解，用长针头把格氏试剂转移至恒压滴液漏斗中，逐滴滴加，加热回流过夜，点板确定反应进行情况。

反应结束后，加入稀盐酸，用乙醚进行萃取，充分摇振(注意及时放气！)后静置，收集下层有机相，萃取操作重复三次。合并收集到的有机相，用无水硫酸钠干燥半小时左右。将干燥好的有机相滤入 250 mL 的圆底烧瓶，旋蒸除去乙醚后，进行柱层析，得到纯净的产物。

注意事项：

(1) 实验中所有使用的玻璃仪器必须严格干燥，所用乙醚也要经过干燥处理。

(2) 实验中体系必须密封，不能漏气。

(3) 转移格氏试剂时注意不要向体系中带入空气。

思考题：

(1) 镁条为什么要打磨后才能使用？

(2) 实验中为什么要加入碘粒？

实验三　3,6-二辛基咔唑的制备

实验目的：

了解学习 Suzuki 反应；巩固加深有机化合物的柱层析方法及原理。

实验原理：

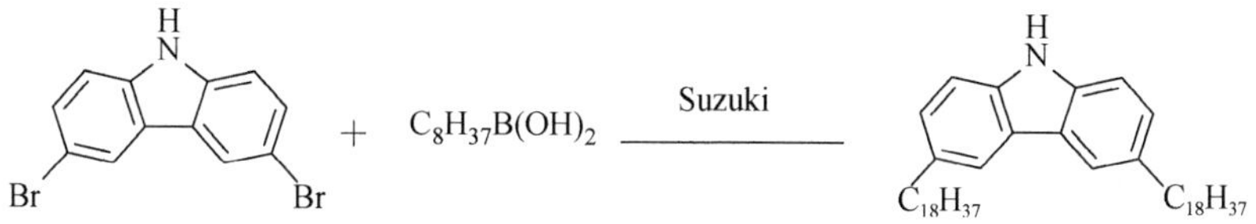

实验过程中若控制不得当，Suzuki 反应不完全，会出现单取代化合物。主要的副反应如下：

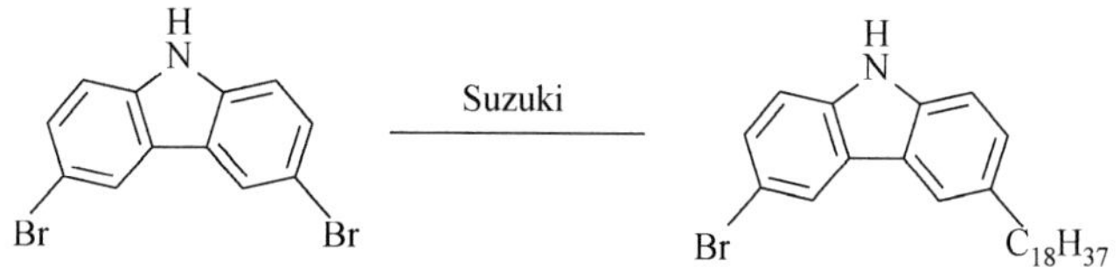

试剂：

硼酸十八烷，3,6-二溴咔唑，四（三苯基膦）合钯，甲基三辛基氯化铵(336)，2 mol/L HCl 溶液，1 mol/L Na_2CO_3 水溶液，二氯甲烷，丙酮，无水无氧甲苯，无水硫酸钠，去离子水，硅胶，石油醚。

实验步骤：

在 50 mL 的两口圆底烧瓶中，按硼酸十八烷：3,6-二溴咔唑为 2.5：1 的物质的量之比依次加入二者，然后加入四（三苯基膦）合钯(7%)、1 滴相转移催化剂甲基三辛基氯化铵(336)，抽真空充氮气，先加入甲苯，后加入 1 mol/L Na_2CO_3 水溶液（氮气鼓泡处理），在 85 ℃条件下避光反应两天。

反应结束，将反应液移入分液漏斗中，加入水与二氯甲烷洗涤萃取，充分摇振（注意及时放气！）后静置，收集下层有机相，萃取操作重复三次。合并收集到的有机相，用无水硫酸钠干燥半小时左右。点板，记录反应液的反应情况。将干燥好的有机相滤入 250 mL 的圆底烧瓶，旋蒸除去二氯甲烷后，进行柱层析，得到纯净的产物。

与标准物点板进行对比，测定产物的折光率和熔点并初步判断是否得到了目标产物。

注意事项：

（1）实验前，所有溶剂要除氧。

（2）加催化剂时要迅速，最好避光。

（3）反应过程中要避光反应。

思考题：

为什么要避光、无氧反应？

实验四　环己烯的制备

实验目的：

（1）熟悉环己烯反应原理，把握环己烯的制备方法。

（2）复习巩固分馏操作。

实验原理：

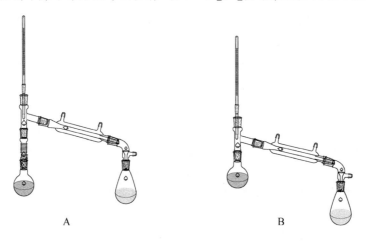

试剂：

环己醇,浓硫酸,氯化钠,无水氯化钙,5％碳酸钠溶液。

实验步骤：

在 50 mL 干燥的圆底烧瓶中,放进 15 g 环己醇(15.6 mL,0.15 mol)、1 mL 浓硫酸和几粒沸石,充分振摇使混合均匀。烧瓶上装一短的分馏柱作分馏装置,接上冷凝管,用锥形瓶作接收器,外用冰水冷却。分馏装置如图 5.1(A)。

在油浴锅中加热,控制加热速度使分馏柱上温度控制在 90 ℃左右,馏液为带水的混合物,当烧瓶中只剩下很少量的残渣并出现阵阵白雾时,即可停止蒸馏。(约需 1 h)

将蒸馏液加入少量氯化钠颗粒,使水层饱和,然后加入 3～4 mL 5％碳酸钠溶液中和微量的酸。将此液体倒进小分液漏斗中,振摇后静置分层。将下层水溶液自漏斗下端活塞放出,上层的粗产物自漏斗的上口倒进干燥的小锥形瓶中,加入 1～2 g 无水氯化钙干燥。

将干燥后的产物滤进干燥的蒸馏瓶中,加进沸石后用水浴加热蒸馏。收集 80～85 ℃的馏分于一己称重的干燥小锥形瓶中,得到产物 7～8 g。[蒸馏装置如图 5.1(B)]

A   B

图 5.1 常压蒸馏装置

注意事项：

(1) 环己醇在常温下是黏稠状液体,因而若用量筒量取时应留意转移中的损失,环己醇与硫酸应充分混合,否则在加热过程中可能会局部碳化。

(2) 最好用简易空气浴,使蒸馏时受热均匀。由于反应中环己烯与水形成共沸物(沸点 70.8 ℃,含水 10％),环己醇与环己烯形成共沸物(沸点 64.9 ℃,含环己醇 30.5％),环己醇与水形成共沸物(沸点 97.8 ℃,含水 80％)。因此在加热时温度不可过高,蒸馏速度不宜太快,以减少未作用的环己醇蒸出。

(3) 水层应尽可能分离完全,否则将增加无水氯化钙的用量,使产物更多地被干燥剂吸附而导致损失,这里用无水氯化钙干燥较适合,因它还可除去少量环己醇。

（4）在蒸馏已干燥的产物时,蒸馏所用仪器都应充分干燥。

思考题:

（1）在粗制的环己烯中,加入氯化钠使水层饱和的目的何在?

（2）在蒸馏终止前,出现的阵阵白雾是什么?

5.2 卤代烃的制备

卤代烃是一类重要的有机合成中间体,通过卤代烃的亲核取代反应,能制备多种重要的化合物。卤代烃也是有机光电材料的重要前驱体,根据与卤素所连的烃基的结构,卤代烃可以分为卤代烷、卤代烯和芳香族卤代物。卤代烷可通过多种方法和试剂进行制备,实验室最常用的方法是将结构对应的醇通过亲核取代反应转变为卤代物,常用的试剂有氢卤酸、三卤化磷和氯化亚砜。实验室制备烯丙型和 α-溴代烷基苯（卤代烯）可以用 N-溴代丁二酰亚胺（NBS）作试剂进行。芳香族卤代物是指卤素直接与苯环相连接的化合物,它们可以通过芳香化合物在 Lewis 酸的催化下与卤素发生亲电取代反应进行制备,常用的催化剂有三卤化铁、三氯化铝等。

对于有机共轭材料特别是共轭高分子的制备,必须进行碳—碳偶联,常用的方法有 Suzuki 偶联、格氏偶联、Yamamoto 偶联、Sonogashira 偶联等,这些碳—碳偶联的方法大多需要通过卤代基团进行。由此,芳香族卤代物的合成是有机共轭功能材料制备中的基本步骤之一。

溴是常见的卤代基团,溴代烃比氯代烃活泼,比碘代烃稳定,在有机共轭电子材料的制备中得到广泛应用。溴化的方法有很多,包括液溴溴化、NBS 溴化、Sandmeyer 反应、HBr 双氧水溴化等。碘化物也在有机共轭电子材料的制备中得到了较多的应用,如 Sonogashira 偶联等。而氯化物和氟化物则由于活性较低,应用较少。

（1）醇与氢卤酸反应

$$ROH + HX \Longleftrightarrow RX + H_2O$$

这是一个可逆反应。为了使反应完全,设法从反应中不断地移去水,可以提高产率。例如在制备氯代烃时采用干燥氯化氢气体在无水氯化锌存在下通入醇中,制备溴代烃时将溴化钠与浓硫酸的混合物与醇共热,制备碘代烃时将醇与氢碘酸一起回流。

（2）醇与卤化磷反应

醇与卤化磷作用,可以制备氯代烃、溴代烃和碘代烃。制备溴代烃或碘代烃常用三溴化磷或碘化磷。所用的三卤化磷是用赤磷和溴或碘直接加入醇中反应。

$$3C_2H_5OH + PI_3 \longrightarrow 3C_2H_5I + P(OH)_3$$

制备氯代烃一般不采用三氯化磷,常因生成亚磷酸酯而使产率只能达到 50% 左右。所以,一般采用五氯化磷与醇反应制取氯代烃。

$$ROH + PCl_5 \longrightarrow RCl + POCl_3 + HCl$$

（3）烯烃的加成

通过烯烃与氢卤酸、卤素单质的反应也能制得卤代烃。

$$H_2C=CH_2+Br_2 \longrightarrow CH_2BrCH_2Br \qquad (1)$$
$$H_2C=CH_2+HBr \longrightarrow CH_3CH_2Br \qquad (2)$$

其中,反应(1)只要将乙烯通入溴水中就能进行,而反应(2)则需要 Cu^{2+} 作催化剂,需要在乙酸中进行。

(4) 烷烃的光催化卤代反应

因为烷烃的光照卤代不易控制,所以不作为制取卤代烃的主要实验方法,在此仅作介绍。

$$Cl_2+CH_4 \xrightarrow{h\nu} CH_3Cl+HCl$$

其中,氯气和甲烷可由以下方法制得:

$$CH_3COONa+NaOH \xrightarrow{加热} CH_4\uparrow+Na_2CO_3$$

$$4HCl(浓)+MnO_2 \xrightarrow{加热} Cl_2\uparrow+MnCl_2+2H_2O$$

(5) 卤代烃的检验

除了将卤代烃水解后再加硝酸及硝酸银的方法外,直接在乙醇中也可以发生该反应。

$$RX+AgNO_3 \xrightarrow{C_2H_5OH} AgX\downarrow+RONO_2$$

实验一 溴乙烷的制备

实验目的:

(1) 学习用醇和氢卤酸反应制取卤代烷的原理和基本操作。

(2) 学习控制反应提高产率。

(3) 正确使用分液漏斗进行蒸馏操作。

实验原理:

主反应:
$$2NaBr+H_2SO_4 \longrightarrow 2HBr+Na_2SO_4$$
$$C_2H_5OH+HBr \longrightarrow C_2H_5Br+H_2O$$

副反应:
$$2C_2H_5OH \xrightarrow{H_2SO_4} C_2H_5OC_2H_5+H_2O$$
$$C_2H_5OH \xrightarrow{H_2SO_4} H_2C=CH_2\uparrow$$

试剂:

乙醇(95%),10 mL(7.9 g,0.165 mol)溴化氢(无水),13 g(0.126 mol)溴化钠,4 mL 浓硫酸($d=1.84$),28 mL 78%硫酸,5 mL 饱和亚硫酸氢钠。

仪器及反应装置图:

100 mL 圆底烧瓶,75°蒸馏头,直形冷凝管,接收弯头,温度计,蒸馏头,分液漏斗,锥形瓶,加热套,调压器。溴乙烷制备装置见图 5.2。

实验步骤:

在 100 mL 圆底烧瓶中加进研细的 13 g 溴化钠,然后加进 28 mL 78%硫酸(由实验员提

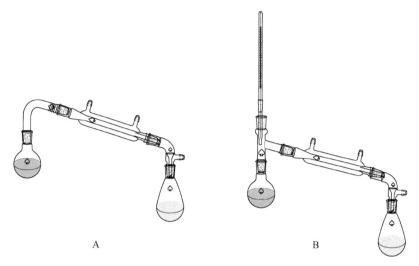

图5.2 制备溴乙烷的装置

前配好)、10 mL 95％乙醇,加进乙醇时留意将沾在瓶口的溴化钠冲掉,再加进几粒沸石,小心摇动烧瓶使其均匀,将烧瓶用75°弯头与直形冷凝管相连,冷凝管下端连接接收弯头。溴乙烷沸点很低,极易挥发。为了避免损失,在接收器中加进冷水及5 mL 饱和亚硫酸氢钠溶液,放在冰水浴中冷却,并使接收管的末端刚浸没在水溶液中[反应装置如图5.2(A)]。

使用低电压小心加热,使反应液微微沸腾,在反应的前30 min尽量不蒸出或少蒸出馏分,30 min后加大电压,进行蒸馏[装置如5.2图(B)],直到无溴乙烷流出为止(随反应进行,反应混合液开始有大量气体出现,此时一定要控制加热强度,不要造成暴沸,然后固体逐渐减少,当固体全部消失时,反应液变得黏稠,然后变成透明液体。此时已接近反应终点)。用盛有水的烧杯检查有无溴乙烷流出。将接收器中的液体倒进分液漏斗,静止分层后,将下面的粗溴乙烷转移至干燥的锥形瓶中。在冰水冷却下,小心加进4 mL浓硫酸,边加边摇动锥形瓶进行冷却。用干燥的分液漏斗分出下层浓硫酸。将上层溴乙烷从分液漏斗上口倒进50 mL烧瓶中,加进几粒沸石,进行蒸馏。由于溴乙烷沸点很低,接收器要在冰水中冷却。接收37～40 ℃的馏分,产量约10 g。溴乙烷为无色液体,沸点38.4 ℃,$d_4^{20}=1.46$。

注意事项:

(1) 使用78％和98％的硫酸,一定不能加错,加进浓硫酸精制时一定留意冷却,以避免溴乙烷损失。

(2) 加进乙醇时把沾在瓶口的溴化钠洗掉,否则使体系漏气,导致溴乙烷产率降低。

(3) 加热之前应把反应混合物摇匀,防止出现暴沸。开始反应时,要低电压加热,以避免溴化氢逸出。合理控制反应时间,防止水分过度蒸出。

(4) 实验过程两次分液,注意第一次保存下层产品,第二次保存上层产品。

实验二 2,7-二溴9,9-二辛基芴的制备

实验目的:

(1) 学习溴化方法。

（2）学习搭建废气回收装置。

（3）掌握化合物的重结晶等纯化方法。

实验原理：

芴的溴化反应,可以采用液溴、$CuBr_2$ 等,副反应是烷基的溴化。

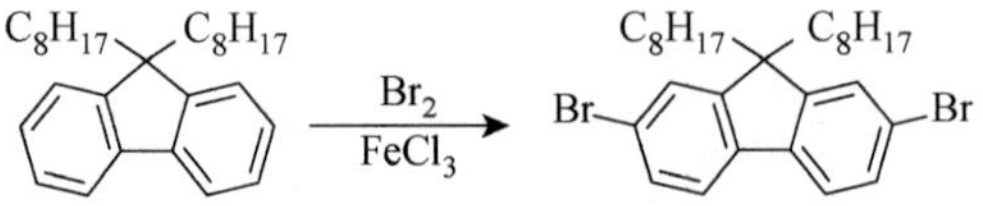

试剂：

1.0 g(2.56 mmol)9,9-二辛基芴,少量三氯化铁,0.3 mL(5.6 mmol)液溴,氯仿,蒸馏水,二氯甲烷,无水硫酸钠,硅胶,石油醚。

实验步骤：

在 50 mL 圆底烧瓶中加入 1.0 g(2.56 mmol)9,9-二辛基芴,用 10 mL 干燥过的氯仿搅拌溶解,在冰水浴中冷却。在滴液漏斗中加入 5 mL 干燥过的氯仿和少量三氯化铁,搭好废气回收装置。在滴液漏斗中加入 0.3 mL(5.6 mmol)液溴,整个反应装置避光。在 0 ℃下,以 1 滴/s 的速度滴加液溴溶液,滴加完毕后反应过夜。反应结束前,点板检测反应是否完成,如未完成则适当加热。

反应结束后,将反应液用 NaOH 水溶液(1 mol/L,100 mL)洗去酸和未反应的液溴等,移入分液漏斗,用二氯甲烷萃取,充分摇振(注意及时放气!)后静置,收集下层有机相,萃取操作重复三次。合并收集到的有机相,用无水硫酸钠干燥 30 min 左右。点板,记录反应液的反应进展情况。将干燥好的有机相滤入 250 mL 的圆底烧瓶,旋蒸去有机溶剂后进行柱层析,得到白色固体产物,产率大于 90%。与标准物点板进行对比,测定熔点,判断是否得到了目标产物。

注意事项：

（1）反应中用到液溴,液溴为剧毒化学药品,注意使用安全和必要防护。

（2）反应中有 HCl 和溴蒸气溢出,必须进行废气吸收。

（3）实验仪器必须干燥,否则反应开始很慢,甚至不发生反应。

思考题：

（1）反应中加入 $FeCl_3$ 的作用是什么?

（2）反应为什么要避光?

（3）用 NaOH 水溶液洗涤的作用是什么?

实验三　2,5-二溴-3-己基噻吩的制备

实验目的：

（1）学习噻吩的溴化反应。

（2）掌握化合物的柱层析方法。

实验原理：

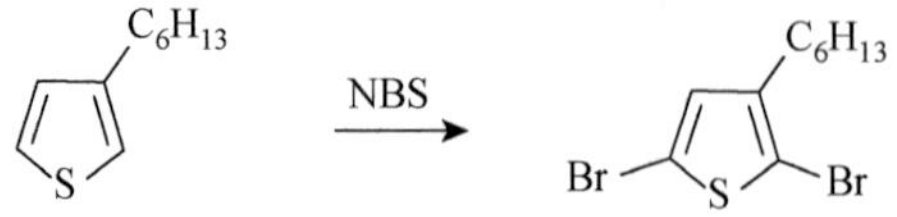

有可能发生副反应,生成单溴 3-己基噻吩。

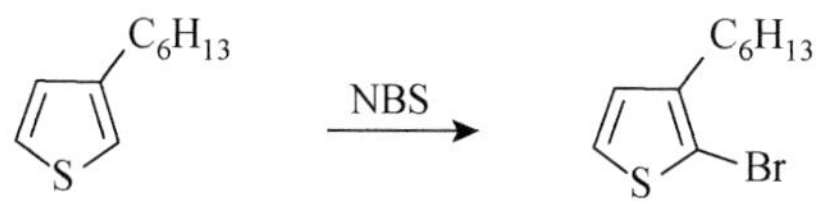

试剂:

1.0 g(5.95 mmol) 3-己基噻吩,2.85 g(16 mmol)NBS(N-溴代琥珀酰亚胺),DMF(N,N-二甲基甲酰胺),蒸馏水,硅胶,石油醚。

实验步骤:

在 50 mL 圆底烧瓶上包裹一层锡箔纸进行避光,加入磁子、NBS(2.85 g,16 mmol)、DMF(10 mL),搅拌使之溶解,在圆底烧瓶上接一恒压滴液漏斗,加入 10 mL 溶有 3-己基噻吩(1.0 g,5.95 mmol)的 DMF 溶液,常温下逐滴滴加,滴加完毕后反应 3~4 h,点板记录反应液情况并与反应物进行对比。

反应结束后,将反应液倒入冰水中并充分搅拌,后移入分液漏斗,用二氯甲烷萃取,充分摇振(注意及时放气!)后静置,收集下层有机相,萃取操作重复三次。合并收集到的有机相,用无水硫酸钠干燥半小时左右。点板,记录反应液的反应进展情况。

将干燥好的有机相滤入 250 mL 圆底烧瓶,旋蒸除去二氯甲烷后进行柱层析,得到纯净的产物,产率大于 95%。

注意事项:

反应中要加入过量的 NBS,使 3-己基噻吩充分反应,防止生成副产物。

思考题:

反应的圆底烧瓶上为什么要包裹锡箔纸进行避光?

实验四 对甲基苯胺的溴化

实验目的:

(1)掌握用双氧水、HBr 溴化的原理和方法。

(2)掌握反应监控和调节的方法。

实验原理:

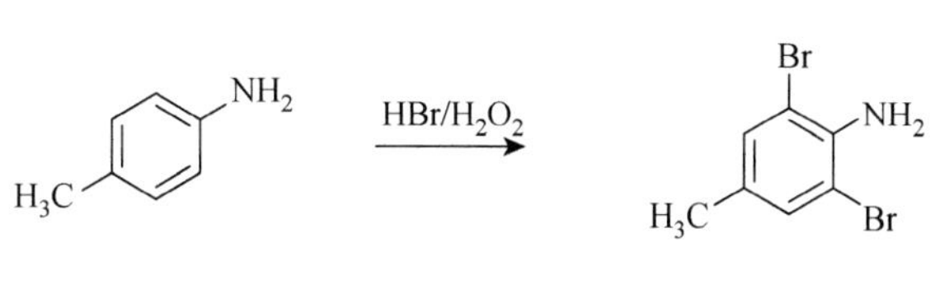

试剂:

对甲基苯胺,40% HBr,30% H_2O_2,乙醇。

实验步骤:

称取对甲基苯胺 0.214 g(2 mmol,$M=107$),放入 50 mL 圆底烧瓶(单颈或双颈),加入搅拌子,量取 10~15 mL 乙醇倒入烧瓶,搅拌 15 min 至完全溶解;用注射器量取 0.81 mL 的 40% HBr(3 mol/L,6 mmol,$\rho=1.49$ g/mL,$M=80$)快速加入烧瓶,搅拌 5 min,以便氨基与 HBr 成盐。将烧瓶置于 0 ℃条件下搅拌 10 min,确保烧瓶内温度为 0 ℃。用注射器量取 0.46 mL 的

30% H_2O_2 (1 mol/L,4.5 mmol,$\rho=1.11$ g/mL,$M=34$)缓慢逐滴加入烧瓶。滴加完毕,保持 0 ℃反应 20 min,监控反应,最后室温条件下反应 8 h。将反应后的混合溶液倒入 30 mL 水中并倒入分液漏斗,加入 10 mL CH_2Cl_2,萃取,旋蒸,过柱。用石油醚:乙酸乙酯=7:1 的展开剂爬板、过柱。新出现两个点,最上部点为产物(二溴取代物),第二高点为副产物—溴取代物。二溴代物产率 90%。

注意事项:

滴加 30% H_2O_2 需要历时 10 min,逐滴滴加到烧瓶中,确保反应温度不能超过 0 ℃,否则容易失败。

思考题:

(1) 此溴化反应的原理是什么,有哪些副反应?

(2) 反应为什么要控制在 0 ℃?

实验五　对碘苯胺的制备

实验目的:

(1) 学习芳香族化合物的碘化反应。

(2) 掌握化合物的重结晶方法。

实验原理:

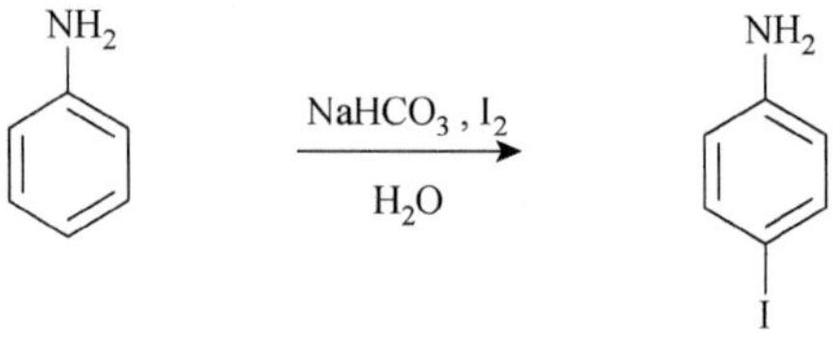

试剂:

0.2 mL(2.15 mmol)苯胺,0.46 g(1.82 mmol)碘,0.30 g(3.5 mmol)碳酸氢钠,蒸馏水,石油醚。

实验步骤:

在 25 mL 圆底烧瓶中依次加入 0.2 mL(2.15 mmol)苯胺、0.30 g(3.5 mmol)碳酸氢钠及 5 mL 水,搅拌使之溶解,称取 0.46 g(1.82 mmol)碘,分 10 次加入烧瓶中,间隔 2～3 min,在半小时内加完,持续搅拌 20～30 min,直到溶液中游离碘的颜色消失,生成的黑色块状物即为产物。过滤得到粗产物。

重结晶提纯粗产物,将粗产物转移入放置有搅拌子的烧瓶中,加入少量石油醚,上接球形冷凝管,在搅拌下加热至 70～85 ℃,滴加石油醚使溶液刚好澄清,冷却至室温后再放入冰水混合物中冷却,将析出的对碘苯胺针状晶体过滤,放置在空气中干燥(也可用电吹风进行加热),产率约为 80%。

注意事项:

第一次重结晶后的滤液中如果很浑浊要再进行第二次重结晶。

思考题:

(1) 为什么要分次加入碘?

(2) 除了重结晶还有什么方法来提纯粗产物?

实验六 4,4′-二溴-6,6′-二碘-3,3′-二甲氧基联苯的制备

实验目的：

（1）学习 4,4′-二溴-3,3′-二甲氧基联苯的碘化反应。

（2）学习化合物的柱层析方法。

实验原理：

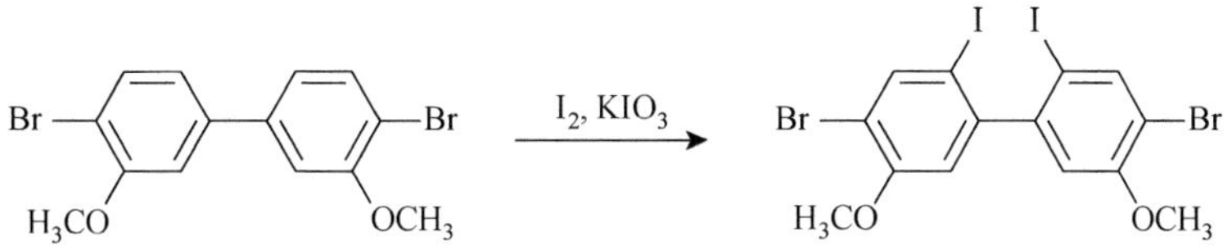

试剂：

1.0 g(2.69 mmol)4,4′-二溴-3,3′-二甲氧基联苯，0.89 g(3.50 mmol)碘，0.25 g (1.18 mmol)碘酸钾，冰醋酸，浓硫酸，蒸馏水，NaOH，二氯甲烷，无水硫酸钠，硅胶，石油醚。

实验步骤：

在 50 mL 圆底烧瓶中，依次加入 1.0 g 4,4′-二溴-3,3′-二甲氧基联苯、0.89 g 碘、20 mL 冰醋酸，在搅拌下加热至 80 ℃将其溶解。向反应体系中加入 0.25 g 碘酸钾溶液（溶于 1.7 mL 浓硫酸和 6.7 mL 蒸馏水），反应维持在 80 ℃下反应过夜。反应结束前，点板监测反应是否完成。

反应结束后，向反应体系中加入蒸馏水后过滤得到沉淀。将沉淀溶于二氯甲烷中用氢氧化钠溶液中和，并用无水硫酸钠干燥半小时后旋蒸除去二氯甲烷并进行柱层析，得到纯净的目标产物，产率大于 86%。与标准物点板进行对比，初步判断是否得到了目标产物。

注意事项：

（1）用氢氧化钠溶液中和时应尽快进行后处理，因为强碱有可能破坏新形成的 C—I 单键。

（2）注意浓硫酸应加入水中，并且要不断搅拌。

思考题：

（1）此碘化反应有哪些副反应？

（2）向反应体系中加入的氢氧化钠溶液起到哪些作用？碘酸钾起什么作用？

实验七 2,5-二溴-1,4-二辛氧基苯的制备

实验目的：

（1）学习芳香烃的溴化反应。

（2）学习掌握此类化合物的柱层析方法。

实验原理：

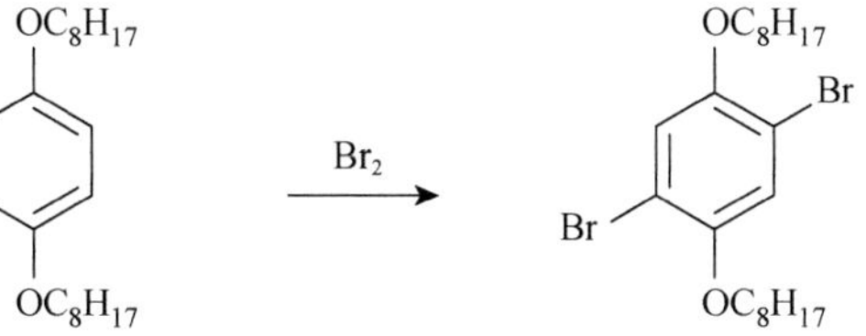

此芳香烃存在多个活性位点,实验过程中控制不当可能出现生成单溴取代的副反应。

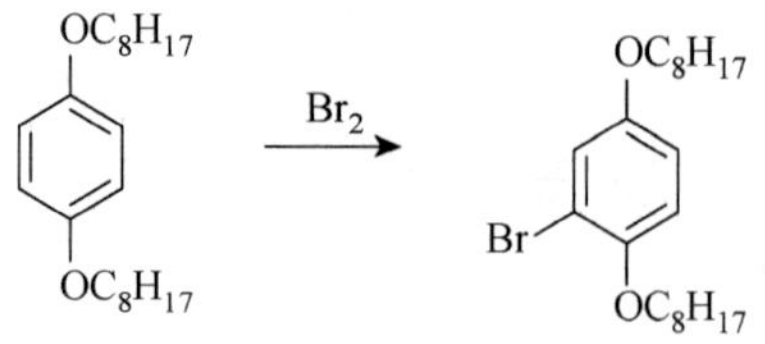

试剂:

1.0 g(3.0 mmol)1,4-二辛氧基苯,0.39 mL(7.5 mmol)液溴,二氯甲烷,四氯化碳,无水硫酸钠,氢氧化钠,无水三氯化铁,去离子水,硅胶,石油醚。

实验步骤:

在 100 mL 的两口圆底烧瓶中,用 10 mL 四氯化碳将 1,4-二辛氧基苯(1.0 g,3.0 mmol)溶解,然后在恒压滴液漏斗中用 4 mL 四氯化碳将液溴稀释,并在其中加入少许三氯化铁(催化作用),在冰水浴条件下,将液溴缓慢滴加入 1,4-二辛氧基苯溶液中,在室温下反应过夜。

反应结束,将反应液倒入氢氧化钠溶液中,搅拌 30 min,移入分液漏斗,用二氯甲烷萃取,充分摇振(注意及时放气!)后静置,收集下层有机相,萃取操作重复三次。合并收集到的有机相,用无水硫酸钠干燥 30 min 左右。点板,记录反应液的板况。

将干燥好的有机相滤入 250 mL 的圆底烧瓶,旋蒸去二氯甲烷后进行柱层析,得到纯净的产物,产率高于 70%。与标准物点板进行对比,并测定产物的折光率和熔点,初步判断是否得到了目标产物。

注意事项:

(1) 反应过程中,要进行液溴的尾气处理。

(2) 实验要加入三氯化铁催化。

思考题:

(1) 为什么要进行尾气处理?

(2) 将反应液倒入氢氧化钠溶液中的作用是什么?

5.3 醇的制备

以乙醇为例简要介绍醇类的性质。

乙醇为低碳直链醇,分子中的羟基可以形成氢键,因此乙醇黏度很大。室温下,乙醇是无色易燃且有特殊香味的挥发性液体。$\lambda = 589.3$ nm 和 18.35 ℃ 下乙醇的折射率为 1.362 42,比水稍高。作为溶剂,乙醇易挥发,且可以与水、乙酸、丙酮、苯、四氯化碳、氯仿、乙醚、乙二醇、甘油、硝基甲烷、吡啶和甲苯等溶剂混溶。此外,低碳的脂肪族烃类如戊烷和己烷,氯代脂肪烃如1,1,1-三氯乙烷和四氯乙烯也可与乙醇混溶。随着碳数的增长,高碳醇在水中的溶解度明显下降。

由于存在氢键,乙醇具有潮解性,可以很快从空气中吸收水分。羟基的极性也使得很多离子化合物可溶于乙醇中,如氢氧化钠、氢氧化钾、氯化镁、氯化钙、氯化铵、溴化铵和溴化钠等。氯化钠和氯化钾则微溶于乙醇。此外,其非极性的烃基使得乙醇也可溶解一些非极性的物质,例如大多数香精油和很多增味剂、增色剂和医药试剂。

化学性质

（1）酸性

乙醇分子中含有极化的氧氢键,电离时生成烷氧基负离子和质子。乙醇的 $pK_a = 15.9$,与水相近。因为乙醇可以电离出极少量的氢离子,所以其只能与少量金属（主要是碱金属）反应生成对应的醇金属以及氢气。

$$C_2H_5OH + Na \longrightarrow C_2H_5ONa + H_2 \uparrow$$

（2）与乙酸反应

乙醇可以与乙酸在浓硫酸的催化并加热的情况下发生酯化作用,生成乙酸乙酯。

$$C_2H_5OH + CH_3COOH \longrightarrow CH_3COOC_2H_5 + H_2O$$

（3）与氢卤酸反应

$$C_2H_5OH + HX \longrightarrow C_2H_5X + H_2O$$

注意:通常用溴化钠和硫酸的混合物与乙醇加热进行该反应。故常有红棕色气体产生。

（4）氧化反应

燃烧:发出淡蓝色火焰,生成二氧化碳和水（蒸气）,并放出大量的热,不完全燃烧时还生成一氧化碳,有黄色火焰,放出热量。

完全燃烧:

$$C_2H_5OH + 3O_2 \longrightarrow 2CO_2 + 3H_2O$$

（5）消去反应

170 ℃时,在浓硫酸作用下发生消去反应制得乙烯。

$$C_2H_5OH \xrightarrow[170\ ℃]{H_2SO_4} C_2H_4 + H_2O$$

实验一　2-甲基-2-己醇的制备

实验目的:

（1）了解格氏试剂制备方法。

（2）掌握制备格氏试剂的基本操作。

（3）巩固回流、萃取、蒸馏等操作技能。

实验原理:

卤代烷烃与金属镁在无水乙醚中反应生成烃基卤化镁 RMgX,称为 Grignard 试剂（格氏试剂）。格式试剂能与羰基化合物等发生亲核加成反应,产物经水解后可得到醇类化合物。本实验以 1-溴丁烷为原料,乙醚为溶剂制备格氏试剂,而后再与丙酮发生加成、水解反应,制备 2-甲基-2-己醇。反应必须在无水、无氧、无活泼氢条件下进行,因为水、氧或其他活泼氢的存在都会破坏格氏试剂。

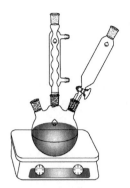

图 5.3 格氏试剂制备装置图

试剂与仪器：

3.1 g(0.13 mol)镁条，17 g(13.5 mL，约 0.13 mol)正溴丁烷，7.9 g(10 mL，0.14 mol)丙酮，无水乙醚(自制)，乙醚，10%硫酸溶液，5%碳酸钠溶液，无水碳酸钾。

实验步骤：

(1) 正丁基溴化镁格氏试剂的制备

按实验装置图(见图 5.3)装配仪器(所有仪器必须干燥)。向三颈瓶内投入 3.1 g 镁条、15 mL 无水乙醚及一小粒碘片，在恒压滴液漏斗中混合 13.5 mL 正溴丁烷和 15 mL 无水乙醚。先向瓶内滴入约 5 mL 混合液，数分钟后溶液呈微沸状态，碘的颜色消失。若不发生反应，可用温水浴加热。反应开始比较剧烈，必要时可用冷水浴冷却。待反应缓和后，从冷凝管上端加入 25 mL 无水乙醚。开动搅拌(用手帮助旋动搅拌棒的同时启动调速旋钮，至合适转速)，并滴入其余的正溴丁烷-无水乙醚混合液，控制滴加速度维持反应液呈微沸状态。滴加完毕后，在热水浴上回流 20 min，使镁条几乎作用完全。

(2) 2-甲基-2-己醇的制备

将上步制备的格氏试剂在冰水浴冷却和搅拌下，自恒压滴液漏斗中滴入 10 mL 丙酮和 15 mL 无水乙醚的混合液，控制滴加速度，勿使反应过于猛烈。加完后，在室温下继续搅拌 15 min(溶液中可能有白色黏稠状固体析出)。将反应瓶在冰水浴冷却和搅拌下，自恒压滴液漏斗中分批加入 100 mL 10% 硫酸溶液，分解上述加成产物(开始滴入宜慢，以后可逐渐加快)。待分解完全后，将溶液倒入分液漏斗中，分出醚层。水层每次用 25 mL 乙醚萃取两次，合并醚层，用 30 mL 5% 碳酸钠溶液洗涤一次，分液后，用无水碳酸钾干燥。装配蒸馏装置。将干燥后的粗产物醚溶液分批加入小烧瓶中，用温水浴蒸去乙醚，再在石棉网上直接加热蒸出产品，收集 137~141 ℃馏分。

注意事项：

(1) 镁屑不宜长期存放，对于长期存放的镁屑，需用 5% 的盐酸溶液浸泡数分钟，抽滤后，依次用水、乙醇、乙醚洗涤，干燥。

(2) 本实验所用仪器、药品必须充分干燥。1-溴丁烷用无水 $CaCl_2$ 干燥并蒸馏纯化，丙酮用无水 K_2CO_3 干燥并蒸馏纯化。仪器与空气连接处必须装 $CaCl_2$ 干燥管。

(3) 注意控制加料速度和反应温度。

(4) 使用和蒸馏低沸点物质乙醚时，要远离火源，防止外泄，注意安全。

问题讨论：

(1) 实验中，将格氏试剂与加成物反应水解前各步中，为什么使用的药品、仪器均需绝对干燥？应采取什么措施？

(2) 反应若不能立即开始，应采取什么措施？

(3) 实验中有哪些可能的副反应？应如何避免？

(4) 由格氏试剂与羰基化合物反应制备 2-甲基-2-己醇，还可采用何种原料？写出反应式。

实验二 三苯甲醇的制备

实验目的:

(1) 进一步了解格氏试剂的制备和进行格氏反应的条件。

(2) 掌握搅拌、回流、低沸点易燃液体蒸馏、水蒸气蒸馏及重结晶等操作。

实验原理:

格氏试剂是有机合成中应用最广泛的金属有机试剂,其化学性质十分活泼,可以与醛、酮、酯、酸酐、酰卤、腈等多种化合物发生亲核加成反应,常用于制备醇、醛、酮、羧酸及各种烃类。本实验通过苯甲酸乙酯与两分子格氏试剂——苯基溴化镁(由溴苯与 Mg 制得)的反应制备三苯甲醇。

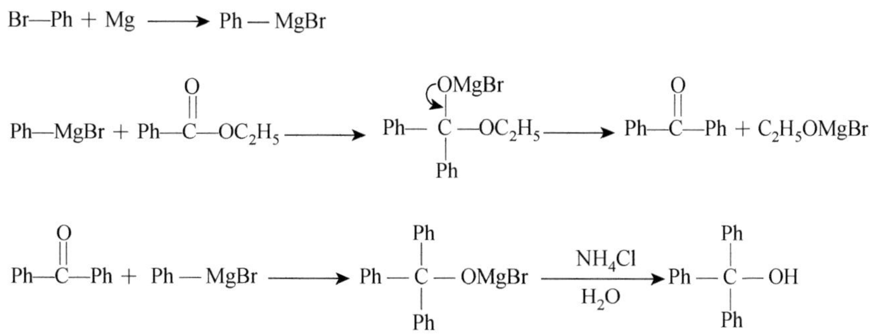

$$Br—Ph + Mg \longrightarrow Ph—MgBr$$

$$Ph—MgBr + Ph—\overset{O}{\overset{\|}{C}}—OC_2H_5 \longrightarrow Ph—\overset{OMgBr}{\underset{Ph}{\overset{|}{C}}}—OC_2H_5 \longrightarrow Ph—\overset{O}{\overset{\|}{C}}—Ph + C_2H_5OMgBr$$

$$Ph—\overset{O}{\overset{\|}{C}}—Ph + Ph—MgBr \longrightarrow Ph—\overset{Ph}{\underset{Ph}{\overset{|}{C}}}—OMgBr \xrightarrow[H_2O]{NH_4Cl} Ph—\overset{Ph}{\underset{Ph}{\overset{|}{C}}}—OH$$

仪器药品:

溴苯,镁条,碘,苯甲酸乙酯,无水乙醚,80%乙醇,氯化铵,二苯酮,250 mL 三颈圆底烧瓶,恒压漏斗,回流冷凝管,干燥管,圆底烧瓶,直形冷凝管,锥形瓶,温度计(100 ℃)等。

实验步骤:

(1) 苯基溴化镁(格氏试剂)的制备

在 250 mL 三口瓶上分别装置球形冷凝管及恒压滴液漏斗,在冷凝管上口连接无水氯化钙干燥管。瓶内放置 1.5 g 镁屑及一小粒碘片,在恒压滴液漏斗中混合 10 g 溴苯和 30 mL 无水乙醚。先将 1/4 的混合液滴入烧瓶中,数分钟后即见镁屑表面有气泡产生,溶液轻微浑浊,碘的颜色开始消失。若不发生反应,可用水浴温热。反应开始后搅拌,缓缓滴入其余的溴苯的醚溶液,滴加速度保持溶液呈微沸状态,加毕后,在水浴上继续回流 0.5 h 使镁屑充分反应。

(2) 三苯甲醇的制备

将三口瓶置于冷水浴中,在搅拌下由滴液漏斗滴加 3.8 mL 苯甲酸乙酯和 10 mL 无水乙醚的混合物,控制滴加速度保持反应平稳地进行。滴加完毕后,将反应混合物在水浴上回流 0.5 h,使反应进行完全。将反应物改为冷水浴冷却,在搅拌下用滴液漏斗慢慢滴加由 7.5 g 氯化铵配成的饱和水溶液(约需 28 mL 水),分解加成产物。这时可以观察到反应物明显地分为两层。将反应装置改为蒸馏装置,在水浴上蒸去乙醚,再将残余物进行水蒸气蒸馏,以除去未反应的溴苯及联苯等副产物。瓶中剩余物冷却后冷凝为有色固体,抽滤并收集。粗产品用玻塞压碎,用水洗两次,抽干。粗产物用 80% 的乙醇进行重结晶,干燥后产量约 4.5~5 g。纯三苯甲醇为无色棱状晶体,熔点 162.5 ℃(要求测定熔点)。

注意事项：

(1) 本实验所使用仪器及试剂必须干燥,包括三口瓶、滴液漏斗、球形冷凝管、干燥管、量杯等应预先烘干;所用试剂乙醚需要经金属钠处理放置一周成无水乙醚。

(2) 在安装干燥管时,先在干燥管球体下支管口塞上脱脂棉(以防干燥剂落入冷凝管),再加入粒状的氯化钙颗粒(若是粉末易使整个装置呈密闭状态,产生危险)。

(3) 镁屑不宜长期放置。如长期放置,镁屑表面常有一层氧化膜,可采用下法除之:用5%盐酸溶液作用数分钟后,依次用水、乙醇、乙醚洗涤。抽干后置于干燥器内备用。也可用镁条代替镁屑,用时用细砂纸将其擦亮,剪成小段。

(4) 碘粒不能加多,否则碘颜色无法消失,得到产品为棕红色,也易发生副反应,即偶合反应。

(5) 由于制备格氏试剂时放热易产生偶合等副反应,故滴溴苯和醚混合液时需控制滴加速度,并不断振摇。

(6) 所制好的格氏试剂是呈浑浊有色溶液,若为澄清可能瓶中有水,没制好格氏试剂。

(7) 滴入苯甲酸乙酯后,应注意反应液颜色变化:原色→玫瑰红→橙色→原色。此步是关键。若无颜色变化,此实验很可能已失败,需重做。

(8) 饱和氯化铵溶液溶解三苯甲醇加成产物时,若产生氢氧化镁沉淀太多,可加几毫升稀盐酸以溶解产生的絮状氢氧化镁沉淀,或者在后面水蒸气蒸馏时(有大量水时)滴加几滴浓盐酸以溶解呈白色沉淀的氢氧化镁沉淀,否则溶液很难蒸至澄清。

(9) 水蒸气蒸馏是分离和纯化有机物的常用方法之一,尤其是在反应产物中有大量树脂状物质的情况下,效果较一般蒸馏或重结晶为好。使用这种方法时,被提纯物质应该具备下列条件:不溶(或几乎不溶)于水,在沸腾下长时间与水共存而不起化学变化,在100 ℃左右时必须具有一定的蒸气压(一般不小于1.33 kPa)。

(10) 根据道尔顿分压定律,整个体系的蒸气压力等于各组分蒸气压之和。因此,在常压下应用水蒸气蒸馏,就能在低于100 ℃的情况下将高沸点组分与水一起蒸出来。此法特别适用于分离那些在其沸点附近易分解的物质,也适用于从不挥发物质或不需要的树脂物质中分离出所需要的组分。

(11) 水蒸气蒸馏时注意安全玻管、导气管插入瓶底,撤火前先将连接两个导气管的胶管拆开,以防止倒吸。

思考题：

(1) 本实验有哪些可能的副反应? 如何避免?

(2) 本实验中溴苯加得太快或一次加入有什么影响?

实验三　苯乙醇的制备

实验目的：

(1) 学习硼氢化钠还原法制备醇的原理和方法。

(2) 进一步掌握萃取、低沸物蒸馏等操作。

实验原理：

金属氢化物是还原醛、酮制备醇的重要还原剂。常用的金属氢化物有氢化锂铝和硼氢化钠(钾)。硼氢化钠的还原性较氢化铝锂温和,对水、醇稳定,故能在水或醇溶液中进行。该反应为放热反应,需控制反应温度。

机理1:

$$H-\overset{H}{\underset{H}{\overset{|}{\underset{|}{B}}}}-H \ ^{\ominus} \ + \ \overset{R}{\underset{R'}{O=}} \quad \longrightarrow \quad \overset{R'}{\underset{R}{}}CHOBH_3^{\ominus} \quad \longrightarrow \quad \overset{R'}{\underset{R}{}}CHOH$$

机理2:

$$R-\overset{\uparrow O}{\underset{}{C}}-R \ + \ NaB\overset{+\ -}{\underset{|}{H_3}} \longrightarrow R-\overset{}{\underset{H}{C}}-R \quad \overset{O}{\underset{H}{\overset{||}{C}}}-H \longrightarrow R-\overset{}{\underset{H}{C}}-R$$

$$R-\overset{O}{\overset{||}{C}}-R \longrightarrow R_2HCO-\overset{OCHR_2}{\underset{OCHR_2}{\overset{|}{B}}}-OCHR_2 \ Na^+ \ \overset{H_2O}{\underset{H^+}{\longrightarrow}} \ 4 \ R-\overset{OH}{\underset{H}{\overset{|}{C}}}-R + B(OH)_3 + NaOH$$

仪器药品:

硼氢化钠,95%乙醇,苯乙酮,3 mol/L盐酸,乙醚,无水碳酸钾,无水硫酸镁。所需仪器有电热套、升降台、油浴锅、铁圈、减压毛细管、橡皮管、烧杯(100 mL)、滴管、玻璃搅拌棒、分液漏斗、圆底烧瓶(50 mL)、蒸馏头、螺帽接头、温度计(100 ℃)、直形冷凝管、真空接引管、锥形瓶(50 mL)、克氏蒸馏头、温度计(200 ℃)、三叉接引管等。

实验步骤:

(1) 把15 mL 95%乙醇和0.1 g硼氢化钠加入100 mL的烧杯,边搅拌边滴加8 mL苯乙酮到上述烧杯里,整个过程温度控制在50 ℃下(48～50 ℃),控制滴加速度。滴加完毕,反应液有白色沉淀生成,室温下放置15 min。

(2) 在冰水浴中,边搅拌边往上述烧杯中缓慢滴加3 mol/L盐酸6 mL,大部分白色沉淀溶解。将反应液烧杯置于水浴上蒸出大部分的乙醇,使之浓缩分层,大约30 min。

(3) 再加入乙醚10 mL,用分液漏斗分离,水层再用10 mL乙醚萃取,合并有机相,用无水硫酸镁干燥有机相。被干燥的有机相中加入0.6 g无水碳酸钾。

(4) 先简单蒸馏除去乙醚,再减压蒸馏,收集102～103.5 ℃(19 mmHg,即2 533 Pa)的馏分。

注意事项:

(1) 硼氢化钠为强碱性试剂,腐蚀性强,易吸潮,操作要谨慎。

(2) 滴加苯乙酮时搅拌速度要均匀,控制滴加速度和反应温度。

(3) 滴加盐酸是在低温下进行,要慢慢加入,过程中会放出氢气,严禁明火。

(4) 了解干燥剂的选择依据、用量以及干燥时间、后处理。

(5) 低沸物蒸馏时选择水浴加热,不能有明火,且接收部分要冰水冷却,有毒、易燃、易爆物要注意尾气吸收。

(6) 减压蒸馏装置仪器一定要干燥,使用前一定要检查气密性,整个体系不能封闭,要求控制较高的真空度,不能太低,然后记录此压力下收集馏分对应的温度范围。

(7) 拆除装置时注意操作顺序,防止倒吸。

思考题:

(1) 滴加苯乙酮时,为什么要控制体系温度在 50 ℃ 以下?

(2) 实验中加入碳酸钾的作用是什么?

5.4 醚的制备

醚类大多具有优良的溶解性,因此在有机电子材料中,烷氧基常常被引入共轭体系来改善材料的溶解性,此外烷氧基较强的供电子能力也有助于共轭体系空穴传输能力的提高。

(1) 醇的脱水

可通过醇脱水反应来制备醚:

$$2R\text{—}OH \longrightarrow R\text{—}O\text{—}R + H_2O$$

该反应过程需要高温(通常在 125 ℃)。该反应还需要酸的催化(通常为硫酸)。上述方法对于制备对称醚来说有效,但对于不对称的醚却不适用,如乙醚易于通过此法制备,环醚也同样可用此方法制备(分子内脱水)。另外此方法还会引入一定的副产物,如分子内脱水产物。

$$R\text{—}CH_2\text{—}CH_2OH \longrightarrow R\text{—}CH\text{=}CH_2 + H_2O$$

另外此法只能合成一些简单的醚,对于复杂的醚类分子不太适用。对于复杂分子则需要更温和的条件来合成。

(2) 威廉姆逊(Williamson)醚合成

卤代烃和醇盐发生亲核取代反应:

$$R_1\text{—}ONa + R_2\text{—}X \longrightarrow R_1\text{—}O\text{—}R_2 + Na\text{—}X$$

该反应称作威廉姆逊合成。该反应通过用强碱处理醇,形成醇盐,而后与带有合适离去基团的烃类分子反应。这里的离去基团包括碘、溴等卤素或磺酸酯。该方法对于芳香卤代烃一般不适用(如溴苯,参见 Ullmann 缩合)。该方法还只局限于一级卤代烃才可得到较好的收率,对于二级卤代烃与三级卤代烃则由于太易生成 E2 消除产物而不适用。

在相似的反应中,烷基卤代烃还可与酚负离子发生亲核取代反应。有些 R—X 虽不能与醇反应,但却能够与酚进行该反应(酚酸性远高于醇),酚可通过一个强碱,如氢化钠先形成酚负离子再进行反应。酚可取代卤代烃中的 X 离去基团,形成酚醚的结构,该过程反应机理为 SN2 机理。

$$C_6H_5OH + OH^- \longrightarrow C_6H_5O^- + H_2O$$

$$C_6H_5O^- + R\text{—}X \longrightarrow C_6H_5\text{—}O\text{—}R + X^-$$

(3) 醇与烯烃的亲电加成反应

醇与活化后的烯烃进行亲电加成:

$$R_2C\text{=}CR_2 + RO\text{—}H \longrightarrow R_2CH\overset{\displaystyle OR}{\underset{\displaystyle |}{\text{—}C\text{—}}}R_2$$

该反应需要酸催化,三氟醋酸汞$[Hg(OCOCF_3)_2]$常可作为这种反应的催化剂,反应生成具有马尔科夫尼科夫(Markovnikov)立体化学的醚类。使用相似的反应条件,四氢吡喃(THP)可作为一种醇的保护基。

（4）制备环氧化合物

环氧化合物通常由烯烃氧化制备。在工业生产中,最重要的环氧化合物是环氧乙烷,它通过乙烯和氧气制备。其他的过氧化合物还可通过以下方法制备：

通过过氧酸和烯烃来制备,如间氯过氧苯甲酸(m-CPBA)。

通过卤代醇分子内的亲核取代反应来制备。

醇的分子间脱水是制备单纯醚的常用方法,实验室常用的脱水剂是浓硫酸,酸的作用是将一分子醇的羟基转变为更好的离去基团。用醇脱水制备醚时,最好采用伯醇,获得的产率较高。

制备混合醚和冠醚常用的方法是威廉姆逊(Williamson)合成法,即用卤代烷、磺酸酯或硫酸酯与醇钠或酚钠反应制备醚,这是一个双分子的亲核取代反应(SN2)。

$$RO^- + H_2C-X \xrightarrow{\text{SN2}} ROCH_2R' + X^-$$
$$\underset{R'}{|}$$

由于醇钠是较强的碱,在进行取代反应的同时伴随着双分子的消去反应(E2),与叔和仲卤代烷反应时,主要生成烯烃,因此最好使用伯卤代烷,叔卤代烷难以用于威廉姆逊(Williamson)合成法中。烷基芳基醚应用酚钠与卤代烷或硫酸酯反应,一般是将酚和卤代烷或硫酸酯与一种碱性试剂一起加热。

实验一　正丁醚的制备

实验目的:

（1）掌握醇分子间脱水制备醚的反应原理和实验方法。

（2）学习共沸脱水的原理和分水器的实验操作。

实验原理:

$$2C_4H_9OH \xrightarrow{H_2SO_4} C_4H_9-O-C_4H_9 + H_2O$$

$$副反应: CH_3CH_2CH_2CH_2OH \xrightarrow{H_2SO_4} C_2H_5CH=CH_2 + H_2O$$

本实验主反应为可逆反应,为了提高产率,利用正丁醇能与生成的正丁醚及水形成共沸物的特性,把生成的水从反应体系中分离出来。

药品和仪器:

正丁醇,浓硫酸,5％氢氧化钠溶液,无水氯化钙,饱和氯化钙溶液。100 mL 三口瓶,球形冷凝管,分水器,温度计,125 mL 分液漏斗,50 mL 蒸馏瓶。

实验装置:

实验装置如图5.4。

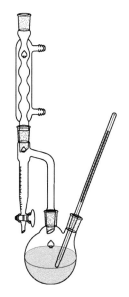

图5.4　正丁醚制备装置图

实验步骤：

在 100 mL 三口烧瓶中,加入 31 mL 正丁醇、4.5 mL 浓硫酸和几粒沸石,摇匀后,一口装上温度计,温度计插入液面以下,另一口装上分水器,分水器的上端接一回流冷凝管。先在分水器内放置 4 mL 水,另一口用塞子塞紧。油浴加热至微沸,进行分水。反应中产生的水经冷凝后收集在分水器的下层,上层有机相积至分水器支管时,即可返回烧瓶。大约经 1.5 h 后,三口瓶中反应液温度可达 134~136 ℃。当分水器全部被水充满时停止反应。若继续加热,则反应液变黑并有较多副产物烯生成。

将反应液冷却到室温后倒入盛有 50 mL 水的分液漏斗中,充分振摇,静置后弃去下层液体。上层粗产物依次用 25 mL 水、15 mL 5%氢氧化钠溶液、15 mL 水和 15 mL 饱和氯化钙溶液洗涤,用 1~2 g 无水氯化钙干燥。干燥后的产物倾入 50 mL 梨形瓶中蒸馏,收集 140~144 ℃馏分,产量 7~8 g。纯净正丁醚的沸点为 142.4 ℃,折光率为 1.399 2。本实验需 6 h。

注意事项：

(1) 本实验根据理论计算失水体积为 3 mL,但实际分出水的体积略大于计算量,故分水器放满水后先放掉约 4.0 mL 水。

(2) 制备正丁醚的适宜温度是 130~140 ℃,但开始回流时,这个温度很难达到,因为正丁醚可与水形成共沸物(沸点 94.1 ℃,含水 33.4%)。另外,正丁醚与水及正丁醇形成三元共沸物(沸点 90.6 ℃,含水 29.9%、正丁醇 34.6%),正丁醇也可与水形成共沸物(沸点 93 ℃,含水 44.5%),故应在 100~115 ℃之间反应 0.5 h 之后可达到 130 ℃以上。

(3) 在碱洗过程中不要太剧烈地摇动分液漏斗,否则生成乳浊液,造成分离困难。

(4) 正丁醇溶在饱和氯化钙溶液中,而正丁醚微溶。

思考题：

(1) 如何得知反应已经比较完全?

(2) 反应物冷却后为什么要倒入 50 mL 水中?各步洗涤的目的何在?

(3) 能否用本实验方法由乙醇和 2-丁醇制备乙基仲丁基醚?你认为用什么方法比较好?

实验二　1,4-二辛氧基苯的制备

实验目的：

(1) 学习卤代烷的亲电加成反应。

(2) 了解初步掌握化合物的柱层析方法。

实验原理：

$$CH_3CH_2OH + Na \longrightarrow CH_3CH_2ONa + \frac{1}{2}H_2\uparrow$$

$$2CH_3CH_2ONa + \underset{\substack{OH \\ | \\ \bigcirc \\ | \\ OH}}{} \xrightarrow{\text{回流}} \underset{\substack{ONa \\ | \\ \bigcirc \\ | \\ ONa}}{} + 2CH_3CH_2OH$$

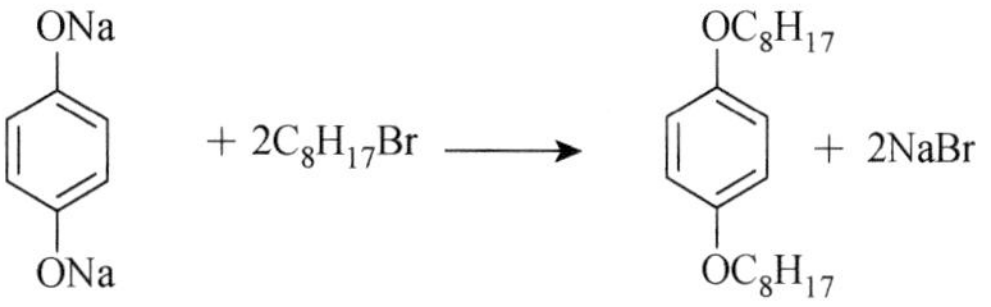

$$\underset{\underset{ONa}{\overset{ONa}{\bigcirc}}}{} + 2C_8H_{17}Br \longrightarrow \underset{\underset{OC_8H_{17}}{\overset{OC_8H_{17}}{\bigcirc}}}{} + 2NaBr$$

试剂：

1.0 g(9.1 mmol)对苯二酚，4.1 mL(24 mmol)1-溴辛烷，0.46 g(20 mmol)钠，无水乙醇，二氯甲烷，去离子水，无水硫酸钠，硅胶，石油醚。

实验步骤：

在 100 mL 两口圆底烧瓶中，加入 15 mL 无水乙醇，然后迅速将 0.46 g 钠剪碎加入瓶中，同时，在一单口瓶中，用 7 mL 无水乙醇将 1.0 g 对苯二酚溶解，待钠块完全溶解后，将对苯二酚溶液缓慢滴加到乙醇钠中，反应 15 min 后再将 4.1 mL 1-溴辛烷缓慢滴加入圆底烧瓶中，加热(78 ℃)回流冷凝反应 5 h。反应结束前，点板检测反应是否完全，如未完全反应则适当延长反应时间。

反应结束，将反应液移入分液漏斗，加入去离子水，摇匀洗涤，然后用二氯甲烷萃取，充分摇振(注意及时放气!)后静置，收集下层有机相，萃取操作重复三次。合并收集到的有机相，用无水硫酸钠干燥 0.5 h 左右。点板，记录反应液的反应情况。

将干燥好的有机相滤入 250 mL 的圆底烧瓶，旋蒸去二氯甲烷后，进行柱层析，得到纯净的产物，产率大于 90%。与标准物点板进行对比并测定产物的熔点，初步判断是否得到了目标产物。

注意事项：

(1) 实验过程中要绝对无水操作，因此在搭建反应装置时要装干燥管。

(2) 加钠块时要迅速，防止钠块被氧化。

思考题：

(1) 实验过程中，为什么要绝对无水？

(2) 为什么不直接生成对二酚钠，而是先生成乙醇钠，后制备对二酚钠？

实验三　6,6-二溴-1,1′-二辛氧基联萘酚的制备

实验目的：

(1) 深入学习烷基化反应，了解不同物质间的烷基化区别。

(2) 巩固加深化合物的柱层析方法及原理。

实验原理：

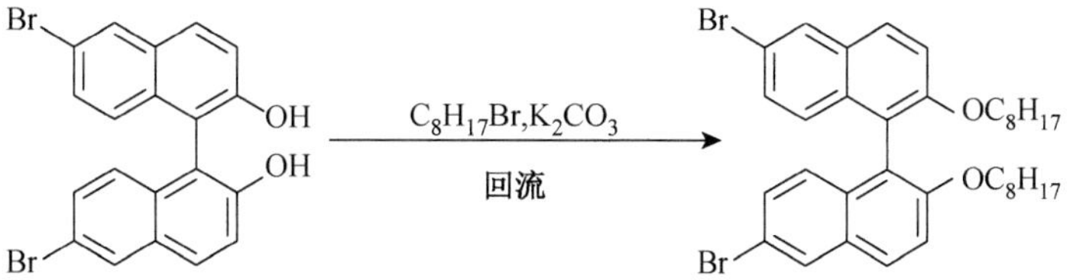

$$\underset{\underset{Br}{}}{\overset{Br}{}}\overset{OH}{\underset{OH}{}} \xrightarrow[\text{回流}]{C_8H_{17}Br,K_2CO_3} \underset{\underset{Br}{}}{\overset{Br}{}}\overset{OC_8H_{17}}{\underset{OC_8H_{17}}{}}$$

实验过程中如果反应时间不够，可能存在单烷基化的副产物。主要的副反应如下：

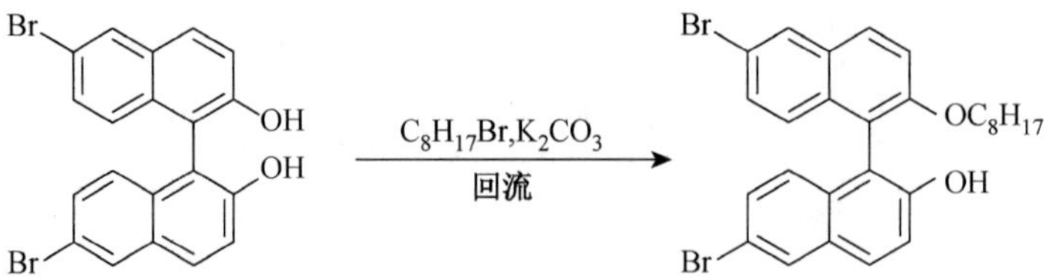

试剂：

0.5 g(1.13 mmol)6,6-二溴-1,1'-二羟基联萘酚,0.53 mL(3 mmol)1-溴正辛烷, 0.62 g(4.5 mmol)碳酸钾,丙酮,二氯甲烷,石油醚,乙酸乙酯,无水硫酸钠,去离子水, 硅胶。

实验步骤：

在 50 mL 的两口圆底烧瓶中,加入 6,6-二溴-1,1'-二羟基联萘酚和碳酸钾后抽真空,充 氮气保护,加入 10 mL 丙酮溶解,然后慢慢滴加 1-溴正辛烷,加热回流冷凝反应 48 h。

反应结束,将反应液移入分液漏斗中,加入适量去离子水,加入二氯甲烷萃取,充分摇 振(注意及时放气!)后静置,收集下层有机相,萃取操作重复三次。合并收集到的有机相, 用无水硫酸钠干燥 0.5 h 左右。点板,记录反应液的反应情况。将干燥好的有机相滤入 250 mL 的圆底烧瓶,旋蒸去二氯甲烷后,进行柱层析(洗脱剂石油醚:乙酸乙酯=7:1), 得到纯净的产物。

与标准物点板进行对比,并测定产物的折光率,初步判断是否得到了目标产物。

注意事项：

实验过程中,严格控制反应时间。

思考题：

此烷基化反应同实验二的 1,4-二辛氧基苯的烷基化有什么区别? 为什么? 为何不采用 上述方法?

5.5 羧酸的制备

在羧酸分子中,羧基碳原子以 sp^2 杂化轨道分别与烃基和两个氧原子形成 3 个 σ 键,这 3 个 σ 键在同一个平面上,剩余的一个 p 电子与氧原子形成 π 键,构成了羧基中 C＝O 的 π 键,但羧基中的—OH 部分上的氧有一对未共用电子,可与 π 键形成 p-π 共轭体系。由于 p-π 共轭,—OH 基上的氧原子上的电子云向羰基移动,O—H 间的电子云更靠近氧原子,使 得 O—H 键的极性增强,有利于 H 原子的离解,所以羧酸的酸性强于醇。当羧酸离解出 H 后,p-π 共轭更加完全,键长发生平均化,—COO⁻ 基团上的负电荷不再集中在一个氧原子 上,而是平均分配在两个氧原子上。羧酸的常见反应:羧酸是弱酸,可以跟碱反应生成盐和 水。如 $CH_3COOH + NaOH \longrightarrow CH_3COONa + H_2O$

羧基上的 OH 的取代反应。如:

① 酯化反应:$R—COOH + R'OH \longrightarrow RCOOR' + H_2O$

② 成酰卤反应:$3RCOOH + PCl_3 \longrightarrow 3RCOCl + H_3PO_3$

③ 成酸酐反应:$RCOOH + RCOOH(加热) \longrightarrow R—COOCO—R + H_2O$

④ 成酰胺反应:$CH_3COOH + NH_3 \longrightarrow CH_3COONH_4$;$CH_3COONH_4$(加热)$\longrightarrow$

$CH_3COONH_2 + H_2O$

脱羧反应:除甲酸外,乙酸的同系物直接加热都不容易脱去羧基(失去 CO_2),但在特殊条件下也可以发生脱羧反应,如:无水醋酸钠与碱石灰混合强热生成甲烷:

$$CH_3COONa + NaOH(热熔) \longrightarrow CH_4 \uparrow + Na_2CO_3$$

羧酸酸性的影响因素

(1)一元酸酸性影响因素

① 连有吸电子基,酸性增大;吸电子基数目越多,与羧基间距越近,酸性越强。

② 连有给电子基,酸性减弱;给电子基数目越多,与羧基间距越远,酸性越弱。

③ 苯甲酸的特殊性:苯基对羧基的电子效应是弱$-I$和$+C$,$+C>-I$,因此,苯甲酸的酸性比甲酸弱,但比一般的羧酸强(R 电子效应是$+I$和$+C$):

$$R-COOH < Ph-COOH < HCOOH$$

(2)二元羧酸的酸性影响因素

一级电离时要受到另一个羧基的影响,羧基是吸电子基,距离越近酸性增强越多,故二元酸中一级电离最大的是乙二酸(草酸)。

二级电离时要受到一级电离出的羧基负离子影响,后者是给电子基使酸性减弱,故二元酸的二级电离总是小于一级电离。

实验一 己二酸的制备

实验目的:

(1)学习环己醇氧化制备己二酸的原理和醇氧化制备羧酸的常用方法。

(2)学习抽滤等实验技术。

(3)掌握熔点的测定技术。

实验原理:

制备羧酸最常用的方法是烯、醇、醛等的氧化法。常用的氧化剂有硝酸、重铬酸钾(钠)的硫酸溶液、高锰酸钾、过氧化氢及过氧乙酸等。但其中用硝酸为氧化剂反应非常剧烈,伴有大量二氧化氮毒气放出,既危险又污染环境。因而本实验采用环己醇在高锰酸钾的碱性条件发生氧化反应,然后酸化得到己二酸。

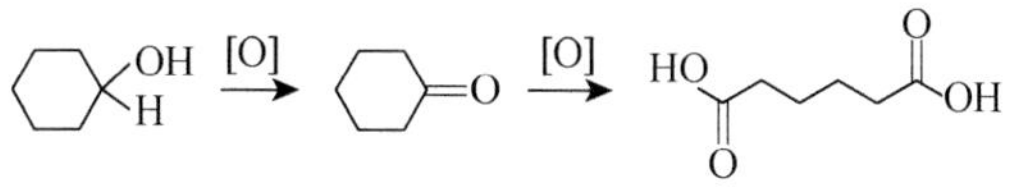

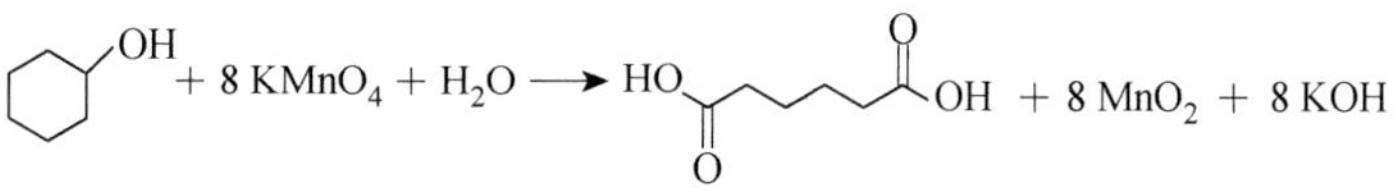

仪器和药品:

环己醇、高锰酸钾、氢氧化钠、亚硫酸氢钠、浓盐酸。抽滤装置、100 ℃温度计、试纸。

实验步骤:

(1)安装反应装置,在烧杯中加入 6 g 高锰酸钾和 50 mL 0.3 mol/L 氢氧化钠溶液,搅拌加热至 35 ℃使之溶解,然后停止加热。

(2)在继续搅拌下用滴管滴加 2.1 mL 环己醇,控制滴加速度,维持反应温度 43～47 ℃,滴加完毕后若温度下降,可在 50 ℃的水浴中继续加热,直到高锰酸钾溶液颜色褪去。在沸水浴中将混合物加热几分钟使二氧化锰凝聚。

(3)待反应结束后,在一张平整的滤纸上点一小滴混合物以判断反应是否完成,如果观察到试液的紫色存在,可加入固体亚硫酸氢钠来除去过量的高锰酸钾。趁热抽滤,滤渣二氧化锰用少量热水洗涤 3 次,每次尽量挤压掉滤渣中的水分。

(4)滤液用小火加热蒸发使溶液浓缩至原来体积的一半,冷却后再用浓盐酸酸化至 pH 为 2～4。冷却析出结晶,抽滤后得粗产品。

(5)将粗产物用水进行重结晶提纯,然后在烘箱中烘干。产物己二酸又称肥酸,常温下为白色晶体,熔点 152 ℃,沸点 337.5 ℃。

注意事项:

(1)制备羧酸采取的都是比较强烈的氧化条件,一般都是放热反应,应严格控制反应温度,否则不但影响产率,有时还会发生爆炸事故。

(2)环己醇常温下为黏稠液体,可加入适量水搅拌,便于用滴管滴加。

思考题:

(1)制备羧酸的常用方法有哪些?

(2)为什么必须控制氧化反应的温度?

实验二　对硝基苯甲酸的制备

实验目的:

(1)掌握利用对硝基甲苯制备对硝基苯甲酸的原理及方法。

(2)掌握电动搅拌装置的安装及使用。

(3)练习并掌握固体酸性产品的纯化方法。

实验原理:

$$\text{对硝基甲苯} + Na_2Cr_2O_7 + 4H_2SO_4 \longrightarrow \text{对硝基苯甲酸} + Na_2SO_4 + Cr_2(SO_4)_3 + 5H_2O$$

该反应为两相反应,还要不断滴加浓硫酸,为了增加两相的接触面,尽可能使其迅速均匀地混合,以避免因局部过浓、过热而导致其他副反应的发生或有机物的分解,本实验采用电动搅拌装置。这样不但可以较好地控制反应温度,同时也能缩短反应时间和提高产率。

生成的粗产品为酸性固体物质,可通过加碱溶解再酸化的办法来纯化。纯化的产品用蒸汽浴干燥。

试剂与仪器:

对硝基甲苯,$K_2Cr_2O_7$,浓硫酸,15%硫酸,5%氢氧化钠。

实验步骤：

（1）安装带搅拌、回流、滴液的装置。

（2）在 250 mL 的三颈瓶中依次加入 6 g 对硝基甲苯、18 g 重铬酸钾粉末及 40 mL 水。

（3）在搅拌下用滴液漏斗滴入 25 mL 浓硫酸。（注意用冷水冷却，以免对硝基甲苯因温度过高挥发而凝结在冷凝管上）

（4）硫酸滴完后，加热回流 0.5 h，反应液呈黑色。（此过程中，冷凝管可能会有白色的对硝基甲苯析出，可适当关小冷凝水，使其熔融滴下）

（5）待反应物冷却后，搅拌下加入 80 mL 冰水，有沉淀析出，抽滤并用 50 mL 水分两次洗涤。

（6）将洗涤后的对硝基苯甲酸的黑色固体放入盛有 30 mL 5％硫酸中，沸水浴上加热 10 min，冷却后抽滤。（目的是为了除去未反应完的铬盐）

（7）将抽滤后的固体溶于 50 mL 5％NaOH 溶液中，50 ℃温热后抽滤，在滤液中加入 1 g 活性炭，煮沸趁热抽滤。（此步操作很关键，温度过高对硝基甲苯融化被滤入滤液中，温度过低对硝基苯甲酸钠会析出，影响产物的纯度或产率）

（8）充分搅拌下将抽滤得到的滤液慢慢加入盛有 60 mL 15％硫酸溶液的烧杯中析出黄色沉淀，抽滤，少量冷水洗涤两次，干燥后称重。（加入顺序不能颠倒，否则会造成产品不纯）

（9）混合溶剂重结晶粗对硝基苯甲酸。产物应为黄色结晶粉末，无臭，能升华。熔点：237～240 ℃，沸点：359.1 ℃，相对密度为 1.61（水＝1）。

注意事项：

（1）安装仪器前，要先检查电动搅拌装置转动是否正常，搅拌棒要垂直安装，安装好仪器后，再检查转动是否正常。

（2）从滴加浓硫酸开始，整个反应过程中一直保持搅拌。

（3）滴加浓硫酸时，只搅拌，不加热；加浓硫酸的速度不能太快，否则会引起剧烈反应。

（4）转入到 40 mL 冷水中后，可用少量（约 10 mL）冷水再洗涤烧瓶。

（5）碱溶时，可适当温热，但温度不能超过 50 ℃，以防未反应的对硝基甲苯熔化，进入溶液。

（6）酸化时，将滤液倒入酸中，不能反过来将酸倒入滤液中。

（7）纯化后的产品用蒸汽浴干燥。

思考题：

（1）芳环侧链的氧化方法有哪些？氧化的规律有哪些？试写出下列化合物氧化的产物：对甲异丙苯，邻氯甲苯，萘，对叔丁基甲苯，苯。

（2）本实验为非均相反应，那么提高非均相反应的措施除了电动搅拌外，还有哪些？

实验三　苯甲酸的制备

实验目的：

（1）学习由苯甲醛制备苯甲酸的原理和方法。

（2）熟练掌握分液漏斗的使用方法，加深对萃取和洗涤原理的认识。

实验原理：

在浓强碱溶液的作用下，无 α-氢的醛类物质能发生分子间的自身氧化还原反应，即一分子醛被氧化成酸，另一分子醛被还原为醇。

实验以苯甲醛为原料，在浓 KOH 溶液中反应，生成的苯甲醇溶于乙醚除去。苯甲酸钾以盐的形式溶于水。因此可以用萃取的方法，方便地将产物分离提纯，反应式如下：

$$\text{C}_6\text{H}_5\text{CH}_3 + 2\,KMnO_4 \longrightarrow \text{C}_6\text{H}_5\text{COOK} + KOH + 2\,MnO_2 + H_2O$$

$$\text{C}_6\text{H}_5\text{COOK} + HCl \longrightarrow \text{C}_6\text{H}_5\text{COOH} + KCl$$

试剂与仪器：

苯甲醛、乙醚、KOH、25% HCl 溶液。150 mL 锥形瓶，100 mL 蒸馏瓶，烧杯，量筒，200 mL 分液漏斗，空气冷凝管，吸滤瓶，表面皿，直形冷凝管，接收管，温度计，热水漏斗，蒸馏头，布氏漏斗，刚果红试纸。

实验步骤：

(1) 苯甲醛的氧化还原反应

在 150 mL 锥形瓶中，加入 18 g KOH 固体和 18 mL 水，配成浓 KOH 溶液，冷却至室温。分批加入 20 mL 新蒸馏过的苯甲醛液体。每次加入后，都应塞紧橡皮塞，用力振荡，使反应物充分混合。适当冷却。最后反应物变为白色糊状物。塞紧瓶塞，放置过夜。

(2) 苯甲酸钾的分离

向反应物中加入 60 mL 水，不断振荡或微热片刻，使之完全溶解。将溶液倒入分液漏斗，每次用 20 mL 乙醚萃取，连续萃取三次。分离出苯甲酸钾水溶液。

(3) 苯甲酸的制备

在不断搅拌下，将苯甲酸钾的水溶液用 25% HCl 溶液酸化至刚果红试纸变蓝。充分冷却使苯甲酸析出。减压过滤，冷水洗涤，压干。粗产品可用水重结晶。纯净的苯甲酸为白色晶体，熔点为 121.7 ℃。

注意事项：

(1) 滤液如呈紫色可加入少量亚硫酸氢钠使紫色褪去，重新减压过滤。

(2) 苯甲酸在水中的溶解度随温度的升高而增大，例如，0 ℃时为 0.17 g/100 g 水，18 ℃时为 0.27 g/100 g 水，75 ℃时为 2.29 g/100 g 水，95 ℃时达 6.89 g/100 g 水。

(3) 熔点测定时样品必须干燥并研磨细，装填紧密，严格控制升温速度，准确观察。

思考题

(1) 为什么用新蒸馏过的苯甲醛？长期放置有何杂质？

(2) 用 HCl 酸化至中性是否最适当？为什么？

实验四　苝四甲酸的合成

实验目的：

(1) 学习苝四甲酸的制备方法。

（2）掌握抽滤等实验方法。

实验原理：

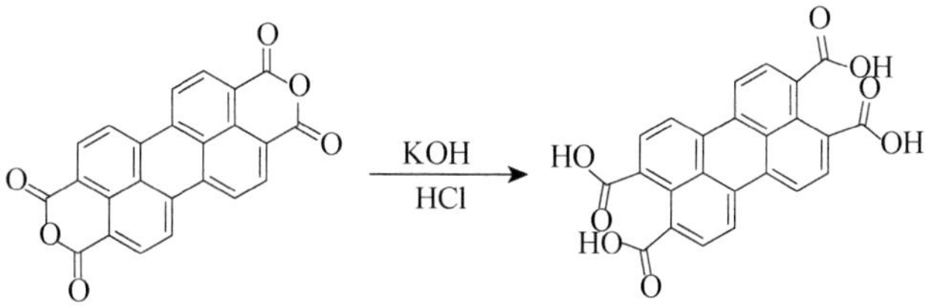

试剂：

苝四酸二酐（1 g，2.54 mmol），KOH（570.96 mg，1.01 mmol），盐酸。

实验步骤：

在 50 mL 的单口烧瓶中，加入 1 g 苝四酸二酐与 15 mL 水，然后加入 570.96 mg KOH，70 ℃ 条件下反应 2 h，溶液逐渐透明澄清，冷却至室温，滤除杂质。用 1 mol/L 的 HCl 将滤液 pH 调节至 2~3 之间，过滤，用蒸馏水洗涤两次，真空干燥，得到黄色固体化合物，产率大于 95%。

思考题：

KOH 和 HCl 的作用各是什么？

5.6 羧酸衍生物的制备

有机化学中，羧基中的羟基被卤素、氨基等其他原子或原子团取代产生的化合物称为羧酸衍生物。羧酸中羧基碳呈 sp^2 杂化，三个杂化轨道处于同一平面，键角大约为 $120°$，其中一个与羰基氧形成 σ 键，一个与氢或烃基碳形成 σ 键。羧基碳上还剩有一个 p 轨道，与羰基氧上的 p 轨道经侧面重叠形成键。羧酸衍生物的结构与羧酸类似。酰胺和酯中，氨基氮或烷氧基氧的孤对电子可以与羰基共轭，但在酰卤中，这种共轭效应则很弱，主要表现为强的吸电子效应。

常见的羧酸衍生物有以下几种：乙酰氯，乙酸酐，顺丁烯二酸酐，乙酸乙酯，甲基丙烯酸甲酯，丙二酸二乙酯，光气，尿素。其中酰氯大多数是具有强烈刺激性气味的无色液体或低熔点固体。低级酸酐是具有刺激性气味的无色液体，高级酸酐为无色无味的固体。酸酐难溶于水而溶于有机溶剂。低级酯是具有水果香味的无色液体，酯的相对密度比水小，难溶于水而易溶于乙醇和乙醚等有机溶剂，可以发生以下反应：

（1）水解反应

四种羧酸衍生物都能水解生成相应的羧酸，但反应的活性不同。酰氯和酸酐容易水解，酯和酰胺的水解都需要酸或碱作催化剂，并且还要加热。水解的活性次序是酰氯＞酸酐＞酯＞酰胺。

酯在酸催化下的水解是酯化反应的逆反应，但水解不完全。酯在碱作用下水解时，产生的酸可与碱生成盐而破坏平衡体系，所以在足够量碱的存在下，水解可以进行到底。酯在碱溶液中的水解反应又叫皂化反应。

（2）醇解和氨解

酯的醇解生成另一种酯和醇，这种反应称为酯交换反应。此反应在有机合成中可用于从低级醇酯制取高级醇酯（反应后蒸出低级醇）。

水解、醇解和氨解反应,对于水、醇和氨来说是其中的活泼氢原子被酰基所取代的反应。这种在化合物分子中引入酰基的反应称为酰化反应,所用试剂叫酰化剂。

羧酸衍生物的酰化能力强弱顺序为酰卤＞酸酐＞酯＞酰胺。实际应用常选酰氯和酸酐。

羧酸衍生物的亲核反应机理:

体系中的亲核试剂进攻正电性的酰基碳,发生亲核加成反应形成四面体负离子,接着发生消去反应,其结果是亲核试剂取代了 L 基团。

(1) 亲核取代反应历程

① 碱催化(提高试剂的亲核能力或有效浓度)

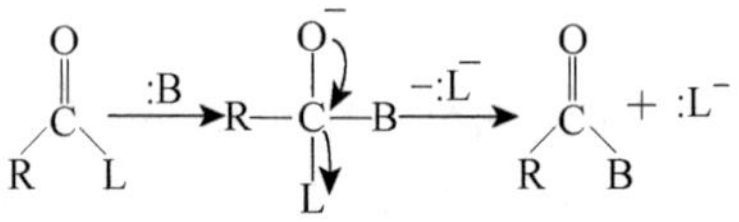

② 酸催化(酰基质子化增加酰基碳的电正性)

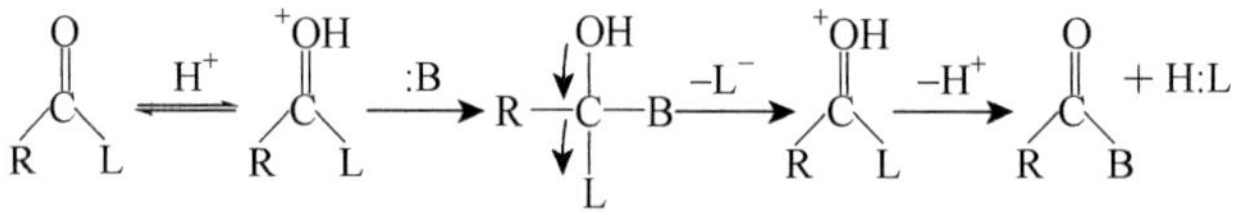

(2) 亲核取代反应活性的影响因素

① 底物的烃基结构:反应底物的分子烃基中 C 上的支链越多,SN2 的反应越慢。通常,伯碳上最容易发生 SN2,仲碳其次,叔碳最难。

② 离去基团(L):一般来说,离去基团越容易离去,SN2 越快。反应时,L 是带着原来与 C 共用的一对电子离去的。通常,L 的碱性越弱、越稳定,就越容易离去。

③ 亲核试剂:亲核试剂的亲核性越强,浓度越高,反应速度越快。

④ 溶剂的种类:极性溶剂中,SN1 反应容易发生,对 SN2 反应不利。非极性溶剂则相反。碳正离子在极性溶剂中比在非极性溶剂中稳定。SN2 的中间体电荷分散,在非极性溶剂中更稳定。

实验一　乙酸乙酯的制备

实验目的:

(1) 了解酯化反应的原理和方法。

(2) 进一步掌握蒸馏操作、分液漏斗的使用以及液态有机物的洗涤和干燥等基本操作技能。

实验原理:

有机酸和醇在浓硫酸的存在下,加热时会发生酯化反应生成酯。

$$CH_3COOH + CH_3CH_2OH \underset{110\sim120\,℃}{\overset{浓硫酸}{\rightleftharpoons}} CH_3COOCH_2CH_3 + H_2O$$

实验中必须控制好反应温度,若温度过高,会产生大量的副产物乙醚。

$$2CH_3CH_2OH \xrightarrow[140\ ℃]{浓硫酸} CH_3CH_2OCH_2CH_3 + H_2O$$

所以要得到较纯的乙酸乙酯,就必须要除掉粗产品中含有的乙醇、乙酸和乙醚。

试剂与仪器:

无水乙醇、冰醋酸、浓硫酸(密度为 1.84 g/mL)、饱和碳酸钠溶液、饱和氯化钠溶液、饱和氯化钙溶液、无水硫酸钠。三口烧瓶(100 mL)、直形冷凝管、温度计(150 ℃)、带塞锥形瓶、蒸馏头、接引管、蒸馏烧瓶(50 mL)、滴液漏斗(50 mL)、分液漏斗(250 mL)、长颈漏斗(50 mL)、量筒(50 mL)、酒精灯、pH 试纸、折叠滤纸、搅拌棒、石棉网、气流干燥器。

实验步骤:

(1) 粗乙酸乙酯的制备

在 100 mL 三口蒸馏烧瓶中加入 8 mL 无水乙醇,边振荡边缓慢加入 5 mL 浓硫酸,混合均匀后,加几粒沸石。三口蒸馏烧瓶左口配一支量程为 0～150 ℃ 的温度计,右口接上冷凝管,中口配上滴液漏斗。注意温度计水银球与滴液漏斗下端都要插到液面以下。

量取 12 mL 冰醋酸和 12 mL 无水乙醇混合均匀后加于滴液漏斗中。接通冷凝水后,小火加热反应瓶,当温度达到 110～120 ℃ 之间后,从滴液漏斗慢慢滴入混合液,控制滴加速度与流出速度大致相等(滴加的速度不能太快),并维持温度在 110～120 ℃ 之间。滴加完毕后,继续加热几分钟,使生成的酯尽量蒸出。接液瓶里液体即为制备的粗乙酸乙酯。

(2) 乙酸乙酯的精制

① 除乙酸:将馏出液在搅拌的同时慢慢加入饱和碳酸钠溶液,直至不再有二氧化碳气体产生或酯层不显酸性为止(可用 pH 试纸检验)。

② 除水分:将混合液转移至分液漏斗中,充分振荡(注意放气)、充分静置后分去下层水溶液。

③ 除碳酸钠:漏斗中的酯层先用 10 mL 饱和食盐水洗涤,静置分层,放去下层溶液。

④ 除乙醇:用饱和氯化钙溶液 20 mL 分两次洗涤酯层。充分振荡后,静置分层,放去下层液。酯层自漏斗上口倒入一干燥的带塞锥形瓶中,加入 2～3 g 无水硫酸钠。不断振荡,待酯层清亮(约 15 min)后,用折叠滤纸在长颈漏斗中滤入干燥的蒸馏烧瓶中。

⑤ 除乙醚:在蒸馏烧瓶中加入几粒沸石,在水浴上蒸馏。将 35～40 ℃ 的馏分(乙醚)倒入指定的容器,收集 73～78 ℃ 的馏分即为乙酸乙酯,称重,计算产率。乙酸乙酯为无色透明液体,浓度较高时有刺激性气味,易挥发,熔点:−83 ℃,沸点:77 ℃。

注意事项:

(1) 硫酸的用量为醇用量的 3% 时即能起催化作用。当用量较多时,它又能起脱水作用而增加酯的产率。但过多时,高温时的氧化作用对反应不利。

(2) 当采用油浴加热时,油浴的温度约在 135 ℃ 左右,也可改为小火直接加热法。但反应液的温度必须控制在 120 ℃ 以下,否则副产物乙醚会增多。

(3) 在馏出液中除了醋酸和水外,还含有未反应的少量的乙醇和乙酸,也还有副产物乙醚,故必须用碱来除去其中的酸,并用饱和氯化钙溶液来除去未反应的醇,否则将会影响到酯的产率。

（4）当酯层用碳酸钠洗过后，若紧接着就用氯化钙溶液洗涤，有可能产生絮状的碳酸钙沉淀，使进一步分离变得困难，故在这两步操作之间必须水洗一下。由于乙酸乙酯在水中有一定的溶解度，为了尽可能减少由此而造成的损失，所以实际上用饱和食盐水来进行水洗。

（5）乙酸乙酯与水或乙醇可分别生成共沸混合物，若三者共存则生成三元共沸混合物。因此，酯层中的乙醇不除净或干燥不够时，由于形成低沸点的共沸混合物，从而影响到酯的产率。

思考题：

（1）酯化反应有什么特点？在实验中如何创造条件促使酯化反应尽量向生成物方向进行？

（2）本实验中若采用醋酸过量的做法是否合适？为什么？

（3）滴加醇、酸混合液的速度为什么不能太快？

（4）为什么不用水代替饱和氯化钠溶液和饱和氯化钙溶液来洗涤？

（5）蒸馏出来的粗产品里面有哪些杂质，应该怎样除掉它们？

实验二　乙酰水杨酸的制备

实验目的：

（1）学习利用酚类的酰化反应制备乙酰水杨酸的原理和制备方法。

（2）掌握重结晶、减压过滤、洗涤、干燥、熔点测定等基本实验操作。

实验原理：

乙酰水杨酸即阿司匹林，可通过水杨酸与乙酸酐反应制得。

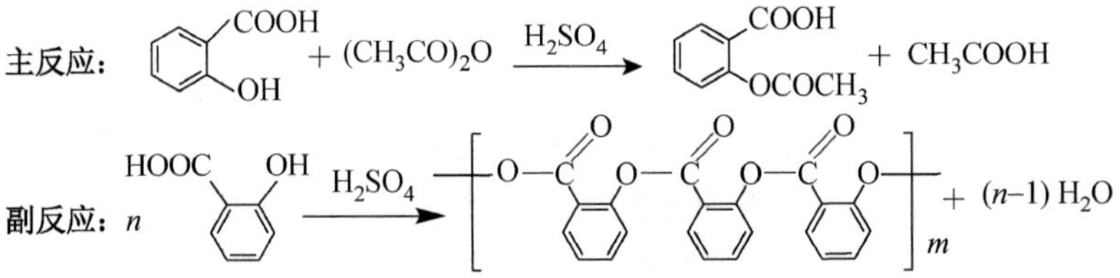

$$\text{主反应：}\quad \underset{\text{OH}}{\overset{\text{COOH}}{\bigcirc}} + (CH_3CO)_2O \xrightarrow{H_2SO_4} \underset{\text{OCOCH}_3}{\overset{\text{COOH}}{\bigcirc}} + CH_3COOH$$

$$\text{副反应：}\quad n\ \underset{\text{OH}}{\overset{\text{HOOC}}{\bigcirc}} \xrightarrow{H_2SO_4} \left[O\underset{}{\overset{O}{\parallel}}C-\cdots\right]_m + (n-1)H_2O$$

在生成乙酰水杨酸的同时，水杨酸分子之间也可以发生缩合反应，生成少量的聚合物。乙酰水杨酸能与碳酸钠反应生成水溶性盐，而副产物聚合物不溶于碳酸钠溶液，利用这种性质上的差异，可把聚合物从乙酰水杨酸中除去。

粗产品中还有杂质水杨酸，这是由于乙酰化反应不完全或由于在分离步骤中发生水解造成的。它可以在各步纯化过程和产物的重结晶过程中被除去。与大多数酚类化合物一样，水杨酸可与三氯化铁形成深色络合物，而乙酰水杨酸因酚羟基已被酰化，不与三氯化铁显色，因此，产品中残余的水杨酸很容易被检验出来。

试剂与仪器：

水杨酸，乙酸酐，浓硫酸，浓盐酸，乙酸乙酯，饱和碳酸氢钠水溶液，1%三氯化铁溶液。125 mL 的锥形瓶，布氏漏斗，表面皿。实验装置如图 5.5 所示。

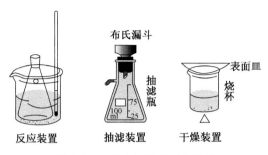

图 5.5　乙酰水杨酸制备装置图

实验步骤：

在 125 mL 的锥形瓶中加入 2 g 水杨酸、5 mL 乙酸酐、5 滴浓硫酸,小心旋转锥形瓶使水杨酸全部溶解后,在水浴中加热 5～10 min,控制水浴温度在 85～90 ℃。取出锥形瓶,边摇边滴加 1 mL 冷水,然后快速加入 50 mL 冷水,立即进入冰浴冷却。若无晶体或出现油状物,可用玻棒摩擦内壁(注意必须在冰水浴中进行)。待晶体完全析出后用布氏漏斗抽滤,用少量冰水分两次洗涤锥形瓶后,再洗涤晶体,抽干。

将粗产品转移到 150 mL 烧杯中,在搅拌下慢慢加入 25 mL 饱和碳酸钠溶液,加完后继续搅拌几分钟,直到无二氧化碳气体产生为止。抽滤,副产物聚合物被滤出,用 5～10 mL 水冲洗漏斗,合并滤液,倒入预先盛有 4～5 mL 浓盐酸和 10 mL 水配成溶液的烧杯中,搅拌均匀,即有乙酰水杨酸沉淀析出。用冰水冷却,使沉淀完全。减压过滤,用冷水洗涤 2 次,抽干水分。将晶体置于表面皿上,蒸汽浴干燥,得乙酰水杨酸产品。称重,约 1.5 g,测熔点为 133～135 ℃。

取几粒结晶加入盛有 5 mL 水的试管中,加入 1～2 滴 1% 的三氯化铁溶液,观察有无颜色反应。为了得到更纯的产品,可将上述晶体的一半溶于少量(2～3 mL)乙酸乙酯中,溶解时应在水浴上小心加热,如有不溶物出现,可用预热过的小漏斗趁热过滤。将滤液冷至室温,即可析出晶体。如不析出晶体,可在水浴上稍加热浓缩,然后将溶液置于冰水中冷却,并用玻璃棒摩擦瓶壁,结晶后,抽滤析出的晶体,干燥后再测熔点,应为 135～136 ℃。

产率计算：
$$产率 = \frac{实际产量}{理论产量} \times 100\%$$

乙酰水杨酸为白色针状或板状结晶或粉末,熔点 135 ℃,无气味,或微带酸味,在干燥空气中稳定,在潮湿空气中缓慢水解成水杨酸和乙酸,能溶于乙醇、乙醚和氯仿,微溶于水。

注意事项：

(1) 严格按照实验步骤加入反应物,防止水杨酸被氧化。

(2) 在冰水冷却下,用玻璃棒充分摩擦器皿壁,进行结晶操作。

(3) 水洗要用少量冷水洗涤,用水不能太多。

(4) 第一次的粗产品不用干燥,即可进行下步纯化,第二步的产品可用蒸汽浴干燥。

(5) 在最后重结晶操作中,可用微型玻璃漏斗过滤,以避免用大漏斗黏附的损失。

思考题：

(1) 为什么使用新蒸的乙酸酐?

(2) 加入浓硫酸的目的是什么?

实验三　乙酸苯胺的制备

实验目的：

(1) 熟悉氨基酰化反应的原理及意义，掌握乙酰苯胺的制备方法。

(2) 进一步掌握分馏装置的安装与操作。

(3) 熟练掌握重结晶、趁热过滤和减压过滤等操作技术。

实验原理：

乙酰苯胺为无色晶体，具有退热镇痛作用，是较早使用的解热镇痛药，因此俗称"退热冰"。乙酰苯胺也是磺胺类药物合成中重要的中间体。由于芳环上的氨基易氧化，在有机合成中为了保护氨基，往往先将其乙酰化转化为乙酰苯胺，然后再进行其他反应，最后水解除去乙酰基。

乙酰苯胺可由苯胺与乙酰化试剂如乙酰氯、乙酐或乙酸等直接作用来制备。反应活性是乙酰氯＞乙酐＞乙酸。本实验选用纯的乙酸（俗称冰醋酸）作为乙酰化试剂。反应式如下：

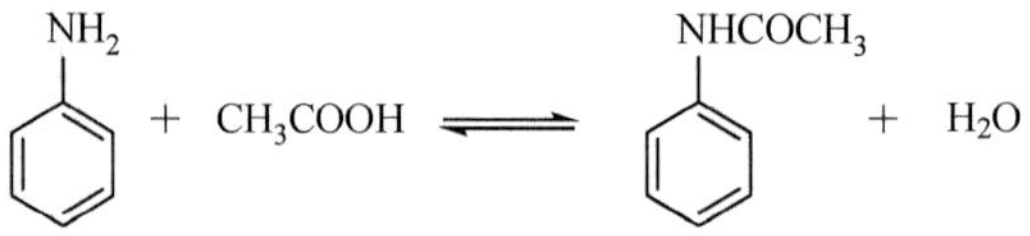

冰醋酸与苯胺的反应速率较慢，且反应是可逆的。为了提高乙酰苯胺的产率，一般采用冰醋酸过量的方法，同时利用分馏柱将反应中生成的水从平衡中移去。由于苯胺易氧化，加入少量锌粉，防止苯胺在反应过程中氧化。

乙酰苯胺在水中的溶解度随温度的变化差异较大（$20\ ℃$为$0.46\ g$，$100\ ℃$为$5.5\ g$），因此生成的乙酰苯胺粗品可以用水重结晶进行纯化。

试剂与仪器：

苯胺，冰醋酸，锌粉，活性炭。

圆底烧瓶（100 mL），刺形分馏柱，直形冷凝管，接液管，量筒（10 mL），温度计（200 ℃），烧杯（250 mL），吸滤瓶，布氏漏斗，小水泵，保温漏斗，电热套。

实验步骤：

(1) 酰化：在100 mL圆底烧瓶中，加入5 mL新蒸馏的苯胺、8.5 mL冰醋酸和0.1 g锌粉。立即装上分馏柱，在柱顶安装一支温度计，用小量筒收集蒸出的水和乙酸。用电热套缓慢加热至反应物沸腾。调节电压，当温度升至约105 ℃时开始蒸馏。维持温度在105 ℃左右约30 min，这时反应所生成的水基本蒸出。当温度计的读数不断下降时，则反应达到终点，即可停止加热。

(2) 结晶：抽滤在烧杯中加入100 mL冷水，将反应液趁热以细流倒入水中，边倒边不断搅拌，此时有细粒状固体析出。冷却后抽滤，并用少量冷水洗涤固体，得到白色或淡黄色的乙酰苯胺粗品。

(3) 重结晶：将粗产品转移到烧杯中，加入100 mL水，在搅拌下加热至沸腾。观察是否有未溶解的油状物，如有则补加水，直到油珠全溶。稍冷后，加入0.5 g活性炭，并煮沸10 min。在保温漏斗中趁热过滤除去活性炭。滤液倒入热的烧杯中，然后自然冷却至室温，冰水冷却,待结晶完全析出后,进行抽滤。用少量冷水洗涤滤饼两次,压紧抽干。将晶体转移至表面皿中,自然晾干后称量,计算产率。

注意事项:

(1) 反应所用玻璃仪器必须干燥。

(2) 只要少量锌粉就可以防止苯胺氧化,若过量,会出现不溶于水的氢氧化锌。

(3) 反应时分馏温度不能太高,以免大量乙酸蒸出而降低产率。

(4) 重结晶过程中,晶体可能不析出,可用玻璃棒摩擦烧杯壁或加入晶种使晶体析出。

(5) 要在通风橱内取用强烈刺激性的冰醋酸。

(6) 不可在沸腾的溶液中加入活性炭,以免引起暴沸。

思考题:

(1) 用乙酸酰化制备乙酰苯胺如何提高产率?

(2) 反应温度为什么控制在 105 ℃左右? 过高过低对实验有什么影响?

(3) 根据反应式计算,理论上能产生多少毫升水? 为什么实际收集的液体量多于理论量?

(4) 反应终点时,温度计的温度为何下降?

实验四　N,N'-二正辛基-1,7-二溴-3,4:9,10-苝酰亚胺

实验目的:

(1) 掌握酰胺的制备方法。

(2) 学习柱层析的方法。

实验原理:

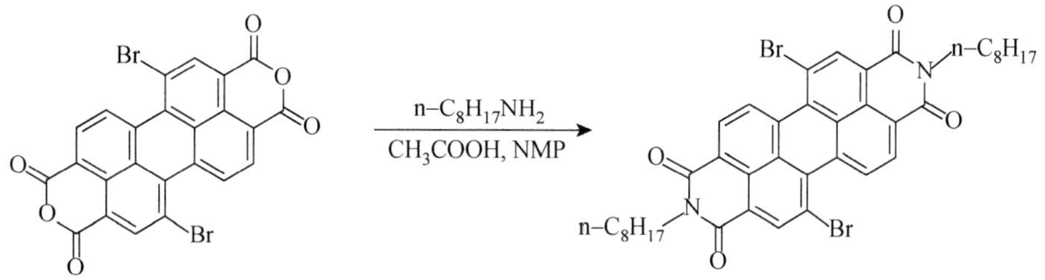

$$n-C_8H_{17}NH_2, \quad CH_3COOH, NMP$$

试剂:

1,7-二溴-3,4,9,10-苝二酸酐(1.03 g,1.87 mmol),正辛胺(0.72 g,5.63 mmol),冰醋酸,氮甲基吡咯烷酮(NMP),甲醇,二氯甲烷。

实验步骤:

在 50 mL 的圆底烧瓶中,取 1,7-二溴-3,4:9,10-苝二酸酐(1.03 g,1.87 mmol)溶于氮甲基吡咯烷酮,加入 5 mL 冰醋酸,在氮气保护条件下,室温搅拌 30 min。温度升至 60 ℃,加入正辛胺(0.72 g,5.63 mmol),保持此温度继续搅拌 30 min,随后温度升至 120 ℃,搅拌过夜。冷却至室温,将反应液倾入 50 mL 水中,沉淀过滤,甲醇反复洗涤,洗涤滤液直至无色。用二氯甲烷作展开剂,经硅胶柱色谱提纯,得到红色目标产物,产率80%。

思考题:

反应过程中加冰醋酸的目的是什么?

5.7 醛和酮的制备

醛是在其羰基碳原子上结合着两个氢原子或一个氢原子和一个烃基的化合物,通式为 RCHO。酮是在其羰基碳原子上结合着两个烃基的化合物,通式为 RCOR′。羰基的氧原子的电负性比碳原子大,使羰基的电子云分布向氧原子方面偏移,因此,醛、酮的羰基碳原子容易与亲核试剂发生亲核加成反应。

羰基的 σ 和 π 价电子云都向氧原子偏移,也影响直接与羰基碳原子相连的烷基的碳原子,使醛或酮的 C—H 键被削弱,使 H 呈现一定的酸性,最后导致烯醇的形成。羰基化合物与相应的烯醇之间的相互转化称为互变异构变化。这种互变异构现象在酸的作用下也能发生,这是醛、酮以及其他羰基化合物的某些含氢碳原子能以负碳离子的方式发生亲核加成缩合反应的原因。

羰基受光的激发,能发生两种跃迁:一种是 n→π(吸收 290 nm 附近波长的光),另一种是 π→π(吸收 180 nm 附近波长的光)。前者导致醛或酮在紫外光谱中于 290 nm 处的特征吸收谱线,后者使醛或酮能发生光化学反应。

醛因在其羰基碳原子上含有一个氢原子,比酮容易被氧化。例如,苯甲醛暴露在空气中,特别是在光的照射下容易被氧化成苯甲酸。

羰基是醛、酮的官能团,所以醛、酮的化学反应主要发生在羰基上。醛、酮的化学性质很活泼,可发生加成、取代、还原、缩合等反应。

实验一 正丁醛的制备

实验目的:

掌握醇氧化制备醛的方法。

实验原理:

主反应:

$$CH_3(CH_2)_2CH_2OH \xrightarrow[H_2SO_4]{Na_2Cr_2O_7} CH_3(CH_2)_2CHO + H_2O$$

试剂:

正丁醇 28 mL(22.2 g,0.3 mol),重铬酸钠(Na$_2$Cr$_2$O$_7$ · 2H$_2$O)29.8 g,浓硫酸($d=$ 1.84)22 mL,无水硫酸镁或无水硫酸钠。

实验步骤:

在 250 mL 烧杯,溶解 29.8 g 重铬酸钠于 165 mL 水中。在仔细搅拌和冷却下,缓缓加入 22 mL 浓硫酸。将配制好的氧化剂溶液倒入滴液漏斗中(可分数次加入)。往 250 mL 三口烧瓶里放入 28 mL 正丁醇及几粒沸石。

将正丁醇加热至微沸,待蒸气上升刚好达到分馏柱底部时,开始滴加氧化剂溶液,约在20 min 内加完。注意滴加速度,使分馏柱顶部的温度不超过78 ℃,同时生成的正丁醛不断馏出。氧化反应是放热反应,在加料时要注意温度变化,控制柱顶温度不低于71 ℃且不高于78 ℃。

当氧化剂全部加完后,继续用小火加热约15～20 min。收集所有在95 ℃以下馏出的粗产物。将此粗产物倒入分液漏斗中,分去水层。把上层的油状物倒入干燥的小锥形瓶中,加入 1～2 g 无水硫酸镁或无水硫酸钠干燥之。

　　将澄清透明的粗产物倒入 30 mL 蒸馏烧瓶中,投入几粒沸石。安装好蒸馏装置。在石棉网上缓慢地加热蒸馏,收集 70～80 ℃的馏出液。继续蒸馏,收集 80～120 ℃的馏分以回收正丁醇。纯正丁醛为无色透明液体,熔点－100 ℃,沸点 75.7 ℃,微溶于水,溶于乙醇、乙醚等多数有机溶剂。

注意事项:

(1) 正丁醛和水一起蒸出,接收瓶要用冰浴冷却。正丁醛和水形成二元恒沸混合物,其沸点为 68 ℃,恒沸物含正丁醛 90.3%。正丁醇和水也形成二元恒沸混合物,其沸点为 93 ℃,恒沸物含正丁醇 55.5%。

(2) 绝大部分正丁醛应在 73～76 ℃馏出,蒸馏出的正丁醛应保存在棕色的玻璃磨塞瓶内。

思考题:

(1) 制备正丁醛有哪些方法?

(2) 为什么本实验中正丁醛的产率低?

(3) 反应混合物的颜色的变化说明什么?

(4) 为什么采用无水硫酸镁或无水硫酸钠作干燥剂?

实验二　环己酮的制备

实验目的:

(1) 学习由仲醇氧化制备酮的原理和方法。

(2) 学习简易水蒸气蒸馏提纯有机物的方法及原理。

实验原理:

制备环己酮的原理:用重铬酸钠作氧化剂,将环己醇氧化成环己酮。反应方程式如下:

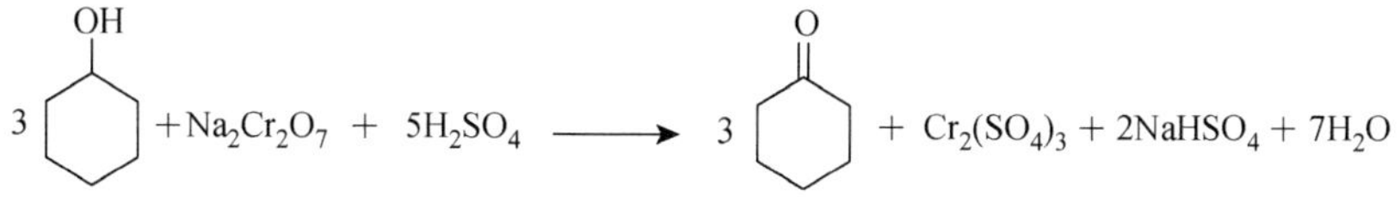

$$3\ \text{环己醇} + Na_2Cr_2O_7 + 5H_2SO_4 \longrightarrow 3\ \text{环己酮} + Cr_2(SO_4)_3 + 2NaHSO_4 + 7H_2O$$

试剂与仪器:

环己醇、冰醋酸、重铬酸钠、浓硫酸、饱和亚硫酸钠溶液、无水氧化铝、沸石、Na_2CO_3 粉末、固体 NaCl、$MgSO_4$ 粉末。

150 mL 三颈烧瓶、搅拌器、滴液漏斗、温度计、空气冷凝管、直形冷凝管、锥形瓶、分液漏斗、玻璃棒。

实验步骤:

(1) 在 150 mL 圆底烧瓶中,放入 30 mL 冰水,摇动烧瓶并慢慢加入 5 mL 浓硫酸,充分混合后,再加入 5.4 mL 环己醇。将溶液冷却至 15 ℃以下。

(2) 在烧杯里将 5.4 g 重铬酸钠水合物溶于 8 mL 水中。将此溶液冷却到 15 ℃以下,分批加到环己醇的浓硫酸溶液中,并不断振摇反应物使充分混合。

(3) 氧化反应开始后,反应温度上升,反应液由橙红色变成墨绿色。当反应物温度升到 55 ℃时,可在冷水浴或流水下适当冷却,控制反应温度在 55～60 ℃之间。

(4) 待前一批重铬酸盐的橙红色完全消失后,再加入下一批。待重铬酸盐的溶液全部加完,直到反应温度有自动下降的趋势为止,再继续摇动 5 min。然后加入 1 mL 甲醇,以还原未反应的氧化剂,使溶液完全变成墨绿色。

(5) 在烧瓶内加入 30 mL 水及沸石,安装好蒸馏装置。在石棉网上加热蒸馏,把环己酮和水一起蒸出来,直至馏出液不再浑浊后再多蒸 3 mL(约收集馏出液 20 mL 左右)。

(6) 用食盐(约 4~5 g)饱和馏出液,搅拌下使食盐溶解。在分液漏斗中静置分出环己酮,用少量无水硫酸镁或无水碳酸钾干燥 30 min。用空气冷凝管蒸馏,收集 150~156 ℃ 的馏分。产物为无色或浅黄色透明液体,有强烈的刺激性,沸点 155.6 ℃,熔点 -45 ℃。

注意事项:

(1) 反应完全后反应液呈墨绿色,如果反应液不能完全变成墨绿色,则应加入少量草酸或甲醇以还原过量的氧化剂。

(2) 加水蒸馏时,水的馏出量不宜过多,否则即使使用盐析,仍不可避免有少量环己酮溶于水中而损失。

(3) 用简易水蒸气蒸馏完毕后,用食盐进行盐析,尽量提高环己酮的产率,再用分液漏斗分层时,注意盐不得带入,否则会引起堵塞。

思考题:

在加重铬酸钠溶液过程中,为什么要待反应物的橙红色完全消失以后才能加下一批重铬酸钠?在整个氧化反应过程中,为什么要控制温度在一定的范围?

实验三 二苯甲酰甲烷的制备

实验目的:

(1) 掌握 1,3-二酮的制备方法。

(2) 学习点板和柱层析的操作。

实验原理:

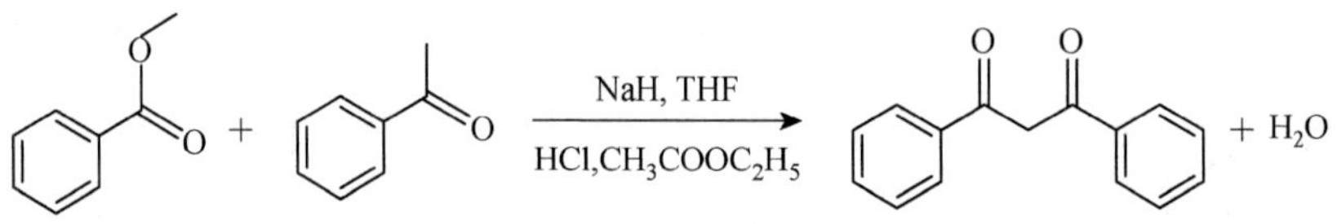

$$
\underset{}{\text{PhCOOCH}_3} + \underset{}{\text{PhCOCH}_3} \xrightarrow[\text{HCl,CH}_3\text{COOC}_2\text{H}_5]{\text{NaH, THF}} \text{PhCOCH}_2\text{COPh} + H_2O
$$

试剂:

苯甲酸甲酯(1.13 g,8.32 mmol),苯乙酮(1 g,8.32 mmol),氢化钠(0.40 g,9.98 mmol),THF,盐酸(5%),乙酸乙酯。

实验步骤:

将苯乙酮(1 g,8.32 mmol)加入干燥 THF(20 mL)的 NaH(0.40 g,9.98 mmol)的悬乳液中,60 ℃ 反应 1 h。然后逐滴加入苯甲酸甲酯(1.13 g,8.32 mmol)THF(10 mL)溶液,过夜。冷却至室温,将反应液倾倒到冰水中,用稀盐酸中和至中性,乙酸乙酯(15 mL×3)萃取,合并有机层,减压蒸去有机溶剂,得到的粗产品经柱层析得到浅黄色固体,熔点 77~79 ℃,沸点 357.4 ℃。

思考题:

氢化钠在反应过程中的作用是什么?

5.8　芳香族硝基化合物

芳香族硝基化合物为无色或淡黄色高沸点液体或低熔点固体,常常可以随水蒸气蒸馏出来。芳香族硝基化合物不溶于水,常有剧毒。多硝基化合物为固体,有爆炸性,例如三硝基甲苯(TNT)是著名的炸药,在实验室里应在水中保存。

硝化反应是制备芳香族硝基化合物的主要方法,也是最重要的亲电取代反应之一。芳香族硝基化合物可以很容易地被还原为芳香胺,通过重氮化反应等转化为多种芳香族化合物,因而是一类重要的有机合成中间体,在光电功能材料制备中也有较多应用。

芳香烃的硝化较容易进行,在浓硫酸存在下与浓硝酸作用,烃的氢原子被硝基取代,生成相应的硝基化合物,反应机理如下:

$$HNO_3 + 2H_2SO_4 \rightleftharpoons \overset{+}{N}O_2 + H_3O^+ + 2HSO_4^-$$

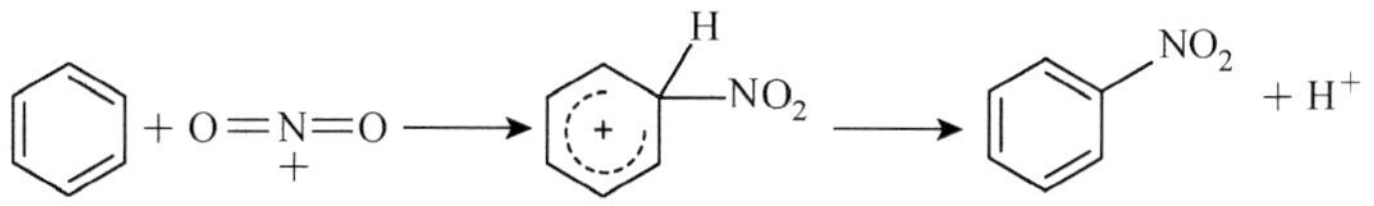

浓硫酸的作用是提供强酸性的介质,有利于硝酰阳离子(NO_2^+)的生成,它是真正的亲电试剂。选择合适的硝化试剂和反应条件主要根据硝化对象的反应活性、它在硝化介质中的溶解度及产物是否容易分离提纯等因素。根据不同的硝化对象,硝化试剂也不止一种:可以使用浓硝酸和浓硫酸的混合物;可以单独使用硝酸和浓硝酸溶于冰醋酸或醋酸酐的溶液;对于难硝化的化合物,可以采用发烟硝酸进行硝化;许多对氧化敏感的酚类反应物的硝化一般采用稀硝酸。硝化反应一般在较低的温度下进行,在较高温度下,由于硝酸的氧化作用往往导致原料的损失。

芳香族硝基化合物性质与脂肪族硝基化合物的性质有许多不同的地方。芳香族硝基化合物最重要的性质是还原反应。

（1）还原反应

硝基化合物易被还原,选用不同的还原剂,在不同的条件下,可将硝基苯还原成不同的产物。

（2）芳环上的亲核取代反应

芳环的特征反应是亲核取代反应,当芳环上的氢被硝基取代后,由于硝基是强吸电子基,使苯环上的电子云密度降低,不利于亲电试剂的进攻。同时硝基对苯环上的其他取代基也产生极大的影响,邻位或对位被硝基取代的芳香卤代物容易发生亲核取代反应。

实验一　间二硝基苯的制备

实验目的:

（1）了解芳烃硝化的反应原理及合成方法。

（2）掌握硝化异构物的分离方法。

实验原理：

向芳环中引入硝基的反应叫做硝化反应。硝化是亲电取代。被硝化物的性质对于硝化方法的选择、硝化反应速度以及硝化产物的组成都有十分明显的影响。当苯环上有给电子基时，硝化速度快，硝化产品常以邻、对位体为主。反之，当苯环上有吸电子基时，则硝化速度降低，产品常以间位体为主。其反应式如下：

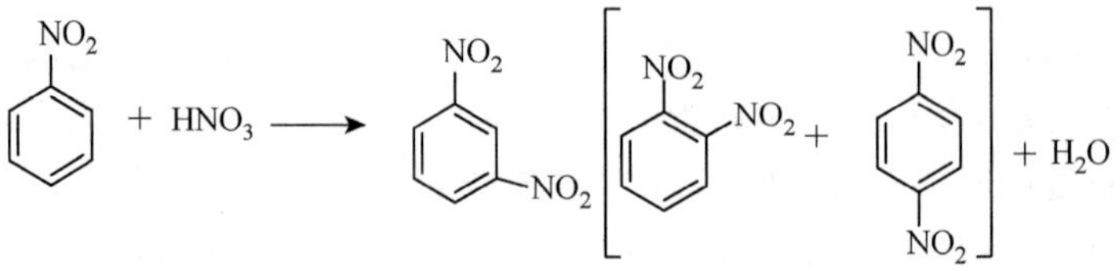

试剂及仪器：

硝基苯，浓硫酸，无水硝酸，碳酸钠，结晶亚硫酸钠，乳化剂。

三口烧瓶，电动搅拌器，温度计，冷凝管，滴液漏斗等。

实验步骤：

在装在搅拌器、冷凝管、滴液漏斗和温度计的 250 mL 三口烧瓶中，加入 70 g (38.78 mL)100% H_2SO_4。开动搅拌，在良好的冷却下加入 13 g(9 mL)硝酸，再于20 min 内滴加 15 g(12 mL)经干燥的硝基苯，这时三口烧瓶外部应用冰水冷却，以使反应温度不超过 20 ℃。当所有硝基苯加完后继续在室温下搅拌 1 h，随后加温到 35 ℃，以溶化析出的二硝基苯，并在搅拌下倾入 150 g 冰内。过滤出二硝基苯，用冷水洗涤。再将其加入60 mL 水中，加热溶化，并加入纯碱中和至石蕊试纸呈碱性，倾泻去上部水层，再以 60 mL 热水洗涤一次，即得到粗制二硝基苯。

粗制品二硝基苯含有一定数量的邻、对位异构体，可以很容易地除去，因为它们和水所成的乳浊液与亚硫酸钠作用，生成易溶的硝基苯磺酸，而间位化合物不受影响。将粗制品二硝基苯加入 80 mL 水中，加热到 80 ℃，加入 1 g 乳化剂(如肥皂、土耳其红油、拉开粉等)，在良好搅拌下，于 30 min 内加入 2.5 g 结晶亚硫酸钠，继续在 90~95 ℃搅拌 1.5 h。当异构体溶解在溶液内时，混合物就变成深棕色。继续搅拌，冷却至室温，过滤出沉淀。把沉淀溶化在 100 mL 热水中，再搅拌冷却，得到几乎为白色的小结晶间二硝基苯，在 90 ℃以下干燥。产物为无色黄色粉末，有挥发性。微溶于水，溶于乙醇、乙醚、苯等。熔点 89 ℃，沸点 301 ℃。

注意事项：

(1) 硫酸和无水硝酸均为强腐蚀性液体，应小心操作，防止灼伤。

(2) 硝化反应为放热反应，应充分冷却，保持反应所需的温度。

(3) 二硝基苯有毒，必须小心操作，勿使接触皮肤。

思考题：

(1) 影响硝化反应的因素有哪些？

(2) 写出二硝基苯精制的反应方程式。

实验二 2-硝基芴的制备

实验目的:

(1) 学习制备芳香族硝基化合物的方法。

(2) 掌握过滤等实验方法。

实验原理:

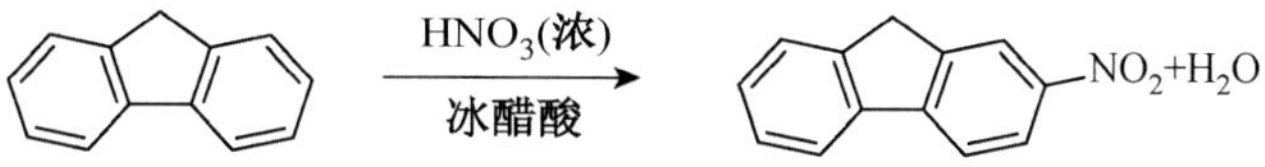

$$\text{（芴）} \xrightarrow[\text{冰醋酸}]{\text{HNO}_3(\text{浓})} \text{（2-硝基芴）} - NO_2 + H_2O$$

试剂:

芴,冰醋酸,浓硝酸。

实验步骤:

在 25 mL 圆底烧瓶中依次加入 1.0 g 芴及 10 mL 冰醋酸,搅拌加热到 50 ℃使之溶解,在 15 min 内滴加 1.5 mL 浓硝酸,反应 10 min 后升温至 65 ℃,反应 10 min 后升温至 80 ℃,5 min 后撤去水浴,冷至室温后过滤,用水洗几次并干燥,得到粗品 2-硝基芴,黄色晶体,熔点为 155～158 ℃,不溶于水。

注意事项:

浓硝酸为强腐蚀性物质,使用时请注意安全。

思考题:

粗品 2-硝基芴如何进一步提纯?

5.9 胺的制备

芳香硝基化合物的还原是制备芳胺的主要方法,实验室常用的方法是在酸性溶液中用金属进行化学还原,工业上最实用和经济的方法是催化氢化。常用的还原剂有锡-盐酸、铁-盐酸、铁-醋酸及锌-醋酸等,根据反应物和产物的性质,需选用合适的还原剂、溶剂介质和反应温度等。实验室常用锡-盐酸来还原简单的硝基化合物,也可以用铁-盐酸。锡的反应速度较快,铁的反应时间较长,但是成本低廉,酸的用量仅为理论量的 1/40,如用醋酸代替盐酸,还原时间能显著缩短。铁曾作为还原剂在工业上广泛使用,但因残渣铁泥难以处理并污染环境而被催化氢化所代替。

研究表明,硝基化合物的还原是分步进行的:

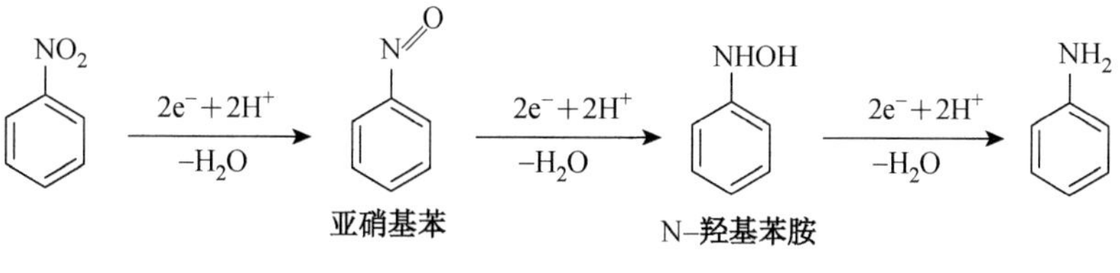

$$\text{NO}_2 \xrightarrow[-H_2O]{2e^- + 2H^+} \underset{\text{亚硝基苯}}{N=O} \xrightarrow[-H_2O]{2e^- + 2H^+} \underset{\text{N-羟基苯胺}}{NHOH} \xrightarrow[-H_2O]{2e^- + 2H^+} NH_2$$

金属的作用是提供电子,酸或水作为供质子剂提供反应所需要的质子。在强酸性介质中,芳香伯胺是最终还原产物;在温和条件下(锌＋氯化铵),反应可以停留在 N-羟基苯胺的阶段。在碱性介质中,芳香硝基化合物发生双分子还原,亚硝基苯和 N-羟基苯胺继续还原的速度减慢,产物为氧化偶氮苯或其他还原产物。

间二硝基苯采用强还原剂,两个硝基均被还原,生成间苯二胺。如采用温和的还原剂如硫氢化钠或多硫化钠(NaS₃)等,可实现部分还原,生成间硝基苯胺。芳香硝基化合物在铂、钯或 Ranny 镍催化下很容易被分子氢还原生成芳胺,也可以用氢载体如环己烯或肼代替氢气,进行芳香族硝基化合物的还原反应。

实验一　对硝基苯胺的制备

实验目的:

(1) 了解芳香族硝基化合物的制备方法。

(2) 学习芳胺制备芳香族硝基化合物的方法。

实验原理:

主反应:

副反应:

试剂与仪器：

乙酰苯胺 5 g(0.037 mol)，硝酸(d＝1.40)2.2 mL(0.032 mol)，浓硫酸，冰醋酸，乙醇，碳酸钠，20％氢氧化钠溶液。

锥形瓶，烧杯，滴管，抽滤装置。

实验步骤：

(1) 对硝基乙酰苯胺的制备

在 100 mL 锥形瓶内，放入 5 g 乙酰苯胺和 5 mL 冰醋酸。用冷水冷却，一边摇动锥形瓶，一边慢慢地加入 10 mL 浓硫酸，乙酰苯胺逐渐溶解。将所得溶液放在冰盐浴中冷却到 0～2 ℃。

在冰盐浴中用 2.2 mL 浓硝酸和 1.4 mL 浓硫酸配制混酸。一边摇动锥形瓶，一边用吸管慢慢地滴加此混酸，保持反应温度不超过 5 ℃。

从冰盐浴中取出锥形瓶，在室温下放置 30 min，间歇摇荡之。在搅拌下把反应混合物以细流慢慢地倒入 20 mL 水和 20 g 碎冰的混合物中，对硝基乙酰苯胺立刻呈固体析出。放置约 10 min，减压过滤，尽量挤压掉粗产品中的酸液，用冰水洗涤三次，每次用 10 mL。称取粗产品 0.2 g，放在空气中晾干。其余部分用 95％乙醇进行重结晶。减压过滤从乙醇中析出的对硝基乙酰苯胺，用少许冷乙醇洗涤，尽量压挤去乙醇。将得到的对硝基乙酰苯胺放在空气中晾干。

将所得乙醇母液在水浴上蒸发到其原体积的 2/3。如有不溶物，减压过滤。保存母液。

(2) 对硝基乙酰苯胺的酸性水解

在 50 mL 圆底烧瓶中放入 4 g 对硝基乙酰苯胺和 20 mL 70％硫酸，投入沸石，装上回流冷凝管，加热回流 10～20 min。将透明的热溶液倒入 100 mL 冷水中。加入过量的 20％氢氧化钠溶液，使对硝基苯胺沉淀下来，冷却后减压过滤。滤饼用冷水洗去碱液后，在水中进行重结晶。纯净的对硝基苯胺为黄色针状晶体，熔点 147.5 ℃。

注意事项：

(1) 乙酰苯胺可以在低温下溶解于浓硫酸里，但速度较慢，加入冰醋酸可加速其溶解。

(2) 乙酰苯胺与混酸在 5 ℃下作用，主要产物是对硝基乙酰苯胺；在 40 ℃作用，则生成约 25％的邻硝基乙酰苯胺。

(3) 也可用下法除去粗产物中的邻硝基苯胺：将粗产物放入一个盛 20 mL 水的锥形瓶中，在不断搅拌下分次加入碳酸钠粉末，直到混合液对酚酞试纸显碱性。将反应混合物加热至沸腾，这时对硝基乙酰苯胺不水解，而邻硝基乙酰苯胺则水解为邻硝基苯胺。混合物冷却到 50 ℃时，迅速减压过滤，尽量挤压掉溶于碱液中的邻硝基苯胺，再用水洗涤并挤压去水分，取出晾干。

(4) 利用邻硝基乙酰苯胺和对硝基乙酰苯胺在乙醇中溶解度的不同在乙醇中进行重结晶，可除去溶解度较大的邻硝基乙酰苯胺。

(5) 70％硫酸的配制方法：在搅拌下把 4 份(体积)浓硫酸小心地以细流加到 3 份(体积)冷水中。

(6) 可取 1 mL 反应液加到 2～3 mL 水中，如溶液仍清澈透明，表示水解反应已完全。

思考题：

(1) 对硝基苯胺是否可从苯胺直接硝化来制备？为什么？

(2) 如何除去对硝基乙酰苯胺粗产物中的邻硝基乙酰苯胺?

(3) 在酸性或碱性介质中都可以进行对硝基乙酰苯胺的水解反应,试讨论各有何优缺点。

实验二 2-氨基芴的制备

实验目的:

(1) 学习芳香族硝基化合物还原制备胺基化合物的方法。

(2) 掌握过滤等实验方法。

实验原理:

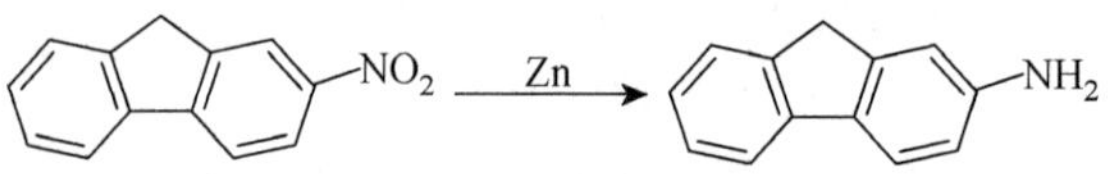

试剂:

1.0 g(4.7 mmol)硝基芴,35 mL 78%乙醇,0.35 g 氯化钙,0.5 mL 水,10 g 锌粉。

实验步骤:

在 100 mL 圆底烧瓶中加入 1.0 g 硝基芴及 35 mL 78%乙醇搅拌溶解,将 0.35 g 氯化钙用 0.5 mL 水配成的溶液连同 10 g 锌粉一起加入,充分搅拌混合均匀,在烧瓶上加装回流冷凝管,加热回流 2 h。

趁热过滤去锌泥及氧化锌,并用热的 78%乙醇萃洗,合并滤液及萃洗液,倾入 300 mL 水中,得到固体沉淀,过滤,滤饼在 50%乙醇中重结晶,得到 2-氨基芴。

注意事项:

2-氨基芴对机体有不可逆损伤的可能性,大量使用应穿适当的防护服。

思考题:

(1) 为什么锌粉大大过量?

(2) 氯化钙的作用是什么?

实验三 乙烯基苯胺的制备

实验目的:

(1) 掌握用铁、浓盐酸胺化的原理和方法。

(2) 掌握反应监控和调节的方法。

实验原理:

将硝基化合物还原可以得到伯胺。由于脂肪烃的硝化比较困难,所以这不是脂肪胺类的主要合成方法。相反,芳香族硝基化合物容易得到,因此,伯芳胺一般由它还原制备。例如,可以用金属(铁或锡)加酸(盐酸或醋酸)为还原剂,使硝基苯还原为苯胺。用催化加成的方法也可以使硝基还原成氨基。例如,用骨架镍或铂作催化剂,可在室温及常压下将硝基苯还原为苯胺。

苯胺是无色液体,沸点是 184 ℃,具有不愉快臭味,微溶于水,易溶于有机溶剂。新蒸馏的苯胺无色,长期放置后因氧化颜色逐渐变深而呈红棕色。苯胺遇漂白粉溶液时变成紫色,可作为检验苯胺的一个方法。苯胺是重要的有机合成原料,可用于染料和制药等工业上。

反应方程式:

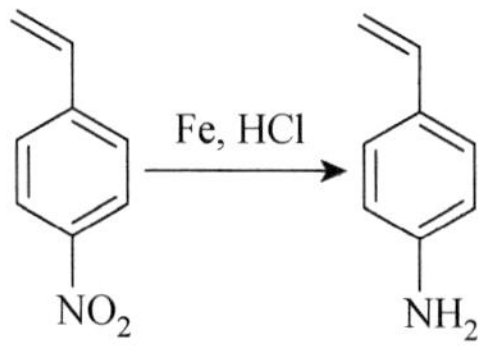

试剂:

0.8 g 铁,0.1 mL 盐酸,3 mL 蒸馏水,5 mL 乙醇,二氯甲烷,无水硫酸钠,硅胶,石油醚。

实验步骤:

将 0.8 g 铁粉、0.1 mL 盐酸、3 mL 蒸馏水依次倒入烧杯中,并置于冰水浴中剧烈搅拌,待温度稳定后,缓缓加入乙烯基硝基苯的乙醇溶液,继续搅拌 2 h。反应结束后,用二氯甲烷萃取,充分摇振(注意及时放气!)后静置,收集下层有机相,萃取操作重复三次。合并收集到的有机相,用无水硫酸钠干燥 0.5 h 左右。点板,记录反应液的反应进展情况。将干燥好的有机相滤入 250 mL 的圆底烧瓶,旋蒸除去有机溶剂后,进行柱层析,得到目标产物。乙烯基苯胺为褐色液体,熔点 23 ℃,沸点 213～214 ℃。

注意事项:

(1) 反应中用到的浓盐酸为腐蚀性化学药品,注意使用安全和必要防护。

(2) 反应在低温条件下进行,注意温度的控制。

(3) 实验仪器必须干燥,否则反应开始很慢,甚至不发生反应。

思考题:

(1) 反应中加入铁的作用是什么?

(2) 反应为什么要低温?

(3) 为什么要进行剧烈搅拌?

5.10 重氮盐及其反应

芳香族伯胺和亚硝酸作用生成重氮盐的反应称为重氮化,芳伯胺常称为重氮组分,亚硝酸为重氮化剂。因为亚硝酸不稳定,通常使用亚硝酸钠和盐酸或硫酸使反应生成亚硝酸立即与芳伯胺反应,避免亚硝酸的分解,重氮化反应后生成重氮盐。重氮盐的用途很广,其反应分为两大类:一是用适当试剂处理,重氮基被—H、—OH、—X、—CN、—NO$_2$ 等基团取代,生成相应的芳香化合物,因此芳基重氮盐被称为芳香族的"Grignard 试剂"(格氏试剂);二是保留氮的反应,即与相应的芳胺或酚起偶联反应,生成偶氮染料(或指示剂),如常用的酸碱指示剂甲基橙、甲基红、刚果红,常用染料坚固红 A、锥虫蓝等。

重氮化试剂是由亚硝酸钠与盐酸作用临时产生的。除盐酸外,也可使用硫酸、过氯酸和氟硼酸等无机酸。脂肪族重氮盐很不稳定,能迅速自发分解;芳香族重氮盐较为稳定。芳香族重氮基可以被其他基团取代,生成多种类型的产物。所以芳香族重氮化反应在有机合成上很重要,被称为芳香族的"Grignard 试剂"(格氏试剂)。由于有机光电功能材料绝大多数具有刚性的芳香结构,因此重氮化反应得到了大量的应用。

重氮化反应可用反应式表示为:

$$Ar—NH_2 + 2HX + NaNO_2 \longrightarrow Ar—N_2X + NaX + 2H_2O$$

5.10.1 重氮化反应机理

首先由一级胺与重氮化试剂结合,然后通过一系列质子转移,最后生成重氮盐。重氮化试剂的形式与所用的无机酸有关。当用较弱的酸时,亚硝酸在溶液中与三氧化二氮达成平衡,有效的重氮化试剂是三氧化二氮。当用较强的酸时,重氮化试剂是质子化的亚硝酸和亚硝酰正离子。因此重氮化反应中,控制适当的 pH 是很重要的。芳香族一级胺碱性较弱,需要用较强的亚硝化试剂,所以通常在较强的酸性下进行反应。

重氮化反应进行时要考虑下列三个因素:

(1) 酸的用量

从反应式可知酸的理论用量为胺量的 2 倍,在反应中无机酸的作用是,首先使芳胺溶解,其次与亚硝酸钠生成亚硝酸,最后生成重氮盐。重氮盐一般是容易分解的,只有在过量的酸液中才比较稳定,所以重氮化时实际上用酸量过量很多,常达胺的 3 倍,反应完毕时介质应呈强酸性(pH 为 3),对刚果红试纸呈蓝色。重氮过程中经常检查介质的 pH 是十分必要的。

反应时若酸用量不足,生成的重氮盐容易和未反应的芳胺耦合,生成重氮氨基化合物:

$$Ar—N_2Cl + ArNH_2 \longrightarrow Ar—N = N—NHAr + HCl$$

这是一种自我偶合反应,是不可逆的,一旦重氮氨基物生成,即使补加酸液也无法使重氮氨基物转变为重氮盐,因此使重氮盐的产率降低,杂质增多。在酸量不足的情况下,重氮盐容易分解,温度越高,分解越快。

(2) 亚硝酸的用量

重氮化反应进行时自始至终必须保持亚硝酸稍过量,否则也会引起自我偶合反应。重氮化反应速度是由加入亚硝酸钠溶液速度来控制的,必须保持一定的加料速度,过慢则来不及作用的芳胺会和重氮盐作用发生自我偶合反应。亚硝酸钠溶液常配成 30% 的浓度使用,因为在这种浓度下即使在 −15 ℃也不会结冰。

反应时检定亚硝酸过量的方法是用碘化钾淀粉试纸实验,一滴过量亚硝酸液的存在可使碘化钾淀粉试纸变蓝色。由于空气在酸性条件下也可使碘化钾淀粉试纸氧化变色,所以实验的时间以 0.5~2 s 内显色为准。

亚硝酸过量对下一步偶合反应不利,所以常加入尿素或氨基磺酸以消耗过量亚硝酸。

(3) 反应温度

大部分重氮盐在低温下较稳定,在较高温度下重氮盐分解速度加快,所以重氮化反应一般在 0~5 ℃进行。另外亚硝酸在较高温度下也容易分解。重氮化反应温度常取决于重氮盐的稳定性,对氨基苯磺酸重氮盐稳定性高,重氮化反应可在 10~15 ℃进行;1-氨基萘-4-磺酸重氮盐稳定性更高,重氮化反应可在 35 ℃进行。重氮化反应一般在较低温度下进行这一原则不是绝对的,在间歇反应锅中重氮反应时间长,保持较低的反应温度是正确的。但在管道中进行重氮化时,反应中生成的重氮盐会很快转化,因此重氮化反应可在较高温度下进行。

5.10.2　重氮化方法

重氮化方法主要有顺法和逆法两种。

（1）顺法

在色基中先加适量水调和,再加入规定量盐酸,在低温和不断搅拌下缓缓加入亚硝酸钠,使重氮化反应完成。色基大红 G、色基橙 GC 与色基紫酱 GBC 都可采用顺法。重氮化温度为 5～10 ℃,时间约 10 min,温度过高、时间过短都不能得到较好的重氮化结果。为使重氮化反应完全,还需将色基重氮化溶液放置 15 min 左右,临用前加适量的醋酸和醋酸钠。大多数溶于稀无机酸的芳伯胺采用此法重氮化。

（2）逆法

将色基与亚硝酸钠和适量的冷水调成均匀糊状并加冰冷却,然后将它缓慢倾入不断搅拌的冰盐酸溶液中,使反应完成,色基红 B 等就是采用逆法重氮化的。在稀酸中难溶解的氨基芳磺酸等用此法重氮化。

另外,还有亚硝酰硫酸法。用于在稀酸中难溶解的芳伯胺(碱性极弱)重氮化,即先将芳伯胺溶于浓硫酸或冰醋酸中,再向其中加入亚硝酰硫酸溶液。

实验一　对氯甲苯的制备

实验目的：

（1）了解应用 Sandmeyer 反应制备对氯甲苯的方法和原理。

（2）进一步熟练掌握水蒸气蒸馏的安装和操作。

实验原理：

Sandmeyer 反应:重氮盐在亚铜盐的催化下被卤素或氰基所取代的反应。和简单的卤化反应比较该反应的优势在于只有一种异构体形成。

对氯甲苯的制备：

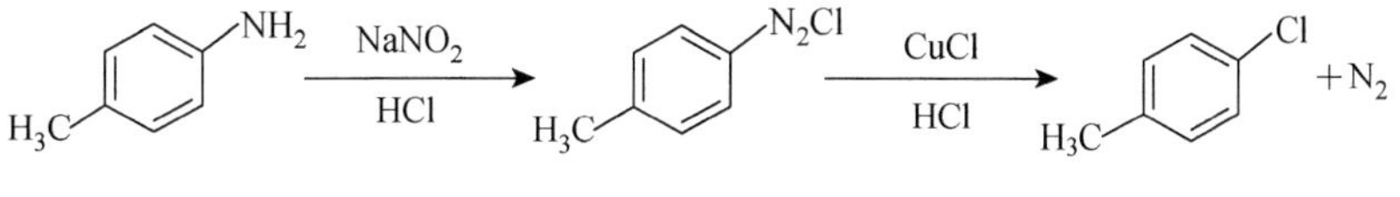

$$H_3C-C_6H_4-NH_2 \xrightarrow[HCl]{NaNO_2} H_3C-C_6H_4-N_2Cl \xrightarrow[HCl]{CuCl} H_3C-C_6H_4-Cl + N_2$$

试剂：

氯化亚铜 1.1 g(11.3 mmol),浓盐酸 14 mL(168 mmol),对甲苯胺 1.1 g(10.3 mmol),亚硝酸钠 0.78 g(11.3 mmol),淀粉-碘化钾试纸,10% NaOH 水溶液,浓硫酸,无水氯化钙。

实验步骤：

称取 1.1 g(10.3 mmol)对甲苯胺置于 100 mL 烧杯中,加入 15 mL 水和 14 mL(168 mmol)浓盐酸搅拌溶解,不能完全溶解可略微加热。然后用冰水浴降至 0 ℃,搅拌成糊状。另称取 0.78 g(11.3 mmol)亚硝酸钠溶于 10 mL 水,缓慢滴加至对甲苯胺酸溶液中,滴加时体系不超过 5 ℃,并用淀粉碘化钾试纸检验,变蓝则停止滴加。

把制好的对甲苯胺重氮盐溶液慢慢倒入冷的氯化亚铜溶液中,边加边搅拌,不久析出重氮盐-氯化亚铜橙色复合物。加完后,在室温下放置 15～30 min。然后用水浴慢慢加热到 50～60 ℃。分解复合物,直至不再有氮气逸出。将产物进行水蒸气蒸馏蒸出对氯甲苯。分出油层,水层每次用 10 mL 乙醚萃取两次,萃取液与油层合并,依次用 10%氢氧化钠溶液、水、浓硫酸、水各 5 mL 洗涤。醚层经无水氯化钙干燥后在水浴上蒸去乙醚,然后蒸馏收集 158～162 ℃的馏分,称重,计算产率。

注意事项:

(1) 制备重氮盐时一定要保持好温度。在加入 85%～90%的亚硝酸钠溶液后即可用试纸测试,变蓝则不再继续加入。

(2) 分解重氮盐-CuCl 复合物时宜室温放置,加热分解时间太长会增加副反应的发生。

思考题:

(1) 重氮盐在有机合成中有何用途?

(2) 加入 HCl 的作用是什么?

实验二 甲基橙的制备

实验目的:

(1) 掌握重氮化反应和偶联反应的实验操作。

(2) 学习冰水浴控温、盐析和重结晶的原理和操作。

实验原理:

甲基橙是一种指示剂,它是由对氨基苯磺酸重氮盐与 N,N-二甲基苯胺的醋酸盐在弱酸性介质中偶合得到的。偶合首先得到的是嫩红色的酸式甲基橙,称为酸性黄,在碱中酸性黄转变为橙色的钠盐,即甲基橙。

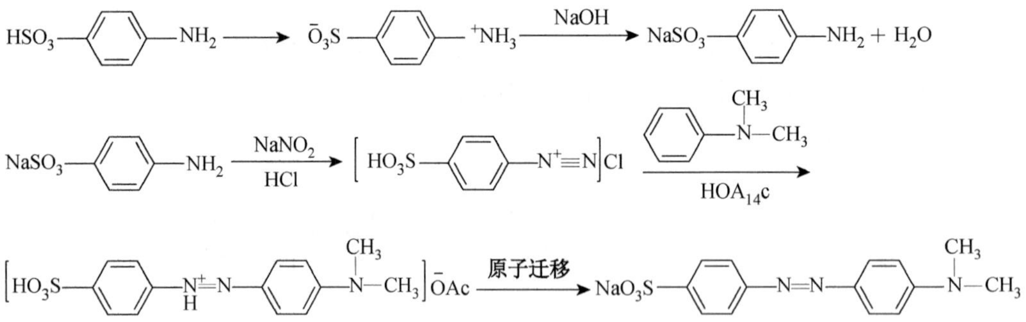

仪器和药品:

烧杯,布氏漏斗,吸滤瓶,干燥表面皿,滤纸,KI-淀粉试纸。

对氨基苯磺酸 2.1 g,亚硝酸钠 0.8 g,5%氢氧化钠溶液,N,N-二甲基苯胺 1.3 mL,氯化钠溶液 20 mL,浓盐酸,冰醋酸 1 mL,10%氢氧化钠 15 mL,乙醇 4 mL。

实验步骤:

(1) 重氮盐的制备

① 在烧杯中放置 10 mL 5% NaOH 溶液及 2.1 g 对氨基苯磺酸晶体,温热 30 ℃使之溶解,然后冷却至室温。

② 另溶解 0.8 g NaNO$_2$ 于 6 mL 水中,加入上述烧杯内,用冰水浴冷至 0~5 ℃。

③ 在不断搅拌下,将 3 mL 浓盐酸与 10 mL 水配成的溶液缓缓滴加到上述混合液中,并控制温度在 5 ℃以下,滴加完后,用淀粉-碘化钾试纸检验,至显示蓝色。在冰水浴中放置 15 min,以保证反应完全。

(2) 偶合反应

① 在试管内混合 1.3 mL N,N-二甲苯胺和 1 mL 冰醋酸,在不断搅拌下,将此溶液慢慢加到上述冷却的重氮盐溶液中,加完后,继续搅拌 10 min,此时为红色液体。

② 慢慢加入 25 mL 5% NaOH,直至反应物变为橙色,这时反应液呈碱性。

③ 将反应物在沸水浴上加热 5 min(温度约 60~80℃),冷却至室温后,再在冰水浴中冷却,使甲基橙晶体析出完全。

④ 抽滤收集晶体,依次用水、乙醇分别洗涤两次,抽滤,烘干(温度 55~78℃),称量所得甲基橙产物质量。

(3) 溶解少许甲基橙于水中,分两支试管,分别滴加盐酸、氢氧化钠溶液,观察颜色变化。

注意事项:

(1) 对氨基苯磺酸是两性化合物,其酸性略强于碱性,能溶于碱中而不溶于酸中,以酸性内盐存在,所以它能与碱作用成盐而不与酸作用成盐。

(2) 为了使对氨基苯磺酸完全重氮化,反应过程必须不断搅拌。

(3) 重氮化反应过程中严格控制温度(10 ℃以下),防止重氮水解成酚类,降低产率。

(4) 淀粉-碘化钾试纸检验时,若不显蓝色,视情况补加亚硝酸钠溶液。若亚硝酸已过量,可用尿素水溶液使其分解。

(5) 重结晶操作应迅速,否则由于产品呈碱性,温度高易使产物变质,颜色变深。湿的甲基橙受日光照射后颜色变淡。

(6) 由于产物晶体较细,抽滤时,应防止将滤纸抽破(布氏滤斗不必塞得太紧)。用乙醇、乙醚洗涤的目的是使其迅速干燥。

思考题:

(1) 在重氮盐制备前为什么还要加入氢氧化钠? 如果直接将对氨基苯磺酸与盐酸混合后,再加入亚硝酸钠溶液进行重氮化,可以吗? 为什么?

(2) 制备重氮盐为什么要维持 0~5 ℃的低温,温度高有何不良影响?

(3) 重氮化为什么要在强酸条件下进行? 偶合反应为何要在弱酸条件下进行?

(4) 甲基橙在酸碱介质中变色的原因是什么? 用反应式表示。

实验三　4,4'-二溴-3,3'-二甲氧基联苯的制备

实验目的:

(1) 学习重氮化反应和 Sandmeyer 反应。

(2) 掌握氧化铝柱的柱层析方法。

实验方程式:

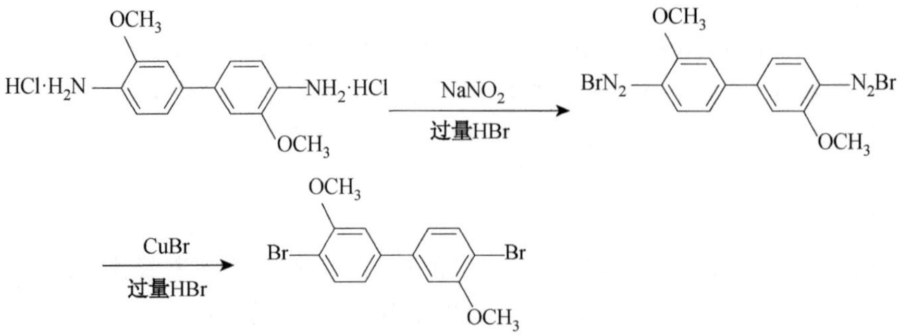

试剂:

1.3 g(4.10 mmol)联大茴香胺盐酸盐,0.72 g(10.44 mmol)亚硝酸钠,1.3 g(9.06 mmol)溴化亚铜,丙酮,蒸馏水,40%的氢溴酸,中性氧化铝。

实验步骤:

在 50 mL 圆底烧瓶中装入 1.3 g 联大茴香胺盐酸盐,依次加入 5 mL 蒸馏水、0.8 mL 氢溴酸溶液(40%)、5 mL 丙酮,搅拌溶解后用冰水浴将反应体系冷却到 0 ℃。缓慢加入 0.72 g NaNO₂ 溶液(溶于 1.4 mL 蒸馏水),在 0 ℃下维持反应 1 h。随后将上述重氮盐溶液在 0 ℃下反滴到 1.3 g CuBr 溶液(溶于 3.5 mL 40%的氢溴酸),反应在室温下过夜。最后将反应体系维持在 40 ℃下反应 2~3 h 后,向反应体系中加入蒸馏水,抽滤得固体粗产物。反应结束前,点板检测反应是否完成。将固体粗产物用二氯甲烷溶解后用中性氧化铝进行柱层析,得到目标产物,称重,计算产率(大于 70%)。

注意事项:

(1) 实验的前半部分即到加入 NaNO₂ 溶液为止是重氮化反应,所生产的重氮盐不稳定,所以需要在冰水浴中进行冷却。

(2) 实验的后半部分是 Sandmeyer 反应,首先加入 CuBr 后形成了复盐,加热将其分解才能得到目标产物。

思考题:

(1) 重氮化实验为什么一般都要保持在 0~5 ℃进行? 如果温度过高或者酸度不足会产生什么副反应?

(2) 加入 CuBr 后形成了复盐是什么形式? 一般为使得复盐分解完全应如何调节温度?

5.11 格氏反应

格氏反应是由法国化学家格林尼亚(V.Grignard)发明的,当时他在里昂(Lyons)大学学习时,曾师从巴比亚(P.A.Barbier)教授。巴比亚主要从事有机锌化合物的研究,他以锌和碘甲烷反应得到二甲基锌,这种有机锌化合物被用作甲基化试剂。后来,巴比亚又以金属镁替代锌来进行尝试,也获得相似的金属有机化合物,不过反应条件比较苛刻。于是,巴比亚便让格林尼亚继续对有机镁化合物的制备作深入研究。研究发现,用碘甲烷和金属镁在乙醚介质中反应可以方便地得到新的化合物,不经分离而直接加入醛或酮就会发生进一步反应,反应产物经水解后可以得到相应的醇,是有机合成中应用最为广泛的反应之一。卤代烃在无水乙醚或 THF 中和金属镁作用生成烷基卤化镁 RMgX,这种有机镁化合物被称作格氏试剂(Grignard reagent)。格氏试剂可以与醛、酮等化合物发生加成反应,经水解后生成醇,这类反应被称作格氏反应(Grignard reaction)。格氏试剂的发明极大地促进了有机合成的发展,格林尼亚也因此而获得 1912 年诺贝尔化学奖。

通常,各种卤代烃和镁反应都可以生成格氏试剂。不过,不同的卤代烃与镁反应活性有差异。一般来讲,当烷基相同时,碘代烷最易反应,氟代烃活性最差,即

$$RI > RBr > RCl \gg RF$$

实际上还没有人用氟代烃制格氏试剂。当卤素原子不变时,苄基卤代烃和烯丙基卤代烃活性最高,乙烯基卤代烃活性最低,即

$$ArCH_2X、CH_2 = CHCH_2X > R_3CX > R_2CHX > RCH_2X > CH_3X > CH_2 = CHX$$

在格氏试剂制备中,溶剂的选择也是个关键。通常选用无水乙醚作溶剂,在以乙醚作溶剂的格氏反应中,由于乙醚的蒸气压较大,反应液被乙醚气氛所包围,因而空气中的氧对反应影响不明显。由于乙醚分子中的氧原子具有孤对电子,它可以和格氏试剂形成可溶于溶剂的配合物。若使用其他溶剂,如烷烃,反应生成物会因不溶于溶剂而覆盖在金属镁表面,从而使反应终止。除了乙醚外,四氢呋喃也是进行格氏反应的良好溶剂。尤其是当某些卤代烃,如氯乙烯、氯苯等在乙醚中难以和镁反应,若以四氢呋喃替代乙醚作溶剂,则可以顺利地发生反应。由于四氢呋喃的沸点比乙醚高,因而以四氢呋喃作溶剂进行格氏反应比用乙醚要安全一些。

格氏试剂对水十分敏感,其次为 CO_2,最后为 O_2。事实上,凡是具有活泼氢的化合物都可以和格氏试剂反应,例如醇、末端炔烃、伯胺及羧酸等。因此,在制备格氏试剂时,应该使用无水试剂和干燥的仪器。

5.11.1　无水乙醚的制备

首先取少量待处理的乙醚,加入等体积 2%碘化钾溶液并滴入几滴稀盐酸,振摇后若使淀粉溶液呈紫色,即表明乙醚中含有过氧化物(也可用淀粉-碘化钾试纸检验过氧化物)。除去过氧化物的方法如下:将乙醚转入分液漏斗,加入相当于乙醚体积 1/5 的硫酸亚铁溶液,剧烈振摇,静置分层,除去水相。然后,将除去过氧化物的乙醚分馏两次,每次都收集 33~37 ℃馏分。收集到的乙醚须保存在棕色玻璃瓶中,压入钠丝,盖上带有毛细管的瓶盖,以便让产生的氢气逸出。当压入的钠丝表面仍具有光泽,或溶剂中不再冒泡,表明溶剂可以用于格氏反应。

注意:除去过氧化物的乙醚,久放后仍然会产生过氧化物,而且乙醚很容易吸收空气中的水分。因此,处理后的乙醚应及早使用,不可久置。

5.11.2　格氏试剂的制备

在 250 mL 三口烧瓶上配置搅拌器、恒压滴液漏斗和带有 $CaCl_2$ 干燥管的回流冷凝管。向三口烧瓶中置入 2.9 g(0.12 mol)镁屑,用 20 mL 无水乙醚浸没。搅拌下,先滴入 5 mL 25%卤代烃乙醚溶液(由 0.12 mol 卤代烃和无水乙醚配制而成)。如果反应液呈现浑浊状

并且温度上升,表明反应已经开始。如果没有产生上述现象,则需要加入 1~2 小粒碘,并微微加热。片刻,碘的颜色开始渐渐消退,溶液变浑浊,反应即开始,停止加热。将余下的卤代烃溶液滴入反应瓶中,滴速以维持反应液平稳沸腾为宜。加毕,用温水浴加热回流约 0.5 h,使反应完全,即得格氏试剂乙醚溶液。

注意事项:

(1) 不论何时都不要将乙醚蒸干。

(2) 所用仪器均需干燥,溶剂和试剂都必须经过干燥处理。

(3) 可用热水浴加热,切不可用明火加热。

(4) 空气中的氧会与格氏试剂发生缓慢的氧化,因此,格氏试剂不可久置,通常随制随用。

实验一　三苯甲醇的制备

实验目的:

(1) 了解 Grignard 试剂的制备、应用和进行 Grignard 反应的条件。

(2) 掌握低沸物蒸馏、水蒸气蒸馏等基本操作。

实验原理:

(1) 格氏试剂的制备

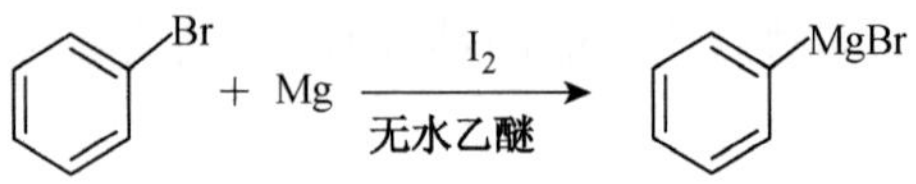

$$\text{C}_6\text{H}_5\text{Br} + \text{Mg} \xrightarrow[\text{无水乙醚}]{\text{I}_2} \text{C}_6\text{H}_5\text{MgBr}$$

(2) 格氏试剂反应合成三苯甲醇

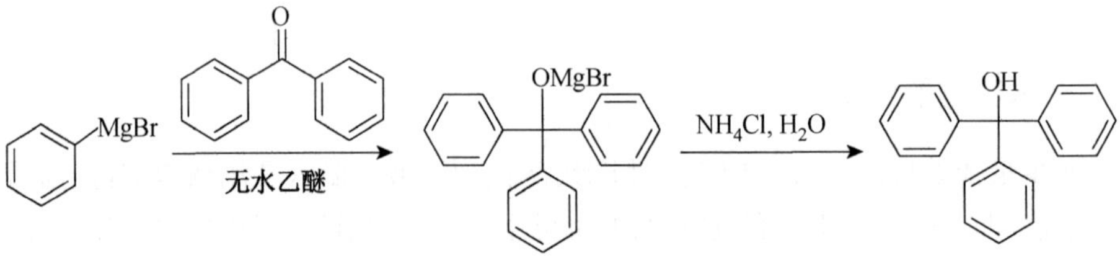

$$\xrightarrow{\text{无水乙醚}} \xrightarrow{\text{NH}_4\text{Cl, H}_2\text{O}}$$

(3) 副反应

$$\xrightarrow{} + \text{MgBr}_2$$

$$\xrightarrow{\text{O}_2} \xrightarrow[\text{H}_2\text{O}]{\text{H}^+} + \text{HOMgBr}$$

$$\xrightarrow{\text{CO}_2} \xrightarrow[\text{H}_2\text{O}]{\text{H}^+} + \text{HOMgBr}$$

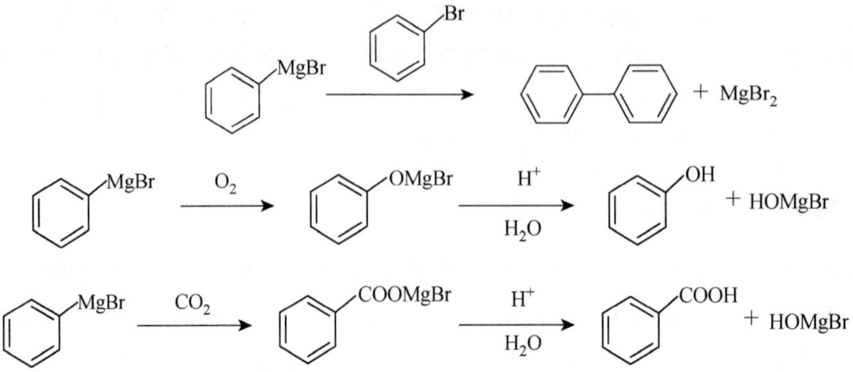

试剂:镁,碘,无水乙醚,溴苯,二苯甲酮,石油醚。

实验步骤:

(1) 苯基溴化镁的制备

在 100 mL 两口烧瓶上分别装上恒压滴液漏斗、球形冷凝管,放进搅拌子,向瓶中加入 0.49 g(20 mmol)剪碎的镁、一小粒碘,抽真空充氮气。加入 15 mL 无水乙醚搅拌溶解,取 2.09 mL(20 mmol)溴苯溶于 15 mL 无水乙醚,滴入几滴混合溶液进入反应瓶,待溶液微沸 且碘颜色消失后,开动搅拌器,继续缓慢滴加剩余混合液,维持微沸状态。如果发现反应液 黏稠,则补加适量乙醚。滴完后,温水浴回流至镁条反应完全(约 30 min)。

(2) 三苯甲醇的制备

反应瓶放于冰水浴中,搅拌下滴加 3.1 g(17 mmol)二苯甲酮和 15 mL 无水乙醚混合 液,温水浴回流 30 min。再将反应瓶放入冰水浴中,搅拌下加 20 mL 饱和氯化铵溶液,生成 三苯甲醇。用水和石油醚洗涤反应液,干燥称重,计算产率。

注意事项:

(1) 格氏试剂对水敏感,使用的仪器和试剂必须干燥。

(2) 冷凝管口的干燥管装无水氯化钙时先塞一团棉花,防止干燥剂颗粒随气体排出。

(3) 镁条的表面要光亮,剪成 2 mm 左右的小碎条,不能用手接触镁条,避免引起氧化。

(4) 引发反应时,所用碘量不能太大,以 1/3 粒大小为宜。

(5) 制备格氏试剂时,溴苯和乙醚混合液滴加速度不能太快。

(6) 所制备的格氏试剂是浑浊有色液体,若为澄清可能是瓶中进水导致格氏试剂制备 失败。

(7) 滴加二苯甲酮、乙醚混合液后,注意反应液的颜色变化,应该是由原色—玫瑰红—白色。

思考题:

(1) 在对格氏试剂过夜保存时须采取什么措施? 在进行格氏反应时是否需要特殊保护?

(2) 试述碘在本反应中的作用。

(3) 在制备三苯甲醇时,加入饱和氯化铵的目的是什么?

(4) 反应结束可用哪些方法除去未反应完的溴苯及副产物?

实验二　2,4-二氯-6-苯-1,3,5-均三嗪的制备

实验目的:

(1) 学习格氏反应。

(2) 掌握柱层析的方法。

实验方程式:

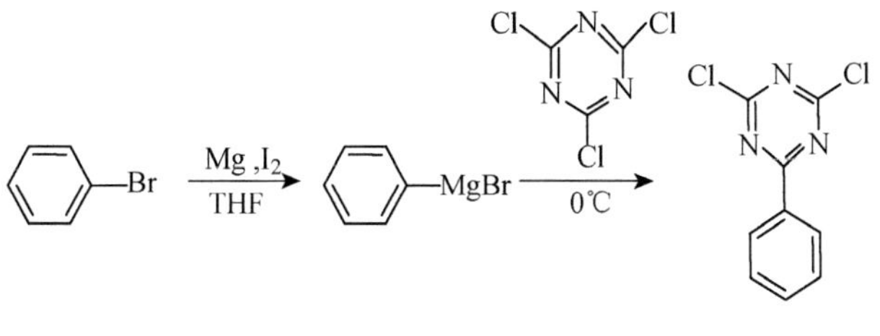

试剂:

0.14 mL(1.32 mmol)溴苯,0.032 g(1.32 mmol)Mg,1粒I$_2$,0.22 g(1.2 mmol)1,3,5-三氯三嗪,干燥四氢呋喃,蒸馏水,冰袋,硅胶粉。

实验步骤:

在严格干燥的50 mL圆底烧瓶中,装入0.032 g镁屑、1粒碘,抽真空充入氮气后置于搅拌器上,加入5 mL干燥四氢呋喃并搅拌。抽取0.14 mL溴苯,先加入一滴,颜色褪去,将剩余溴苯缓慢加入,并保持微沸状态反应2 h(如果反应未引发可用吹风机加热,直到颜色褪去,反应引发)。

称量0.22 g 1,3,5-三氯三嗪抽真空充氮气,加入5 mL干燥四氢呋喃搅拌溶解,在0 ℃冰浴下维持5 min。用注射器将制备好的格氏试剂缓慢加入其中。滴加完成后将反应体系维持在0 ℃反应4 h后,向反应体系中加入蒸馏水,用二氯甲烷萃取旋干。将固体粗产物用二氯甲烷溶解后加入硅胶粉旋干,用石油醚:乙酸乙酯=4:1进行柱层析,得到目标产物,称重计算产率(大于90%)。

注意事项:

(1) 格氏反应体系需要严格除水除氧。

(2) 格氏反应需要先加少量底物,引发后再缓慢加入剩余底物,防止暴沸。

思考题:

(1) 在制备苯基溴化镁时,为什么溴苯不宜加入过快?

(2) 本反应可能发生什么副反应?

实验三   3-己基噻吩的合成

实验目的:

(1) 学习格氏反应。

(2) 掌握柱层析的方法。

实验方程式:

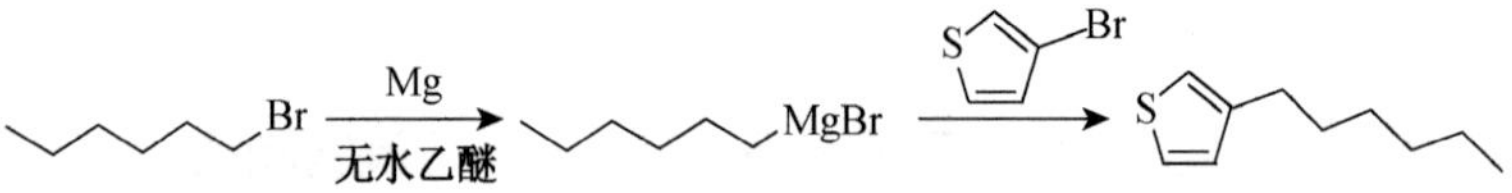

$$\text{正己基溴} \xrightarrow[\text{无水乙醚}]{\text{Mg}} \text{正己基MgBr} \xrightarrow{\text{3-溴噻吩}} \text{3-己基噻吩}$$

试剂:

3-溴噻吩16.3 g(100 mmol),1-溴正己烷16.8 mL(120 mmol),镁条2.9 g(120 mmol),盐酸,无水乙醇50 mL,无水乙醚100 mL,碘,无水硫酸镁。

实验步骤:

称取2.9 g剪碎的镁条、2粒I$_2$放入烧瓶中,装冷凝管,抽真空充氮气。加入30 mL无水乙醚,于35 ℃水浴下将1-溴己烷(16.8 mL)溶于10 mL无水乙醚的溶液缓慢滴到烧瓶中,回流大约4 h。待金属镁反应完全后滴入16.3 g 3-溴噻吩,有放热现象,继续搅拌,于50 ℃水浴中回流约30 h。将得到的红褐色液体倒入150 mL 2 mol/L的冰冷盐酸中,静置分层,用分液漏斗分液,取下层的有机层。用无水乙醚萃取水层3次,每次30 mL,合并有机液,用无水硫酸镁干燥40 h。减压蒸馏除去乙醚,得到3-己基噻吩粗产物。

注意事项：

（1）格氏反应体系需要严格除水除氧。

（2）格氏反应需要先加少量底物，引发后再缓慢加入剩余底物，防止暴沸。

思考题：

加入 I_2 的作用是什么？

实验四　苯硼酸的制备

实验目的：

掌握格氏反应合成硼酸的方法。

实验原理：

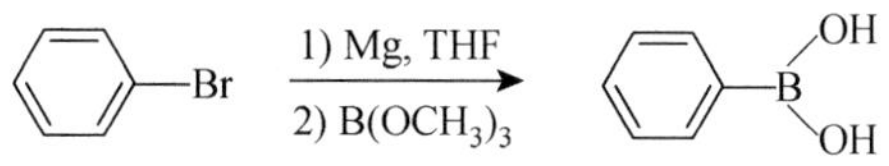

$$\text{（苯基）}-Br \xrightarrow[\text{2) } B(OCH_3)_3]{\text{1) } Mg,\ THF} \text{（苯基）}-B\begin{smallmatrix}OH\\OH\end{smallmatrix}$$

试剂：

溴苯 4.71 mL（45.0 mmol），硼酸三甲酯 7.01 g（67.5 mmol），浓盐酸 0.5 mL（6 mmol），四氢呋喃，乙醚，无水硫酸钠，正己烷，镁条。

实验步骤：

称取硼酸三甲酯 7.01 g（67.5 mmol）置于 100 mL 圆底烧瓶中，抽真空补氮气反复3次，加入 10 mL 无水四氢呋喃搅拌溶解，放入丙酮干冰浴，备用。

称取剪碎的镁条 1.20 g（49.5 mmol），置于 50 mL 圆底烧瓶中，抽真空补氮气反复3次，将溶于 15 mL 无水四氢呋喃的溴苯（4.71 mL）逐滴滴加到反应瓶中，搅拌回流 2 h。将制好的格氏试剂滴加到准备好的硼酸三甲酯溶液中，保持温度低于 −70 ℃。然后回流反应 1 h。反应后将反应液缓慢倒入搅拌的冰水中，并加入 0.5 mL 浓盐酸，搅拌 30 min。随后将反应液用乙醚和水萃取，有机相用无水硫酸钠除水，除去溶剂，得到的固体用热正己烷冲洗，烘干得到白色固体。称重，计算产率。

注意事项：

滴加格氏试剂时控制好速度和温度，反应体系不能高于 −70 ℃。

思考题：

正己烷的作用是什么？

5.12　重排反应

重排反应是指在一定反应条件下，有机化合物分子中的某些基团发生迁移或分子内碳原子骨架发生改变，形成一种新的化合物的反应。重排反应可以分为分子内重排和分子间重排。

5.12.1　分子内重排

发生分子内重排反应时，基团的迁移仅发生在分子的内部。根据其反应机理，可分为分子内亲电重排和分子内亲核重排。

（1）分子内亲核重排：分子内发生在邻近两个原子间的基团迁移多数情况下属于分子内亲核重排。例如新戊基溴在乙醇中的分解。

（2）分子内亲电重排：分子内亲电重排反应多发生在苯环上。常见的有联苯胺重排、N-取代苯胺的重排和羟基的迁移等。

氢化偶氮苯在酸的作用下可发生重排反应生成联苯胺。N-取代苯胺在酸性条件下可发生取代基从氮原子迁移到氮原子的邻位、对位上的反应。例如亚硝基的迁移也是亲电型的重排反应。

苯基羟胺在稀硫酸作用下可发生 OH^- 的迁移，即 OH^- 作为亲核质点从支链迁移到芳环上，生成氨基酚。

5.12.2　分子间重排

分子间的重排可看作是几个基本过程的组合。例如，N-氯代乙酰苯在盐酸的作用下发生重排，先是发生置换反应产生分子氯，然后，氯与乙酰苯胺进行亲电取代反应得到产物。

实验　邻氨基苯甲酸

实验目的：

掌握 Hofmann 重排反应。

实验原理：

脂肪族、芳香族以及杂环族酰胺类化合物与氯或溴在碱溶液中经取代、消去、重排、水解等反应，生成减少一个碳原子的伯胺，称为 Hofmann 重排（Hofmann rearrangement）或又称为 Hofmann 降解（Hofmann degradation），这是由酰胺制备少一个碳原子伯胺的重要方法。

$$\underset{NH_2}{\overset{R\quad O}{\underset{|}{\overset{\|}{C}}}} + Br_2 + 4NaOH \longrightarrow RNH_2 + 2NaBr + Na_2CO_3 + 2H_2O$$

用邻苯二甲酰亚胺进行 Hofmann 重排反应是工业上制备染料中间体邻氨基苯甲酸的好方法。由于邻氨基苯甲酸具有偶极离子的结构，因此，自碱溶液中酸化析出邻氨基苯甲酸时，要掌握好酸的加入量，使酸的加入量接近邻氨基苯甲酸的等电点。

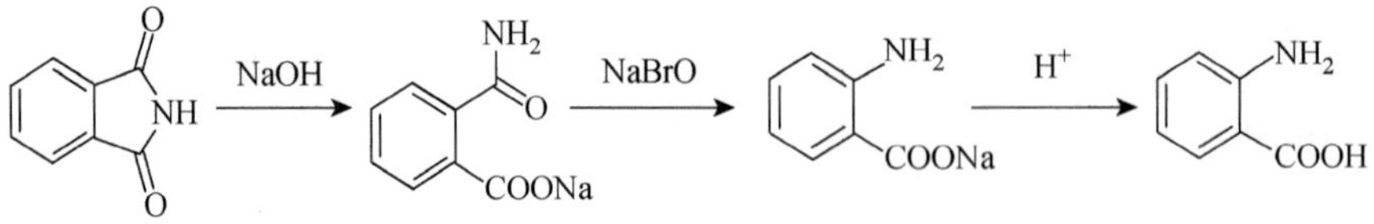

试剂：邻苯二甲酰亚胺 6 g（40.8 mmol），液溴 7.2 g（2.3 mL，45.0 mmol），氢氧化钠 13 g（325 mmol），浓盐酸，冰醋酸，饱和亚硫酸氢钠溶液。

实验步骤：

在 150 mL 锥形瓶中加入 13 g（325 mmol）氢氧化钠和 50 mL 水，混合溶解后，置于冰盐浴中冷至 0 ℃以下。一次加入 2.3 mL（45.0 mmol）液溴，摇荡锥形瓶，使溴全部作用制成次溴酸钠溶液。然后慢慢加入 6 g（40.8 mmol）粉状邻苯二甲酰亚胺，剧烈振摇后将反应瓶从冰浴中取出,室温下搅拌,液温自动上升,在 15～20 min 内逐渐升温达 20～25 ℃(必要时加以冷却,在 18 ℃左右往往有温度的突变),在该温度保持 10 min,再使其在 25～30 ℃反应 0.5 h,在整个反应过程中要不断搅拌,使反应物充分混合。此时反应液呈澄清的淡黄色溶液。然后在水浴上加热至 70 ℃,维持 2 min。加入 2 mL 饱和亚硫酸氢钠溶液,摇振后,抽滤。将滤液转入烧杯,置于冰浴中冷却。在搅拌下慢慢加入浓盐酸使溶液恰呈中性(用试纸检验,约需 15 mL),然后再慢慢加入 6～6.5 mL 冰醋酸,使邻氨基苯甲酸完全析出。抽滤,用少量冷水洗涤。粗产物用热水重结晶,并加入少量活性炭脱色,干燥后可得白色片状晶体,称重计算产率。

注意事项:

(1)溴为剧毒、强腐蚀性药品,取溴操作必须在通风橱中进行,带防护眼镜及橡皮手套,并注意不要吸入溴的蒸气。如不慎被溴灼伤皮肤时,应立即用稀乙醇洗或多量甘油按摩,然后涂以硼酸凡士林。

(2)邻氨基苯甲酸既能溶于碱,又能溶于酸,故过量的盐酸会使产物溶解。若加入了过量的盐酸需再用氢氧化钠溶液中和至中性。

(3)邻氨基苯甲酸的等电点为 pI＝3～4,为使产物完全析出,故需加入适量的醋酸。

思考题:

(1)本实验中,溴和氢氧化钠的量不足或有较大过量有什么不好?

(2)邻氨基苯甲酸的碱性溶液,加盐酸使之恰呈中性后为什么不再加盐酸,而是加适量醋酸使邻氨基苯甲酸完全析出?

(3)使用液溴时应注意哪些方面?

5.13 乌尔曼(Ullmann)反应

卤代芳香族化合物与 Cu 共热生成联芳类化合物的反应称乌尔曼(Ullmann)反应,它是德国化学家 Fritz Ullmann 在 1901 年发现的,是形成芳香族碳硫键、碳氮键的最重要的方法之一。Ullmann 反应有两种不同的类型。经典的 Ullmann 反应是指对称的联芳类化合物通过铜催化偶合形成综合体的反应。而广义的 Ullmann 反应包括铜催化的各种各样的亲核试剂与卤代芳烃间发生的芳香亲核取代反应。但是该反应在发展初期并不顺利,其反应条件非常苛刻,而且需要漫长的反应时间,反应产物的纯度很低,产率低下。虽然这些缺点严重限制了该反应在工业化生产方面的应用,但是在那个时代,如何构建亲核试剂与亲电性不饱和碳之间的直接反应还是一个很棘手的科研难题,而 Ullmann 反应是少有的能实现这个过程的反应,所以其还是被大量地应用。另外,经典的 Ullmann 反应一般需要剧烈的条件(高于200 ℃),过量的 Cu 粉催化。伴随着金属有机化学的发展,Ullmann 反应的条件和适用范围得到了扩展。比如,除了最常用的碘代芳烃,溴代芳烃、氯代芳烃也可用于反应。催化剂除了 Cu 外,Ni 催化的偶联也有报道。除此之外,芳环上有吸电子取代基存在时能促进反应的进行,尤其以硝基、烷氧羰基在卤素的邻位时影响最大,邻硝基碘苯是参与 Ullmann 反应中最活泼的试剂之一。

目前对交叉偶联反应中催化剂的研究多集中在钯这种过渡金属上,但是近年来研究者们发现钯催化剂中的配体在 Suzuki 反应和 Stille 反应中会引起像芳基转移这样的副反应的发生,并且在 Suzuki 反应中,该催化剂中的膦配体会对整个反应起到阻碍作用。此外钯本身还存在很多缺点,比如价格昂贵、有毒等等。相比之下,铜催化剂价格低廉,无毒无害,绿色环保。此外,铜催化剂在催化反应过程中的选择性和适用范围方面比镍、钯等催化剂更加全面有效。近年来其在交叉偶联反应中应用得越来越多,在各个领域中发挥作用的铜催化的交叉偶联反应证明这是一种不容忽视的有效的偶联反应催化剂。

铜催化的 C—O、C—N 偶联反应发展到现在已经有一百多年的历史了,该反应在近几年成为国内外研究的焦点,其基于实验方面的研究也非常多,人们对该反应机理的研究也从没中断过,但是 Ullmann 反应的机理至今还不是十分明了,可能的机理如下:

$$ArI+Cu \longrightarrow ArCuI \xrightarrow{ArI} Ar_2$$

另一种观点认为反应的第二步是有机铜化合物之间发生偶联:

$$ArCuI+ArCuI \longrightarrow Ar_2+Cu+CuI_2$$

虽然许多新的 Ullmann 反应不断被研发出来,但是在合成过程中还是有很多实验上及理论上的关键问题没有解决。比如:减少催化剂用量的方法的研究还未取得突破性的进展;还未找到合适的配体以实现过渡金属在反应中具有更好的化学和立体的选择性;在碱的选择上还处于靠实验经验来处理的基础上,未能从机理上明确其中的关联;铜盐催化剂的利用程度还处在起步阶段,对于复杂铜盐络合物作为催化剂的使用和研究的报道还十分少见;如何提高过渡金属催化反应的效率,并使之能够满足工业生产的要求;如何形象地解读过渡金属在催化交叉偶联反应中的作用机理。

这些问题的解决想要找到根本性的突破,就必须得明了反应的机理,从其本质上去找到这些问题的突破口,所以从理论上对该类反应进行研究十分重要,尤其是在催化剂的优化、配体的筛选、反应机理的描述、发现新的反应通道等方面有着很大的优势。

实验一　9-苯-9H-咔唑的制备

实验目的:
学习碘代芳烃 C—N 偶联 Ullmann 反应;掌握柱层析的方法。

实验方程式:

试剂:
溴苯 0.1 mL(0.98 mmol),咔唑 0.164 g(0.98 mmol),碘化亚铜 0.19 g(0.98 mmol),无水碳酸钾 0.27 g(1.96 mmol),干燥硝基苯,硅胶粉。

实验步骤:
在严格干燥的 50 mL 圆底烧瓶中加入 0.164 g 咔唑、0.19 g 碘化亚铜、0.27 g 无水碳酸钾,抽真空充入氮气后加入 10 mL 干燥硝基苯和 0.1 mL 溴苯 180 ℃ 回流 48 h。反应结束后减压蒸馏除去硝基苯,向反应体系中加入二氯甲烷,抽滤并用二氯甲烷冲洗滤饼,滤液用水和二氯甲烷萃取,旋干。用石油醚进行柱层析,得到目标产物,干燥称重,计算产率。

注意事项:

乌尔曼反应需要严格除水除氧。

思考题:

(1) 乌尔曼反应为什么对水、氧气等十分敏感?

(2) 碱性条件的作用是什么?

实验二　9,9′-(1,3-苯基)二-9H-咔唑的制备

实验目的:

学习乌尔曼反应(Ullmann);掌握柱层析的方法。

实验方程式:

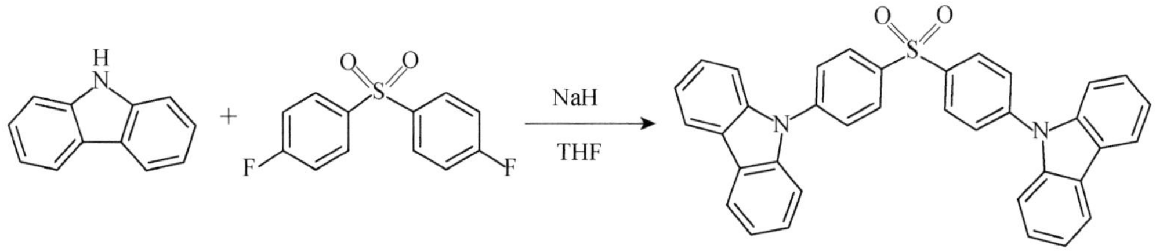

试剂:咔唑、氢化钠、4,4′-二氟二苯砜、N,N-二甲基甲酰胺(DMF)、二氯甲烷、石油醚、硅胶粉。

实验步骤:

咔唑(2.51 g, 15 mmol)加入 NaH(0.72g, 30 mmol)的干燥的 DMF 溶液(30 mL)中,在室温下搅拌 30 min。将 4,4′-二氟二苯砜(1.91 g,7.5 mmol)溶解到 30 mL 干燥的 DMF 溶液中,缓慢加入上述的咔唑溶液中,然后将反应温度加热到 100 ℃,搅拌过夜。反应结束后,往反应体系中加入 400 mL 的水,将白色沉淀抽滤并用二氯甲烷冲洗滤饼,滤液用水和二氯甲烷萃取,旋干。用石油醚进行柱层析,得到目标产物,干燥称重,计算产率。

注意事项:

乌尔曼反应需要严格除水除氧。

思考题:

N,N-二甲基甲酰胺如何干燥?

实验三　9′H-9,3′:6′,9″-三联咔唑的制备

实验目的:

学习乌尔曼(Ullmann)反应;掌握柱层析的方法。

实验方程式：

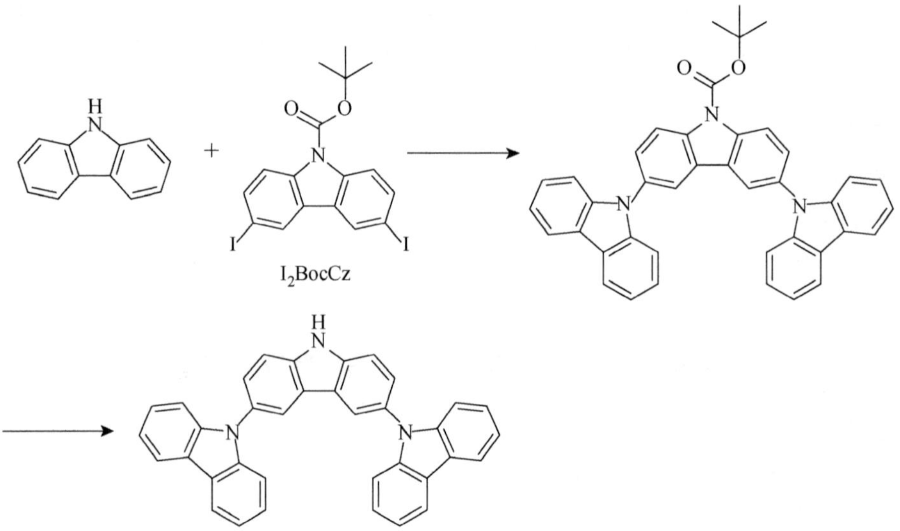

试剂：

咔唑（0.70 g，4.2 mmol），3,6-二碘-9-苯基-9H-咔唑（I₂BocCz）1.0 g（1.93 mmol），碘化亚铜 37.1 mg（0.195 mmol），磷酸钾 3.19 g（15 mmol），反式环己烷二胺 34.7 μL（0.289 mmol），苯甲醚，二氧六环，甲苯，三氟乙酸，碳酸钾，硅胶粉。

实验步骤：

在严格干燥的 50 mL 圆底烧瓶中加入 1.0 g I₂BocCz、37.1 mg CuI、3.19 g K₃PO₄、0.70 g 咔唑，抽真空充入氮气后加入 12 mL 二氧六环和 34.7 μL 反式环己烷二胺，110 ℃回流 24 h。冷却至室温，加入 100 mL 甲苯稀释过滤，收集滤液旋干。用 18 mL 甲苯溶解，加入 24 mL 三氟乙酸、3 mL 苯甲醚和 6 mL 水的混合溶液。剧烈搅拌 48 h 后加入 15 mL 三氟乙酸继续反应 24 h，碳酸钾溶液调节溶液至中性，用饱和食盐水洗涤有机层，收集有机相旋干，二氯甲烷溶解后加入硅胶粉旋干，用甲苯∶己烷＝3∶2～2∶1 展开剂进行柱层析，得到目标产物，称重（约 0.56 g），计算产率。

注意事项：

乌尔曼反应需要严格除水除氧。

思考题：

碱性条件的作用是什么？

5.14 Suzuki 反应

铃木反应（Suzuki reaction）也称作铃木偶联反应、铃木-宫浦反应（Suzuki-Miyaura reaction），是一个较新的有机偶联反应，是在钯配合物催化下，芳基或烯基的硼酸或硼酸酯与氯、溴、碘代芳烃或烯烃发生交叉偶联。该反应由铃木章在 1979 年首先报道，在有机合成中的用途很广，具有很强的底物适应性及官能团耐受性，常用于合成多烯烃、苯乙烯和联苯的衍生物，从而应用于众多天然产物、有机材料的合成中。铃木章也凭借此贡献与理查德·

赫克、根岸英一共同获得 2010 年诺贝尔化学奖。

铃木反应对官能团的耐受性非常好，反应物可以带着—CHO、—COCH$_3$、—COOC$_2$H$_5$、—OCH$_3$、—CN、—NO$_2$、—F 等官能团进行反应而不受影响。反应有选择性，不同卤素以及不同位置的相同卤素进行反应的活性可能有差别，三氟甲磺酸酯、重氮盐、碘鎓盐或芳基锍盐和芳基硼酸也可以进行反应，活性顺序如下：

$$R-I>R-OTf>R-Br\gg R-Cl$$

铃木反应靠一个四配位的钯催化剂催化，广泛使用的催化剂为 Pd(PPh$_3$)$_4$ 与 PdCl$_2$（dppf），其他的配体还有 AsPh$_3$、n-Bu$_3$P、(MeO)$_3$P，以及双齿配体 Ph$_2$P(CH$_2$)$_2$PPh$_2$（dppe）、Ph$_2$P(CH$_2$)$_3$PPh$_2$（dppp）等。以上的所有 Pd 配体都是厌氧的，因此反应必须在氮气、氩气等惰性气体下反应。

Suzuki 反应中的碱也有很多选择，最常用的是碳酸钠、碳酸铯、醋酸钾、磷酸钾等。碱金属碳酸盐中，活性顺序为：

$$Cs_2CO_3>K_2CO_3>Na_2CO_3>Li_2CO_3$$

而且，加入氟离子（F$^-$）会与芳基硼酸形成氟硼酸盐负离子，可以促进硼酸盐中间体与钯中心的反应。因此，氟化四丁基铵、氟化铯、氟化钾等化合物都会使反应速率加快，甚至可以代替反应中使用的碱。

反应机理见图 5.6。首先卤代烃 2 与零价钯进行氧化加成，与碱作用生成强亲电性的有机钯中间体 4。同时芳基硼酸与碱作用生成酸根型配合物四价硼酸盐中间体 6，具亲核性，与 4 作用生成 8。最后 8 经还原消除，得到目标产物 9 以及催化剂 1。

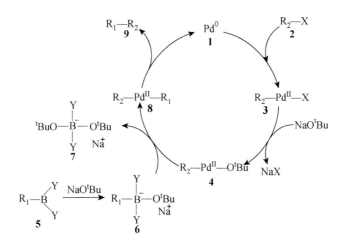

图 5.6　Suzuki 反应机理图

实验一　三联苯的制备

实验目的：

了解 Suzuki 反应背景以及相关机理；初步掌握 Suzuki 反应的合成操作步骤；了解 Suzuki 反应的卤代选择性关系。

反应方程式：

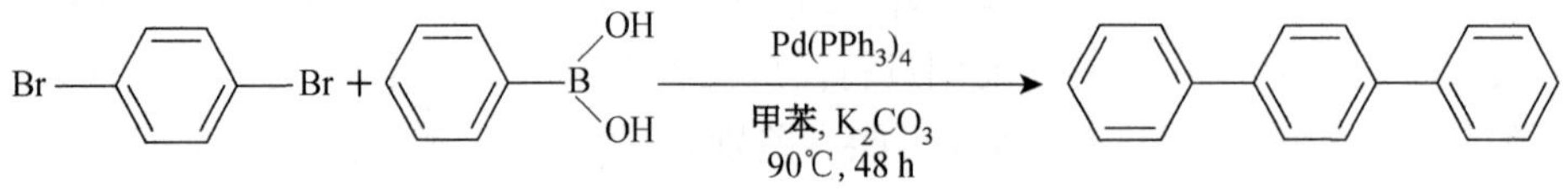

Br—⟨benzene⟩—Br + ⟨benzene⟩—B(OH)₂ $\xrightarrow[\substack{甲苯, K_2CO_3 \\ 90\,℃, 48\,h}]{Pd(PPh_3)_4}$ ⟨biphenyl-phenyl⟩

试剂：

1.0 g(2.05 mmol)对二溴苯,0.53 g(4.3 mmol)苯硼酸、5 mg 四(三苯基膦)钯,甲苯,相转移催化剂,无水 K_2CO_3,去离子水,无水硫酸钠,硅胶,石油醚。

实验步骤：

量取 30 mL 干燥的甲苯溶液置于 50 mL 圆底烧瓶,密封,采用长针头及 N_2 气球鼓泡 1 h,量取 20 mL 去离子水溶解 5.52 g K_2CO_3,并鼓泡 1 h。

分别称取 1.0 g 对二溴苯、0.53 g 苯硼酸置于干净的 50 mL 单口圆底烧瓶中,加入适量相转移催化剂并放入洗净的磁力搅拌子。称量 5 mg 四(三苯基膦)钯[$Pd(PPh_3)_4$]置于混合体系后,加上回流装置。密封并用锡纸包裹避光。立即抽真空充 N_2 反复 3 次,并用 N_2 气球做保护。抽取 20 mL 鼓泡好的甲苯溶液,通过回流装置上口加入回流体系进行溶解,再抽取 10 mL K_2CO_3 水溶液(2 mol/L)加入体系。混合体系在 90 ℃ 回流状态下反应 48 h。反应结束后用 CH_2Cl_2/水萃取,收集下层有机相,萃取 3 次,无水硫酸钠干燥,真空旋干,使用石油醚进行柱层析分离。得到白色固体,称重,计算产率。

注意事项：

(1) 反应过程是在惰性气体环境下进行,搭建装置时确保完好密封,并正确进行惰性气体充放气操作。

(2) 加入甲苯和 K_2CO_3 水溶液要分先后。

(3) 注意实验安全,甲苯属于低毒类,应避免直接吸入或与皮肤接触。

思考题：

(1) 实验过程中,为什么要进行避光处理?

(2) 该反应的副产物与目标产物有何区别?

实验二 2,2′-(2,5-二溴-1,4-亚苯基)二噻吩的制备

实验目的：

了解 Suzuki 反应的均相与非均相环境的不同反应条件。

反应方程式：

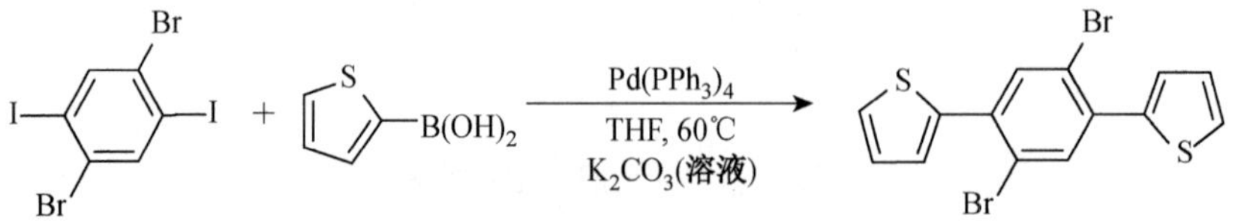

⟨2,5-dibromo-1,4-diiodobenzene⟩ + ⟨thiophene⟩—B(OH)₂ $\xrightarrow[\substack{THF, 60\,℃ \\ K_2CO_3(溶液)}]{Pd(PPh_3)_4}$ ⟨product⟩

试剂：

1.0 g(2.05 mmol)1,4-二溴-2,5-二碘苯,0.55 g(4.3 mmol)2-噻吩硼酸,5 mg 四(三苯基膦)钯,四氢呋喃(THF),无水 K_2CO_3,去离子水,无水硫酸钠,硅胶,石油醚。

实验步骤：

量取 30 mL 干燥的 THF 溶液置于 50 mL 圆底烧瓶，密封，采用长针头及 N_2 气球鼓泡 1 h，量取 20 mL 去离子水溶解 5.52 g K_2CO_3，并鼓泡 1 h。

分别称取 1.0 g(2.05 mmol)1,4-二溴-2,5-二碘苯、0.55 g(4.3 mmol)2-噻吩硼酸、5 mg 四(三苯基膦)钯置于 50 mL 单口圆底烧瓶中，加入磁力搅拌子。加上冷凝管，密封，抽真空充氮气，反复 3 次，并使用 N_2 气球作保护。取用 20 mL 新注射器，分别抽取 20 mL 已准备好的 THF、10 mL K_2CO_3 水溶液(2 mol/L)加入体系。混合体系在 60 ℃ 回流状态下反应 4 h。二氯甲烷/水进行萃取，收集下层有机相。无水 Na_2SO_4 干燥。旋干，柱层析，得到产物。

注意事项：

（1）反应过程是在惰性气体环境下进行，搭建装置时确保完好密封，并正确进行惰性气体充放气操作。

（2）加入 THF 和 K_2CO_3 水溶液要分先后。

（3）注意实验安全，应避免 THF 直接吸入或与皮肤接触。

思考题：

该实验属于均相还是非均相？如何区别？

实验三　2-溴-1,1'-联苯的制备

实验目的：

熟悉 Suzuki 反应的基本操作步骤；了解 Suzuki 反应的卤代选择性关系。

反应方程式：

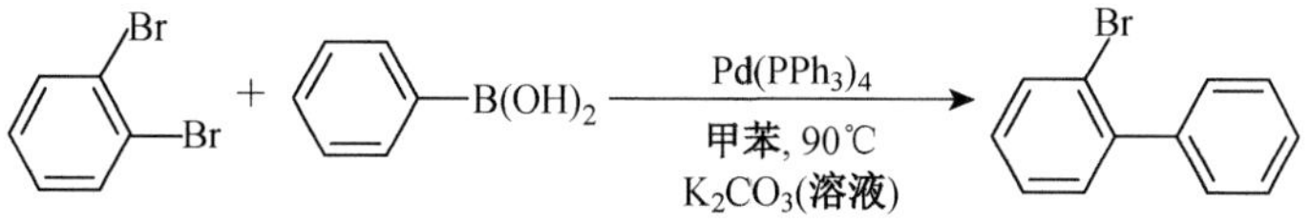

试剂：

1.0 g(4.24 mmol)邻二溴苯，0.57 g(4.66 mmol)苯硼酸，5 mg 四(三苯基膦)钯，甲苯，无水 K_2CO_3，去离子水，无水硫酸钠，硅胶，石油醚。

实验步骤：

量取 30 mL 干燥的甲苯溶液置于 50 mL 圆底烧瓶，密封，采用长针头及 N_2 气球进行鼓泡 1 h，量取 20 mL 去离子水溶解 5.52 g K_2CO_3，并鼓泡 1 h。

分别称取 1.0 g 邻二溴苯、0.57 g 苯硼酸置于干净的 50 mL 单口圆底烧瓶中，加入适量相转移催化剂并放入洗净的磁力搅拌子。称量 5 mg 四(三苯基膦)钯[Pd(PPh$_3$)$_4$]置于混合体系后，加上回流装置。采用橡胶塞和封口膜密封并使用锡纸避光处理。立即抽真空充 N_2，反复充放气 3 次，并用 N_2 气球做保护。抽取 20 mL 事先准备好的甲苯溶液，通过回流装置上口加入回流体系进行溶解，再抽取 10 mL K_2CO_3 水溶液(2 mol/L)加入体系。混合体系在 90 ℃ 回流状态下反应 48 h。反应结束后用 CH_2Cl_2/水萃取，收集下层有机相，萃取 3 次，无水硫酸钠干燥，真空旋干，使用石油醚进行柱层析分离。得到白色固体，称重，计算产率(0.73 g，产率 74%)。

注意事项:

(1) 反应过程是在惰性气体环境下进行,搭建装置时确保完好密封,并正确进行惰性气体充放气操作。

(2) 加入甲苯和 K_2CO_3 水溶液要分先后。

(3) 注意实验安全,应避免甲苯直接吸入或与皮肤接触。

思考题:

实验中碳酸钾的作用是什么?是否要严格控制?为什么?

5.15　Wittig 反应

1953 年德国科学家 Wittig 发现二苯甲酮和亚甲基三苯基膦作用得到接近定量产率的 1,1-二苯基乙烯和三苯氧磷,这个发现引起了有机合成化学工作者的高度重视,并把它称之为 Wittig 反应。Wittig 也因此在 1979 年获得诺贝尔化学奖。在 Wittig 等人不断的实践中,人们认识到多种亚甲基化三苯膦都可以同多种醛、酮发生反应得到烯。近年来发现许多具有 d 空轨道的杂原子亦能与它相连的碳负离子发生 p-n 共轭而趋于稳定,这类具有新型结构的化合物被称为叶立德(Ylid)。典型的 Wittig 反应是有亚甲基化三苯基膦与醛或酮的反应:

$$Ph_3P \diagdown \begin{matrix} R_1 \\ R_2 \end{matrix} + \begin{matrix} R_3 \\ R_4 \end{matrix} \diagup =O \longrightarrow \begin{matrix} R_1 \\ R_2 \end{matrix} = \begin{matrix} R_3 \\ R_4 \end{matrix} + Ph_3PO$$

根据 R 的不同,可将磷叶立德分为三类:当 R 为强吸电子基时(如—$COOCH_3$,—CN 等),为稳定的叶立德;当 R 为烷基时,为活泼的叶立德;当 R 为烯基或芳基时,为中等活度的叶立德。制备不同活度的叶立德所用碱的强度不同,活泼的叶立德必须用强碱(如苯基锂、丁基锂),而稳定的叶立德,由于季磷盐 α-H 酸性较大,故用 C_2H_5ONa 甚至 NaOH 即可。

叶立德本身就是稳定的碳负离子化合物,这些碳负离子与羰基化合物的亲核加成反应都是合成 C—C 键的重要方法。此外亚甲基化膦还可以同 C=N—、—N=O 等双键进行反应,如:

$$PhCH=PPh_3 + PhCH=N—Ph \longrightarrow PhCH=CHPh + Ph_3P=NPh$$

与一般烯类化合物的合成方法比较,Wittig 反应具有下列特点:

(1) 合成的双键能处在能量不利位置(如在环外)。

(2) 反应条件一般温和,得率较好。

(3) 能控制反应条件,合成立体专一性产物(如顺式或反式)。

(4) 改变 Wittig 试剂的类型,可以制备通常很难合成的烯类化合物。

(5) 利用对 α,β-不饱和酮或酸一般不发生 1,4-加成的特性来合成共轭多烯化合物(如叶红素)等。

5.15.1　Wittig 试剂的制备

维蒂希试剂(Wittig)通常以四级鏻盐在强碱作用下失去一分子卤化氢制备。最简单的维蒂希试剂是亚甲基三苯基膦(Ph_3P^+—CH_2^-),可通过三苯基膦和溴甲烷生成的溴化三苯基甲基鏻 Ph_3P^+—CH_3·Br^- 在干燥乙醚和氮气流下用苯基锂处理失溴化氢制得。

$$PPh_3 \ + \ CH_3Br \longrightarrow H_3P^+—CH_3·Br^- \xrightarrow[\text{干燥乙醚}]{PhLi} H_3P^+—CH_2^-$$

亚甲基三苯基膦是橙黄色固体,对空气和水都不稳定,合成时一般不将它分离出来,而直接进行下一步的反应。

5.15.2 Wittig 反应的机理

Wittig 反应的第一步是叶立德与羰基加成,然后,形成的两性中间体环化成氧杂磷杂环丁烷中间体,环碎裂后生成烯烃和三取代基膦。

Wittig 反应的立体化学取决于叶立德和醛、酮的结构与反应条件。一般而言,非稳定的叶立德主要产生(Z)烯烃,稳定的叶立德主要产生(E)烯烃。在上式中,稳定的叶立德有利于苏式中间体的形成。因此当 R_1 是负离子稳定基团($COOMe$,$COMe$,SO_2Ph,CN 等)时,(E)烯烃为主要产物。非稳定性的叶立德有利于赤式中间体的形成。因此,当 R_1 为弱的负离子稳定基时(C_6H_5,$CH_2CH=CH_2$)时,无选择性;当 R_1 为推电子基时,(Z)烯烃为主要产物。

反应条件对 Wittig 反应的立体化学也有重要的影响。有利于建立热力学平衡的条件促使赤式四元环中间体向苏式转化,从而提高 E 式选择性。磷上带推电子基团、在锂盐存在下、增大醛和叶立德的位阻基团等因素都有利于平衡的建立。有利于形成(Z)烯烃的条件为 R_1、R_2 为烷基,在非锂盐条件下反应,使用非质子极性溶剂[THF、$(CH_3CH_2)_2O$、DME]。

5.15.3 Wittig 反应的改进

虽然 Wittig 反应在制备含双键化合物方面具有很大的优越性,但它也有不足之处。比如稳定的亚甲基化膦一般只能与醛反应,不能与酮反应,特别稳定的亚甲基化膦甚至不能与最活泼的醛反应,这是由于亚甲基上的取代基团是吸电子基团,如羧酸、羧酸酯、腈等,使亚甲基碳原子的亲核性减低,不易同羰基化合物反应的缘故。但是合成含有这些吸电子基团的烯类化合物,在有机合成方面常常是很需要的。为了使亚甲基碳原子的亲核性增强,有许多改进 Wittig 反应的方法,其中最有效的是把磷原子上的苯基用氧或乙氧基取代,也有用胺基取代的,在改良方法中,以亚甲基化膦酸二乙酯负离子法最受重视,也称为 Horner-Emmons 改良法,有人把它称为 Wittig-Horner 羰基成烯反应,将亚甲基化膦酸二乙酯负离子简称为 Wittig-Horner 试剂。

实验一　1,2-二苯乙烯

实验目的：

(1) 掌握 Wittig 反应合成烯烃的原理和方法。

(2) 巩固萃取以及重结晶操作。

实验原理：

本实验通过苄氯与三苯基膦作用，生成氯化苄基三苯基鏻，再在碱存在下与苯甲醛作用，制备 1,2-二苯乙烯，反应机理如下：

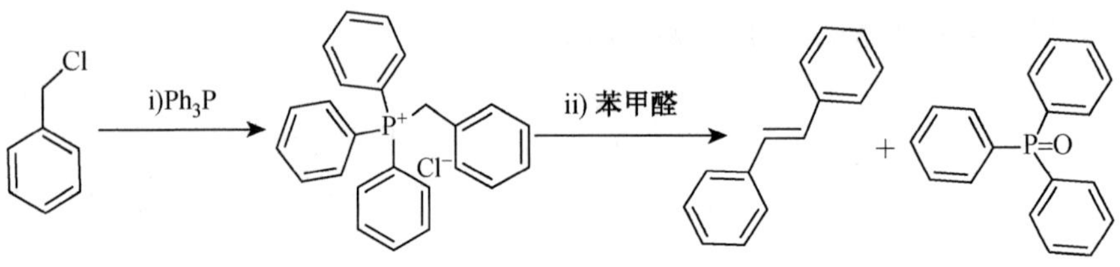

试剂和仪器：

圆底烧瓶，球形冷凝管，抽滤瓶，布氏漏斗，分液漏斗等。

苄氯 3.2 g(1.91 mL,0.024 mol)，三苯基膦 6.2 g(0.024 mol)，苯甲醛 1.6 g(1.5 mL,0.015 mol)，氯仿，二氯甲烷，NaOH 等。

实验步骤：

(1) 氯化苄基三苯基鏻

在 50 mL 圆底烧瓶中，加入 3.2 g 苄氯、6.2 g 三苯基膦和 20 mL 氯仿，装上带有干燥管的回流冷凝管，在水浴上回流 2~3 h，减压蒸馏出氯仿。向烧瓶中加入 5 mL 二甲苯，充分摇振混合，抽滤。用少量二甲苯洗涤结晶，于 110 ℃烘箱中干燥 1 h，得季鏻盐。

(2) 1,2-二苯乙烯

在 50 mL 圆底烧瓶中加入 5.8 g 氯化苄基三苯基鏻、1.6 g 苯甲醛和 20 mL 二氯甲烷，装上回流冷凝管。在磁力搅拌器的充分搅拌下，自冷凝管顶滴入 4 mL 50%氢氧化钠水溶液，约 15 min 滴完。加完后，水浴 30 ℃继续搅拌 30 min。

将反应混合物转入分液漏斗，加入 10 mL 水，用 3×10 mL 二氯甲烷萃取，合并有机层，用无水硫酸钠干燥，滤去干燥剂，减压蒸去有机溶剂。固体加入 95%乙醇加热溶解(约需10 mL)，然后置于冰浴中冷却，析出反-1,2-二苯乙烯结晶。过滤，干燥，称重并计算产率。

注意事项：

(1) 苄氯蒸气对眼睛有强烈的刺激作用，转移时切勿滴在瓶外。如不慎沾在手上，应用水冲洗后再用肥皂擦洗。

(2) 有机膦化物通常有毒，与皮肤接触后应立即用肥皂擦洗。

思考题：

Wittig 反应中碱的作用是什么？

实验二　对乙烯基硝基苯

实验目的:

(1) 深入学习 Wittig 反应合成烯烃的原理和方法。

(2) 巩固加深化合物的柱层析方法及原理。

实验原理:

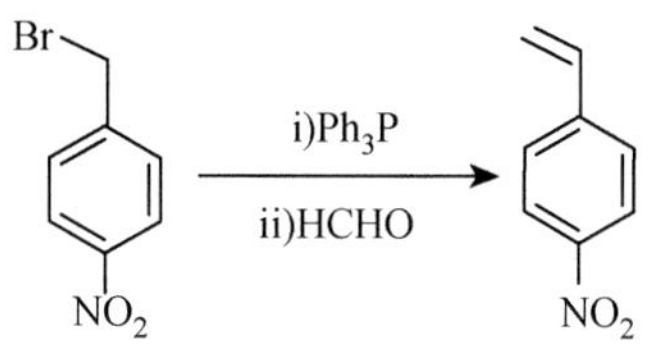

$$\underset{\text{NO}_2}{\overset{\text{Br}}{\bigcirc}} \xrightarrow[\text{ii)HCHO}]{\text{i)Ph}_3\text{P}} \underset{\text{NO}_2}{\overset{}{\bigcirc}}$$

仪器和试剂:

圆底烧瓶,球形冷凝管,抽滤瓶,布氏漏斗,分液漏斗。

对硝基溴苄 2.16 g (10.0 mmol),三苯基膦 2.62 g (10.0 mol),氯仿,甲醛,二氯甲烷,碳酸钠等。

实验步骤:

在 50 mL 圆底烧瓶中加入 2.16 g 对硝基溴苄、2.62 g 三苯基膦和 20 mL 氯仿,装上带有干燥管的回流冷凝管,在水浴上回流 2～3 h,抽滤。沉淀物晾干,倒入甲醛(40 mL)溶液中搅拌。待沉淀完全分散后,缓缓滴入 25% 的碳酸钠溶液(6 mL),滴入后溶液呈现粉红色,暂停滴入,等红色退去,再次滴入,反复多次将碳酸钠溶液滴完。在常温下继续搅拌 4 h 后,过滤取滤液,用二氯甲烷和水萃取,减压旋干后,用层析硅胶柱分离提纯得到目标产物,称重并计算产率。

注意事项:

(1) 实验过程中注意控制碳酸钠的滴加速度。

(2) 柱层析时一定要注意硅胶粉的使用,不要误吸入体内。

5.16　Sonogashira 反应

由 Pd/Cu 混合催化剂催化的末端炔烃与 sp² 型碳的卤化物之间的交叉偶联反应通常被称为 Sonogashira 反应。这一反应最早在 1975 年由 Heck、Cassar 以及 Sonogashira 等独立发现。经过近三十年的发展,它已逐渐为人们所熟知,并成了一个重要的人名反应。目前,Sonogashira 反应在取代炔烃以及大共轭炔烃的合成中得到了广泛的应用,从而在很多天然化合物、农药医药、新兴材料以及纳米分子器件的合成中起着关键的作用。反应通式如下:

$$\text{R—X} + \text{≡—R'} \xrightarrow[\text{CuI, Et}_3\text{N, 室温}]{\text{PdCl}_2\cdot(\text{PPh}_3)_2} \text{R≡—R'}$$

在通常条件下,Sonogashira 反应对于活泼卤代烃(如碘代烃和溴代烃)具有较好的反应活性,但对于氯代烃其活性通常较低,从而要求的反应条件较为苛刻。而且,当炔烃上取代基为强吸电子基团(如 CF$_3$)时,即使对于活泼卤代烃 Sonogashira 反应活性也将明显降低。其次,Sonogashira 反应通常要求严格除氧,以防止炔烃化合物自身氧化偶联反应的发生,从而有利于反应向所期待的方向进行。此外,Sonogashira 反应复合催化剂中的 Pd 化合物价格通常较为昂贵,限制了该反应在一些较大规模合成中的应用。最为经典的 Sonogashira 反应是钯催化芳基末端炔偶联-消去法,该法具有反应条件温和、高选择性和高产率的优点。反应机理为芳溴或芳碘中的卤素被含有保护基团的乙炔取代,然后消去保护基生成目标产物芳基乙炔,具体反应机理如图 5.7。

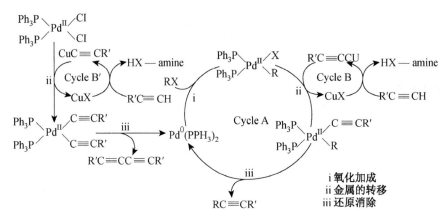

图 5.7 钯催化芳基末端炔偶联-消去反应机理

Sonogashira 反应自发现以来,经过大量化学工作者多年的探索与研究,已日臻完善。反应所需条件已经变得更为温和,操作变得更为简单,更多的绿色化反应介质也已经在该反应中得到了应用,这就更进一步地扩大了该反应的应用范围,使其成为有机合成中更为有效的反应途径之一。然而,在这一领域中仍然存在着一些有待于更进一步研究的课题。第一,Sonogashira 反应中最主要的副产品是炔烃的自身氧化偶联产物,如何更为有效地抑制这一产物的产生,仍然有待于进一步的研究。第二,这一反应通常对于溴代、碘代烯烃及芳香烃都具有较高的反应活性,但是对于氯代化合物,其反应活性往往很低,虽然到目前为止,在一些条件下这一化合物也可以得到期待的偶联产物,但是仍有着许多的局限性,因此克服这一局限性也是这一领域中急需解决的问题。第三,目前该体系中常用的催化剂仍然是 Pd 催化剂,众所周知,其价格通常较为昂贵,因而发展更为廉价高效且具有高转化数 TON(turnover number)的催化剂也是一个具有挑战性的课题。第四,虽然亚铜盐催化该反应已经有报道,但是由于简单亚铜化合物所催化的反应重复性较差以及在催化合成吲哚等化合物的连串反应中选择性较低,因此如何完善这一较为廉价的催化剂体系也有待于更进一步的探索与研究。我们相信,经过更多化学工作者的努力,这一反应在不久的将来会变得更加完善。

实验一　3-苯基丙-2-炔-1-醇的制备

实验目的:

学习溴代芳烃与端基炔烃的偶联 Sonogashira 反应;掌握柱层析的方法。

反应方程式：

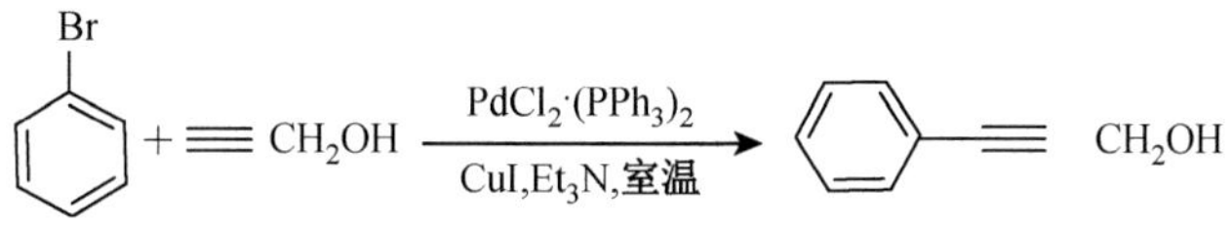

$$\text{（结构式：溴苯 + HC≡C-CH}_2\text{OH} \xrightarrow[\text{CuI, Et}_3\text{N, 室温}]{\text{PdCl}_2\cdot(\text{PPh}_3)_2} \text{ 苯基-C≡C-CH}_2\text{OH）}$$

试剂：

溴苯 0.10 mL(1.00 mmol)，丙炔醇 0.089 mL(1.20 mmol)，0.31 g 的 $PdCl_2$ · $(PPh_3)_2$，碘化亚铜 0.20 g(1.00 mmol)，三乙胺 0.21 mL(1.00 mmol)，硅胶粉。

实验步骤：

在严格干燥的 50 mL 圆底烧瓶中加入 0.31 g 的 $PdCl_2$ · $(PPh_3)_2$，抽真空充入氮气后加入 0.10 mL 溴苯和 0.089 mL 丙炔醇，80 ℃搅拌，通过 TLC 监测完全消耗原料。将混合物用水洗涤后用乙醚萃取并蒸发，通过快速柱色谱(己烷/乙酸乙酯)纯化残余物，得到偶联产物 3-苯基丙-2-炔-1-醇，干燥称重，计算产率。

注意事项：

Sonogashira 反应通常要求严格除氧。

思考题：

(1) Sonogashira 反应为什么要严格除氧？

(2) Sonogashira 反应可能出现的副产物有哪些？

实验二　1-(4-甲氧基苯基)-3-(对甲苯基)丙-2-炔-1-酮的制备

实验目的：

学习 Sonogashira 偶联反应；掌握柱层析的方法。

反应方程式：

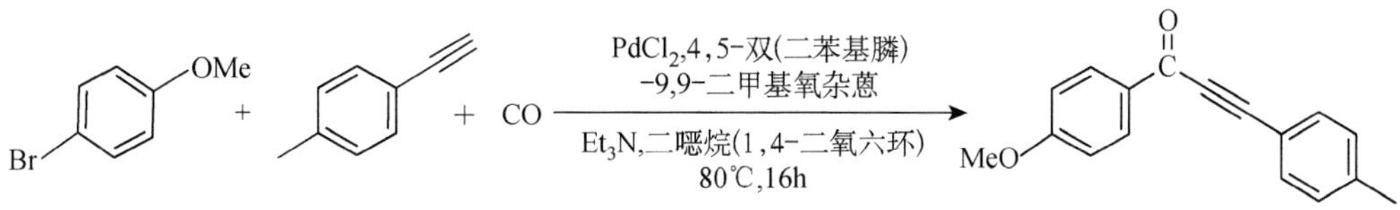

$$\text{（结构式：1-溴-4-甲氧基苯 + 1-乙炔基-4-甲基苯 + CO} \xrightarrow[\substack{\text{Et}_3\text{N, 二噁烷(1,4-二氧六环)}\\ 80℃, 16h}]{\substack{\text{PdCl}_2, 4,5\text{-双(二苯基膦)}\\ -9,9\text{-二甲基氧杂蒽}}} \text{产物）}$$

试剂： 1-溴-4-甲氧基苯，$PdCl_2$，4,5-双(二苯基膦)-9,9-二甲基氧杂蒽，1-乙炔基-4-甲基苯，Et_3N，二噁烷，CO，9-甲基-9H-芴-9-碳酰氯，Cy_2NMe。

实验步骤：

室 A：在充满氩气的手套箱中，向双室系统的室 1 中加入 0.10 g(0.5 mmol) 的 1-溴-4-甲氧基苯，$PdCl_2$(4.4 mg, 0.025 mmol)，4,5-双(二苯基膦)-9,9-二甲基氧杂蒽(14.5 mg, 0.025 mmol)，1-乙炔基-4-甲基苯 0.09 g(0.75 mmol)。依次加入 Et_3N(210 μL, 1.5 mmol)和二噁烷(3.0 mL)。用装有聚四氟乙烯密封件的螺旋盖密封腔室。室 B(0.75 mol CO)：在充满氩气的手套箱中，向双室系统的室 2 中加入 $HBF_4P(tBu)_3$(2.2 mg, 0.007 5 mmol)，$PdCl_2$(cod)(2.1 mg, 0.007 5 mmol)，依次加入 9-甲基-9H-芴-9-碳酰氯(182.0 mg, 0.75 mmol)、二噁烷(3.0 mL)和 Cy_2NMe(320 μL, 1.5 mmol)。将该

室用装有聚四氟乙烯密封件的螺旋盖密封。从手套箱中取出加载的双室系统并加热至80 ℃保持16 h。在二氧化硅上蒸发反应,柱色谱法得到所需产物,干燥称重,计算产率。

注意事项:

手套箱的操作安全注意事项及一氧化碳有毒气体的防范。

思考题:

如何尽可能地提高该反应的产率?

5.17 　傅里德-克拉夫茨反应

傅里德-克拉夫茨反应,简称傅-克反应,英文为 Friedel-Crafts reaction,是一类芳香族亲电取代反应,1877 年由法国化学家查尔斯·傅里德(Friedel C.)和美国化学家詹姆斯·克拉夫茨(Crafts J.)共同发现。该反应主要分为两类:烷基化反应和酰基化反应。

5.17.1　傅-克烷基化反应

傅-克烷基化反应在强路易斯酸的催化下使用卤代烃对一个芳环进行烷基化。假设使用无水氯化铁作为催化剂,在氯化铁的作用下,卤代物产生碳正离子,碳正离子进攻苯环并取代环上的氢,最后产生烷基芳香族化合物和氯化氢。总反应式如下:

$$R{-}Cl + FeCl_3 \longrightarrow R^+ + FeCl_4^-$$

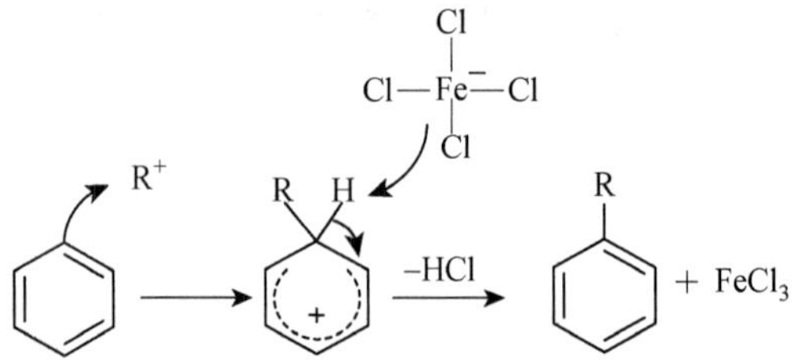

这类反应有个严重缺点:由于烷基侧链的供电性,反应产物比起原料具有更高的亲核性,于是产物苯环上的另一个氢继续被烷基所取代,导致了过烷基化现象而形成了众多副产物。由于这类反应是可逆的,还可能出现烷基被其他基团所取代的副产物(例如被氢取代时,也称为傅-克脱烷基化反应)。另外长时间的反应也会导致基团的移位,通常是转移至空间位阻较小、热力学稳定的间位产物。如果氯不是处于三级碳原子(叔碳原子)上,还有可能发生碳正离子重排反应,而这取决于碳正离子的稳定性,即三级碳>二级碳>一级碳。空间位阻效应可以被利用于限制烷基化的数量,比如 1,4-二甲氧基苯的叔丁基化反应。

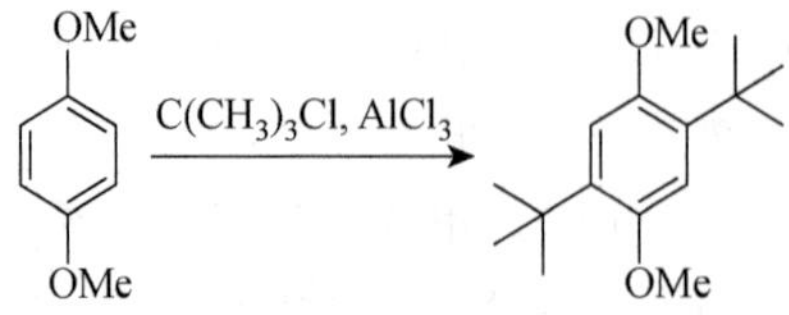

烷基化的底物并不局限于卤代烃类,傅-克烷基化可以使用任何的碳正离子中间体参与反应,如一些烯烃、质子酸、路易斯酸、烯酮、环氧化合物的衍生物。如合成 1-氯-2-甲基-

2-苯基丙烷就可以从苯与3-氯-2-甲基丙烯进行反应。

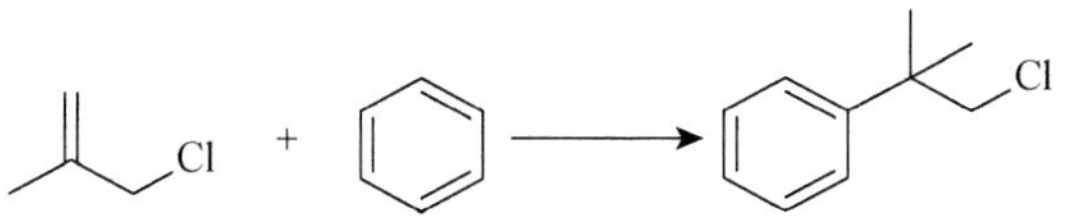

曾有研究实例表明亲电试剂还能选用由烯烃和NBS生成的溴离子。

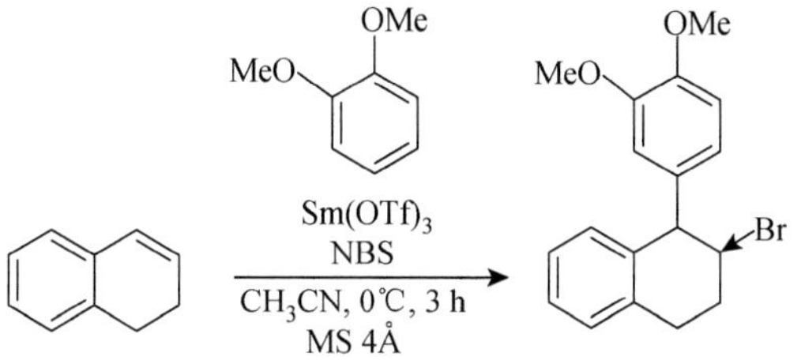

在这个反应中三氟甲磺酸钐被认为在卤离子形成中活化了NBS的供卤素能力。

5.17.2 傅-克去烷基化反应

傅-克烷基化是一个可逆反应。在逆向傅-克反应或者称之为傅-克去烷基化反应当中烷基可以在质子或者路易斯酸的存在下去除。

例如,在用溴乙烷对苯的多重取代当中,由于烷基是一个活化基团,原来期待能够得到邻对位取代的产物,然而真正的反应产物是1,3,5-三乙基苯,即所有烷基取代都是间位取代。热力学反应控制使得该反应产生了热力学上更稳定的间位产物。通过化学平衡,间位产物比起邻对位产物降低了空间位阻。因此反应最终的产物是一系列烷基化与去烷基化共同作用的结果。

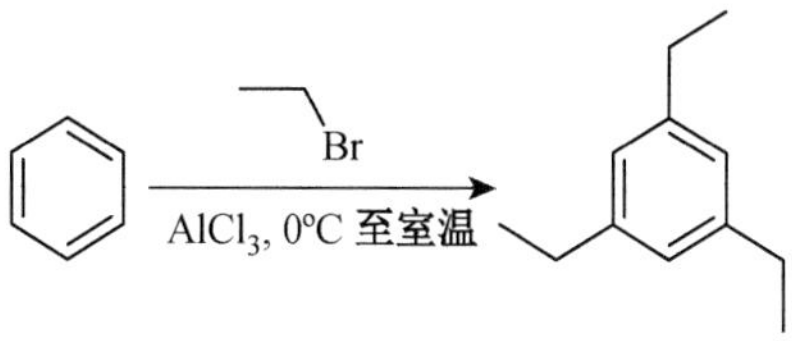

实验一　乙酰二茂铁

实验目的:

(1) 学习相转移催化剂存在下合成金属有机化合物的方法。

(2) 了解二茂铁及其衍生物的结构与性质,学习乙酰二茂铁的合成。

实验原理:

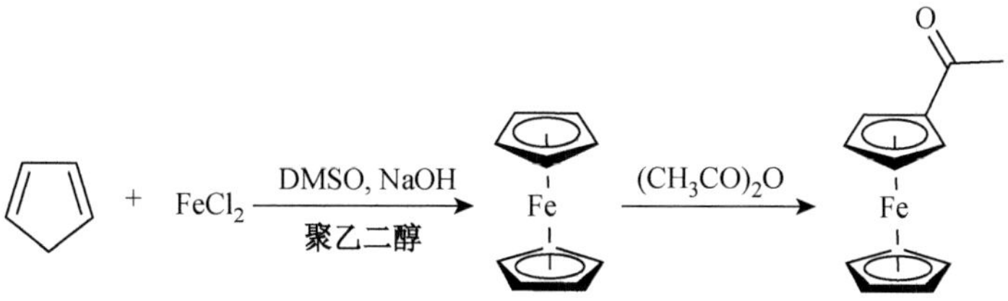

试剂：

二甲亚砜,环戊二烯,聚乙二醇,氢氧化钠,四水合氯化亚铁,18%盐酸,石油醚(60～90 ℃),乙醚,无水氯化钙,10.8 g(10 mL)乙酸酐,磷酸,碳酸氢钠。

实验步骤：

(1) 二茂铁的合成

将7.5 g(187.5 mmol)研成粉末的氢氧化钠和0.6 mL聚乙二醇加入100 mL两口瓶中,加入10 mL二甲亚砜,搅拌5 min,在搅拌条件下加入5 mL无水乙醚和2.75 mL(33.3 mmol)新解聚的环戊二烯。

称取3.25 g(16.3 mmol)四水合氯化亚铁于100 mL烧杯中,加入20 mL二甲亚砜搅拌,使氯化亚铁全溶,形成橙黄色溶液,转入100 mL恒压漏斗中,在15 min内滴入反应瓶,继续剧烈搅拌1 h,得棕褐色的混合物。

将上述混合物在搅拌条件下缓慢倾入50 mL 18%盐酸和50 g冰的混合物中,此时有黄色沉淀产生。抽滤,并用水充分洗涤,晾干后得橙黄色粗产物,在石油醚中重结晶,烘干,称重计算产率。

(2) 乙酰二茂铁的合成

在100 mL圆底烧瓶中,加入1 g(5.4 mmol)二茂铁和10 mL(105.8 mmol)乙酸酐,边搅拌边慢慢滴加2 mL(29.3 mmol)85%的磷酸。加完后用装有氯化钙干燥管的塞子塞住瓶口,在沸水浴上搅拌加热15 min。然后将反应混合物倾入盛有40 g碎冰的400 mL的烧瓶中,并用10 mL冷水洗涤烧瓶,并入烧杯。在搅拌下,分批加入固体碳酸氢钠,到溶液呈中性为止,约需20～25 g碳酸氢钠。将中和后的反应混合物置于冰浴中冷却15 min,抽滤收集析出的橙黄色固体,每次用50 mL冰水洗涮两次,压干后在空气中干燥,用石油醚重结晶,滤出产物后干燥称重,计算产率。

注意事项：

(1) 除用石油醚重结晶外,二茂铁还可采用升华或柱层析的方法进行纯化。

(2) 中和时因逸出大量二氧化碳,出现激烈鼓泡,应小心操作。

实验二　苯乙酮的制备

实验目的：

(1) 学习实验室中利用Friedel-Crafts酰基化法制备苯乙酮的原理与方法。

(2) 掌握使用分液漏斗洗涤和分离液体有机物的操作技术。

实验原理：

芳酮一般通过傅-克反应来制备,该反应在无水三氯化铝存在下由酰氯或酸酐与芳烃反应得到高产率的芳酮,以乙酸酐为酰化试剂,与苯发生乙酰化反应制备苯乙酮,其中苯既是反应物又作为反应溶剂,可用下列反应式表示：

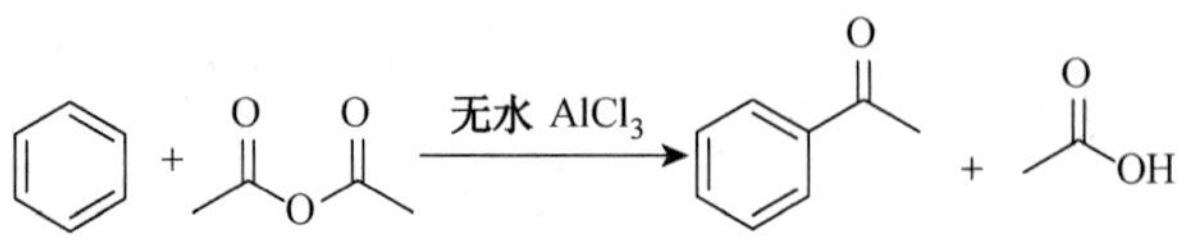

具体反应过程：

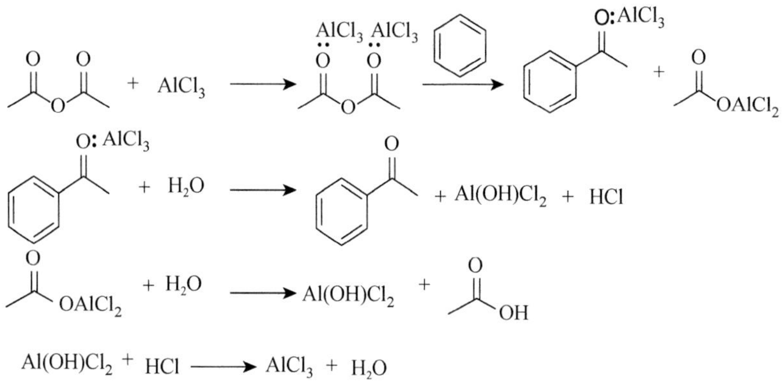

$$O:AlCl_3 + H_2O \longrightarrow + Al(OH)Cl_2 + HCl$$

$$OAlCl_2 + H_2O \longrightarrow Al(OH)Cl_2 + OH$$

$$Al(OH)Cl_2 + HCl \longrightarrow AlCl_3 + H_2O$$

实验步骤：

在 250 mL 两口烧瓶中，分别安装滴液漏斗及球形冷凝管。在冷凝管上端装上氯化钙干燥管，并连接气体吸收装置，用水做吸收液。

迅速称取 16 g(120 mmol) 经研细的无水三氯化铝，放入三口烧瓶中，并立即加入 20 mL 苯。在滴液漏斗中加入 4.7 mL(51 mmol) 乙酸酐和 5 mL 苯的混合液。在搅拌下慢慢滴加乙酸酐的苯溶液，加料时间约需 10 min。滴完后，关闭滴液漏斗旋塞，加热回流 1 h，直到不再有氯化氢气体逸出为止(湿润的 pH 试纸不显示红色为止)。

然后将烧瓶浸入冰水浴中，搅拌下慢慢滴加 30 mL 浓盐酸和 30 mL 水的混合液。如果反应瓶内仍有固体存在，再适当补加少量盐酸，至固体物完全溶解。静置冷却，用分液漏斗分出苯层。水层用 2×10 mL 苯萃取。合并苯层，依次用 5% 氢氧化钠溶液、水各 15 mL 洗涤后，用无水硫酸镁干燥苯层。蒸馏除苯，温度低于 140 ℃。待无苯蒸出后升温继续蒸馏，收集 195～202 ℃馏分。称量，计算产率。

注意事项：

(1) 所用的仪器和试剂必须充分干燥，苯用钠丝干燥 24 h 以上，乙酸酐临用前重蒸，收集 137～140 ℃ 的馏分，否则将降低产品收率或使反应难于进行。

(2) 无水三氯化铝的质量是实验成败的关键之一。它极易吸潮分解而失效，所以研细、称量、投料必须迅速，避免长时间暴露在空气中。其物质的量一般是酸酐的 2.2～2.4 倍。

(3) 傅-克反应是放热反应，但它有一个诱导期，观察有氯化氢气体放出时反应即已开始，反应物的温度也自行升高，要注意控制滴加酸酐的速度，以 10 min 为宜，防止反应物剧烈沸腾。

(4) 玻璃漏斗不要浸入液面以下，以免倒吸。

(5) 延长回流时间可以提高产率。

(6) 加入盐酸，破坏苯乙酮与氯化物形成的络合物，使苯乙酮释出，此时放出氯化氢气体和大量的热，故需慢慢加入，少量多次加入，且在通风橱中进行。

(7) 可进行减压蒸馏蒸出苯乙酮。其在不同压力下的沸点列表如下：

压力/kPa	0.533 3	0.799 9	1.066 6	1.333 2	3.999 6	7.999 6	13.332 2
沸点/℃	60	68	73	78	102	120	134

思考题:

(1) 本实验为什么使用过量的苯和无水三氯化铝?

(2) 还可以用什么原料代替乙酸酐来制备苯乙酮?

(3) 为什么要滴加乙酸酐?滴加的速度究竟有没有什么依据?

(4) 为什么苯不是一次性加入而是一小部分与乙酸酐混合后再加入?目的是什么?

(5) 如果实验仪器不干燥或药品中含水,对实验的进行有什么影响?

(6) 反应完成后为什么要在冷却下加入盐酸和水的混合物?

(7) 酰基化反应中,为什么随使用的酰基化试剂不同,三氯化铝的用量也不相同?

(8) 为什么要求苯不含噻吩?如何除去苯中的噻吩?

实验三 螺旋芴的制备

实验目的:

(1) 掌握格氏加成、傅-克成环反应的原理和方法。

(2) 掌握反应监控和调节的方法。

实验原理:

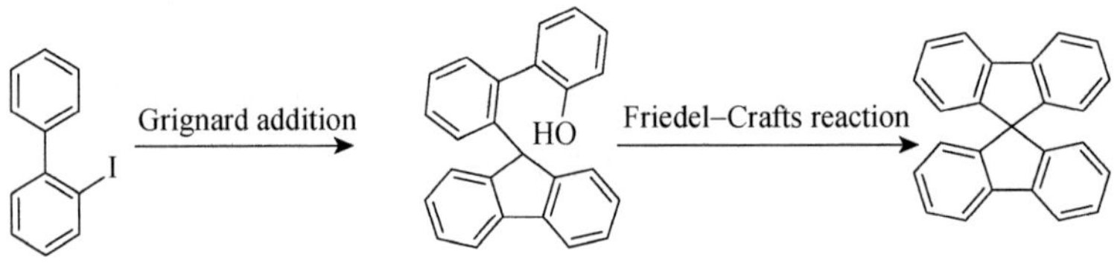

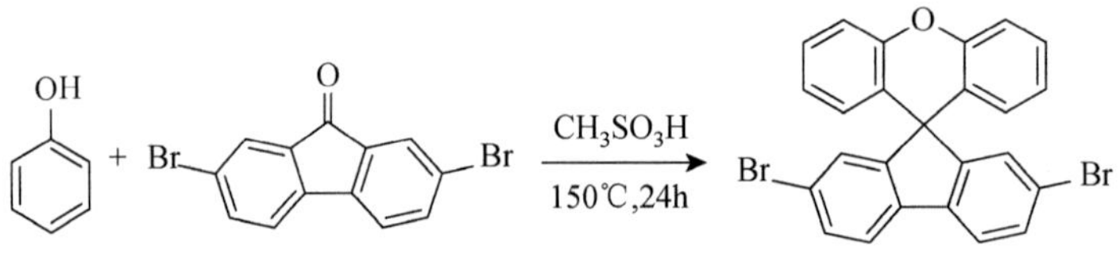

试剂:

6 g 2,7-二溴芴酮,16.7 g 苯酚,4.6 mL 甲烷磺酸,200 mL 蒸馏水,氢氧化钠水溶液,二氯甲烷,无水硫酸钠,硅胶,石油醚。

实验步骤:

将干燥的 2,7-二溴芴酮(6 g,17.8 mmol)、苯酚(16.7 g,177.5 mmol)及甲烷磺酸(4.6 mL,71.0 mmol)加入装有磁子的两口圆底烧瓶中,加装球形冷凝管,封闭体系,避光,抽换氮气 3 次,置于油浴锅中,升温至 150 ℃,反应 24 h。反应结束时,加入水(200 mL)搅拌。加入氢氧化钠调节 pH 至碱性,抽滤得到固体粗产物。粗产物用石油醚做展开剂,经硅胶柱层析分离,得到白色固体产物,称重,计算产率(4.8 g,产率为 50%)。

注意事项:

(1) 氢氧化钠有强烈腐蚀性和刺激性,使用时注意安全。

(2) 反应在高温条件下进行,注意温度的控制。

(3) 实验仪器必须干燥,否则反应开始很慢,甚至不发生反应。

思考题：

（1）反应中加入氢氧化钠水溶液的作用是什么？

（2）反应为什么要高温？

（3）甲烷磺酸的作用是什么？

5.18　有机锂反应

金属有机化合物作为有机合成试剂和有机反应的高效、高选择性催化剂，可以促进或催化有机化合物的化学反应，形成碳金属键、氢金属键及其他元素金属键，进而生成更有用的化合物，在有机合成中得到了广泛的应用。有机锂化合物是金属有机化合物中较为重要的一类化合物，早在 1929 年 K. Ziegler 采用一种简易的方法，用有机卤化物与金属锂制取有机锂化合物获得成功，自 1930 年应用于有机合成以来，人们对它进行了长期、深入的研究。它在有机化学理论研究和有机合成中都起着重要的作用。Ziegler 发现的有机锂化合物在有机合成上与有机镁化合物（格氏试剂）具有相似的性质和应用价值，并且在某些方面与格氏试剂相比，具有反应活性更强、产率高、还原倾向较小、产物容易分离、能够溶于多种非极性溶剂等特点，从而在有机合成中可以代替格氏试剂或弥补格氏试剂在某些合成上的不足。同时有机锂化合物在一些有机合成中具有独特的性能，使得它在有机合成中具有广泛的应用价值和重要的意义。

金属锂能生成很多种有机锂化合物，主要有烷基锂、芳基锂、胺基锂等，如三氯甲基锂（CCl_3Li）、甲基锂（CH_3Li）、乙基锂（C_2H_5Li）、乙烯基锂（C_2H_3Li）、环丙基锂（C_3H_5Li）、苯基锂等（C_6H_5Li）。锂能生成众多有机锂化合物这一特性，为锂在有机合成中的应用开拓了广阔的前景。有机锂化合物在精细有机合成、基本有机合成和高分子合成的理论与实践方面起着很重要的作用。有机锂化合物具有易制备、能溶于惰性溶剂等特点，应用价值不断提高，适用范围越来越广。

在众多的有机锂化合物中，丁基锂是一种最主要的有机锂化合物。丁基锂（C_4H_9Li）有 4 种同分异构体，即正丁基锂、仲丁基锂、异丁基锂和叔丁基锂，其中以正丁基锂用途最广，是目前工业生产中最重要的有机锂化合物。

由于丁基锂的 Li—C 键是极性共价键，故它以液态或低熔点固态存在，易溶于如己烷、环己烷等有机溶剂中。正丁基锂是一种澄清、无色、不挥发、稍具黏性的流动液体，为六聚体，在许多碳氢化合物中有无限的溶解度。丁基锂易与空气中的氧气和水分起反应。纯态的丁基锂或其溶液暴露在空气中时，通常会自燃，在较高的温度和液态下会分解出相应的烃和氢化锂。丁基锂易被还原成碳氢化合物，与氧反应生成酯，与硫反应生成硫酸，与固体二氧化碳反应生成羧酸，与二氧化碳气体反应生成酮，与二氧化硫反应生成磺酸。

丁基锂与格氏试剂具有许多相似之处，凡格氏试剂能发生的反应，丁基锂也能发生，但丁基锂的反应活性比格氏试剂强，有些格氏试剂不能引起的反应，丁基锂却能进行。丁基锂与格氏试剂相比还有三个优点：一是反应副产物较少，反应产物较纯净，反应进行得较完全；二是反应副产物易于分离出去；三是可制成不同浓度的碳氢化合物溶液，操作使用方便。丁基锂的主要反应性能如下：

（1）易与含有活泼碳氢键的有机化合物反应，即氢锂交换反应，生成新的有机锂化合物。易与丁基锂发生反应的有机物有环戊二烯、三苯甲烷、乙炔等烷烃和烯烃，苯甲醚、二甲替苯胺、二甲胺替甲苯、邻-二氟代苯等芳香烃化合物，噻吩、呋喃等杂环芳香族化合物，乙腈、二甲硫、二甲基十二烷基膦等无环官能团有机化合物。这些氢锂交换反应一般发生在被吸电子取代基活化的碳氢键上。

（2）与格氏试剂不同，丁基锂与有机卤化物反应，即所谓的锂卤交换反应，生成新的有机锂化合物。反应得到的有机锂化合物，易于转变成各种有用的合成中间体。在这种交换反应中，锂原子和电负性较强的基团键合，卤原子则连接在电负性较弱的基团上。反应溶剂一般用新蒸的乙醚，有时也用四氢呋喃。

（3）从正丁基锂得到的有机锂化合物，能与羰基化合物发生加成反应，如与二氧化碳、酮、酚、酯等进行反应。这种有机锂化合物与二氧化碳反应是制备羧酸最有价值的通用方法之一，一般反应产率都很高，能制取各种羧酸产品。

（4）丁基锂与有机卤化物进行烷基化合反应，在某些情况下，控制反应条件可进行定位反应，简单的烷基氯化物也有这种反应倾向。有机锂与卤素反应生成有机卤化物和卤化锂，生成的有机卤化物可进一步进行烷基反应。

实验一　9-(4,6-二氯-1,3,5-三嗪-2位)-基咔唑的制备

实验目的：

（1）学习丁基锂反应操作方法。

（2）掌握柱层析的方法和技术。

实验原理：

丁基锂与咔唑反应，生成氮金属化合物，该化合物具有很高的活性，可以与三嗪环上的卤素原子进一步反应，生成目标化合物。

实验方程式：

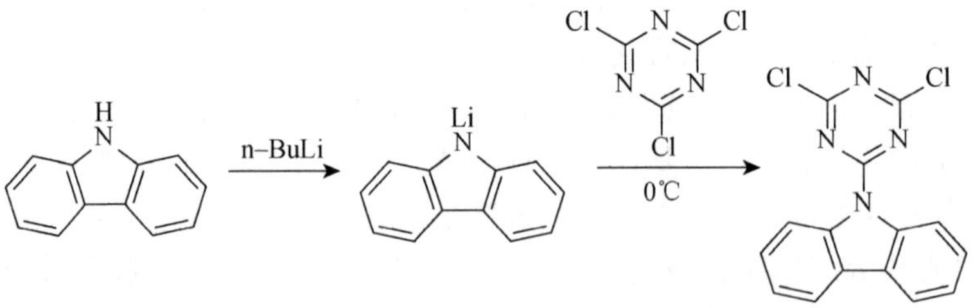

试剂：

2.04 g(12.0 mmol)咔唑，8.1 mL 1.6 mol/L n-BuLi(13.0 mmol)，2.0 g(10.8 mmol)1,3,5,-三氯均三嗪，40 mL 干燥 THF，干冰浴，硅胶粉。

实验步骤：

严格干燥的 50 mL 圆底烧瓶抽真空充入氮气后加入 2.04 g 咔唑，缓慢加入 20 mL THF 并搅拌 5 min。将反应体系置于干冰丙酮浴中−78 ℃搅拌 10 min，缓慢滴加8.1 mL 1.6 mol/L n-BuLi，搅拌反应 2 h。恢复至室温后继续搅拌 5 min。

称取 2.0 g 1,3,5-三氯均三嗪,抽真空充氮气并用 20 mL THF 溶解后冷却至 0 ℃。将上述溶液在 10 min 内缓慢滴加,再反应 4 h 后用水淬灭反应。用二氯甲烷萃取旋干。溶解后加入硅胶粉旋干,用石油醚:乙酸乙酯=4:1 展开剂进行柱层析,旋干得到白色絮状物,产率大于 85%。

与标准物点板进行对比,初步判断是否得到了目标产物。

注意事项:

(1) 丁基锂反应体系需要严格除水除氧。

(2) 反应温度需要控制在 0 ℃ 左右。

思考题:

(1) 丁基锂反应为什么对水、氧气等十分敏感?

(2) 为什么选择 0 ℃ 条件反应?

实验二　苯硼酸频哪醇酯的制备

实验目的:

(1) 学习丁基锂反应。

(2) 掌握柱层析的方法。

实验原理:

丁基锂与苯环上的卤素反应,生成碳金属化合物,该化合物具有很高的活性,可以进一步与异丙氧基硼酸频哪醇酯反应,生成目标化合物。

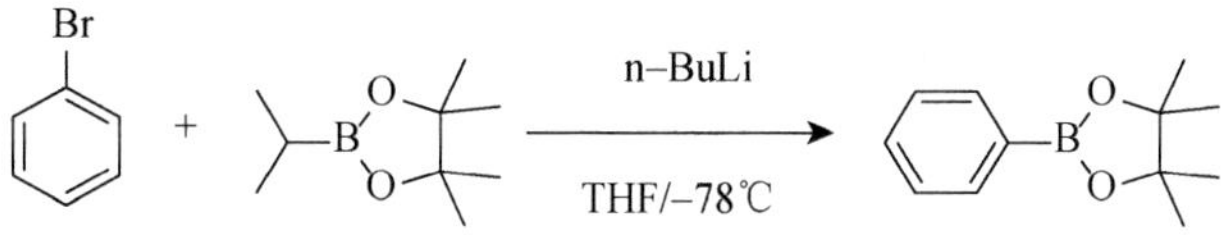

试剂:

4 mL（37.68 mmol）溴苯,28.3 mL 1.6 mol/L（45.2 mmol）n-BuLi,9.41 mL（45.2 mmol）异丙氧基硼酸频哪醇酯,40 mL 干燥 THF,干冰浴,硅胶粉,无水硫酸镁。

实验步骤:

严格干燥的 250 mL 圆底烧瓶抽真空充入氮气后加入 4 mL 溴苯,加入 40 mL THF 并搅拌 5 min。将反应体系置于干冰浴中-78 ℃搅拌 10 min,再缓慢滴加 28.3 mL 1.6 mol/L n-BuLi,搅拌反应 30 min。保持低温,继续缓慢加入 9.41 mL 异丙氧基硼酸频哪醇酯反应过夜。用水淬灭,用乙酸乙酯萃取旋干,无水硫酸镁干燥。入硅胶粉旋干,用石油醚:乙酸乙酯=20:1 展开剂进行柱层析,旋干并重结晶得到白色固体,产率 56%。

与标准物点板进行对比,初步判断是否得到了目标产物。

注意事项:

(1) 丁基锂反应体系需要严格除水除氧。

(2) 旋干温度不宜高于 50 ℃。

思考题:

(1) 旋干温度不宜过高的原因是什么?

(2) 丁基锂反应溶剂选择有哪些要求?

实验三 3-己基噻吩的制备

实验目的：

(1) 学习丁基锂反应。

(2) 掌握柱层析的方法。

实验原理：

与上一反应类似，丁基锂发生卤素反应，生成碳金属化合物，该化合物具有很高的活性，可以进一步与卤代烷烃生成目标化合物。

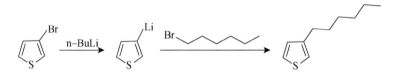

试剂：

1.0 g（6.95 mmol）3-溴噻吩，4.4 mL 1.6 mol/L n-BuLi（6.95 mmol），1.26 g（7.65 mmol）1-溴己烷，40 mL 干燥 THF，干冰浴，硅胶粉。

实验步骤：

严格干燥的 50 mL 圆底烧瓶抽真空充入氮气后加入 1.0 g 3-溴噻吩，缓慢加入 20 mL THF 并搅拌 5 min。将反应体系置于干冰浴中−78 ℃搅拌 10 min，缓慢滴加 4.4 mL 1.6 mol/L n-BuLi，搅拌反应 2 h。恢复至室温后继续搅拌 5 min。

称取 1.26 g 1-溴己烷，抽真空充氮气并用 20 mL THF 溶解后冷却至 0 ℃。将上述溶液在 10 min 内缓慢滴加，再反应 4 h 后用水淬灭反应。用二氯甲烷萃取旋干。溶解后加入硅胶粉旋干，用石油醚∶乙酸乙酯＝4∶1 展开剂进行柱层析，得到目标产物，产率大于85％。

与标准物点板进行对比，初步判断是否得到了目标产物。

注意事项：

该反应丁基锂不宜多加，否则可能会发生噻吩拔氢。

思考题：

水淬灭反应的原理是什么？

实验四 2,2-二溴联苯的制备

实验目的：

(1) 学习丁基锂反应。

(2) 掌握柱层析的方法。

实验原理：

与上一反应类似，丁基锂发生卤素反应，生成碳金属化合物，该化合物具有很高的活性，不同的是，该反应在室温下会发生碳金属化合物的偶联。

试剂：

0.5 mL(4.23 mmol)1,2-二溴苯,5.4 mL 1.6 mol/L n-BuLi(8.46 mmol),10 mL 干燥 THF,干冰浴,硅胶粉,石油醚,二氯甲烷。

实验步骤：

将 0.5 mL 邻二溴苯、10 mL 四氢呋喃注入充满氮气的单口烧瓶中,置于干冰丙酮浴中搅拌 10 min,缓慢加入 5.4 mL 丁基锂,在－78 ℃搅拌 2 h,升温至室温继续反应过夜。反应结束,用去离子水洗涤并用二氯甲烷萃取三次,将有机相旋干过硅胶柱,得到白色固体。产率 41%。

与标准物点板进行对比,初步判断是否得到了目标产物。

注意事项：

该反应丁基锂不宜多加,否则可能会发生副反应。

思考题：

可能发生的副反应有哪些,该如何抑制?

5.19 C—H、Si—H 活化偶联反应

C—H 键是构成有机化合物的最基本化学键之一。C—H 键活化,就是在一定的条件下,增强一种有机化合物中的某 C—H 键的反应性,从而实现定向化学转化。C—H 键活化作为一种新的绿色合成方法,与传统的方法相比,省去了对底物进行官能团化的过程,使合成路线更简短,并具有很高的原子经济性。因此,近年来碳氢活化反应引起了人们广泛关注,并不断开拓该方法在有机化学中的应用。由于 C—H 键具有较高的键能,相对稳定,且极性很小,直接官能团化遇到的第一个问题就是反应活性很低。另外,同一个有机化合物分子内通常有很多种化学性质不同的 C—H 键,如何实现其中的某一类 C—H 键的转化而不影响分子中其他的 C—H 键和官能团,这就涉及 C—H 键活化过程中的选择性问题。因此,有机化学家面临的最大挑战是如何活化非活性的 C—H 键以及解决其化学转化的选择性问题。如果能够选择性切断非活性的 C—H 键,并开发出实用的合成化学新方法、新反应,必将为传统的有机合成工业带来一场巨大的变革。

交叉偶联反应是合成不对称烃,特别是单烷基芳烃和含有三级碳原子链烃的有效方法。利用交叉偶联反应可以高效高选择性地构建 C—C 键、碳—杂键等化学键。过渡金属催化的交叉偶联反应是现代有机合成的重要工具,因具有反应条件温和、产率高并且选择性(包含化学、立体、区域选择性)好等优点而得到广泛应用。很多常规方法根本无法实现的化学反应,采用了过渡金属催化 C—H 键活化后,可以很容易地实现。最近已经发展了几类催化反应,主要涉及低价过渡金属,比如 Pd、Rh 和 Ru。目前钯催化的偶联反应技术已在全球科研、医药生产和电子工业等领域得到广泛的应用。此外,廉价、易得、具有独特催化性能的 Fe、Co 络合物也引起了越来越多的关注。C—H 键活化反应有下列几种基本类型。

5.19.1 过渡金属催化 C—H 键与有机卤化物的偶联

$$R^1{-}H + R^2{-}X \xrightarrow[\text{碱}]{\text{催化剂}} R^1{-}R^2 \qquad (1)$$

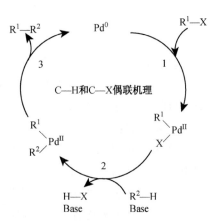

反应式(1)为该类型的反应通式。图 5.8 为反应机理(反应机理均以钯催化剂为例,图中 X 为卤素原子)。

该反应的机理主要有 3 个过程:

(1) 芳基卤化物和氧化加成生成芳基钯(Ⅱ)。

(2) 芳基钯(Ⅱ)作为亲电试剂进攻富电子的C—H键,在碱的作用下脱去 H—X。

(3) 上一步的生成物还原消除脱去产物,生成 Pd⁰,循环反应。

图 5.8 过渡金属催化 C—H 键与有机卤化物的偶联反应机理

5.19.2 过渡金属催化 C—H 键与金属有机试剂的偶联

$$R^1{-}H + R^2{-}M \xrightarrow[\text{氧化剂}]{\text{催化剂}} R^1{-}R^2 \qquad (2)$$

反应式(2)为该类型的反应通式,图 5.9 为其反应机理(图中 X 为钯催化剂的配体)。

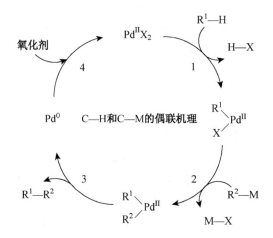

图 5.9 过渡金属催化 C—H 键与金属有机试剂的偶联反应机理

该反应的机理主要有 4 个过程:

(1) 钯(Ⅱ)催化剂与 C—H 键发生亲电取代反应,生成烷基或芳基钯(Ⅱ)。

(2) 烷基或芳基钯(Ⅱ)与有机金属试剂反应,脱去 M—X。

(3) 上一步的产物还原消除得到产物和 Pd⁰。

(4) Pd⁰氧化,生成钯(Ⅱ)催化剂循环反应。

5.19.3 过渡金属催化 C—H 键脱氢偶联

$$R^1{-}H + R^2{-}H \xrightarrow[\text{氧化剂}]{\text{催化剂}} R^1{-}R^2 \qquad (3)$$

反应式(3)为该类型的反应通式。图 5.10 为反应机理(图中 X 为钯催化剂的配体)。

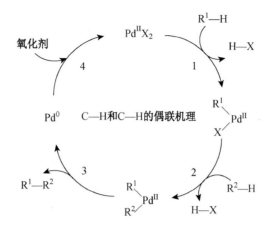

图 5.10　过渡金属催化 C—H 键脱氢偶联反应机理

该反应的机理与上一类型类似。

此外,近年来,人们为了调控和改善分子的性质,将其他主族原子(如 N、S、O、Si 等)引入到传统的分子中去,其中极具代表性的就是杂芴。合成杂芴分子一种高效方法就是C—H、A(主族原子)—H 的活化偶联。以硅芴为例,合成硅芴的一种最有效的方法,就是在铑催化剂催化下,活化 C—H、Si—H 键,偶联得到硅芴。反应方程式及机理如图 5.11 所示。

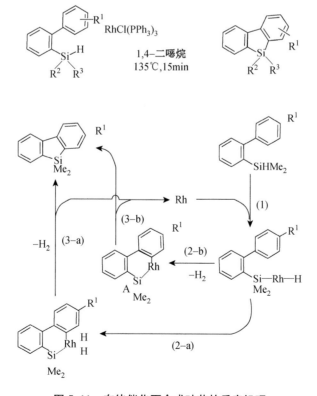

图 5.11　在铑催化下合成硅芴的反应机理

实验一　1,2-二苯基乙炔的制备

实验目的：

(1) 学习 Sonogashira 交叉偶联反应。

(2) 掌握柱层析等纯化方法。

实验原理：

钯（Ⅱ）催化剂先与 C—H 键发生亲电取代反应，生成烷基或芳基钯（Ⅱ），烷基或芳基钯（Ⅱ）与有机金属试剂反应，脱去 M—X。上一步的产物还原消除得到产物和 Pd^0，Pd^0 氧化，生成钯（Ⅱ）催化剂循环反应。

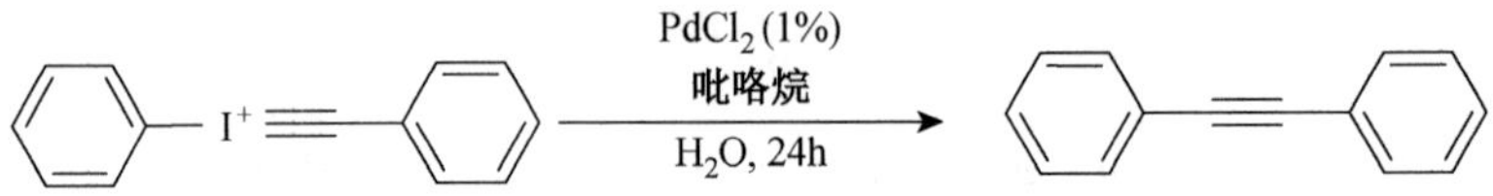

试剂：

8.75 mg $PdCl_2$（0.05 mmol），1.02 g 碘苯（5 mmol），2.1 mL 四氢吡咯（25 mmol），0.65 mL 苯乙炔（6 mmol），蒸馏水，无水硫酸钠，乙酸乙酯，硅胶，正己烷。

实验步骤：

在 50 mL 圆底烧瓶中加入 8.75 mg $PdCl_2$（0.05 mmol）、1.02 g 碘苯（5 mmol）、2.1 mL 四氢吡咯（50 mmol）、15 mL 蒸馏水，加热至 50 ℃ 搅拌 5 min。加入 0.65 mL 苯乙炔（6 mmol），反应 24 h。

反应结束后，将反应液移入分液漏斗，用乙酸乙酯和水萃取，充分摇振（注意及时放气！）后静置，收集上层有机相，萃取操作重复三次。合并收集到的有机相，用无水硫酸钠干燥 0.5 h 左右。点板，记录反应液的反应进展情况。

将干燥好的有机相滤入 250 mL 的圆底烧瓶，旋蒸去有机溶剂后，用正己烷进行柱层析，旋干得到白色固体产物，产率大于 90%。

思考题：

(1) 四氢吡咯的作用是什么？

(2) 为什么柱层析展开剂选择正己烷？

(3) 为什么萃取后取上层？

实验二　5,5-二苯基-硅芴的制备

实验目的：

(1) 学习自由基关环合成反应。

(2) 掌握柱层析等纯化方法。

实验原理：

在碘化四丁铵（TBAI）的作用下过氧化氢叔丁基（TBHP）自身分解为一个叔丁氧自由基和一个氢氧根，随后，叔丁氧自由基进攻硅氢，夺取氢原子，碳硅键发生偶联，再在氢氧根

作用下脱氢得到目标产物。

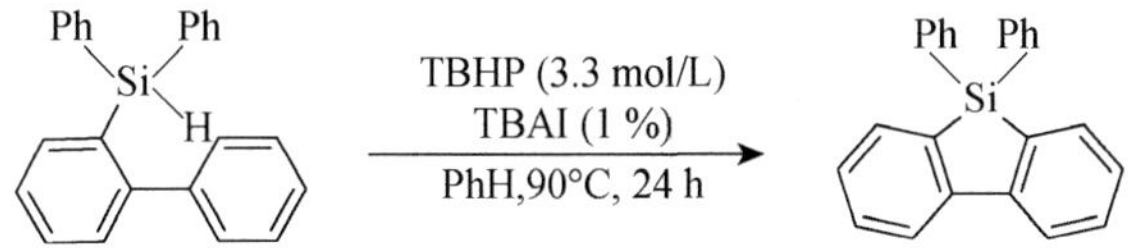

$$\text{联芳基-2-二苯基硅烷} \xrightarrow[\text{PhH,90℃, 24 h}]{\substack{\text{TBHP (3.3 mol/L)}\\ \text{TBAI (1 \%)}}} \text{产物}$$

试剂：

88.8 mg(0.250 mmol)联芳基-2-二苯基硅烷，0.9 mg(2 μmol)TBAI，0.15 mL(0.83 mmol)TBHP，1 mL(0.25 mol)苯，二氯甲烷，无水硫酸钠，硅胶。

实验步骤：

在 25 mL 圆底烧瓶中加入 88.8 mg 联芳基-2-二苯基硅烷，抽真空充氮气后加入 1 mL 苯将其溶解，然后加入 0.9 mg TBAI 和 0.15 mLTBHP 溶液，室温搅拌反应 5 min 后加热到 90 ℃继续搅拌反应 24 h。

反应结束后，冷却至室温，蒸馏出苯。将反应液移入分液漏斗，用二氯甲烷和水萃取，充分摇振后静置，收集下层有机相，萃取操作重复三次。合并收集到的有机相，用无水硫酸钠干燥 0.5 h 左右。点板，记录反应液的反应进展情况。

将干燥好的有机相滤入 250 mL 的圆底烧瓶，旋蒸除去有机溶剂后，进行柱层析，得到白色固体产物，产率 66%。测定产物的熔点并与标准物点板进行对比，判断是否得到了目标产物。

思考题：

（1）TBAI、TBHP 的作用是什么？

（2）为什么选取苯做溶剂？

（3）该反应的反应机理是什么？

实验三　咔唑的制备

实验目的：

(1) 学习钯催化关环合成反应。

(2) 掌握柱层析等纯化方法。

实验原理：

合成咔唑分子一种高效方法就是 C—H 活化偶联。在钯催化剂催化下，活化 C—H 键，偶联得到咔唑。

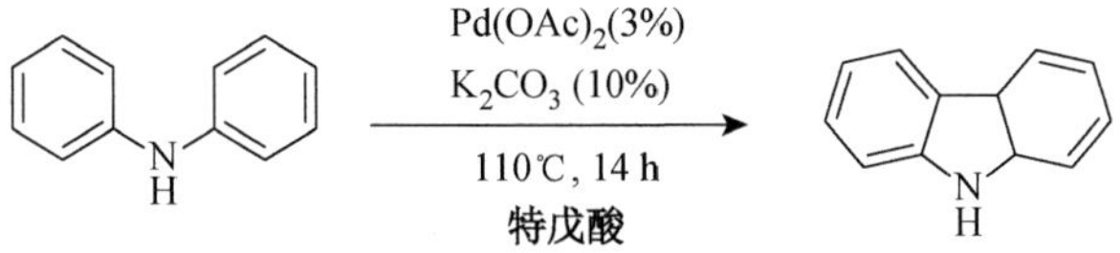

$$\text{二苯胺} \xrightarrow[\substack{110℃, 14 h\\ \text{特戊酸}}]{\substack{\text{Pd(OAc)}_2(3\%)\\ \text{K}_2\text{CO}_3 (10\%)}} \text{咔唑}$$

试剂：

1.0 g(5.91 mmol)二苯胺，0.081 g(0.59 mmol)碳酸钾，39.8 mg(0.18 mmol)醋酸钯，6 mL 特戊酸，蒸馏水，二氯甲烷，无水硫酸钠，硅胶，石油醚。

实验步骤：

在 25 mL 圆底烧瓶中加入 1.0 g(5.91 mmol)二苯胺、0.081 g(0.59 mmol)碳酸钾、39.8 mg(0.18 mmol)醋酸钯，用 6 mL 特戊酸搅拌溶解。装上回流冷凝管，将油浴锅升温至

110 ℃,反应 14 h。

反应结束后,将反应液移入分液漏斗,用二氯甲烷和水萃取,充分摇振(注意及时放气!)后静置,收集下层有机相,萃取操作重复三次。合并收集到的有机相,用无水硫酸钠干燥 0.5 h 左右。点板,记录反应液的反应进展情况。

将干燥好的有机相滤入 250 mL 的圆底烧瓶,旋蒸去有机溶剂后,进行柱层析,得到白色固体产物,产率大于 90%。测定产物的熔点并与标准物点板进行对比,判断是否得到了目标产物。

思考题:

(1) 碳酸钾的作用是什么?

(2) 溶剂能不能用乙酸?

(3) 该反应的反应机理是什么?

实验四　10,10-二甲基-5-苯基-5,10-二氢硅氮杂蒽的制备

实验目的:

(1) 学习铑催化关环合成反应。

(2) 掌握柱层析等纯化方法。

实验原理:

在铑催化剂催化下,活化 C—H、Si—H 键,偶联得到相应化合物。

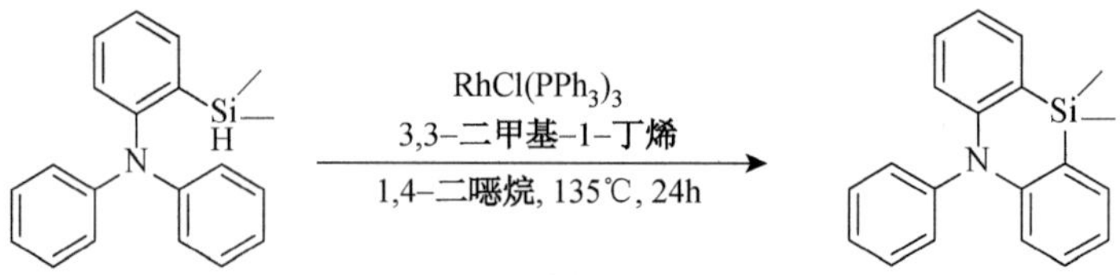

试剂:

1.5 g(5 mmol)2-(二甲基硅基)-N,N-二苯基苯胺,3.2 mL(25 mmol)3,3-二甲基-1-丁烯,23 mg(0.025 mmol)三(三苯基膦)氯化铑,15 mL 1,4-二氧六环,蒸馏水,二氯甲烷,无水硫酸钠,硅胶,石油醚。

实验步骤:

在 50 mL 圆底烧瓶中加入 1.5 g(5 mmol)2-(二甲基硅基)-N,N-二苯基苯胺,23 mg (0.025 mmol)三(三苯基膦)氯化铑,装上回流冷凝管,封口。抽真空充氮气反复 3 次。加入 15 mL 1,4-二氧六环,搅拌溶解。用注射器加入 3.2 mL(25 mmol)3,3-二甲基-1-丁烯,将油浴锅升温至 135 ℃,反应 24 h。

反应结束后,将反应液移入分液漏斗,用二氯甲烷和水萃取,充分摇振(注意及时放气!)后静置,收集下层有机相,萃取操作重复三次。合并收集到的有机相,用无水硫酸钠干燥 0.5 h 左右。点板,记录反应液的反应进展情况。

将干燥好的有机相滤入 250 mL 的圆底烧瓶,旋蒸去有机溶剂后,进行柱层析,得到白色固体产物,产率大于 90%。

将产物与标准物点板进行对比,判断是否得到了目标产物。

思考题:

(1) 3,3-二甲基-1-丁烯的作用是什么?

(2) 氢气对反应体系有什么影响?

(3) 反应体系为什么要除氧?

5.20　天然产物的提取

天然产物种类繁多,广泛存在于自然界中。多数天然产物的提取物具有特殊的生理效能,可用作药物、香料和染料。天然产物的分离、提纯和鉴定是有机化学中一个十分活跃的领域。我国有着独特和丰富的天然中药资源,因而对中药有效成分的分离和研究十分重要。随着现代色谱和波谱技术的发展,对天然产物的分离和鉴定变得更为有利和方便。本章选择介绍了几种较为典型的天然产物的提取分离方法。

实验一　从烟叶中提取烟碱

实验目的:

(1) 了解生物碱的提取方法及其一般性质。

(2) 复习水蒸气蒸馏的原理及其应用。

(3) 掌握小型水蒸气蒸馏的装置及其操作。

实验原理:

烟碱又名尼古丁,是烟叶中的一种主要生物碱,其结构如下:

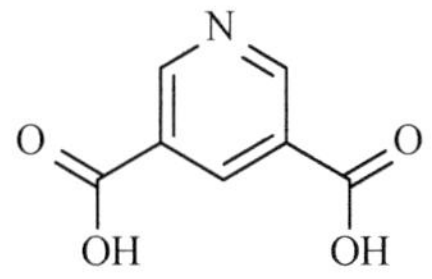

由于它是含氮的碱,因此很容易与盐酸反应生成烟碱盐酸盐而溶于水。此提取液加入NaOH后可使烟碱游离。游离烟碱在 100 ℃左右具有一定的蒸气压(约 1 333 Pa),因此,可用水蒸气蒸馏法分离。

试剂和器材:

粗烟叶或烟丝,10%HCl,50%NaOH,0.5%乙酸,碘化汞钾试剂,饱和苦味酸,红色石蕊试纸。

10 mL 圆底烧瓶,100 mL 双颈圆底烧瓶,冷凝管,试管,T 形管,接引管,3 mL 离心试管,10 mL 烧杯。

实验步骤:

(1) 取香烟的 1/2~2/3 支放入 10 mL 圆底烧瓶,加入 6 mL 10% HCl,装上冷凝管回流 20 min。

(2) 待瓶中混合物冷却后倒入小烧杯中,用 50% NaOH 中和至明显碱性(石蕊试纸检验,注意充分搅拌)。

(3) 将混合物转入蒸馏试管中,进行少量水蒸气蒸馏。

（4）取微型试管 2 支各收集 3 滴烟碱馏出液。在第一支试管中加几滴饱和苦味酸；第二支试管中加 2 滴 0.5％乙酸和 2 滴碘化汞钾溶液，观察有无沉淀生成。

注意事项：

（1）根据热源高度固定铁架台上铁圈的位置。

（2）将 100 mL 两颈圆底烧瓶用铁夹固定在垫有石棉网的圈上，注入 25～30 mL 自来水和几粒碎瓷片作沸石。

（3）将具支试管装好样品后，从双颈烧瓶的上口插入，蒸馏试管的底部应在烧瓶中水的液面之上。

（4）将蒸导管（T 形管）一端与二颈圆底烧瓶的侧口相连，一端插入试管底部。

（5）用另一个铁架台上的铁夹将冷凝管的位置调整好以后，使之与具支试管的支管相连，然后装好接引管和接收容器。

（6）将冷凝管夹好，通入冷凝水以后，开始加热，待水沸腾产生蒸汽以后，用止水夹将 T 形管的上端夹紧，这时蒸汽就导入蒸馏试管中，开始蒸馏。

（7）蒸馏完毕，应先松开止水夹，再移去热源，以免因圆底烧瓶中蒸气压的降低而发生倒吸现象。

思考题：

（1）为什么要用盐酸溶液提取烟碱？

（2）水蒸气蒸馏提取烟碱时，为什么要用 NaOH 中和至明显碱性？

（3）如果没有 100 mL 蒸馏烧瓶，利用微型化学制备仪器能组成微型水蒸气蒸馏装置吗？试绘装置图。

实验二　从茶叶中提取咖啡因

实验目的：

（1）学习从天然产物——茶叶中提取咖啡因的原理和方法。

（2）了解索氏提取器的使用和升华的基本操作。

实验原理：

茶叶中含有多种生物碱、丹宁酸、茶多酚、纤维素和蛋白质等物质。咖啡因是其中一种生物碱，熔点为 234～237 ℃的无色针状结晶，100 ℃失去结晶水，178 ℃升华，在茶叶中含量为 1％～5％，属于杂环化合物嘌呤的衍生物，化学名称为 1,3,7-三甲基-2,6-二氧嘌呤，结构式如下：

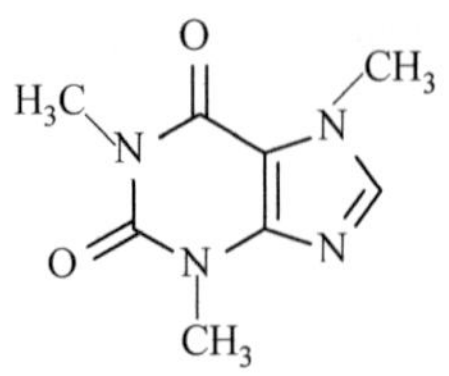

$$
\text{H}_3\text{C}-\underset{\text{CH}_3}{\overset{\text{O}}{\underset{}{}}}\text{N}\cdots\text{N}-\text{CH}_3
$$

含结晶水的咖啡因系无色针状结晶，味苦，能溶于水、乙醇、氯仿等。在 100 ℃时即失去结晶水，开始升华，120 ℃时升华相当显著，至 178 ℃时升华很快。提取茶叶中的咖啡因，可利用适当的溶剂（氯仿、乙醇等）在脂肪提取器（又称索氏提取器）中连续抽提，然后蒸去溶剂,即得粗咖啡因。粗咖啡因中还含有其他一些生物碱和杂质,利用升华可进一步提纯。

仪器和试剂:

仪器:索氏提取器。

试剂:茶叶 10 g,95% 乙醇 80 mL,生石灰 4 g。

实验步骤:

称取 10 g 茶叶,放入索氏提取器的滤纸筒内,在烧瓶内加入 80 mL 95% 的乙醇。用水浴加热,连续抽提 2~3 h 后,待冷凝液刚好虹吸下去时,立即停止加热。换蒸馏装置(注意补加沸石),加热蒸馏,回收大部分乙醇。然后将残液倾入蒸发皿中,加入 4 g 生石灰粉,在蒸气浴上蒸干,最后将蒸发皿移至石棉网上,加热焙炒片刻,使水分全部除去。冷却后擦去沾在蒸发皿边上的粉末,以免升华时污染产物。取一刺有许多小孔的滤纸(孔刺向上),盖在蒸发皿上,上罩一支合适的玻璃漏斗,在石棉网上小心加热升华。当纸上出现白色毛状结晶时,暂停加热,冷至 100 ℃ 左右,拿开漏斗和滤纸,将咖啡因用小刀刮下。残渣搅拌后用较大的火继续加热片刻,使升华完全。合并两次升华制得的咖啡因,测定熔点。若产品不纯,可用少量热水结晶提纯,或用减压升华装置再次升华。

咖啡因的熔点为 234~237 ℃。

本实验约需 6 h。

注意事项:

(1) 滤纸套大小既要紧贴器壁,又能方便取放,其高度不得超过虹吸管。滤纸包茶叶末要严防漏出,以免堵塞虹吸管。纸套上面折成凹形,以保证回流液均匀浸润被萃取物。

(2) 当提取液颜色很淡时,即可停止提取。

(3) 瓶中乙醇不可蒸得太干,否则残液很黏,转移时损失较大。

(4) 生石灰起吸水和中和作用,可以除去部分杂质。

(5) 如留有少量水分,会在升华开始时带来一些烟雾,污染器皿。焙炒切不能过火。

(6) 升华过程中始终都应小火间接加热,温度太高会使滤纸炭化变黑,影响产品的纯度。第二次升华时,火也不能太大,否则会使被烘物大量冒烟,影响产品的纯度和产量。

思考题:

(1) 总结提纯固体物质的方法和使用范围。

(2) 简要说明索氏提取器的萃取原理。

(3) 提取咖啡因时加入生石灰起什么作用?

5.21 配合物的制备

配合物又称为配位化合物,是由具有接受电子的空位原子或离子(中心体)与可以给出孤对电子或多个不定域电子的一定数目的离子或分子(配体)按照一定的组成和空间构型所形成。配合物一般由内界和外界两部分组成。内界即由离子或原子(称为中心原子)与一定数目的分子或离子(称为配体)所组成,具有一定的稳定性。通常将特征部分用方括号括起来,称为配合物的内界,如 $[Cu(H_2O)_4]^{2+}$。而在特征部分以外的离子,如硫酸根,它与中心原子连接较为松弛,并使整个配合物呈中性,为配合物的外界部分,相比于内界,外界部分较为容易解离。配合物一般存在于溶液或晶体中,其结构特点一般呈现一定的几何构型。配合物的成键方式是形成配位键,这是配合物最本质的特征。配合物成键需要满足两个条件,即中心原子有空的轨道,同时配体上有孤对电子或不定域电子。

配合物的配体根据键合电子的特征进行分类,可以分为经典配体(σ-配体)和非经典配体(π-酸配体、π-配体)。能提供孤对电子对与中心原子形成σ-配键的配体称为经典配体,如 NH₃、OH⁻ 等。既是电子给体,又是电子受体,不一定具有孤电子对,可以存在一对或多个不定域的 π 电子,成键结果使中心原子与配体都不具有明确的氧化态,这类配体被称为非经典配体。在非经典配体中,除提供孤电子对与中心原子形成σ-配键之外,还有与中心原子d轨道对称性匹配的空轨道,能够接受中心原子提供的非键 d 电子对,形成反馈 π 键的配体被称为π-酸配体。既能够提供 π 电子与中心离子或原子形成配键,又能接受中心原子提供的非键 d 电子对形成反馈 π 键的不饱和有机配体,这类非经典配体则被称为π-配体。根据中心原子数目对配合物进行分类,配合物可以分为单核配合物(具有一个中心原子)和多核配合物(具有两个或两个以上的中心原子)。按照配体的齿数来分类,配合物则可以分为简单配合物和螯合物。简单配合物是由单齿配体与中心离子形成的配合物。螯合物则是由多齿配体(即两个或者两个以上的配位原子)同时和一个中心离子配位而形成的具有环状结构的配合物。

由于配合物的种类以及数量繁多,其制备方法也千差万别,很难总结出一个固定的合成模式,这里仅以典型配合物为例总结配合物合成的常用方法。根据配位数和氧化态的变化,配合物的合成方法可分为加成反应、取代反应、解离反应、氧化还原反应以及氧化加成反应。其中,加成反应过程中,中心原子的配位数逐渐增加,但氧化态不变;取代反应过程中,中心原子的配位数与氧化态均不变;解离反应过程中,中心原子的配位数减小,但氧化态不变;氧化还原反应过程中,中心原子的氧化态改变;氧化加成反应过程中,中心原子的氧化态和配位数均发生改变。

实验一 8-羟基喹啉铝的制备

实验目的:

(1) 学习 AlCl₃的合成原理和方法。

(2) 巩固回流加热和水蒸气蒸馏等基本操作。

(3) 掌握返滴定法测定简单试样中铝含量的方法。

反应方程式:

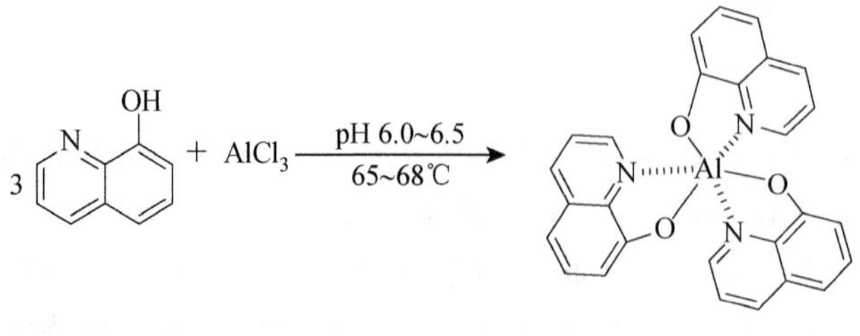

$$3 \text{(8-羟基喹啉)} + AlCl_3 \xrightarrow[65\sim68℃]{pH\ 6.0\sim6.5} \text{(8-羟基喹啉铝)}$$

实验原理:

合成 8-羟基喹啉铝的基本原理是将 Al³⁺ 水溶液与 8-羟基喹啉的阴离子结合,调节溶液的 pH 使 8-羟基喹啉铝在沉淀环境下析出。

反应式为：

$$C_9H_7NO + Al^{3+} + OH^- \longrightarrow C_{27}H_{18}AlN_3O_3 \downarrow + H_2O$$

可能的副反应为：

$$Al^{3+} + OH^- \longrightarrow Al(OH)_3 \downarrow$$

仪器和药品：

三氯化铝，8-羟基喹啉，醋酸铵，无水乙醇，蒸馏水。

抽滤装置，温度计，试纸，真空干燥箱。

实验步骤：

称取 3.07 g 三氯化铝溶于 50 mL 蒸馏水中，称取 10 g 8-羟基喹啉溶于无水乙醇溶液（玻璃棒搅拌，可略微加热），溶液呈淡棕黄色。将三氯化铝溶液倒入三口瓶中，磁力搅拌，水浴加热到 65～68 ℃，缓缓加入 8-羟基喹啉的乙醇溶液，溶液由无色逐渐变为墨绿色。

用醋酸铵做缓冲剂调节 pH 6.0 至 6.5，并保持这一酸碱度（精密试纸），溶液由墨绿色变为黄绿色，反应 3 h，得亮黄绿色沉淀。冷却 30 min，抽滤，用约 200 mL 蒸馏水和 100 mL 无水乙醇分别洗滤饼 3 次。100 ℃下真空干燥 5 h，得到黄绿色固体粉末。

注意事项：

反应时注意 pH 的调节，当反应器中出现较多明显的黄绿色沉淀时，就要及时停止加入碱。

思考题：

为什么称量三氯化铝后要快速把瓶子盖好？

实验二　Eu(CCHPD)₃Phen 的合成

实验目的：

掌握铕配合物合成的实验方法，熟练掌握调节 pH 的方法。

实验原理：

由过渡金属的原子或离子(价电子层的部分 d 轨道和 s、p 轨道是空轨道)与含有孤对电子的分子或离子通过配位键结合形成化合物。

反应方程式：

CCHPD　　　　　　　Eu(CCHPD)₂Phen

试剂：

0.347 g CCHPD,0.024 g 1,10-邻菲咯啉,乙醇,1 mol/L NaOH,EuCl$_3$·6H$_2$O,蒸馏水,氯仿,正己烷。

实验步骤：

0.347 g CCHPD(0.6 mmol)和0.024 g 1,10-邻菲咯啉(0.2 mmol)溶解在15 mL的60 ℃乙醇中,用0.6 mL(1 mol/L) NaOH 中和 CCHPD 配体到 pH 为8。0.073 g EuCl$_3$·6H$_2$O(0.2 mmol)溶解在2 mL乙醇中,滴加在上述溶液中。溶液在60 ℃搅拌2 h,冷却到室温,固体过滤,然后用水和乙醇分别洗涤3次,红外灯干燥。然后将固体溶解在5 mL氯仿中,沿着烧杯壁慢慢加入20 mL正己烷,24 h后过滤得到浅棕色固体 Eu(CCHPD)$_3$Phen,产率57%。

思考题：

调节 pH 时,NaOH 应该怎样添加,过程是怎样的?

实验三 [(BuPhNPPy)Pt(DBM)]的合成

实验目的：

掌握铂配合物合成的实验方法,熟练掌握抽滤、洗涤等过程。

实验原理：

由过渡金属的原子或离子(价电子层的部分 d 轨道和 s、p 轨道是空轨道)与含有孤对电子的分子或离子通过配位键结合形成化合物。

反应方程式：

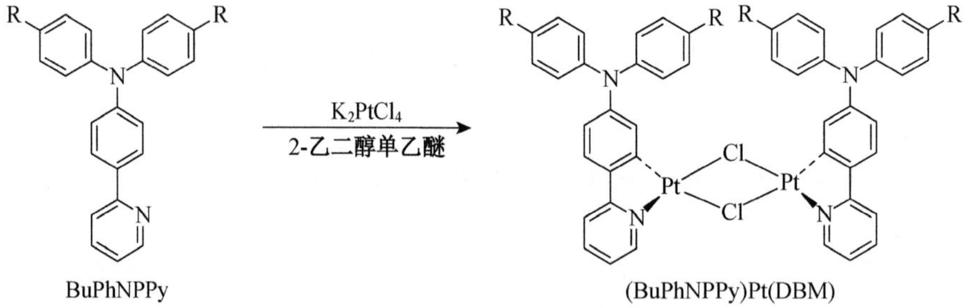

BuPhNPPy   (BuPhNPPy)Pt(DBM)

试剂：

0.602 7 g BuPhNPPy,0.288 3 g 氯亚铂酸钾,乙二醇单乙醚,蒸馏水,石油醚。

实验步骤：

在50 mL三口瓶中,加入20 mL乙二醇单乙醚、7 mL水、0.602 7 g(1.39 mmol)BuPhNPPy和0.288 3 g(0.69 mmol)氯亚铂酸钾。在 N$_2$保护下,升温至80 ℃,磁力搅拌下反应34 h,冷却静置一夜,产生黄绿色沉淀。抽滤,固体依次用乙二醇单乙醚和石油醚洗涤,真空干燥,得0.49 g黄绿色固体。

思考题：

搅拌后,为什么要冷却静置一夜?

实验四　蓝光材料 FIrpic 的合成

实验目的：

学习 FIrpic 的合成原理和方法。

反应方程式：

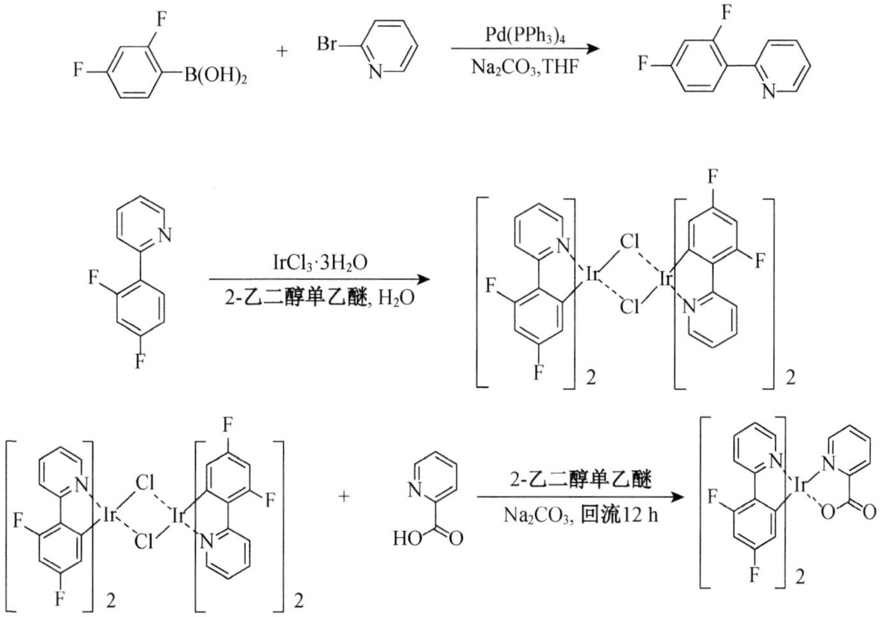

试剂：

2,4-二氟苯硼酸,2-溴吡啶,2-甲酸吡啶,乙二醇单乙醚,四氢呋喃,三水合三氯化铱,四(三苯基膦)钯,无水碳酸钠,石油醚,二氯甲烷,甲醇,无水乙醇,丙酮,柱层硅胶。

实验步骤：

1. 配体 2-(4′,6′-二氟苯基)吡啶(dfppy)的合成

将 16.00 g(101.39 mmol)2,4-二氟苯硼酸、13.32 g(84.30 mmol)2-溴吡啶、2.92 g(2.34 mmol)四(三苯基膦)钯、12.72 g(120 mmol)无水碳酸钠加入圆底烧瓶中,用四氢呋喃和去离子水溶解后,氩气氛保护下加热回流 24 h,冷却至室温,混合物倾入大量水中,用二氯甲烷萃取三次,合并有机相,无水硫酸镁干燥。过滤,除去溶剂,残留物使用色谱分离,洗脱剂为石油醚和二氯甲烷(体积比为 15∶1),得目标产物 dfppy 无色液体 13.85 g,产率为 86.02%。

2. 二聚体(dfppy)₂Ir(μ-Cl₂)Ir(dfppy)₂ 的合成

将 27.00 g(141.36 mmol)dfppy 和 19.92 g(56.49 mmol)三水合三氯化铱加入圆底烧瓶中,用乙二醇单乙醚和去离子水溶解后,在标准 Schlenk 真空线技术控制下,加热回流反应 24 h。冷却到室温,抽滤,滤饼依次用丙酮、去离子水、丙酮洗涤,干燥,得到目标产物二聚体黄绿色固体 33.24 g,可直接用于下一步反应,产率为 96.85%。

3. 配合物 FIrpic 的合成

将 24.00 g(19.75 mmol)二聚体(dfppy)₂Ir(μ-Cl₂)Ir(dfppy)₂加入反应瓶中,溶于乙二醇单乙醚,搅拌,在标准 Schlenk 真空线技术控制下,加热至回流,迅速一次性加入

10.36 g(97.75 mmol)无水碳酸钠,另将 5.28 g(43.24 mmol)2-吡啶甲酸溶于乙二醇单乙醚中,恒压滴液漏斗滴入,然后再回流反应 3 h,冷却到室温,混合物倾入大量水中,抽滤,滤饼烘干,用乙醇与二氯甲烷的混合溶液重结晶,得到配合物 FIrpic 黄绿色固体 26.24 g,产率为 95.70%。

思考题:

(1) 合成 dfppy 时为什么要用氩气保护?

(2) 配合物 FIrpic 合成时为什么要迅速一次性加入无水碳酸钠?

实验五 蓝光铜配合物材料的合成

实验目的:

掌握 Cu 的配合物的合成方法;掌握柱层析的提纯方法。

实验原理:

在 POCl₃ 溶液中,用 2-羟基吡啶和吡唑或其衍生物反应能很容易地制备在这项研究中所使用的二亚胺配体。用[Cu(CH₃CN)₄]BF₄ 和 POP[双(2-二苯基膦苯基)醚]配体以及相应二亚胺配体按反应比反应,分别可制得铜配合物[Cu(pypz)(POP)]BF₄、[Cu(pympz)(POP)]BF₄ 和[Cu(pytfmpz)(POP)]BF₄,且产率很高。反应得到的铜配合物的分子结构如下:

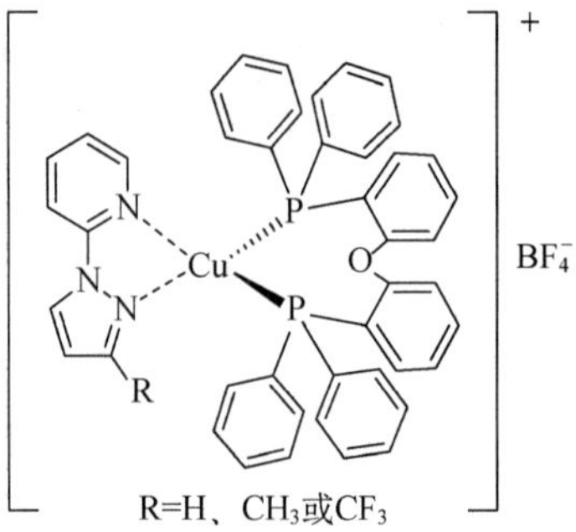

试剂:

二亚胺配体 1-(2-吡啶基)吡唑(pypz),3-甲基-1-(2-吡啶基)吡唑(pympz),3-三氟甲基-1-(2-吡啶基)吡唑(pytfmpz),2-羟基吡啶,POCl₃,[Cu(CH₃CN)₄]·BF₄,POP,CH₂Cl₂。

实验步骤:

1. 二甲亚胺配体的合成

二亚胺配体 1-(2-吡啶基)吡唑(pypz)、3-甲基-1-(2-吡啶基)吡唑(pympz)、3-三氟甲基-1-(2-吡啶基)吡唑(pytfmpz)可根据文献合成。在一个配有回流冷凝器和磁力搅拌棒的圆底烧瓶中加入 2-羟基吡啶(10 mmol)和相应的(取代)吡唑(12 mmol),溶解在 POCl₃(9.2 mL,100 mmol)中。该混合物加热回流(110 ℃)24 h。小心地将热反应溶液倒入冰水混合物中,并充分搅拌。用饱和的 NaOH 水溶液调节 pH 至 10 左右。在室温下搅拌 2 h 后,用二氯甲烷萃取。用饱和食盐水洗涤收集到的有机相,并用无水硫酸钠干燥,然后蒸发溶剂,得到二亚胺配体,用硅胶柱进一步提纯。

2. 铜配合物的合成

将 $[Cu(CH_3CN)_4] \cdot BF_4$(1.0 mmol)和 POP(1.0 mmol)溶于 CH_2Cl_2(10 mL)中,混合物在室温下搅拌加热 1 h,然后加入相应的二甲亚胺配体(1 mmol)。再将反应混合物搅拌 2 h,然后蒸发溶剂,得到相应的铜配合物。

思考题:

合成二甲亚胺配体时,为什么要用 NaOH 水溶液调 pH?

5.22 聚合反应

聚合反应是由单体合成聚合物的反应过程。有聚合能力的低分子原料称单体,相对分子质量较大的聚合原料称大分子单体。若单体聚合生成相对分子质量较低的低聚物,则称为低聚反应,产物称低聚物。一种单体的聚合称均聚合反应,产物称均聚物。两种或两种以上单体参加的聚合则称共聚合反应,产物称为共聚物。

常用的聚合方法有本体聚合、悬浮聚合、溶液聚合和乳液聚合四种。自由基聚合可选用其中之一进行。离子型或配位聚合,一般采用溶液聚合,例如乙烯、丙烯采用钛催化剂聚合,由于催化剂与聚合物均不溶于溶剂,常称淤浆聚合。缩聚反应一般在本体或溶液中进行,分别称为本体(熔融)缩聚和溶液缩聚,在两相界面上的缩聚称界面缩聚。本章主要介绍两种常见的聚合方法,即自由基聚合与离子聚合。

自由基聚合为用自由基引发,使链增长(链生长)自由基不断增长的聚合反应,又称游离基聚合。加成聚合反应绝大多数是由含不饱和双键的烯类单体作为原料,通过打开单体分子中的双键,在分子间进行重复多次的加成反应,把许多单体连接起来,形成大分子。它主要应用于烯类的加成聚合。最常用的产生自由基的方法是引发剂的受热分解或二组分引发剂的氧化还原分解反应,也可以用加热、紫外线辐照、高能辐照、电解和等离子体引发等方法产生自由基。

自由基聚合在高分子化学中占有极其重要的地位,是人类开发最早、研究最为透彻的一种聚合反应历程。60%以上的聚合物是通过自由基聚合得到的,如低密度聚乙烯、聚苯乙烯、聚氯乙烯、聚甲基丙烯酸甲酯、聚丙烯腈、聚醋酸乙烯、丁苯橡胶、丁腈橡胶、氯丁橡胶等。

该聚合反应属链式聚合反应,分为链引发、链增长、链终止和链转移四个基元反应。

链引发:又称链的开始,主要反应有两步,先形成活性中心——游离基,进而游离基引发单体。主要的副反应是氧和杂质与初级游离基或活性单体相互作用使聚合反应受阻。一般需要有引发剂进行引发,常用的引发剂有偶氮引发剂、过氧类引发剂和氧化还原引发剂等,偶氮引发剂有偶氮二异丁腈、偶氮二异丁酸二甲酯引发剂、V-50 引发剂等,过氧类有 BPO 等。光、热、辐射亦可引发。

链增长:是活性单体反复地和单体分子迅速加成,形成大分子游离基的过程。链增长反应能否顺利进行,主要决定于单体转变成的自由基的结构特性、体系中单体的浓度及与活性链浓度的比例、杂质含量以及反应温度等因素。

链终止:主要由两个自由基的相互作用形成,指活性链活性的消失,即自由基的消失而形成了聚合物的稳定分子。终止的主要方式是单基终止和双基终止。双基终止是两个活性链自由基的结合和歧化反应的双基终止,或二者同时存在。当体系黏度过大等不能双基终止只能单基终止。

链转移:链自由基从单体、溶剂、引发剂等低分子或已形成的大分子上夺取一个原子而终止,并使这些失去原子的分子形成新的自由基。链终止将活性种转移给另一分子,而原来活性种本身却终止。

聚合方法:自由基聚合反应在高分子合成工业中是应用最广泛的化学反应,大多烯类单体的聚合或共聚都采用自由基聚合,所得聚合物都是线形高分子化合物。

按反应体系的物理状态自由基聚合的实施方法有本体聚合、溶液聚合、悬浮聚合、乳液聚合和超临界二氧化碳聚合五种聚合方法。它们的特点不同,所得产品的形态与用途也不相同。

阴离子聚合是离子聚合的一种,在该类反应中,烯类单体的取代基具有吸电子性,使双键带有一定的正电性,具有亲电性,如 $CH_2\!=\!CH \to CN$、$CH_2\!=\!CH \to NO_2$、$CH_2\!=\!CH \to C_6H_5$,凡电子给体如碱、碱金属及其氢化物、氨基化物、金属有机化合物及其衍生物等都属亲核催化剂。阴离子聚合反应的引发过程有两种形式:①催化剂分子中的负离子如 $H_2N\!:\!-$、$R\!:\!-$ 与单体形成阴离子活性中心;②碱金属把原子外层电子直接或间接转移给单体,使单体成为游离基阴离子。阴离子聚合反应常常是在没有链终止反应的情况下进行的。许多增长着的碳阴离子有颜色,如体系非常纯净,碳阴离子的颜色在整个聚合过程中会保持不变,直至单体消耗完。当重新加入单体时,反应可继续进行,相对分子质量也相应增加。这种在反应中形成的具有活性端基的大分子称为活性聚合物。在没有杂质的情况下,制备活性聚合物的可能性决定于单体和溶剂。如溶剂(液氨)和单体(丙烯腈)有明显的链转移作用,则很难得到活性聚合物。利用活性聚合物可制得嵌段共聚物、遥爪聚合物等。

在环氧型单体中,如环氧乙烯、环氧丙烯等,可通过碱金属醇类引发开环,形成氧负离子进而进行链增长。聚环氧乙烯(PEO)等主链重复单元为 $CH_2\!-\!CHO$ 等的聚合物均可实现阴离子聚合。由于氧负离子的活性较碳负离子更加稳定,环氧类单体的阴离子聚合更易操作和可控。而环氧类单体可以通过修饰环氧相连的集团,"悬挂"不同的液晶基,通过阴离子聚合形成 PEO 主链的液晶高分子。影响阴离子聚合动力学的因素主要是反应速率、聚合物的相对分子质量及其分布,其次还有缔合作用。

(1)溶剂对聚合速率的影响

① 阴离子聚合显然应该选用非质子溶剂,如苯、二氧六环、四氢呋喃、二甲基甲酰胺等,而不能选用质子溶剂如水、醇和酸等,后者是阴离子聚合的阻聚剂。

② 溶剂的引入,使单体浓度降低,影响聚合速率,同时,阴离子活性增长链向溶剂的转移反应会影响聚合物的相对分子质量。

③ 溶剂和中心离子的溶剂化作用能导致增长活性中心的形态和结构发生改变,从而使聚合机理发生变化。

非极性溶剂不发生溶剂化作用,增长活性中心为紧密离子对,不利于单体在离子对之间插入增长,从而聚合速率较低。极性溶剂导致离子对离解度增加,活性中心的种类增加,有利于单体在离子对之间插入增长,从而提高聚合速率。

(2)反离子对聚合速率的影响

在溶液中,离子和溶剂之间的作用能力,即离子的溶剂化程度,除与溶剂本身的性质有关外,与反离子的半径有关。

非极性溶剂不发生溶剂化作用,活性中心为紧密离子对。中心离子和反离子之间的距离随反离子半径的增大而增加,从而使它们之间的库仑引力减少。因而在非极性溶剂中,为了提高聚合速率应选半径大的碱金属作引发剂。

极性溶剂中发生溶剂化作用,活性中心为被溶剂隔开的松对。溶剂的溶剂化作用随溶剂极性的增加而增加,随反离子半径的增大而减少。反离子半径愈小,溶剂化作用愈强,松对数目增多,聚合速率增加。在极性溶剂中,为了提高聚合速率应选半径小的碱金属作引发剂。

（3）温度对聚合速率和相对分子质量的影响

温度对阴离子聚合的影响是比较复杂的。许多情况下,反应总活化能为负值,故聚合速率随温度的升高而降低,聚合物的相对分子质量随温度的升高而减小。

常见的聚合物示例如下:

（1）聚丙烯酰胺是水溶性的高分子聚合物,主要用于各种工业废水的絮凝沉降,沉淀澄清处理,如钢铁厂废水、电镀厂废水、冶金废水、洗煤废水等污水处理、污泥脱水等。还可用于饮用水澄清和净化处理。由于其分子链中含有一定数量的极性基团,它能通过吸附水中悬浮的固体粒子,使粒子间架桥或通过电荷中和使粒子凝聚形成大的絮凝物,故可加速悬浮液中粒子的沉降,有非常明显的加快溶液澄清、促进过滤等效果。

（2）聚乙烯基咔唑（PVK）是芳香性结构含氮杂环高聚物,具有一系列优良的性能,如吸水率低,热膨胀系数小,玻璃化温度、热变性温度都较高,蠕变很小,热稳定性能优良,具有优异的介电性能,甚至在较高温度和很宽的频率范围内保持不变。它的化学稳定性较高,能耐稀碱、稀酸和沸水,耐四氯化碳、乙醚、乙醇、脂肪烃、氢氟酸、氢化芳香烃、矿物油、变压器油等。PVK是一种带π电子系支链基的非共轭类聚合物,它稳定,具有光导性,因此是一种有开发价值的功能材料。

聚乙烯基咔唑由于具有较好的空穴传输能力,被广泛应用于有机光导材料。PVK被用做电子照相用的感光体以后,研究主要集中在电子照相用的光电导物质以及用于静电复印和激光打印如感光、感热记录材料的光电导体等方面。

（3）聚噻吩是一种常见的导电聚合物。本征态聚噻吩为红色无定型固体,掺杂后则显绿色。这一颜色变化可应用于电致变色器件。聚噻吩不溶,有很高的强度。在三氟化硼乙醚络合物中电化学聚合得到的聚噻吩强度大于金属铝。聚噻吩的能隙较小,但氧化掺杂电位较高,故其氧化态在空气中很不稳定,迅速被还原为本征态。同时聚噻吩可以被还原掺杂。聚噻吩很容易在3位引入侧链,根据侧链的不同,聚噻吩的溶解性以及电化学性质有较大的区别。聚噻吩可以由2,5位带有特定官能团的噻吩单体通过偶联得到,也可以通过噻吩的电化学聚合制得。其聚合电位很高,通常在2.0 V以上。使用三氟化硼乙醚络合物作溶剂可大大降低噻吩的聚合电位（约1.2 V）。聚噻吩可用于有机太阳能电池、化学传感、电致发光器件等,聚噻吩的衍生物PEDOT是有机电致发光器件制备中重要的空穴传输层材料。

实验一　乙烯基咔唑的自由基聚合

实验目的:

（1）掌握自由基聚合的反应原理和方法。

(2) 掌握反应监控和调节的方法。

实验原理：

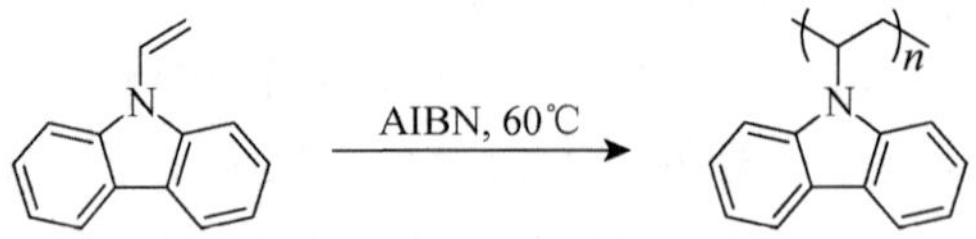

试剂：

N-乙烯基咔唑，偶氮二异丁腈(AIBN)，四氢呋喃，甲醇。

实验步骤：

将 N-乙烯基咔唑、微量催化剂偶氮二异丁腈(AIBN)加入装有搅拌子的两口烧瓶中，所述烧瓶干燥并密闭后三次抽真空通氮气，高纯氮气使用前要经过严格无水无氧处理。然后，将反应装置放入油浴锅中，用注射器加入四氢呋喃，四氢呋喃在加入之前先除去一些杂质。整个反应体系在 60 ℃下反应 48 h。反应结束后，将反应液滴入甲醇中并剧烈搅拌 1 h，然后用滤纸过滤，待滤纸干燥后将纸上聚合物刮下得白色产物，产率 71%。

注意事项：

(1) 反应中用到偶氮二异丁腈，反应之前要反复重结晶。

(2) 反应在高温条件下进行，注意温度的控制。

(3) 实验仪器必须干燥，否则反应开始很慢，甚至不反应。

思考题：

(1) 反应后甲醇沉降的作用是什么？

(2) 偶氮二异丁腈聚合的反应机理是什么？

实验二 乙烯基硅芴的阴离子聚合

实验目的：

(1) 掌握阴离子聚合的反应原理和方法。

(2) 掌握反应监控和调节的方法。

实验原理：

阴离子聚合反应中碱金属把原子外层电子直接或间接转移给单体，使单体成为游离基阴离子，从而发生聚合。

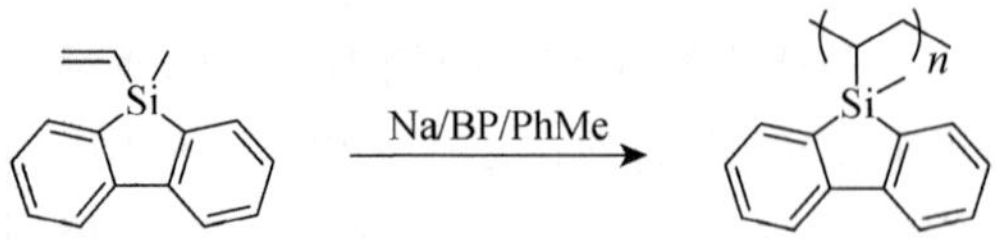

试剂：

少量钠块，二苯甲酮，甲苯，乙烯基硅芴，四氢呋喃，甲醇。

实验步骤：

将少量钠块、甲苯溶剂加入装有搅拌子的两口烧瓶中，所述烧瓶干燥并密闭后三次抽真空通氮气，高纯氮气使用前要经过严格无水无氧处理。将反应装置放入油浴锅中，升温至110 ℃剧烈搅拌将钠块打成钠沙，然后将甲苯溶剂抽出，在密闭环境下用四氢呋喃荡洗钠沙,反复三次。0.025 mol/L 的二苯甲酮溶于四氢呋喃注入反应体系,待反应液呈深蓝色时,迅速加入乙烯基硅芴(1 mol/L)的四氢呋喃溶液,剧烈搅拌 10 min。甲苯在使用前要经过严格的处理,除去一些杂质。整个反应体系在 60 ℃下反应 48 h。反应结束后,将反应液滴入甲醇中并剧烈搅拌 1 h,然后用滤纸过滤,待滤纸干燥后将纸上聚合物刮下。产率 75%。

注意事项:

(1) 反应中用到钠,注意使用安全和必要防护。

(2) 实验步骤较复杂,每一步都要认真操作,注意温度的控制。

(3) 实验仪器必须干燥,否则反应开始很慢,甚至不反应。

思考题:

(1) 反应中加入二苯甲酮水溶液的作用是什么?

(2) 反应为什么要高温?

实验三　芴的 Suzuki 聚合

实验目的:

学习 Suzuki 聚合反应的基本实验操作和反应处理步骤。

实验原理:

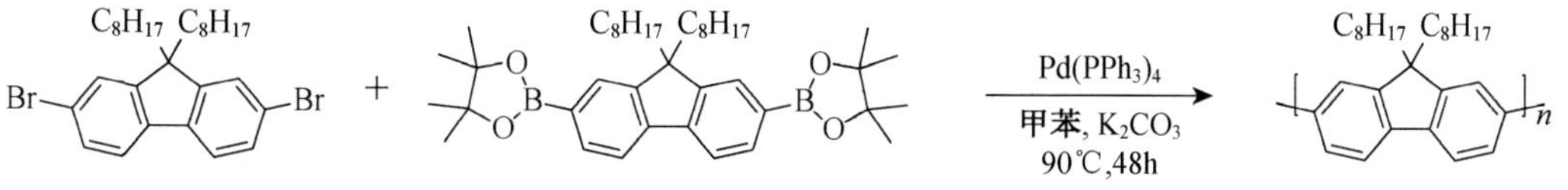

$$
\text{A} + \text{B} \xrightarrow[\substack{\text{甲苯},\ K_2CO_3 \\ 90\ ℃,48h}]{Pd(PPh_3)_4} \text{聚合物}
$$

试剂:

0.1 g(0.3 mmol)A,0.129 g(0.3 mmol)B,5 mg 四(三苯基膦)钯,重蒸甲苯,无水 K_2CO_3,去离子水,无水硫酸钠,硅胶,石油醚。

实验步骤:

实验准备工作:重蒸并干燥过的甲苯溶液,1 mol/L 的 K_2CO_3 去离子水溶液,两种溶液使用 N_2 气球鼓泡 1~2 h 除去溶解的部分氧气。反应原料必须经过多次重结晶提纯处理。

分别称取 0.1 g(0.3 mmol)A 和 0.129 g(0.3 mmol)B,以及磁力搅拌子放入 50 mL 圆底烧瓶中,加入适量(一般 2~5 滴)相转移催化剂,称取 5 mg 四(三苯基膦)钯[$Pd(PPh_3)_4$]置于混合体系后,加上回流装置,采用橡胶塞和封口膜密封并使用锡箔纸进行避光处理。立即抽真空充 N_2,反复充放气 3 次,并用 N_2 气球做保护。取用 10 mL 新注射器,分别抽取 10 mL 甲苯溶液,通过回流装置上口加入回流体系进行溶解,接着抽取 5 mL K_2CO_3 水溶液(2 mol/L)加入体系。混合体系在 90 ℃回流状态下反应 48 h。反应结束后,去除磁力搅拌子。真空旋干,使体系残留 2~3 mL 溶液,并在锥形瓶中使用 100 mL 甲醇:水=10:1 的溶液在搅拌的情况下进行沉降。如果无法沉降出,尝试滴加少许 NaCl 水溶液进行沉降。将沉淀物进行过滤,得到固体产物,使用 5 mL 的 THF 进行溶解,可适当超声加速溶解。将溶液滴加到 6 cm 长度的 Al_2O_3 柱子中,除去溶液中的金属离子。将所得到的溶液旋干,残留

2～3 mL 溶液,再次使用 100 mL 甲醇溶液进行沉降,同样是在搅拌状态下。过滤出固体产物,用滤纸包裹好,放入索氏提取器,采用丙酮并在回流状态下进行抽提 24 h。将抽提完后的样品进行真空干燥处理,得到最后产物。产率 74%。

注意事项:

(1) 反应过程是在惰性气体环境下进行,搭建装置时确保完好密封,并正确进行惰性气体充放气操作。

(2) 聚合反应体系要求严格,器皿要干净,各项操作需严谨。

(3) 使用索氏提取器时注意不要损坏。

(4) 做好安全防护措施。

思考题:

(1) 沉降的目的是什么?

(2) 产物为什么要经过 Al_2O_3 柱子处理?

(3) 索氏提取器的功能是什么?

实验四　噻吩的氧化聚合

实验目的:

(1) 了解掌握噻吩氧化聚合的原理及实验方法。

(2) 掌握反应监控和调节的方法。

实验原理:

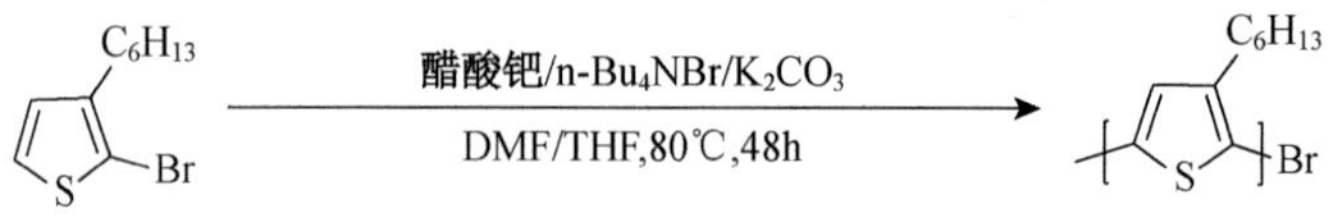

$$
\underset{\substack{\text{醋酸钯/n-Bu}_4\text{NBr/K}_2\text{CO}_3 \\ \text{DMF/THF,80℃,48h}}}{\xrightarrow{\hspace{3cm}}}
$$

试剂:

2-溴-3-己基噻吩 0.618 g(2.5mmol),碳酸钾 0.866 g(6.25 mmol),醋酸钯 0.032 g(0.125 mmol),四正丁基溴化铵 0.807 g(2.5 mmol),二甲基甲酰胺 5 mL,四氢呋喃 5 mL,甲醇。

合成步骤:

在装有温度计、磁力搅拌子的 50 mL 三颈烧瓶中加入 2-溴-3-己基噻吩 0.618 g(2.5 mmol),然后再依次加入四正丁基溴化铵 0.807 g(2.5 mmol)、碳酸钾 0.866 g(6.25 mmol)、醋酸钯 0.032 g(0.125 mmol)和二甲基甲酰胺与四氢呋喃混合溶剂 DMF/THF(1∶1) 10 mL,在氮气保护下,于 80 ℃下连续反应 12 h。反应结束后,将所得产物用甲醇沉淀,然后将所得沉淀产物溶解在氯仿溶液中,并过柱(硅胶填充)以除去催化剂。最后经沉淀、过滤、真空干燥,得到黑色纤维状聚 3-己基噻吩。产物 0.379 g,产率为 61%。

思考题:

(1) 对于聚合反应,可能的影响因素有哪些?

(2) 反应为什么需要氮气保护?

实验五 聚对苯乙烯撑(PPV)的制备

实验目的:

(1) 掌握 Wittig 反应的聚合方法。

(2) 巩固对 Wittig 反应的理解。

反应方程式:

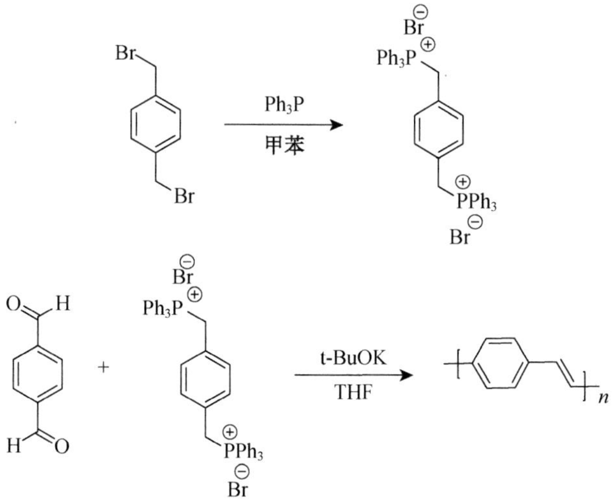

试剂:

1.32 g(5 mmol) 1,4-二(溴甲基)苯,2.96 g(11 mmol)三苯基膦,0.41 g(3.0 mmol)对二苯甲醛,1.10 g(9.0 mmol)叔丁醇钾,四氢呋喃(THF),甲苯等。

实验步骤:

(1) 1,4-二(溴甲基三苯基膦)苯

在 50 mL 圆底烧瓶中,加入 1.32 g(5 mmol) 1,4-二(溴甲基)苯、2.96 g(11 mmol)三苯基膦,加入 40 mL 无水甲苯,加热回流状态下搅拌 12 h,待冷却至室温抽滤,再分别用无水甲苯、无水乙醚洗涤沉淀 3 次,50 ℃真空干燥。

(2) 聚对苯乙撑

在 100 mL 圆底烧瓶中加入 1.58 g(3.0 mmol) 1,4-二(溴甲基三苯基膦)苯和 0.41 g(3.0 mmol)对二苯甲醛,加入 40 mL 无水四氢呋喃,常温搅拌 30 min,在氮气氛围保护下,缓慢逐滴向烧瓶中滴加 1.10 g(9.0 mmol)叔丁基醇钾溶液(10 mL)。在滴加过程中,溶液接触位置变红。搅拌 10 h 后,浓缩溶液至 20 mL 左右,倒入 100 mL 甲醇:水为 3:1 的溶液中,出现沉淀,沉淀即为目标产物聚对苯乙烯撑。

注意事项:

无水四氢呋喃的制备方法为在圆底烧瓶中加入 500 mL 四氢呋喃,并加入 5 g 钠丝和 0.5 g 二苯甲酮,磁力搅拌,加热回流约 1~3 h 后,溶液呈蓝色,蒸馏,收集 65~67 ℃的馏分。

实验六 聚 1,3,5 - 三溴苯的制备

实验目的：

掌握 Yamamoto 反应的原理及相关操作。

实验原理：

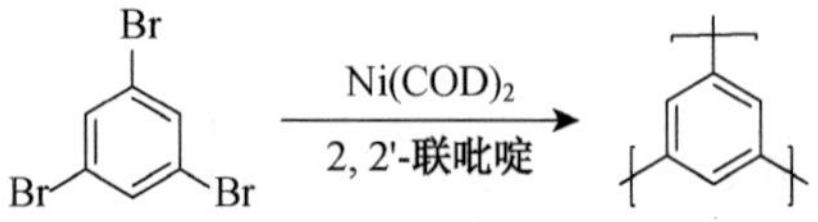

实验步骤：

向 50 mL 反应瓶中加入 1,3,5 - 三溴苯(0.07 g,0.22 mmol)、1,5 - 环辛二烯镍 (0.092 g, 0.42 mmol)、2,2'-联吡啶(0.039 2 g,0.31 mmol),将反应瓶取出后接入真空管,抽真空通氮气 5 次后,加入 DMF 3 mL 和甲苯 3 mL 后,再抽真空通氮气 3 次。用注射器加入 1,5 - 环辛二烯(30 μL),抽真空通氮气 6 次后,80 ℃反应 48 h。反应结束后冷却到室温,加入 HCl 和 MeOH 的混合溶液中(HCl 与 MeOH 体积比 1∶9),有白色沉淀产生,离心得白色沉淀,用甲醇洗涤 3 次即得聚合物,称重,计算产率(0.021 g)。

思考题：

(1) Yamamoto 反应为什么要在氮气保护下进行?

(2) 如果在 Yamamoto 反应中有少量水分掺入,会有什么后果?

第6章 有机化合物特殊制备技术

随着现代科学技术的发展,特别是新装备、新技术的出现,有机化合物的合成方法不再局限于在反应容器中通过加热或冷却的条件进行,也可以采用电、光、磁等特殊手段进行高效合成。相比于传统合成方法,此类新型制备技术能够快速、高产量实现特定产物的制备,可以使用毒副作用较强的原料、溶剂等,也能够使得在传统条件下不能进行的反应得以发生,因此发展有机化合物的特殊合成方法取代传统的制备工艺备受关注。

目前已经广泛报道的特殊合成方法有微波合成法、光化学合成法、电化学合成法、超声合成法、绿色化学合成法、超临界流体萃取法等。本部分将对上述特殊的合成方法所涉及的原理以及主要特点进行简要的阐述,以期拓宽有机化合物的合成途径,弥补传统合成方法的不足。

6.1 微波合成法

微波作为一种能源,具有加热速度快、受热体系温度均匀和热效率高等优点,对许多化学反应有特殊促进作用。微波化学近年来已经发展成为化学领域的新兴学科之一。

6.1.1 微波加热机理

微波是波长在 100 cm 至 1 mm 范围内,频率大约在 300 MHz～300 GHz 区域内的电磁波。微波最早是作为一种通信手段应用于雷达和电信传输。20 世纪 60 年代,微波加热技术及微波炉的应用有了较大的发展。微波在传输过程中遇到不同物料时,会产生反射、吸收和穿透现象,这主要取决于物料的介电常数 ε、介质损耗因子 ξ、比热容和形状等。一般来说,介质在微波场中的加热主要有两种机理,即离子传导和偶极子转动,在微波加热实际应用中,这两种机理的微波能耗散同时存在。

常规加热是由外部的热源通过热辐射、热传导和热对流的方式实现,是一种由表及里的外加热方式。微波加热是分子本身的运动引起的,是一种独特的分子内加热方式,与常规加热方式相比,微波加热速度快,受热体系温度均匀,无滞后效应,而且热效率高。基于微波加热的优越性,在 20 世纪 60 年代末,微波开始作为一种能源用于实验室规模的化学反应研究。

6.1.2 微波合成法的优点

微波对许多化学反应都有特殊的促进作用,与常规加热化学反应相比,微波化学反应的优点是:①微波化学反应速度快,可以提高到常规方式的 10～10 000 倍。②微波化学反应可以实现分子水平上的搅拌,反应产率高,副反应少。由于不同物质受微波辐照后的响应不相同,可以使反应有高的选择性。③微波可以直接作用于物质,在很多有机反应中不需要使用作为传热介质的溶剂,这样可以减少和消除有害溶剂的使用。微波加热清洁方便,对环境无污染,属于绿色化学的范畴。④微波加热可以精确地加以控制和使用,有利于实现自动化操作。⑤微波加热在一定的技术规范和标准下是非常安全的。

6.1.3 微波聚合

(1) 微波开环聚合

开环聚合是合成高相对分子质量聚合物的一种重要方法,也是制备可生物降解聚酯、聚碳酸酯等的一种常用方法。微波在开环聚合中的应用主要集中在 ε-己内酯、ε-己内酰胺、丙交酯以及碳酸酯的开环聚合反应。虽然这个领域的研究不多,但是微波已经显示了其独特的作用。

(2) 微波缩聚反应

缩聚反应是指具有两个或者两个以上反应功能基的低分子化合物通过多次缩合生成高聚物,并伴随有小分子产物生成的反应。缩聚反应是由许多阶段性的重复反应而生成高聚物的过程,每一阶段都能得到较稳定的化合物。这类反应的特点是:

① 聚合物链增长主要靠功能基之间的反应来实现。

② 聚合物分子链增长的速率缓慢,聚合物相对分子质量随时间增加而增长,聚合时间有时需几小时甚至几天。

③ 反应体系中单体的功能基都有相近的反应活性,体系主要由正在增长的链组成。

④ 反应体系中单体很快转化为低聚物,转化率和时间无关。

对于常规加热缩聚反应,面临的主要问题是反应时间过长,而且很难在较短时间内得到高相对分子质量的聚合物。微波加热缩聚反应正好能弥补上述缺点,比常规加热缩聚具有较大的优势,现已用于聚酯、聚酰胺、有机光电材料(Suzuki 聚合、Yamamoto 聚合)等的合成。

(3) 微波加聚反应

微波用于加聚反应的研究有很多,主要用于苯乙烯(PS)、甲基丙烯酸(MA)、甲基丙烯酸甲酯(MMA)、甲基丙烯酸羟乙酯的均聚和共聚反应等方面。根据聚合方法的不同可以分为本体聚合、溶液聚合和乳液聚合。微波加聚反应用来进行含双键的单体的聚合反应,可以在本体、溶液和乳液三种情况下进行,反应速率比传统的方法提高了很多,并且能合成分散度更均匀的高分子微球。

6.2 光化学合成法

光化学反应又称光化作用,是指物质在可见光或紫外线的照射下而产生的化学反应,是由物质的分子吸收光子后所引发的反应。光化学反应可引起化合、分解、电离、氧化还原等过程。光化学作用主要可分为两类:一类是光合作用,如绿色植物在日光照射下,借植物叶绿素的帮助,吸收光能,将二氧化碳和水合成碳水化合物。另一类是光分解作用,如高层大气中分子氧吸收紫外线分解为原子氧,染料在空气中的褪色,胶片的感光作用等。

6.2.1 光化学反应过程

在自然环境中,光化学反应主要是受阳光的照射,物质吸收光子而使该物质分子处于某个电子激发态,从而引起与其他物质发生的化学反应。如光化学烟雾形成的起始反应是二氧化氮(NO_2)在阳光照射下,吸收紫外线(波长 2 900~4 300 Å)而分解为一氧化氮(NO)和原子态氧(O,三重态)的光化学反应,由此开始了链反应,导致了臭氧及与其他有机烃化合物的一系列反应,最终生成了光化学烟雾的有毒产物,如过氧乙酰硝酸酯(PAN)等。

下面将以大气污染中光化学反应为例说明光化学反应的具体过程,概括起来包含以下五个过程:

(1) 引发反应产生激发态分子(A^*):

$$A(分子) + h\nu \longrightarrow A^*$$

(2) A^* 离解产生新物质(C1,C2 …):

$$A^* \longrightarrow C1 + C2 + \cdots$$

(3) A^* 与其他分子(B)反应产生新物质(D1,D2 …):

$$A^* + B \longrightarrow D1 + D2 + \cdots$$

(4) A^* 失去能量回到基态而发光(荧光或磷光):

$$A^* \longrightarrow A + h\nu$$

(5) A^* 与其他化学惰性分子(M)碰撞而失去活性:

$$A^* + M \longrightarrow A + M'$$

反应(1)是引发反应,是分子或原子吸收光子形成激发态 A^* 的反应。引发反应(1)所吸收的光子能量需与分子或原子的电子能级差的能量相适应。物质分子的电子能级差值较大,只有远紫外光、紫外光和可见光中高能部分才能使价电子激发到高能态,即波长小于700 nm才有可能引发光化学反应。产生的激发态分子活性大,可能产生上述(2)~(4)一系列复杂反应。反应(2)和(3)是激发分子引起的两种化学反应形式,其中反应(2)是大气中光化学反应中最重要的一种,激发分子离解为两个以上的分子、原子或自由基,使大气中的污染物发生了转化或迁移。反应(4)和(5)是激发态分子失去能量的两种形式,结果是回到原来的状态。

大气中的 N_2、O_2 和 O_3 能选择性吸收太阳辐射中的高能量光子(短波辐射)而引起分子离解:

$$N_2 + h\nu \longrightarrow N + N \quad \lambda < 120 \text{ nm}$$
$$O_2 + h\nu \longrightarrow O + O \quad \lambda < 240 \text{ nm}$$
$$O_3 + h\nu \longrightarrow O_2 + O \quad \lambda = 220 \sim 290 \text{ nm}$$

大气的低层污染物 NO_2、SO_2、烷基亚硝酸(RONO)、醛、酮和烷基过氧化物($ROOR'$)等也可发生光化学反应:

$$NO_2 + h\nu \longrightarrow NO \cdot + O \cdot$$

$$HNO_2(HONO) + h\nu \longrightarrow NO \cdot + HO \cdot$$

$$RONO + h\nu \longrightarrow NO \cdot + RO \cdot$$

$$CH_2O + h\nu \longrightarrow H \cdot + HCO \cdot$$

$$ROOR' + h\nu \longrightarrow RO \cdot + R'O \cdot$$

上述光化学反应的光吸收波长一般在 $300 \sim 400$ nm。这些反应与反应物光吸收特性、吸收光的波长等因素有关。应该指出,光化学反应大多比较复杂,往往包含着一系列过程。

6.2.2 光化学反应基本定律

(1) 光化学第一定律

只有被体系内分子吸收的光才能有效地引起该体系的分子发生光化学反应,此定律虽然是定性的,但却是近代光化学的重要基础。该定律在 1818 年由 Grotthus 和 Draper 提出,故又称为 Grotthus-Draper 定律。

(2) 光化学第二定律

在初级过程中,一个被吸收的光子只活化一个分子。该定律在 1908—1912 年由 Einstein 和 Stark 提出,故又称为 Einstein-Stark 定律。

(3) Beer-Lambert 定律

平行的单色光通过浓度为 c、长度为 d 的均匀介质时,未被吸收的透射光强度 I_t 与入射光强度 I_0 之间的关系为(ε 为摩尔消光系数):

$$A = -\lg T = \lg\left(\frac{I_0}{I_t}\right) = \varepsilon dc$$

6.3 电化学合成制备

被称为"绿色合成"技术的有机电化学合成工艺作为一种新型而有效的化学合成方法,日益受到人们的重视。与传统的有机合成法相比,有机电化学合成借助电子这一最清洁的试剂,避免了其他还原剂或氧化剂的使用,而且可在常温常压下运作,环境友好,还可以借助调节电压和电流(密度)以控制反应的进行,便于整个过程的自动化控制。有机电化学合成的研究已经历了近两个世纪的漫长历史。早在 1834 年,英国化学家 Faraday 通过电解醋酸钠溶液制得了乙烷,第一次实现了有机物的电化学合成。

有别于通常的有机化学反应,有机电化学反应是通过有机物分子与电极之间的电子转移而生成活泼的中间体,进而发生后续化学反应最终得到目标产物的反应过程。有机电化学合成是依靠电极/溶液界面反应物的电子得失来完成的,因此必须具备以下三个基本条件:①持续稳定的供电(直流)电源;②能满足"电子转移"的电极;③协助完成电子转移的介质。

6.3.1 电化学制备方法

有机电化学合成研究的最终目的是尽可能以最简便的工艺、最低的能耗及最小的投资获得最佳的产物收率。为此,开发之前必须对相关的有机电化学反应体系进行深入探索以优化工艺,选出最佳反应条件并寻找影响因素的变化规律。许多常规的电化学实验方法都可以应用到有机电化学电极过程的研究中,以下简要介绍较为常用的方法:

(1)稳态方法:稳态系统,即电流、电势、电极表面状态和电极表面物种的浓度等基本上不随时间改变的体系。对于实际的电化学体系,当电化学反应发生、进行时电极的电势和电流稳定不变后,就可以认为达到了稳态。常用的稳态处理法有稳态极化曲线和旋转圆盘电极等,不仅可用于测定交换电流密度,还可以求出传递系数、扩散系数、电子转移数和反应级数等。

(2)暂态方法:与稳态方法相比,暂态方法的响应时间短,有利于研究界面结构、吸附现象、中间产物等。但也正因为如此,暂态过程要比稳态过程复杂。较常用的暂态方法有线性扫描伏安法、循环伏安法、计时电流法、计时电量法和计时电位法等。

6.3.2　电化学反应常用的方法

有机电化学合成的基本过程是电解反应物,得到目标产物。其中最常用的方法有恒电位电解和恒电流电解。

(1)恒电位电解

在影响电化学反应的各个因素中,电极电位尤为关键。它不仅决定了氧化还原反应能否发生和持续进行,还决定了反应的程度和速率。就有机电化学合成反应而言,选择合适的电位进行电解,是控制电解反应的方向,保证产品符合要求的决定因素。

(2)恒电流电解

恒电流电解技术在工业生产中更为常用,这主要是因为实际生产过程控制电流比控制电位更容易做到,设备也更为简单。反应过程中无须监控电极电位,采用简单的二电极体系即可。同时由简单的电流乘以时间,即可计算出耗用的电量。但是由于恒电流电解过程中电流恒定不变,随着电解时间的延长,反应物浓度逐渐下降,电极电位逐渐上升,导致副反应加快发生,电极反应选择性降低,从而主反应的电流效率逐渐下降。

一般有机电化学合成反应包含阳极氧化反应和阴极还原反应两类。但根据电极反应过程的特征又可分为直接电合成反应和间接电合成反应。几乎所有的有机化合物都可以发生电化学氧化或还原反应,类型相当繁多。目前的有机电化学合成还有很多值得深入研究探讨之处。例如:如何开发原料更廉价易得、产品附加值更高的反应体系;如何开发新型的电催化剂和电催化材料,优化电解槽的设计和工艺流程,进一步提高目标反应的选择性、电流效率和时空效率;如何设计修饰电极材料表面,赋予电极材料新的功能,开辟新的用途;如何与其他学科(计算化学、化学动力学等)和技术(红外、紫外、拉曼等)相结合,更深入探讨有机物电化学反应过程机理、反应本质规律。

6.3.3　应用举例

吡咯是一种碳、氮五元杂环化合物,一般在非水相的介质中被氧化发生聚合反应生成高分子聚合物聚吡咯(PPY)。苯胺(AN)是最为重要的化工中间体之一,聚苯胺(PAN)是一种典型的导电聚合物,可在酸性水溶液条件下以低成本简易制备,是具有广泛应用前景的导电高分子材料。但是吡咯(PY)和苯胺(AN)的共聚物研究很少,这是因为两种聚合物通常在不同介质中生成,共聚难度较大,其共聚条件、共聚机制及共聚物的性质等方面的研究较少。电化学聚合方法在导电聚合物的合成研究以及应用方面具有很多的优势,不仅可以为制备新型具有目标性质的导电聚合物材料提供简便有效的控制和测试方法,而且能够通过电化学聚合过程的监控研究这些化合物的电化学聚合行为、聚合条件及其聚合机制,陈润锋等研究了 PY 和邻乙氧基苯胺(OPT)分别在酸性介质和有机溶剂中的电化学共聚行为,测量了聚合过程中电位-时间和温度-时间的关系;通过元素分析紫外可见光谱电化学共聚行为等研究,证实了 PY－OPT 聚合物的生成,并对其聚合机制进行探讨;研究发现电化学方法制备的 PY－OPT 聚合物薄膜显示出电致变色性质和较高电化学活性,有望在信息显示、二次电池、电磁屏蔽等众多领域获得应用。

反应方程式如下:

| 吡咯 | 邻乙氧基苯胺 | | PY-OPT共聚物 |

通过电化学研究发现,两者的电化学共聚合行为并不是两种共聚单体性质的简单叠加,而存在相互作用和竞争的关系,具有不同的反应机制和动力学过程。制备的 PY－OPT 共聚物具有较好溶解性,但是导电性和电学稳定性较低,这可能是由于单体的氧化电位不同、单体和中间体在电极上的吸附能力不同、在介质中的溶解性不同以及掺杂和去掺杂模式的差异等诸多因素造成的。要制备规整的、具有较高电活性的吡咯和邻乙氧基苯胺导电聚合物薄膜,酸性水溶液环境以及聚合电压小于 0.7 V 的恒电位聚合是最为理想的实验条件。

6.4　超声合成法

超声是指振动频率高于 16 kHz 的声波,作为超声技术应用的频率上限为 1 MHz,但常用的频区为 20～50 kHz。产生超声的方法很多,但适合于化学过程所需要的功率与频率的超声,多由压电晶体或磁致伸缩元件产生。

超声用于有机化学反应的报道始见于 1938 年,主要研究用水作共溶剂的条件下,酯类及乙缩醛的水解;碳碳键、碳卤键的断裂和氧化等反应。非水溶液中超声的化学效应则在 20 世纪 70 年代才开始进行研究。

通常认为,超声效应和以下几种现象的出现有关:声压变化时,溶剂受到压缩和稀疏作用,使流体产生急剧的运动;在产生气穴和温升很小的条件下,将大量振动能输入微小体积时的微射流作用。其中比较直观、通常认为最重要的现象是气穴的出现。那些尺寸不稳定的微气泡在长大突然爆裂时产生的冲击波是超声对化学反应产生作用的主要原因。在上述过程中,不仅有时可以观察到发光现象,而且根据估算,在微泡爆裂时,可以在局部空间内产生高达 10^{11} Pa 的压力,中心温度可达 $10^4～10^6$ K。

目前,外力场对化学反应的影响已成为化学研究课题中的一个热点。它不仅为化学家开拓了促进和改变化学反应进程的新技术,而且是传统的无外力场作用的化学热力学及化学动力学在理论上吸收近代物理学的成就积累经验与事实材料的重要途径。更重要的是,它们将为工业应用提供新的工艺途径。

超声合成法中应用的仪器见图6.1。

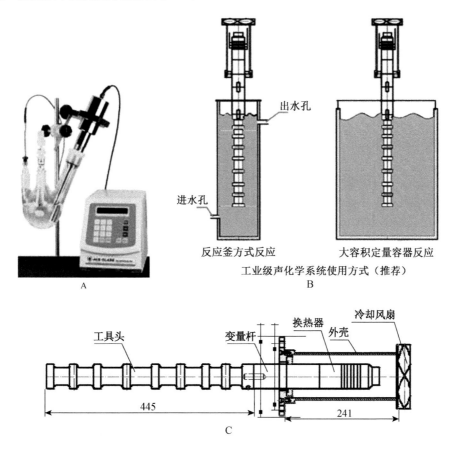

图6.1　(A)大功率超声波声聚焦探头式声化学处理系统实物图;(B)反应釜以及大容积定量容器的工业级声化学系统示意图;(C)声聚焦探头结构示意图

现在,对电场、磁场、辐射对化学体系产生的作用,已能在分子水平上进行定量或半定量的描述。但对超声场作用的解释,则仍停留在对分子群体的机械作用机制的水平上。例如对固体表面的气蚀与洁净作用,不混溶液体的乳化作用,微泡爆裂时冲击波在微空间导致的高温高压对传质和传能的影响等,都是解释超声的化学作用的重要依据。关于超声使键断裂而产生自由基的机制已有证明,但尚不能证明其可适用于所有的化学体系。

已经有人把在超声作用下引起的化学反应或化学反应过程的改变称为声化学(Sono-chemistry)。研究声化学的装置根据超声发生器的位置可分为两类:一类放在反应器外,超声波通过介质传过器壁而进入反应体系;另一类是直接将超声发射器插入反应器中。目前,反应体系和介质以液体为主。因一般超声洗涤器也可用作声化学的超声波源,所以近年研究较多。

应用超声的早期工作大多在水相中进行。超声可以使水相中产生过氧化氢和氢气,有些溶质在超声作用下的氧化和它在辐照下的初级化学作用相似,证明了在超声作用下,水分解成为氢氧自由基和氢原子。有趣的是,甲烷和乙烷的饱和水溶液在超声作用下,可以检测到甲醛和乙酸的存在,不过产率很低。

用超声作用于溶有苯的水溶液,可以检测到苯酚、苯二酚、乙炔、二乙炔的存在,特别值得提到的是,还可检测到含氮有机物的生成,即在上述水相体系中,超声场对溶于水中的氮气竟起了固氮的作用!此外,超声还可以使公认的致癌物苯并芘变成无害的其他物质。已经证实的是,碳水化合物、多羟基化合物、脂肪酸和生物碱在超声作用下都可形成用紫外吸收光谱能检测出来的产物。

超声也可以促进反应速率的提升,在常温下,超声一般只能使反应速率增大百分之几至百分之几十。而当温度下降时,对反应速率的影响往往更大。通常,用溶剂结构在超声场作用下发生破坏来解释超声对反应的加速作用,实际上目前人们对声促反应的机制并未完全了解。

虽然水相中的声化学研究已有 30 多年的历史。但有机反应,特别是在非水溶液中的声化学研究却刚刚开始。目前工作主要集中在均相合成反应、金属表面上的有机反应、相转移反应、固液两相界面反应等几个方面。

超声对化学体系的作用具有广阔的工业应用前景,特别是对有金属参加的反应,如格氏反应和巴比耶反应以及相转移反应,均可获得明显的效果。现在,在石油馏分的声化学裂解及矿物油高温蒸汽裂解方面已公布了许多应用超声技术的专利。超声可以起到节能和清除反应器壁上积碳的作用已有定论。丙烯酸类聚合物的聚合与解聚应用超声后可以得到不同于常规方法的相对分子质量分布,也是一个值得关注的结果。

但是超声应用于有机合成反应的工作还仅仅是开始,许多反应的真实机制和声化学的本质还有待研究。尽管如此,超声可以促进化学反应,提高产率或改变反应条件是可以肯定的,问题是怎样选择好影响声化学反应的条件,以充分发挥超声对化学体系的作用,在这方面需要广泛地进行实验和探索。

6.5 绿色化学与化学实验绿色化

近年来,传统的化学工业给环境带来的污染已十分严重,目前全世界每年产生的有害废物达 3 亿～4 亿 t,给环境造成危害,并威胁着人类的生存。所以科学家们提出了绿色化学的号召,并立即得到了全世界的积极响应。

绿色化学是指在制造和应用化学产品时应有效利用(最好可再生)原料,消除废物和避免使用有毒的和危险的试剂和溶剂(图 6.2)。而今天的绿色化学是指能够保护环境的化学技术。它可通过使用自然能源,避免给环境造成负担,避免排放有害物质。绿色化学又称"环境无害化学""环境友好化学""清洁化学",是近十年才产生和发展起来的,是一个"新化学婴儿",它涉及有机合成、催化、生物化学、分析化学等学科,内容广泛。绿色化学的最大特点是在始端就采用预防污染的科学手段,因而过程和终端均为零排放或零污染。世界上很多国家已把"化学的绿色化"

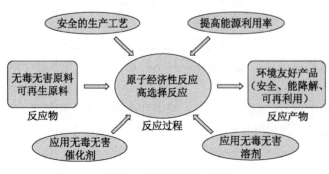

图 6.2　绿色化学示意图

作为新世纪化学进展的主要方向之一。

6.5.1　绿色化学的核心

（1）利用化学原理从源头上减少和消除工业生产对环境的污染。

（2）按照绿色化学的原则，最理想的化工生产方式是反应物的原子全部转化为期望的最终产物。

6.5.2　绿色化学的原则

Anastas 等从源头上减少或消除化学污染的角度出发，通过 12 条原则对绿色化学概念的内涵进行了阐述，它们分别是：

（1）污染预防优于末端治理污染。

（2）合成方法应具原子经济性，即尽量使反应过程的原子都进入最终产品中。

（3）在合成方法中尽量不使用和不产生对人类健康和环境有毒有害的物质。

（4）设计具有高使用效益、低环境毒性的化学品。

（5）尽量不用溶剂、分离试剂等辅助物质，不得已使用时也应是无毒无害的。

（6）生产过程应该在温和的温度和压力下进行，而且能耗应最低。

（7）在技术可行和经济合理的前提下，尽量使用可再生原料。

（8）尽量避免或减少不必要的衍生步骤（例如，使用屏蔽基团、保护/复原、物理/化学过程的临时性变更等）。

（9）使用高选择性的催化剂优于化学计量试剂。

（10）化学产品在使用完后应能降解成无害的物质并且能进入自然生态循环。

（11）发展适时分析技术以监控有害物质的形成。

（12）选择参加化学过程的物质，尽量减少发生意外事故的风险。

6.5.3　绿色化学的途径

（1）开发绿色实验。如实验室用 H_2O_2 分解制 O_2 代替 $KClO_3$ 分解法，实现了原料和反应过程的绿色化。

（2）防止实验过程中尾气、废物等环境的污染，实验中有危害性气体产生时要加强尾气吸收，对实验产物尽可能再利用等。

（3）在保证实验效果的前提下，尽量减少实验试剂的用量，使实验小型化、微型化。

（4）对于危险或反应条件苛刻，污染严重或仪器、试剂价格昂贵的实验，可采用计算机模拟化学实验或观看实验录像等办法。

（5）妥善处置实验产生的废物，防止环境污染。

6.5.4　化学实验的绿色化

（1）实验的微型化。

（2）合成方法的绿色化。

（3）合成路线设计的绿色化。

（4）采用多媒体技术，模拟化学仿真实验。

6.6   超临界流体萃取技术

一种流体(气体或液体),当其温度和压力均超过其相应临界点值时,该状态下的流体称为超临界流体(supercritical fluid,简称 SCF 或 SF)。以超临界流体作为萃取剂从溶液中提取被溶解的物质的过程称为超临界流体萃取(supercritical fluid extraction,简称 SFE),该项技术被称为超临界流体萃取技术。该技术是近年来发展起来的一种新型的物质分离提纯技术,在化工、医药、食品、香料、生物化工等领域已引起人们广泛的兴趣,特别是在中药逐步走向现代化的今天,被称为中药高效提取分离技术。

6.6.1   研究基础

1879 年,英国 Hannay 和 Hogarth 在研究中发现,一些高沸点的物质如氧化钴、碘化钾、溴化钾等在临界状态下的乙醇中可以溶解,但系统压力下降时,这些无机盐又会被沉降出来,从而受到启发,在理论上对临界点的特殊现象进行了研究,但当时没有实际应用的工业价值。1936 年有学者首次用高压丙烷对重油脱沥青,20 世纪 40 年代就有人开始从事超临界流体的学术研究,直到 70 年代超临界流体萃取作为一种新工艺才开始受到人们的关注。

6.6.2   工艺原理

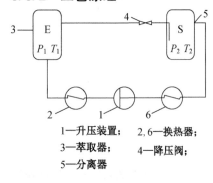

1—升压装置;   2,6—换热器;
3—萃取器;   4—降压阀;
5—分离器

图 6.3   超临界流体萃取工艺示意图

图 6.3 为超临界流体萃取基本工艺流程示意图。首先使溶剂通过升压装置 1(如泵或压缩机)达到临界状态,然后超临界流体进入萃取器 3 与里面的原料(固体或液体混合物)接触而进行超临界萃取,溶于超临界流体中的萃取物随流体离开萃取器后再通过降压阀 4 进行节流膨胀,以便降低超临界流体的密度,从而使萃取物和溶剂能在分离器 5 内得到有效分离,然后再使溶剂通过泵或压缩机加压到超临界状态,并重复上述萃取分离操作,通过循环达到预定的萃取率。

6.6.3   工艺特点

(1) 超临界流体萃取兼有精馏和液-液萃取的特点。溶质的蒸气压、极性、相对分子质量大小是影响溶质在超临界流体中溶解度大小的重要因素,萃取过程中被分离物质间挥发度的差异和它们分子间作用力的大小这两种因素同时在起作用,如超临界萃取物被萃出的先后顺序与它们的沸点顺序有关,非极性的萃取剂 CO_2 对非极性或弱极性的物质具有较高的萃取能力等。

(2) 萃取剂可以循环使用。在溶剂分离与回收方面,超临界萃取优于一般的液-液萃取和精馏,被认为是萃取速度快、效率高、能耗少的先进工艺。

(3) 操作参数易于控制。超临界萃取的萃取能力主要取决于流体的密度,而流体的密度容易通过调节温度和压强来控制,这样易于确保产品质量稳定。

(4) 特别适合于分离热敏性物质,且能实现无溶剂残留。超临界萃取工艺的操作温度与所用萃取剂的临界温度有关。目前最常用的萃取剂 CO_2 的临界温度为 31.1 ℃，最接近室温，故既能防止热敏性物质的降解，又能达到无溶剂残留。这一特点也使得超临界萃取技术用于天然产物的提取分离成为当今研究热点之一。

6.6.4　理想的萃取剂——CO_2

超临界萃取的萃取剂按其极性大小可以分为极性萃取剂和非极性萃取剂，其中非极性的萃取剂 CO_2 是目前使用最广泛的萃取剂。CO_2 萃取剂有以下特点：

（1）CO_2 的临界温度（31.1 ℃）接近于室温。对高沸点、挥发度低的热敏性物质，在低于其沸点下就能被萃取出来，避免其降解。

（2）CO_2 的临界压力（7.38 kPa）处于中等压力。目前的工业水平也易于达到。

（3）CO_2 具有无毒、无味、不燃、不腐蚀，以及价格便宜、易于精制、易于回收等特点，因而超临界流体 CO_2 萃取无溶剂残留问题，属于环境无害工艺。

（4）超临界流体 CO_2 还具有抗氧化、灭菌作用，有利于保证和提高天然产品的质量。

6.6.5　局限性

（1）人们对超临界流体本身缺乏透彻的理解，对超临界流体萃取热力学及传质理论的研究远不如传统的分离技术（如有机溶剂萃取、精馏等）成熟。

（2）高压设备目前价格昂贵，工艺设备一次性投资大，在成本上难以与传统工艺进行竞争。

（3）商业利益促使专利保护制约着该项技术的发展，使盲目性和重复性研究时有出现。

第 7 章　有机电子学相关的无机材料制备

　　有机光电器件中除使用各种有机光电材料外,还需要用到多种无机材料,包括电极材料、电子或空穴传输材料等。另外,还有许多有机无机复合材料充分利用有机材料和无机材料各自的优点及其协同效应,可取得更好的器件应用效果。

　　无机材料在有机光电器件中大都以纳米材料形式使用,这是因为纳米材料具有独特的量子尺寸效应和表面效应,可有效提高光电器件的性能。常用无机纳米材料从材料的几何形态可分为如下几种:①球形纳米颗粒(零维),如 ZnO、TiO_2、SnO_2 和 C-dots 等;②纳米线和纳米管(一维),如 Ag 纳米线、碳纳米管等;③纳米带(二维),如石墨烯氮化硼、类石墨烯二硫化钼、黑磷等;④纳米薄膜(二维),如 Ag、V_2O_5、MoO_3 等纳米薄膜;⑤孔材料,如多孔碳、分子筛等。

7.1　球形纳米颗粒

　　球形纳米材料又称量子点,通常指半径小于或接近其玻尔激子半径的纳米颗粒。量子点材料的研究是一个涉及多学科交叉领域的研究,除半导体量子点外,还有金属和其他物质的量子点。作为零维材料的代表之一,碳量子点(C-dots)是一种新型的碳纳米材料,尺寸在 10 nm 以下,是 2004 年首次发现的一种未知的荧光碳纳米材料。普通的碳是一种黑色物质,通常被认为发光弱,水溶性弱,然而碳量子点却具有良好的水溶性和明亮的荧光,被称为碳纳米光。碳量子点可以在近红外光(NIR)下激发,在 NIR 光谱区域内发射荧光,由于生物组织可以透过 NIR 光,因此,该发现将对 C-dots 应用于活体生物纳米技术领域起到非常重要的作用。另外,在水溶液中,C-dots 的荧光可以有效地被电子受体或者电子给体所猝灭,这说明碳量子点既是电子给体,也是电子受体。C-dots 的光引发电子转移性质将使其广泛地应用于光能量转换、光伏设备和相关领域,并且也可作为纳米探针来检测离子。碳量子点的合成大致可以分为两大类——化学法和物理法。化学法包括电化学法、氧化法、微波法和模板法等,物理法包括电弧放电法和激光烧蚀法。零维材料体系中具有光电效应的另一类代表是 Ⅱ-Ⅵ 族量子点,尤其是 CdS 和 CdSe 纳米晶已经被广泛研究。最近,随着钙钛矿材料的研究热潮,钙钛矿量子点也被制备出来并得到了广泛研究。

7.2　纳米线和纳米管(一维)

　　纳米线可被定义为一种在横向上被限制在 100 nm 以下(纵向没有限制)的一维结构。悬置纳米线指纳米线在真空条件下末端被固定。典型的纳米线的纵横比在 1 000 以上,因此它们通常被称为一维材料。根据组成材料的不同,纳米线可分为不同的类型,包括金属纳米线、半导体纳米线和绝缘体纳米线。纳米线可以由悬置法、沉积法或者元素合成法制得。Ag 纳米线作为一类典型的一维纳米材料,具有高的传热导电性、抗菌性和催化特性,以及其表面等离子共振效应,已经成为近年来研究的热点。

7.3 纳米带(二维)

二维材料是指电子仅可在两个维度的非纳米尺度(1~100 nm)上自由运动(平面运动)的材料,如纳米薄膜、超晶格、量子阱。二维材料是伴随着 2004 年曼彻斯特大学(University of Manchester)Geim 小组成功分离出单原子层的石墨材料——石墨烯(graphene)而提出的。石墨烯突出的特点是单原子层厚,载流子迁移率高,能谱线性,强度高。无论是在理论研究领域还是应用领域,石墨烯都引起了人们极大的兴趣,后续又有一些其他的二维材料陆续被分离出来,如二硫化钼(MoS_2)、黑磷等。二维材料具有许多非常优异的特性,比如高表面积比、高的杨氏弹性模量、优异的导电导热性,故这类材料可以应用在光电学、自旋电子学、大容量电容器、晶体管、太阳能电池、锂离子电池等很多领域。

7.4 纳米薄膜(二维)

纳米薄膜是指由厚度为纳米(1~100 nm)量级的薄膜材料采用各种物理和化学方法制备的一系列金属、半导体、高分子等纳米复合薄膜。其中半导体薄膜基于量子尺寸效应产生光学能隙宽化、可见光光致发光、共振隧道效应、非线性光学等独特的光电性能,加之与集成电路相兼容的制备技术,使这一类纳米薄膜在光电器件、太阳能电池、传感器、新型建材等领域有广泛的应用远景,因而日益成为关注的焦点。

7.5 多孔材料

多孔材料是一种由相互贯通或封闭的孔洞构成网络结构的材料,孔洞的边界或表面由支柱或平板构成。典型的孔结构有一种是由大量多边形孔在平面上聚集形成的二维结构,由于其形状类似于蜂房的六边形结构而被称为"蜂窝"材料,更为普遍的是由大量多面体形状的孔洞在空间聚集形成的三维结构,通常称之为"泡沫"材料。如果构成孔洞的固体只存在于孔洞的边界(即孔洞之间是相通的),则称为开孔,如果孔洞表面也是实心的,即每个孔洞与周围孔洞完全隔开,则称为闭孔,而有些孔洞则是半开孔半闭孔的。多孔材料在自然界中普遍存在,如木材、软木、海绵和珊瑚等("cellulose"这个词就来源于意为"充满小孔的"拉丁小词"cellula")。按照孔径大小的不同,多孔材料又可以分为微孔(孔径小于 2 nm)材料、介孔(孔径 2~50 nm)材料和大孔(孔径大于 50 nm)材料。相对连续介质材料而言,多孔材料一般具有相对密度低、比强度高、比表面积高、重量轻、隔音、隔热、渗透性好等优点。

表征多孔结构的主要参数是孔隙度、平均孔径、最大孔径、孔径分布、孔形和比表面。除材质外,材料的多孔结构参数对材料的力学性能和各种使用性能有决定性的影响。由于孔隙是由粉末颗粒堆积、压紧、烧结形成的,因此,原料粉末的物理性能和化学性能,尤其是粉末颗粒的大小、分布和形状是决定多孔结构乃至最终使用性能的主要因素。目前,在有机光电材料领域,研究比较多的多孔材料包括金属有机框架(metal-organic frameworks,MOFs)材料、多孔有机框架(porous organic frameworks,POFs)材料等。

金属有机框架材料又称为多孔配位聚合物,是由金属离子或金属族与有机配体通过配位键形成的一类具有周期性网络结构的晶态多孔框架材料。该类材料有机无机杂化的组成特性巧妙地将无机化学和有机化学两种不同的化学学科结合在一起,使其产生了传统多孔材料不具备的新特点。首先,MOFs是一类晶态材料,可以通过单晶衍射等手段非常直观地对其结构进行解析;其次,MOFs的独特组成和孔道结构使其可展现出高孔隙率和大的比表面积。此外,尤为重要的一点是,其孔道的尺寸、形状及组成可以通过选择不同的配体和金属离子,或者改变合成策略等加以调节,从而达到设计合成特定功能多孔材料的目的。这些优异的物理、化学性能使材料在气体储存、催化、光学与化学传感等诸多领域都显示出了非常诱人的应用前景。

近几年,一系列低成本较大规模的实验室合成MOFs方法的出现,如微波合成、超声合成、电化学合成、机械化学合成等制备手段,使实验室规模的大量生产成为可能。作为一种新型高功能复合晶体材料,近年来受到全世界科学家日益广泛的关注,但要使其真正作为材料进行应用还需要克服许多困难,例如合成方法待优化、材料对水及空气敏感、材料机械强度低、不便于加工和使用等。虽然MOFs距离实际应用还有一定的距离,但对这一方向的不断探索是在为后续的发展积累宝贵的经验,相信其在未来人类的生产生活中将会发挥出重要的作用。MOF-5是指以Zn^{2+}和对苯二甲酸(H2BDC)分别为中心金属离子和有机配体,它们之间通过八面体形式连接而成的具有微孔结构的三维立体骨架。其次级结构单元为$Zn_4O(PhCO_2)_6$,是由以1个氧原子为中心、通过6个带苯环的羧基桥联而成的。这种物质有着很好的热稳定性,可被加热至300 ℃仍保持稳定,具有相当大的比表面积和规则的孔径结构,MOF-5的比表面积是3 362 m^2/g,孔容积是1.19 cm^3/g,孔径是0.78 nm。

多孔有机框架材料是一类由有机单体通过共价键连接形成的具有较高比表面积与孔隙的纯有机多孔材料。与其他多孔材料相比,该类材料具有密度小、比表面积大、结构稳定以及结构可控性强等优点,在诸多领域都展现出良好的应用前景。按其固体粉末状态可分为晶态POFs与无定形POFs两大类。晶态POFs一般是由可逆的键形成反应得到,而无定形POFs则一般由不可逆的键形成反应得到,由于反应较快且不可逆,通常得到无定形结构。目前研究比较多的POFs材料主要包括以下几种:共价有机框架(covalent organic frameworks,COFs),共价三嗪框架(covalent triazine-based frameworks,CTFs),共轭微孔聚合物(conjugated microporous polymers,CMPs)、多孔芳香框架(porous aromatic frameworks,PAFs)。

本章我们基于对各类无机材料的概念了解,主要学习各种维度的纳米材料制备方法,深入探究各类纳米材料的特性,加深对与有机电子器件相关无机材料的理解。

实验一　溶胶凝胶法制备 ZnO 薄膜

实验目的:

学习使用溶胶凝胶法制备无定形 ZnO 薄膜。

实验仪器：

磁力搅拌器，匀胶机，紫外臭氧清洗仪，样品瓶，磁子，注射器，油相滤头，玻璃基片。

试剂：

水合醋酸锌[$Zn(CH_3COO)_2 \cdot 2H_2O$，98％]，乙醇胺（$NH_2CH_2CH_2OH$，99％），乙二醇甲醚（$CH_3OCH_2CH_2OH$，大于99％），丙酮，乙醇，去离子水。

实验步骤：

玻璃基片清洗：首先玻璃基片用去离子水超声振荡 30 min。然后用洗洁精搓洗干净，依次用去离子水、丙酮、乙醇超声振荡 30 min。最后用氮气枪吹干玻片，采用紫外臭氧清洗仪处理 15 min，获得干净的玻璃基片。

ZnO 前体溶液制备：首先将 0.2 g（0.911 mmol）水合乙酸锌和 0.056 g（0.917 mmol）乙醇胺稳定剂加入 2 mL 的乙二醇甲醚中，常温下搅拌 10～13 h，溶液变为无色透明。

ZnO 无定形薄膜的制备：将干净的玻璃基片放置在匀胶机中，使用注射器过滤 ZnO 前体溶液，滴加至玻璃基片上，转速 2 500 r/min，时间 40 s，然后快速放置在 200 ℃热台上退火 30 min。

实验二　碳量子点的合成

实验目的：

掌握用燃烧-水热法制备碳量子点的方法。

实验原理：

利用蜡烛或天然气燃烧的残渣作为制备碳纳米量子点的原料，经过氧化酸处理，阻碍碳颗粒之间的聚集，形成独立的碳量子点。

实验材料：

无色蜡烛，铝箔，回流装置，离心机（离心力 16 000 g），Hoefer SE 600 电泳装置，0.45 μm PVDF 过滤器（Millipore）。

试剂：

HNO_3 溶液（5 mol/L），Na_2CO_3，ddH_2O（双蒸水），PAM（聚丙烯酰胺）。

实验步骤：

（1）蜡烛烟原料的制备

在燃烧的无色蜡烛上方放置一块铝箔，收集蜡烛烟。

（2）碳量子点的制备

将 100 mg 的蜡烛烟与 20 mL 5 mol/L HNO_3 混合，并回流 12 h，此时溶液呈现出均匀的黑色水悬浮溶液。冷却到室温后，在离心力为 16 000 g 的条件下离心 30 min，此时悬浮液分离成黑色碳沉淀物和浅棕色上清液，其中黑色沉淀物含有荧光材料。为了最大限度地回收该荧光物质，用 Na_2CO_3 将上清液和沉淀物中和，然后通过透析膜（MWCO 1000）对 ddH_2O 进行充分透析。经过中和的蜡烛烟在水中显示出优异的分散性，并可以持续几个月。

（3）碳量子点的纯化

将经过氧化处理的蜡烛烟加入 20％变性 PAGE（聚丙烯酰胺凝胶）（8 mol/L 尿素，1×TBE 运行缓冲液），使用 Hoefer SE 600 电泳装置在 55 ℃、600 V 下进行电泳分离。电泳后，通过照射 UV 透照仪（312 nm，紫外透射仪，Fisher Biotech）显现荧光碳量子点。切除荧光带,并将碳量子点浸泡在水中。在通过 $0.45~\mu m$ PVDF 过滤器(Millipore)和透析后,精华液变成纯化的碳量子点水溶液。

注释:

ddH_2O(双蒸水):双蒸水(double distilled water)是重蒸水的一种,是将经过一次蒸馏后的水再次蒸馏所得到的水。

PAM(聚丙烯酰胺):聚丙烯酰胺是由丙烯酰胺(AM)单体经自由基引发聚合而成的水溶性线性高分子聚合物,具有良好的絮凝性,可以降低液体之间的摩擦阻力。在适宜的低浓度下,聚丙烯酰胺溶液可视为网状结构,链间机械的缠结和氢键共同形成网状节点;浓度较高时,由于溶液含有许多链链接触点,使得 PAM 溶液呈凝胶状。PAM 水溶液与许多能和水互溶的有机物有很好的相容性,对电解质有很好的相容性。

思考题:

(1) 为什么要用 HNO_3 进行氧化酸处理,氧化酸处理的作用有哪些?

(2) 电泳数据显示出来的迁移率和荧光颜色之间的关系是什么?

实验三　Ⅱ～Ⅵ族半导体量子点的制备

实验目的:

学习在温和条件下合成高质量的 CdS 纳米晶。

实验材料:

烧瓶,电子天平,磁子,油浴锅。

试剂:

氧化镉(99.99%),十四烷基羧酸(MA,98%),硼氢化钠(98%),油酸(OA,90%)和硫脲(98%),甲醇(分析纯),硫脲(分析纯),甲苯(分析纯),去离子水。

实验步骤:

十四烷基羧酸镉(Cd-MA)的制备:将 1.926 g(15 mmol)氧化镉和 7.6 g(33 mmol)十四烷基羧酸加入一烧瓶中并在磁力搅拌下加热至 210 ℃,反应直至形成无色透明的溶液。反应冷却后,粗产品用甲苯重结晶两次即可。

CdS 纳米晶的合成:首先将 0.226 8 g(0.4 mmol)Cd-MA、1.0 mL 油酸和 10 mL 甲苯加入一反应管中,油浴加热至 100 ℃,反应混合物形成无色透明溶液。将 78 mg 硫脲溶入 10 mL 水中,然后在磁力搅拌下把硫脲水溶液注入上述反应管中。反应过程中油浴的温度保持在 100 ℃,反应体系内的温度约为 90 ℃。反应时间为 2 h。停止磁力搅拌,等甲苯和水相分离时,从甲苯中取出大约 0.5 mL 的粗产品溶液,加入甲醇沉淀。然后离心,收集固体。

实验四　离子交换法制备钙钛矿量子点

实验目的:

学会使用离子交换法制备钙钛矿量子点。

实验原理:

阴离子交换法示意图见图7.1。

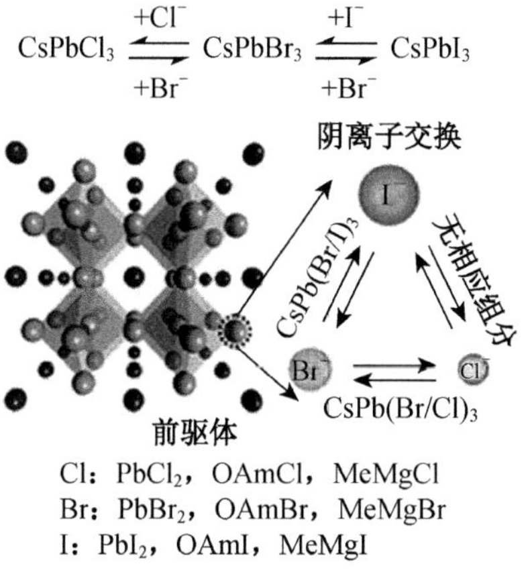

$$CsPbCl_3 \underset{+Br^-}{\overset{+Cl^-}{\rightleftharpoons}} CsPbBr_3 \underset{+Br^-}{\overset{+I^-}{\rightleftharpoons}} CsPbI_3$$

图 7.1　阴离子交换法示意图

实验仪器:

离心机、双排管。

试剂:

碳酸铯(Cs_2CO_3,99.9%)、油酸(OA,90%)、1-十八碳烯(ODE,90%)、乙醇、油胺(OAm,80%~90%)、氯化氢(≥37%)、溴化氢(48%)、碘化氢(57%)、氯化铅(99.999%)、溴化铅(98%)、碘化铅(99.999%)、正三辛基膦(TOP,97%)、甲基氯化镁(MeMgCl,3 mol/L溶于四氢呋喃)、甲基溴化镁(MeMgBr,3 mol/L溶于醚中)、甲基碘化镁(MeMgI,33% 2 mol/L溶于乙醚中)、甲苯(HPLC级别)、乙烷(≥95%)。

实验步骤:

(1)铯油的制备

将0.814 g的Cs_2CO_3、2.5 mL的OA、40 mL的ODE加入100 mL三颈烧瓶中,在120 ℃下干燥1 h,然后在N_2条件下加热至150 ℃直到Cs_2CO_3与OA反应完全。由于常温下铯油会在ODE中沉淀出来,所以在加入之前先把铯油预热至100 ℃。

(2)油基卤化铵的制备

将100 mL的乙醇和0.038 mol的OAm在250 mL的两颈烧瓶中混合,并强烈搅拌;反应的混合物在冰水浴中冷却并加入HX(0.076 mol,HCl≥37%,HBr 48%,HI 57%),反应物在N_2气流下反应过夜。然后在真空下蒸发溶剂,所得产物通过用乙醚冲洗多次进行纯化。将产物在真空烘箱中80 ℃真空条件下放置过夜,得到OAmCl和OAmBr的白色粉末和OAmI的深橙色蜡状粉末。

(3)合成钙钛矿($CsPbX_3$)量子点(NCs)

将5 mL的ODE和0.188 mmol PbX_2($PbCl_2$ 0.052 g,$PbBr_2$ 0.069 g,PbI_2 0.086 g)加入25 mL的三颈烧瓶中,然后在真空120 ℃的条件下干燥1 h,干燥的OA(1.5 mL $PbCl_2$,0.5 mL $PbBr_2$和0.7 mL PbI_2)和OAm(1.5 mL $PbCl_2$,0.5 mL $PbBr_2$和0.7 mL PbI_2)在120 ℃ N_2气流条件下注入。在完全溶解PbX_2盐后,温度上升到180~190 ℃,铯油溶液(0.4 mL如上所述制备的储备溶液)迅速注入,1 min后将反应的混合物放入冰水浴中冷却。为了获得$CsPbCl_3$ NCs,需要170 ℃的温度条件和1 mL的正三辛基膦(TOP)来溶解

PbCl$_2$。反应后,通过离心分离聚集的 NC。离心后,除去上层清液,将沉淀物分散在干燥的甲苯中,用于阴离子交换反应。

(4) 离子交换反应

阴离子交换反应使用一个 Schlenk 线,将 PbBr$_2$,PbI$_2$ 和 OAmX 作为阴离子源与 25 mL 的 ODE(5 mL)混合,并放置 120 ℃真空下 10 min。在 120 ℃,N$_2$ 保护下注入干燥的 OA 和 OAm(各 0.2 mL)。阴离子源完全溶解后,将温度降低至 40 ℃,并注入分散在甲苯中的 CsPbX$_3$ NCs(20～25 mg)以引发阴离子交换。当使用 PbCl$_2$ 作为阴离子源时,加入 1 mL TOP,并且需要将温度升高至 150～170 ℃,以短时间内溶解 PbCl$_2$。当使用 MeMgX 作为阴离子源时,应该在溶剂和配体干燥之后,在添加 NCs 之前注入。反应后,通过离心分离 CNs。弃去上层清液,将沉淀物分散在己烷(0.3 mL)中并再次离心,将上清液与甲苯(0.9 mL)混合。通过加入 0.3 mL 乙腈沉淀 NCs,随后离心。将所得沉淀 NCs 分散在甲苯中用于进一步分析。

注释：

Schlenk 线:Schlenk line,中文一般叫做"希莱克技术"(双排管操作技术)。Schlenk 操作是指真空和惰气切换的技术,主要用于对空气和潮气敏感的反应,它是把有机的常规实验统统在真空和惰气的切换下实现保护的反应手段。实现 Schlenk 技术最常见的是双排管方式,即为一条惰气线,一条真空线,通过特殊的活塞切换。

思考题：

(1) 用离子交换法合成的 CsPbX$_3$ 量子点和常规合成 CsPbX$_3$ 量子点相比优势是什么?

(2) 反应温度对量子点的尺寸大小会产生什么样的影响?

实验五　热注入法合成钙钛矿量子点

实验目的：

学会使用热注入法制备钙钛矿量子点。

实验仪器：

双排管体系,加热搅拌器,三颈烧瓶,冷凝管,油浴锅,铁架台。

试剂：

碳酸铯(Cs$_2$CO$_3$),十八烯(ODE),油酸(OA),油胺(OAm),碘化铅(PbI$_2$),溴化铅(PbBr$_2$),氯化铅(PbCl$_2$),三辛基膦(TOP)。

实验步骤：

(1) 前驱体 Cs-油合成:将 Cs$_2$CO$_3$(0.814 g)与十八烯(ODE,40 mL)、油酸(OA,2.5 mL)一起装入 100 mL 三颈烧瓶中,120 ℃下抽真空干燥 1 h,然后在 N$_2$ 气流下加热至 150 ℃,直至所有 Cs$_2$CO$_3$ 与 OA 反应完全。(由于 Cs-油酸盐在室温下会从 ODE 中沉淀出来,因此必须在注入前将其预热至 100 ℃)

(2) 热注入法合成 CsPbX$_3$ 量子点:ODE(5 mL)、OA(0.5 mL)、OAm(0.5 mL)和 PbX$_2$(0.188 mmol),如 PbI$_2$(0.087 g),PbBr$_2$(0.069 g),PbCl$_2$(0.052 g)或它们的混合物装入 25 mL 三颈烧瓶中,120 ℃下抽真空干燥 30 min,随后通 N$_2$ 气流 10 min,反复操作三次后,N$_2$ 气流下升温至所需反应温度(140～200 ℃,用于调节量子点的尺寸大小),并快速注入 Cs-油前驱体(0.4 mL,0.125 mol/L,ODE,如上所述制备),5 s 后用冰水浴冷却反应物。对

于 CsPbCl$_3$,需要更高的温度 150 ℃和 1 mL 三辛基膦(TOP)来溶解 PbCl$_2$。

思考题:

影响银纳米线的因素有哪些?

实验六　银纳米线的制备

实验目的:

以表面活性剂为结构导向剂用醇热法制备银纳米线。

实验材料:

反应釜,烘箱,离心机,烧杯。

试剂:

聚乙烯醇缩丁醛(PVB, AR),乙二醇(EG, AR),硝酸银(AgNO$_3$, AR),去离子水,无水乙醇。

实验步骤:

称取聚乙烯醇缩丁醛(PVB) 0.042 5 g,加入 20 mL 的乙二醇(EG) 中搅拌 10 min 后,加入 0.05 mol/L 的 AgNO$_3$ 5 mL 搅拌 5 min,将此溶液移入容量为 50 mL 的反应釜中,烘箱中恒温 8 h 后,常温下自然冷却。将所得产物用去离子水和无水乙醇在 2 000 r/min 的转速下洗涤、离心分离多次后在 60 ℃干燥 4 h,得到目标产物。

注释:

反应釜一定要拧紧,等反应结束后,降温再打开。

思考题:

影响银纳米线的因素有哪些?

实验七　石墨烯的制备

实验目的:

学习利用液相化学氧化法制备氧化石墨,然后通过水合肼还原氧化石墨的方法制备高质量的石墨烯样品,掌握制备石墨烯的基本原理与方法。

氧化石墨烯的制备原理:

这方法是用无机强质子酸(如浓硫酸、浓 HNO$_3$ 等)处理原料石墨,将强酸小分子插入石墨层间,再用强氧化剂(如 KMnO$_4$、KClO$_4$ 等)对其进行氧化。石墨氧化的程度主要依赖于方法和反应条件。原料石墨经过氧化之后,石墨层间距由氧化前的 335 nm 增加到 700~1 000 nm,只要加热或在水中超声剥离就容易形成分离的单原子层厚度的氧化石墨烯。

氧化石墨烯的还原原理:

用水合肼还原分散在水中的氧化石墨烯,还原后,石墨烯表面含氧官能团减少,表面电位降低,在溶剂中分散性变差并发生不可逆团聚。之后通过加入氨水改变 pH 控制片层间的静电斥力,可制备出在水相条件下稳定的石墨烯分散液。

实验材料:

实验所用材料有石墨粉、浓硫酸、盐酸、五氧化二磷、过硫酸铵、高锰酸钾、双氧水(体积分数为30%)和水合肼(体积分数为80%)。所有试剂为分析纯,使用前均未经处理,所有实验用水均为二次去离子水。

实验步骤:

(1) 氧化石墨(GO)的制备

将1.5 g天然石墨加到6 mL 80 ℃的浓H_2SO_4、1.25 g$(NH_4)_2S_2O_8$和1.25 gP_2O_5组成的混合溶液中,在该条件下保持4.5 h,将混合物冷却至室温,并加入0.25 L去离子水稀释放置过夜。混合物沉淀用去离子水洗涤、过滤除去残余的酸后在室温条件下干燥,得到预氧化天然石墨粉。将预氧化的天然石墨粉加到60 mL 0 ℃的浓H_2SO_4中,再将7.5 g $KMnO_4$边搅拌边缓慢加入,并继续在35 ℃以下搅拌2 h得混合液。加入125 mL去离子水稀释混合液,由于大量水的加入会释放出大量热量,因此该操作要在冰水浴中进行,以保证温度低于50 ℃。全部加完去离子水后,继续搅拌混合物2 h,再加入700 mL去离子水和10 mL质量分数为30%的H_2O_2,此时可以看到在冒出大量气泡的同时溶液颜色由黑色变为亮黄色。将得到的亮黄色溶液用$V(HCl):V(去离子水)=1:10$的盐酸和去离子水洗涤并抽滤至干,得到的固体放置在40 ℃真空烘箱中干燥7 d,即得到氧化石墨。

(2) 石墨烯的制备

称取一定量的氧化石墨配制成质量分数为0.05%的溶液,超声30 min。将石墨烯氧化物剥离成石墨氧化物片,离心分离超声后的溶液,得到均匀分散的石墨氧化物分散液。石墨氧化物转变为石墨烯的具体操作为:取50 mL石墨氧化物分散液,与50 mL去离子水、50 μL质量分数为35%的水合肼溶液和350 μL浓氨水在烧杯中混合均匀,剧烈搅拌几分钟,放置在水浴锅中95 ℃下反应1 h,就得到均匀稳定且不易发生团聚的石墨烯分散液。

注释:

用扫描电镜(SEM)获得的氧化石墨粉末的形貌见图7.2,图中具有一定层状结构且呈不平整褶皱状的片状物为氧化石墨。

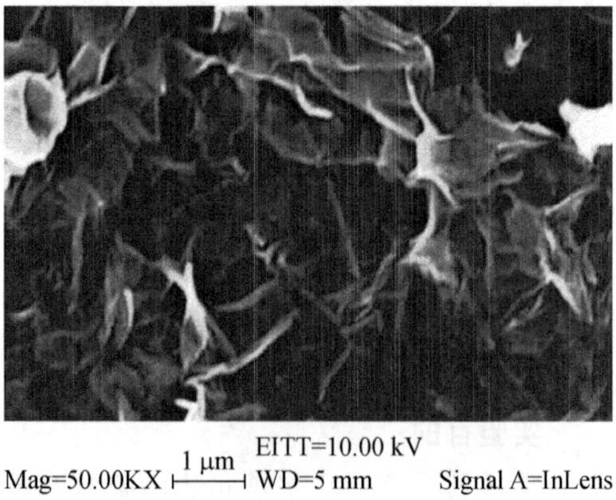

EITT=10.00 kV
Mag=50.00KX   1 μm   WD=5 mm   Signal A=InLens

图7.2 用扫描电镜获得的氧化石墨粉末形貌图

问题:

(1) 制备石墨烯时为何要加入浓氨水溶液?

(2) 用水合肼作还原剂在本实验中有什么缺陷?

实验八 二维二硫化钼的制备

实验目的:

学习利用微机械力剥离法制备二维二硫化钼材料,掌握制备样品的基本原理与方法。

实验原理:

微机械力剥离法是一种简单的获取二维材料的方法,就是用一种特制的黏性胶带将块状的层状材料颗粒剥离到只有几层厚甚至单层纳米片的方法。其原理就是由于胶带的黏性力克服层与层之间非常弱的范德华力,从而达到剥离的效果。2004年英国曼彻斯特大学的研究者通过微机械剥离的方法首次制备出石墨稀。目前人们也可以利用同样的方法制备出单层的二硫化钼。

实验步骤：

如图 7.3 所示,首先剪取一段 Scotch 胶带,取微量二硫化钼粉末置于胶带中间,紧接着就是不断地对折胶带,直到胶带不再具有黏性;然后剪取一段新胶带,把它覆盖到刚才的胶带表面,将它们抚平,经过一段时间后,缓慢地撕开两条粘在一起的胶带,最后将黏附着二硫化钼的那条新胶带覆盖在干净的衬底上;用合适的力道抚平,缓慢地将胶带从衬底上撕开,这样二硫化钼就转移到衬底上了,用一定的表征手段可以寻找到单层类石墨二硫化钼。

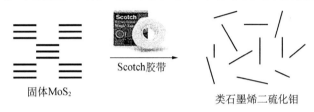

固体MoS$_2$ Scotch胶带   类石墨烯二硫化钼

图 7.3 二维二硫化钼的制备步骤

注释：

这种方法制备的样品缺陷很少,晶体结构完美,因此具有非常好的光电学性质,比如载流子迁移率非常高,但由于其重复性差,每次剥离的形状与面积都无法预先控制,从而限制了此法的进一步应用,因此本方法只适合在实验室科研使用。

问题：

(1) 结合本方法制作特点思考一下此法适合制备哪些器件。

(2) 为何用微机械力剥离法制备的二维二硫化钼材料具有较高的载流子迁移率?

实验九 液相剥离法制备黑磷材料

实验目的：

学习利用液相剥离法制备黑磷材料,掌握制备样品的基本原理与方法。

实验原理：

液相剥离的原理是当化学溶剂的表面能与二维材料相匹配时,溶剂与二维材料之间的相互作用可以平衡剥离该材料所需的能量,使得通过超声就可把块体材料剥离成片层材料。Brent 等使用液相剥离法制得了少量的二维黑磷。制备方法简单易得,即将黑磷晶体放到 N-甲基吡咯烷酮(NMP)高功率超声分散 24 h,在原子力显微镜下测得黑磷片层的尺寸最大可达到 200 nm×200 nm,厚度在 3.5~5 nm 之间。Guo 等在此基础上,向 NMP 里加入 NaOH 来提高剥离黑磷的效率,超声时间为 4 h,所得悬浮液离心并转移到水溶液里。为了得到具有相对均匀的尺寸和厚度的黑磷,分散液以不同的转速离心。结果证明,黑磷的厚度可通过调节离心速度进行控制。

注释：

统计结果显示,12 000 r/min 的转速离心得到的黑磷片平均直径约 670 nm,厚度为 (5.3±2.0) nm(5~12 层)。然后将上层清液进一步离心,转速为 18 000 r/min,获得黑磷片平均直径约 210 nm,厚度为(2.8±1.5) nm(2~7 层)。其中,68％的黑磷片厚度在 1.5~2.5 nm(2~4 层)范围。而一些小片由于单层太薄,无法在高度模式下被 AFM 捕捉到图像而未被统计。

问题:

(1) 在液相剥离法中为何将黑磷晶体放到 N-甲基吡咯烷酮(NMP)中超声分散 24 h?

(2) 怎样可以改善二维黑磷易降解的缺点?

实验十 制备金属有机框架材料 MOF-5

实验目的:

学习直接合成 MOF-5 的实验方法。

试剂:

三乙胺(TEA),N,N-二甲基甲酰胺,Zn(NO₃)₃ · 6H₂O,1,4-苯二甲酸。

实验步骤:

将固体 1.21 g Zn(NO₃) · 6H₂O 和 0.34 g 1,4-苯二甲酸溶解于装有溶剂 40 mL N,N-二甲基甲酰胺的烧杯中,然后往溶液中逐滴加入 1.6 g 三乙胺(TEA),室温下强力搅拌反应 0.5~4 h,得到白色化合物 MOF-5。通过重复离心和彻底收集晶体 DMF 洗涤三次,最后将冲洗后的晶体于氯仿中浸泡 2~3 次后滤出,以除去 DMF,然后将收集到的样品在 120 ℃下进行烘干,最后收集样品密封保存以待用。称量并计算产率。

问题:

MOF-5 的纯度如何确定?

实验十一 共价有机框架材料 COF-LZU1 的合成

实验目的:

学习溶剂热合成法制备共价有机框架材料 COF-LZU1。

实验材料:

1,4-二氨基苯,三苯甲酸,1,4-二氧六环,醋酸,DMF,THF。

实验步骤:

依次称取 1,4-二氨基苯 16 mg、三苯甲酸 16 mg,加 1 mL 1,4-二氧六环将其溶解混匀,然后用滴管将反应液转移至反应管中,缓慢滴加醋酸(0.2 mL,3 mol/L),可以看出随着酸的滴入立即有黄色固体产生,30 min 后,加入 THF,离心,依次用 DMF、THF 进行索氏提取(作溶剂),60 ℃真空干燥 12 h,得淡黄色固体。

实验十二 钙钛矿薄膜的制备

实验目的:

钙钛矿层是电池的光吸收层,其质量的优劣是钙钛矿太阳能电池效率的最主要影响因素,而钙钛矿层的好坏主要由钙钛矿层的制备方法决定。在本实验中要求掌握使用一步法和两步法沉积制备钙钛矿层。

实验原理：

一步法制备钙钛矿层：CH_3NH_3I 通常和 PbI_2 或者 $PbCl_2$ 以物质的量之比 1∶1 或者 3∶1溶解在丁内酯或者 N,N-二甲基甲酰胺(DMF)中来制备钙钛矿先驱溶液,然后直接旋涂到基底上。

两步法制备钙钛矿层：为了更好地控制钙钛矿的结晶,有文献提出两步法制备钙钛矿层。首先 PbI_2 层旋涂到基底上并 70 ℃加热烘干,然后将基底浸泡到 CH_3NH_3I 的异丙醇溶液中形成钙钛矿。

实验仪器：

超声清洗仪,氧等离子清洗机,电子天平,匀胶机,手套箱,电热恒温鼓风干燥箱,恒温加热搅拌器,高真空电阻蒸镀仪。

试剂：

丙酮,无水乙醇,四氯化钛,钛酸异丙酯,氢碘酸,乙醚,N,N-二甲基甲酰胺,碘化铅,甲胺乙醇溶液,异丙醇。

实验步骤：

(1) TiO_2 致密层的制备

将切好的 ITO 平铺在玻璃缸中,先后用洗衣粉水、丙酮、无水乙醇各超声 30 min,氮气吹扫后,再用等离子清洗机处理 10 min。取出后先用 $TiCl_4$ 水溶液在 70 ℃的鼓风干燥箱中对干净的 ITO 进行预处理,时间为 30 min。倒出预处理液后,将处理过的 ITO 100 ℃烘干。然后使用匀胶机在 3 000 r/min 的转速下在 ITO 上旋涂一层钛酸异丙酯溶液。最后将旋涂好的 ITO 放到马弗炉中,500 ℃烧结 1 h,自然冷却后取出,可以得到 TiO_2 致密层膜厚30 nm 的基底。

(2) 甲胺碘的合成

将盛有 20 mL 甲胺的圆底烧瓶放置在 0 ℃的冰水中,将 22 mL 氢碘酸边搅拌边滴加进烧瓶中,滴加完成后继续冰水浴中搅拌 2 h,形成无色透明的 CH_3NH_3I 溶液。溶液用旋转蒸发仪烘干,然后用乙醚洗涤干净,真空干燥得到白色的 CH_3NH_3I 晶体。反应方程式为：

$$CH_3NH_2 + HI \longrightarrow CH_3NH_3I$$

(3) 制备钙钛矿层

两步法：将适量的淡黄色 PbI_2 粉末添加到 DMF(N,N-二甲基甲酰胺)中,然后加热到 70 ℃将 PbI_2 粉末溶解,得到淡黄色 PbI_2 溶液。溶液浓度为 1 mol/L。在手套箱中,将淡黄色 PbI_2 溶液旋涂(2 800 r/min)到 TiO_2 致密层上,70 ℃下烘 10 min,得到亮黄色的 PbI_2 层。然后将已经旋涂好的基底浸入到 CH_3NH_3I 溶液中 20 s,基底颜色迅速地从亮黄色变为棕黑色,取出后放到干净的异丙醇中,洗去多余的 CH_3NH_3I。最后放在 70 ℃中烘 10 min,得到需要的 $CH_3NH_3PbI_3$ 钙钛矿层。反应方程式为：

$$CH_3NH_3I + PbI_2 \longrightarrow CH_3NH_3PbI_3$$

一步法：将适量的淡黄色 PbI_2 粉末和白色的 CH_3NH_3I 晶体(物质的量之比 1∶1)加到 DMF(N,N-二甲基甲酰胺)中,然后 70 ℃温度下搅拌,得到淡黄色先驱溶液。溶液浓度为 1 mol/L。在手套箱中,将淡黄色先驱溶液旋涂(3 000 r/min)到基底上,100 ℃下烘 10 min,

有机化学与光电材料实验教程

得黑色的 $CH_3NH_3PbI_3$ 钙钛矿层。

实验十三 $CaTiO_3$ 纳米粒子的制备

实验目的：

掌握用水热法制备 $CaTiO_3$ 纳米粒子。

实验原理：

以四甲基氢氧化铵 $[N(CH_3)_4OH]$ 为矿化剂，以 $Ca(NO_3)$ 和钛酸丁酯的水解产物 $TiO(OH)_2$ 为原料进行水热合成反应，制备 $CaTiO_3$ 纳米粒子。通过对各种反应条件的选择，如前驱体浓度、pH、合成温度和时间，对纳米粒子的大小和形状进行控制。结果表明，在较低的温度甚至在 130 ℃ 就能形成完整的正交晶型的 $CaTiO_3$ 纳米粒子，并且由于使用有机碱作为矿化剂，合成的纳米粒子纯度高，而且大小均匀。因此是制备单分散 $CaTiO_3$ 纳米粒子的一种十分有效的方法。

实验材料：

X-射线粉末衍射仪，高分辨透射电镜，电热恒温鼓风干燥箱，恒温磁力搅拌器，电子天平，带聚四氟乙烯内衬高压釜。

试剂：

钛酸四丁酯，$Ca(NO_3)_2 \cdot 4H_2O$，四甲基氢氧化铵 $[N(CH_3)_4OH]$，冰醋酸，乙醇。

实验步骤：

在剧烈搅拌下，将 48 mL 的钛酸四丁酯慢慢倒入 250 mL 的水中，继续搅拌 3 h 水解完全。加入适量硝酸，加热到 80 ℃，继续搅拌 2 h，形成半透明的 TiO_2 胶体溶液。取 20 mL 的二氧化钛胶体，在搅拌下向其中加入一定量的四甲基氢氧化铵 $[N(CH_3)_4OH]$ 碱溶液，然后再称取等物质的量的 $Ca(NO_3)_2 \cdot 4H_2O$，用新煮沸水溶解，加入上述溶液中，再往溶液中加适量的碱溶液，充分搅拌，溶液呈现乳白色，此时溶液的 pH≥13。在 N_2 氛围下，搅拌过夜，放入高压釜内，在一定的时间和温度下进行水热合成反应。合成路线见图7.4。

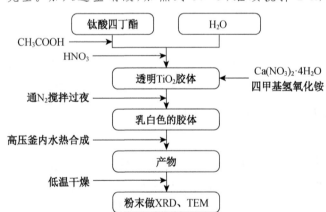

图 7.4 $CaTiO_3$ 纳米粒子合成路线图

思考题：

(1) 前驱体的 pH 是得到纯度高的 $CaTiO_3$ 晶体的关键，pH 必须在 13 以上。前驱体浓度对生成晶体的大小有怎样的影响？

(2) $CaTiO_3$ 纳米粒子的形成对温度和时间的选择性较小，这说明什么？

第8章 材料分析技术与方法

有机定性分析即未知物的确认和鉴定,是有机化学的一个重要部分,化学工作者必须掌握确认从化学反应或天然产物中得到的有机化合物的适当方法。长期以来,经典的化学分析是鉴定未知物的唯一手段,它是一项艰苦而耗时的工作。近几十年来,由于波谱技术广泛用于分离和分析,使有机化学传统的实验方法发生了根本性的变化。但这并不意味经典的化学分析已经过时,在实验室,试管中的化学分析仍然是每个化学工作者必须掌握的一种操作技巧,它具有简单易行、操作方便的特点,并且为鉴定化合物提供重要的信息。在很多场合中,化学和仪器这两种方法相辅相成、互为补充,往往是通过一种方法得到一个线索,然后通过另一种方法加以证实。学生在学习和实践过程中,应当逐渐体会化学及仪器分析二者之间的关系和它们各自的功能,以便决定使用哪一种方法更为迅速简便。

8.1 未知物鉴定的一般步骤和初步观察

8.1.1 未知物鉴定的一般步骤

在深入讨论元素分析、分类实验和官能团鉴定之前,有必要介绍一下未知物鉴定的一般步骤。首先我们所讨论的未知物鉴定是纯净的有机物的鉴定,实际工作中,需要鉴定的化合物往往是不纯的。确定化合物纯度最重要的手段是气相色谱,纯净的化合物在气相色谱中只出现一个单峰。当化合物数量较多时,也可采用测定沸点的方法,恒定的沸点和窄的沸程(1~2 ℃)一般表明该化合物是纯品。确定固体化合物纯度最常用的方法是测定熔点,敏锐的熔点和窄的熔程(1~2 ℃)通常是纯品的标志。但是要排除共沸混合物或低共熔混合物的可能。液体化合物可通过分馏或气相色谱加以分离提纯,提纯固体化合物则通常采用重结晶或柱色谱及薄层色谱的方法。

一旦确定未知物的纯度,就可以测定其物理常数,沸点和熔点的数据将使化合物种类的选择范围大大缩小。液体化合物也可测定其折光率或密度。对光学活性物质,比旋光度是一个不可忽略的常数。

接下来的工作则需要通过元素分析和相对分子质量测定确定未知物的分子式。相对分子质量的测定传统采用凝固点降低的方法,质谱法的出现已使测定相对分子质量的速度和准确度比以前大大提高。

未知物在水、酸、碱和有机溶剂中的溶解度可对化合物的分类及可能存在的官能团提供初步的有价值的线索。

确定未知物中所含官能团最重要的手段是红外光谱,它已代替定性的化学实验成为确定未知物类型的最有效的方法。红外光谱虽然不能对化合物的类型作出肯定的回答,却可以使选择的范围大大缩小,在此基础上,进行一两个化学实验,即可确定化合物所含的官能团。

未知物结构的最终鉴定可采用化学或物理的方法。经典的分析方法通常将需要鉴定的化合物变成另一种固体衍生物,掌握了两种固体衍生物的熔点及未知物的熔点和沸点后,便可确定此未知物。波谱技术也许是化学工作者可使用的测定未知物结构的最省时最有力的工具,常用的有核磁共振谱、红外光谱和质谱。一般单用波谱法就可确定未知物的结构,有时则必须借助传统的化学方法加以确证,然而未知物中主要官能团以及它们的近旁环境的结构特征则可联合波谱法迅速正确地加以判断。

经典的定性系统分析包括以下步骤:

(1) 物理化学性质的初步鉴定。

(2) 物理常数的初步测定。

(3) 元素分析。

(4) 溶解度实验。

(5) 官能团鉴定。

(6) 衍生物的制备。

必须指出,面对数百万种有机化合物,这里只能提供一个有效地鉴别未知物的一般步骤。除了几条指导性的原则外,没有一种固定不变的模式可供遵循,学生必须依靠自己的判断力、经验和才智来选择鉴定未知物的具体方法。

8.1.2 未知物的初步观察

初步鉴定可以观察未知物的外观、色泽、物态(液态、固态及晶形),在空气中是否容易氧化,辨别其特征的气味等,这些信息往往可以在手册中找到。

普通的有色物质包括硝基和亚硝基化合物(黄),α-二酮(黄),醌(黄到红),偶氮化合物(黄到红),高度共轭的烯、酮(黄到红),芳胺可以被氧化而迅速变色。

许多有机化合物特别是低相对分子质量的有机化合物往往具有独特的气味。如胺类往往具有鱼腥味,酯类有令人愉快的水果或花香味,酸有辛辣的刺鼻味,硫醇、异腈、硫酚等具有令人不愉快的臭味。出色的化学工作者必须具备辨认或熟悉典型气味的能力。

灼烧实验也是重要的鉴别手段。将少量样品(1滴液体或50 mg固体试样)放到刮刀或瓷坩埚盖上,在小火或小火边缘上加热,观察固体在低温下熔融还是在强烈的灼烧下才熔融,并观察其可燃性和火焰的性质。黄色发烟说明为芳香或高度不饱和脂肪族化合物,黄色但不发烟为脂肪族化合物的特征,化合物中含氧使火焰接近无色(或蓝色),化合物中氧的含量过高或含卤素,使易燃性降低。二氧化硫特殊的气味可用来证明化合物中有硫的存在。如燃烧后有白色"非挥发性"的残渣,加1滴水并用石蕊试纸或pH试纸测试,如呈碱性说明为钠盐或其他金属盐。

8.2 元素分析

在有机化合物中,常见的元素除碳、氢、氧外,还含有氮、硫、卤素,有时亦含有其他元素如磷、砷、硅及某些金属元素等。元素定性分析的目的在于鉴定某一有机化合物是由哪些元素组成的,若有必要再在此基础上进行元素定量分析或官能团实验。

一般有机化合物都含有碳和氢,因此已知要分析的样品是有机物后,一般就不再鉴定其中是否含有碳和氢了。化合物中氧的鉴定还没有很好的方法,通常是通过官能团鉴定反应或根据定量分析结果来判断其是否存在。

由于组成有机化合物的各元素原子大都是以共价键相结合的,很难在水中离解成相应的离子,为此需要将样品分解,使元素转变成离子,再利用无机定性分析来鉴定。分解样品的方法很多,最常用的方法是钠熔法,即将有机物与金属钠混合共熔,结果有机物中的氮、硫、卤素等元素转变为氰化钠、硫化钠、硫氰化钠、卤化钠等可溶于水的无机化合物。这样就可以按照无机离子的定性鉴别方法进行鉴定。

8.2.1 钠熔法

取一干燥的试管,将其上端用铁丝垂直固定在铁架上。用镊子取存于煤油中的金属钠,用滤纸吸去煤油后,切去黄色外皮,再切成豌豆大小的颗粒。取一粒放入试管底部。用酒精灯在试管底部慢慢加热使钠熔化,待钠的蒸气充满试管下半部时,用滴管加入 1~2 滴液体样品或投入 10 mg 研细的固体样品,并加入少许蔗糖。然后加热 1~2 min 使得试管底部呈暗红色,冷却,加入 1 mL 乙醇分解过量的钠。再用煤气灯将钠熔试管加热,当试管红热时,趁热将试管底部浸入盛有 10 mL 蒸馏水的小烧杯中(小心!),试管底当即破裂。将此溶液煮沸,过滤,除去较大块的玻璃碎片,滤渣用蒸馏水洗两次,得无色或淡黄色澄清的滤液及水洗液共约 20 mL,留作以下鉴定实验用。

8.2.2 元素的鉴定

(1) 氮的鉴定

① 普鲁士蓝实验:取 2 mL 滤液,加入 5 滴新配制的 5%硫酸亚铁溶液和 4~5 滴 10%氢氧化钠溶液,使溶液呈显著的碱性。将溶液煮沸,滤液中如含有硫则有黑色硫化亚铁沉淀析出(不必过滤)。冷却后加入稀盐酸使产生的硫化亚铁、氢氧化亚铁沉淀刚好溶解。然后加入 1~2 滴 5%三氯化铁溶液,有普鲁士蓝沉淀析出,表明有氮。若沉淀很少不易观察时,可用滤纸过滤,用水洗涤,检查滤纸上有无蓝色沉淀。如果没有沉淀只得一蓝色或绿色溶液时,可能钠分解不完全,需重新进行钠熔实验,本实验反应式如下:

$$2NaCN + FeSO_4 \longrightarrow Fe(CN)_2 + Na_2SO_4$$

$$Fe(CN)_2 + 4NaCN \longrightarrow Na_4[Fe(CN)_6]$$

$$3Na_4[Fe(CN)_6] + 4FeCl_3 \longrightarrow Fe_4[Fe(CN)_6]_3 \downarrow + 12NaCl$$

② 醋酸铜-联苯胺实验:取 1 mL 滤液,用 5~6 滴 10%醋酸酸化,加入数滴醋酸铜-联苯胺试剂(沿管壁徐徐加入勿摇动),有蓝色环在两层交界处发生,表明有氮。样品中如有硫存在,则需加入 1 滴醋酸铅(不可多加)后进行离心分离,并取上层清液进行实验。

本实验的反应机理是:氰根能改变下列平衡,因此出现联苯胺蓝的蓝色环。

$$铜离子 + 联苯胺 \rightleftharpoons 亚铜离子 + 联苯胺蓝$$

当有氰根存在时,由于亚铜离子与它形成 $[Cu_2(CN)_4]^{2-}$ 络离子,亚铜离子浓度减小,促使平衡向右移动,联苯胺蓝增多,故出现蓝色环。

醋酸铜-联苯胺试剂的配制:A 液,取 150 mg 联苯胺溶于 100 mL 水及 1 mL 醋酸中;B 液,取 286 mg 醋酸铜溶于 100 mL 水中;A 液与 B 液分别贮藏在棕色瓶中,使用前临时以等体积的比例混合。

样品中含有碘时也有此反应,本实验的灵敏度比普鲁士蓝要高些。

(2) 硫的鉴定

① 硫化铅实验:取 1 mL 滤液,加醋酸使呈酸性,再加 3 滴 2% 醋酸铅溶液。如有黑褐色沉淀表明有硫,若有白色或灰色沉淀生成,是碱式醋酸铅,表明酸化不够,需再加入醋酸后观察。反应式如下:

$$Na_2S + Pb(OAc)_2 \longrightarrow PbS\downarrow + 2NaOAc$$

② 亚硝酰铁氰化钠实验:取 1 mL 滤液,加入 2~3 滴新配制的 0.5% 亚硝酰铁氰化钠溶液(使用前临时取 1 小粒亚硝酰铁氰化钠溶于数滴水中),如呈现紫红色或深红色表明有硫。反应式如下:

$$Na_2S + Na_2[Fe(CN)_5NO] \longrightarrow Na_4[Fe(CN)_5NOS](紫红色)$$

(3) 硫和氮同时鉴定

取 1 mL 滤液用稀盐酸酸化,再加 1 滴 5% 三氯化铁溶液,若有血红色显现,即表明有硫氰离子(CNS^-)存在。反应式如下:

$$3NaCNS + FeCl_3 \longrightarrow Fe(CNS)_3 + 3NaCl$$

在钠熔时,若用钠量较少,硫和氮常以 CNS^- 形式存在,因此在分别鉴定硫和氮时,若得到负结果,则必须做本实验。

(4) 卤素的鉴定

① 卤化银实验:如滤液中无硫、氮,则可直接将滤液用硝酸酸化,滴入硝酸银以鉴定卤素。若化合物中含有硫、氮,则应先用稀硝酸酸化煮沸,除去硫化氢及氰化氢(在通风橱中进行),然后再加数滴 5% 硝酸银溶液,若有大量白色或黄色沉淀析出,表明有卤素存在。

$$NaX + AgNO_3 \longrightarrow AgX\downarrow + NaNO_3$$

② 铜丝火焰燃烧法:把铜丝一端弯成圆圈形,先在火焰上灼烧,直至火焰不显绿色为止。冷却后,在铜丝圈上沾少量样品,放在火焰边缘上灼烧,若有绿色火焰出现,证明可能有卤素存在。

(5) 氯、溴、碘的分别鉴定

① 溴和碘的鉴定:取 2 mL 滤液,加稀硝酸使呈酸性,加热煮沸数分钟(在通风橱中进行,如不含硫、氮,则可免去此步)。冷却后加入 0.5 mL 四氯化碳,逐渐加入新配制的氯水。每次加入氯水后要摇动,若有碘存在,则四氯化碳层呈现紫色。继续滴加氯水,如含有溴,则紫色渐退而转变为黄色或橙黄色。

检验溴的另一方法:取 3 mL 滤液,加 3 mL 冰醋酸及 0.1 g 二氧化铅,在通风橱中加热,取一条荧光素试纸放在试管口,黄色试纸变为粉红色,表示有溴,氯无干扰,碘使试纸变为棕色。

② 氯的鉴定：在上述滤液中，加入 2 mL 浓硫酸及 0.5 g 过硫酸钠煮沸数分钟，将溴和碘全部除去，然后取清液做硝酸银的氯离子检验。

检验氯的另一方法：取 1 mL 滤液，加入 0.5 mL 四氯化碳及 3 滴浓硝酸，摇荡，用吸管吸去四氯化碳层，反复进行直至四氯化碳层呈无色。然后吸取上层水溶液，加入 1~2 滴 5% 硝酸银溶液，若有浓厚的白色沉淀生成，表明有氯（有硫、氮时，须酸化加热除去硫化氢及氰化氢，方法同前）。

元素鉴定时应注意以下几点：

（1）用时必须注意安全。

（2）取用液体的体积与钠的颗粒大小相仿，若为液体样品，则用 3~4 滴。钠熔时试管口不可对人，以防意外。

（3）加入少许蔗糖有利于含碳较少的含氮样品形成氰离子，否则氮不易检出。

（4）如溴、碘同时存在，且碘含量较多时，常使溴不易检出，此时可用滴管吸去含碘的四氯化碳溶液，再加入纯净的四氯化碳振荡，如仍有碘的紫色，再吸去，直至碘完全被萃取尽。然后再加纯净的四氯化碳数滴，并逐渐滴加氯水，如四氯化碳层变成黄色或红棕色，表明有溴。

（5）荧光素试纸：将滤纸浸入 1% 荧光素（又名荧光黄）-乙醇溶液中，取出阴干后裁成小条备用。

8.2.3　元素分析仪

在有机化合物的结构分析中，化合物中各元素的组成及含量分析是非常重要的一个环节。而利用元素分析仪我们可以较为准确地测定有机物中碳、氢、氮、硫及氧等元素的含量。元素分析仪具有灵敏度高、精密度好、取样量少、分析速度快、操作程序简便、自动化程度高等特点，因而广泛应用于各种样品的元素测定。

元素分析仪的工作原理如下：有机化合物在高温条件下，经催化氧化（或裂解）-还原后分别会转变形成各种气态物质（如二氧化碳、水蒸气、氮气、二氧化硫等）。而后在载气的推动下，进入分离检测单元。分离单元采用色谱法原理，利用气相色谱柱，将被测样品的混合组分（即二氧化碳、水蒸气、氮气、二氧化硫等）载入色谱柱中。由于这些组分在色谱柱中的流出时间不同（即具有不同的保留时间），使得混合组分按照氮、碳、氢、硫的顺序被分离出来。被分离的单组分气体，通过热导检测器分析测量，不同组分的气体在热导检测器中的导热系数不同，因而对不同组分仪器会产生不同的读取数值，通过与标准样品对比分析即可达到定量分析的目的。

该仪器主要由盛有氧化催化剂的氧化管和盛满还原剂的还原管及加热炉、分离和检测氧化（或裂解）-还原产物二氧化碳、水蒸气、氮气以及二氧化硫的分离和检测系统、数据处理机或微机工作站、微量自动电子天平等组成。

8.3　核磁共振波谱

核磁共振波谱（nuclear magnetic resonance spectroscopy，简称 NMR）是一种基于特定原子核在外磁场中吸收了与其裂分能级间能量差相对应的射频场能量而产生共振现象的分析方法。核磁共振波谱通过化学位移值、谱峰多重性、偶合常数值、谱峰相对强度和在各种二维谱及多维谱中呈现的相关峰,提供分子中原子的连接方式、空间的相对取向等定性的结构信息。核磁共振定量分析以结构分析为基础,在进行定量分析之前,首先对化合物的分子结构进行鉴定,再利用分子特定基团的质子数与相应谱峰的峰面积之间的关系进行定量测定。核磁共振的发展在测定分子结构方面起到难以估量的作用,特别是对碳架上的不同氢原子可以准确地测定它们的位置及数目。

8.3.1 核磁共振基本原理

带正电荷的原子核在做自旋运动时,可产生磁场和角动量,其磁性用核磁矩 $\boldsymbol{\mu}$ 表示,角动量 P 的大小与自旋量子数 I 有关(核的质量数为奇数,I 为半整数;核的质量数为偶数,I 为整数或 0),其空间取向是量子化的;$\boldsymbol{\mu}$ 也是一个矢量,方向与 P 的方向重合,空间取向也是量子化的,取决于磁量子数 m 的取值($m=-I$, $-I+1$, $\cdots$, 0, 1, $\cdots$, I,共有 $2I+1$ 个数值)。对于 ^{1}H, ^{13}C 等 $I=1/2$ 的核,只有两种取向,对应于两个不同的能量状态,粒子通过吸收或发射相应的能量在两个能级间跃迁。核磁共振波谱是一专属性较好但灵敏度较低的分析技术。低灵敏度的主要原因是基态和激发态的能量差非常小,通常每十万个粒子中两个能级间只差几个粒子(当外磁场强度约为 2 T 时)。

8.3.2 核磁共振波谱仪

常见的核磁共振波谱仪有两类,即经典的连续波(CW)波谱仪和现代的脉冲傅立叶变换(PFT)波谱仪,目前使用的绝大多数为后者。其组成主要包含超导磁体、射频脉冲发射系统、核磁信号接收系统和用于数据采集、储存、处理以及谱仪控制的计算机系统(见图 8.1)。

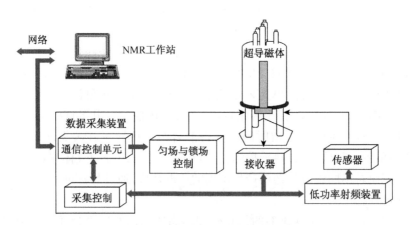

图 8.1 核磁共振波谱仪的主要组成

在脉冲核磁共振波谱仪上,一个覆盖所有共振核的射频能量的脉冲将同时激发所有的核,当被激发的核回到低能态时产生一个自由感应衰减(FID)信号,它包含所有的时间域信息,经模数转换后通过计算机进行傅立叶变换得到频(率)谱。实验中按照仪器操作规程设置谱仪参数,如脉冲倾倒角和与之对应的脉冲强度、脉冲间隔时间、数据采样点(分辨率)、采样时间等。采集足够的 FIDs,由计算机进行数据转换,调整相位使尽可能得到纯的吸收峰,用参照物校正化学位移值,用输出设备输出谱图。

8.3.3　核磁共振波谱

核磁共振信号(峰)可提供四个重要参数：化学位移值、谱峰多重性、偶合常数值和谱峰相对强度。

（1）化学位移

处于不同分子环境中的同类原子核具有不同的共振频率，这是由于作用于特定核的有效磁场由两部分构成：由仪器提供的特定外磁场以及由核外电子云环流产生的磁场(后者一般与外磁场的方向相反，这种现象称为"屏蔽")。处于不同化学环境中的原子核，由于屏蔽作用不同而产生的共振条件差异很小，难以精确测定其绝对值，实际操作时采用一参照物作为基准，精确测定样品和参照物的共振频率差。在核磁共振波谱中，一个信号的位置可描述为它与另一参照物信号的偏离程度，称为化学位移。

常用的化学位移参照物是四甲基硅烷(TMS)，其优点是化学惰性，单峰，信号处在高场，与绝大部分样品信号之间不会互相重叠干扰，沸点很低(27 ℃)，容易去除，有利于样品回收。而对于水溶性样品，常用 3 -三甲基硅基丙酸钠- d4(TSP)或 2, 2 -二甲基- 2 -硅戊基- 5 -磺酸钠(DSS)，其化学位移值也非常接近于零。DSS 的缺点是其三个亚甲基质子有时会干扰被测样品信号，适于用作外参考。

（2）自旋偶合

化学位移仅表示了磁核的电子环境，即核外电子云对核产生的屏蔽作用，但未涉及同一分子中磁核间的相互作用。这种磁核间的相互作用很小，对化学位移没有影响，但对谱峰的形状有着重要影响。这种磁核之间的相互干扰称为自旋-自旋偶合，由自旋偶合产生的多重谱峰现象称为自旋裂分，裂分间距(赫兹)称为偶合常数 J，偶合常数与外磁场强度无关。偶合也可发生在氢核与其他核($I \neq 0$)之间，如 ^{19}F、^{13}C 和 ^{31}P 等。

8.3.4　核磁共振波谱分析

核磁共振波谱分析可广泛应用于结构确证，热力学、动力学和反应机理的研究，以及用于定量分析。

（1）定性分析

核磁共振波谱是一个非常有用的结构解析工具，化学位移提供原子核环境信息，谱峰多重性提供相邻基团情况以及立体化学信息，偶合常数值大小可用于确定基团的取代情况，谱峰强度(或积分面积)可确定基团中质子的个数等。一些特定技术，如双共振实验、化学交换、使用位移试剂、各种二维谱等，可用于简化复杂图谱、确定特征基团以及确定偶合关系等。对于结构简单的样品可直接通过氢谱的化学位移值、偶合情况(偶合裂分的峰数及偶合常数)及每组信号的质子数来确定，或通过与文献值(图谱)比较确定样品的结构，以及是否存在杂质等。与文献值(图谱)比较时，需要注意一些重要的实验条件，如溶剂种类、样品浓度、化学位移参照物、测定温度等的影响。对于结构复杂或结构未知的样品，通常需要结合其他分析手段，如质谱等方能确定其结构。

（2）定量分析

与其他核相比，^1H 核磁共振波谱更适用于定量分析。在合适的实验条件下，两个信号的积分面积(或强度)正比于产生这些信号的质子数。核磁共振波谱定量分析可采用绝对定量和相对定量两种模式。在绝对定量模式下,将已精密称定重量的样品和内标混合配制溶液,测定,通过比较样品特征峰的峰面积与内标峰的峰面积计算样品的含量(纯度)。常用的内标物有 1,2,4,5-四氯苯、1,4-二硝基苯、对苯二酚、对苯二酸、苯甲酸苄酯、顺丁烯二酸等。内标的选择依据样品性质而定。相对定量模式主要用于测定样品中杂质的相对含量(或混合物中各成分相对含量)。

　　(3)谱图解析与结构确定

　　一般来说,首先要根据谱图中所出现的信号数目确定分子中含有几种类型的质子,其次根据谱图中质子的化学位移值来判断质子的类型。在 7×10^{-6} 附近的低场出现的吸收峰通常表明苯环质子的存在;烯键、醛基及羧基上的氢通常都在特定位置出现吸收,通过测量积分曲线的阶梯高度,确定各类质子之间的比例;最后观察分析各组峰的裂分情况,通过偶合常数 J 和峰型确定彼此偶合的质子。在分析上述信息之后,通常可以写出符合所有这些数据的一个或几个结构式,结合有关的物理常数、化学性质以及其他谱图的数据等判定该未知化合物的结构。常见结构单元 ^1H 化学位移范围见图 8.2。

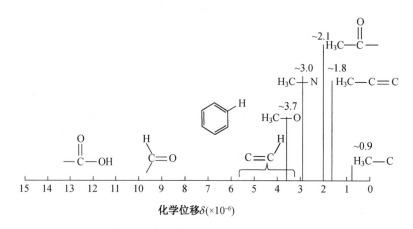

图 8.2　常见结构单元 ^1H 化学位移范围

8.4　红外光谱

　　红外光谱与分子的结构密切相关,是研究表征分子结构的一种有效手段,与其他方法相比较,红外光谱由于对样品没有任何限制,是公认的一种重要分析工具。在分子构型和构象研究中有十分广泛的应用。

　　红外光谱可以研究分子的结构和化学键,如力常数的测定和分子对称性等。利用红外光谱方法可测定分子的键长和键角,并由此推测分子的立体构型。根据所得的力常数可推知化学键的强弱,由简正频率计算热力学函数等。分子中的某些基团或化学键在不同化合物中所对应的谱带波数基本上是固定的或只在小波段范围内变化,因此许多有机官能团,例如甲基、亚甲基、羰基、氰基、羟基、氨基等在红外光谱中都有特征吸收,通过红外光谱测定,人们就可以判定未知样品中存在哪些有机官能团,这为最终确定未知物的化学结构奠定了基础。

　　由于分子内和分子间相互作用,有机官能团的特征频率会由于官能团所处的化学环境不同而发生微细变化,这为研究表征分子内、分子间相互作用创造了条件。分子在低波数区的许多简正振动往往涉及分子中全部原子,不同的分子的振动方式彼此不同,这使得红外光谱具有像指纹一样高度的特征性,称为指纹区。利用这一特点,人们采集了成千上万种已知化合物的红外光谱,并把它们存入计算机中,编成红外光谱标准谱图库。人们只需把测得的未知物的红外光谱与标准库中的光谱进行比对,就可以迅速判定未知化合物的成分。

8.4.1 基本原理

红外光谱(常用 IR 表示,infrared spectroscopy)又称振动光谱,通常是指有机物质在 $4\,000\sim400\ cm^{-1}$ 红外线的照射下,选择性地吸收其中某些频率后,用红外光谱仪记录所形成的吸收谱带。一般红外光谱仪测量吸收光的波数(频率的倒数,单位 cm^{-1})为 $4\,000\sim400\ cm^{-1}$,测定的是分子中化学键伸缩或弯曲运动吸收的光。几乎可用于所有有机化合物的结构表征。分子吸收红外光的能量大小与原子振动能级的能量相当,产生振动能级跃迁,表现出红外吸收光谱。振动能级大小与化学键的类型、两原子的质量和振动方式有关。双原子分子的振动模型见图 8.3。

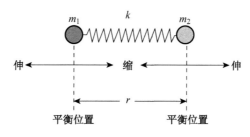

图 8.3 双原子分子的振动模型

不同的化学键或官能团,其振动能级从基态跃迁到激发态所需的能量不同,因此要吸收不同的红外光。典型的红外光谱,横坐标为波数(cm^{-1},最常见)或波长(nm),纵坐标为透光率或吸光度。红外波段通常分为近红外($13\,300\sim4\,000\ cm^{-1}$)、中红外($4\,000\sim400\ cm^{-1}$)和远红外($400\sim10\ cm^{-1}$),其中研究最为广泛的是中红外区。红外光谱的表示方法如图 8.4 所示。

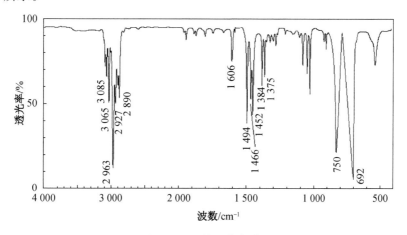

图 8.4 红外吸收光谱

红外光谱具有特征性强、适用范围宽、操作简便等优点,是有机物结构分析最常用的方法之一。

8.4.2 红外光谱分析

红外吸收光谱大体上分成三个区域,官能团吸收区又分为几个特征区:①倍频区:$> 3\,700\ \mathrm{cm^{-1}}$ 的区,常见的是一些键的振动频率的倍频区。②官能团吸收区(高频区):在 $3\,700\sim1\,600\ \mathrm{cm^{-1}}$ 区,组成官能团键的吸收大都在此区,故称官能团区,吸收峰稀少,易辨认,常用这一区域的吸收来判断化合物所含的特征基团。③指纹区:$<1\,600\ \mathrm{cm^{-1}}$ 的振动频率都在此区,主要是 C—C,C—N,C—O 等单键的伸缩振动和各种弯曲振动的频率。分子结构的微小变化,这些键的振动频率都能反映出来,就像人的指纹一样有特征,故称指纹区,反映化合物的精细结构。

8.4.3 红外光谱仪

目前有两类红外光谱仪,即色散型红外光谱仪和傅里叶变换型(Fourier transfer,FT)红外光谱仪。傅里叶变换型红外光谱仪及其工作原理见图 8.5,傅里叶变换红外光谱仪主要由红外光源、迈克尔逊(Michelson)干涉仪、检测器、计算机等系统组成。固定平面镜、分光器和可调凹面镜组成傅里叶变换红外光谱仪的核心部件——迈克尔逊干涉仪。由光源发出的红外光经过固定平面反射镜后,由分光器分为两束:50%的光透射到可调凹面镜,另外50%的光反射到固定平面镜。可调凹面镜移动至两束光光程差为半波长的偶数倍时,这两束光发生相长干涉,干涉图由红外检测器获得,经过计算机傅里叶变换处理后得到红外光谱图。

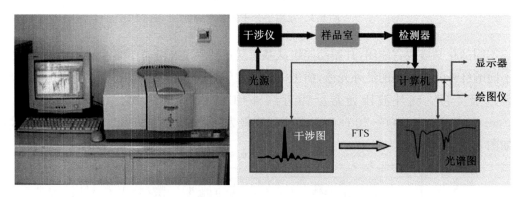

图 8.5 傅里叶变换红外光谱仪及其工作原理图

8.5 紫外可见光谱

紫外-可见光谱(UV-Vis)是电子光谱,是材料在吸收 $10\sim800\ \mathrm{nm}$ 光波波长范围的光子所引起分子中电子能级跃迁时产生的吸收光谱。低于 $200\ \mathrm{nm}$ 的吸收光谱属于真空紫外光谱(即远紫外光谱,由于远紫外光被空气所吸收,故亦称真空紫外光),通常讲的紫外光谱的波长范围是 $200\sim400\ \mathrm{nm}$,常用紫外光谱仪测试范围可扩展到 $400\sim800\ \mathrm{nm}$ 的可见光区。紫外-可见吸收光谱分析法常称为紫外-可见分光光度法。

紫外-可见吸收光谱法历史较久远,应用十分广泛,与其他各种仪器分析方法相比,紫外-可见吸收光谱法所用的仪器简单、价廉,分析操作也比较简单,而且分析速率较快。在有机化合物的定性、定量分析方面,例如化合物的鉴定、结构分析和纯度检查以及在药物、天然产物化学中应用较多。

8.5.1 紫外分光光度计基本工作原理

紫外分光光度计基本工作原理和红外光谱仪相似,利用一定频率的紫外可见光照射被分析的有机物质,引起分子中价电子的跃迁,它将有选择地被吸收。一组吸收随波长而变化的光谱,反映了试样的特征。在紫外可见光的范围内,对于一个特定的波长,吸收的程度正比于试样中该成分的浓度,因此测量光谱可以进行定性分析,而且根据吸收与已知浓度的标样的比较,还能进行定量分析。

（1）分子吸收光谱类型

分子的转动能级差一般在 $0.005\sim0.05$ eV。能级跃迁需吸收波长约为 $250\sim2$ μm 的远红外光,因此,形成的光谱称为转动光谱或远红外光谱。

分子的振动能级差一般在 $0.05\sim1$ eV,需吸收波长约为 $25\sim1.25$ μm 的红外光才能产生跃迁。在分子振动的同时有分子的转动运动,称为振-转光谱,就是前面讲的红外光谱。

电子的跃迁能级差约为 $1\sim20$ eV,比分子振动能级差要大几十倍,所吸收光的波长约为 $1.25\sim0.06$ μm,主要在真空紫外到可见光区,对应形成的光谱称为电子光谱或紫外-可见吸收光谱。

当用紫外、可见光照射分子时,电子可以从基态激发到激发态的任一电子能级上。因此,电子能级跃迁产生的吸收光谱包括了大量谱线,并由于这些谱线的重叠而成为连续的吸收带,这就是分子的紫外-可见光谱不是线状光谱而是带状光谱的原因。

（2）有机、无机化合物的电子光谱

所谓电子光谱是指分子外层电子或价电子的跃迁所得到的光谱,这些价电子包括成键电子（π 和 σ 电子）、非键电子（n 电子）和反键电子（π^* 和 σ^* 电子）。它们处在不同能级的相应分子轨道上。根据分子轨道理论,各类分子轨道的能量有很大差别,分子中这 3 种电子的能级高低次序为 $\sigma<\pi<n<\pi^*<\sigma^*$。当分子吸收一定能量的电磁辐射时,就会发生相应能级的跃迁。有机化合物在紫外和可见光区域内电子跃迁的方式一般为 $\sigma-\sigma^*$、$n-\sigma^*$、$n-\pi^*$ 和 $\pi-\pi^*$ 这 4 种类型。

8.5.2 紫外可见吸收光谱仪

紫外可见吸收光谱仪适用波长范围大约在 $200\sim800$ nm,其中 $200\sim400$ nm 为紫外区,$400\sim800$ nm 为可见光区。一方面由于远紫外区（波长 200 nm 以下）气体吸收强,因此光路必须在真空中,这就使得仪器设计更困难,造价更高。另一方面在这一光谱区很少有透明溶剂,常限制为薄膜测试,因此真空紫外光谱仪不大流行。普通紫外、可见光谱仪（如图 8.6 所示）主要由光源、单色器、样品池（吸光池）、检测器、记录装置组成。为得到全波长范围（$200\sim800$ nm）的光,使用分立的双光源,其中氘灯的波长为 $185\sim395$ nm,钨灯的波长为 $350\sim800$ nm。绝大多数仪器都通过一个动镜实现光源之间的平滑切换,可以平滑地在全光谱范围扫描。

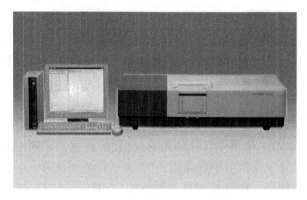

图 8.6　紫外可见吸收光谱仪

8.5.3　瞬态吸收光谱

瞬态吸收光谱,首先是一种时间分辨技术,其次它是一种吸收光谱。该技术用于测量光化学反应的过渡态,入射一束单色脉冲光,脉冲光在瞬间释放出高能量,将分子或原子能级从基态提升至激发态,这一过程称为泵浦(pump)。与此同时用另一束宽谱白光照射样品被激发的区域,该束光类似于探针(probe),探测样品被脉冲光激发过程中光吸收产生的变化。因此,瞬态吸收又被称为"泵浦-探测"(pump-probe)。

瞬态吸收中的透射率的变化(ΔT)的定义为有泵浦时探测光的透过率($T_{pump+probe}$)减去无泵浦时探测光(T_{probe})的透过率,归一化的透过率变化为:

$$\frac{\Delta T}{T} = \frac{T_{pump+probe} - T_{probe}}{T_{probe}}$$

也可以将透射率变化转换为吸收变化(ΔOD):

$$\Delta OD = \lg\left(\frac{-\Delta T}{T} + 1\right)$$

瞬态吸收技术探测到的数据中包含了几种不同类型的信号,图 8.7 给出了不同瞬态吸收信号所对应的跃迁过程。

基态漂白(ground state bleaching,GSB):样品的基态会吸收光子产生跃迁,从而使基态被漂白(粒子数减少)。当泵浦光存在时,被漂白的基态对探测光的吸收会减少,因此所探测到的 ΔOD 为负值。如果是探测透射变化 $\Delta T/T$,由于探测光会透过更多,会产生一个正的 $\Delta T/T$ 信号。基态漂白信号出现的波长范围对应为样品稳态吸收的范围,如图 8.7 中信号 1 所示。基态漂白信号在光激发后立即产生。

光致吸收(photoinduced absorption,PA):如果泵浦光激发样品后产生的激发态再吸收光子,则探测光的透过率会降低,从而产生 ΔOD 的正信号或 $\Delta T/T$ 的负信号,如图 8.7 中信号 2 所示。

受激发射(stimulated emission,SE):泵浦光将样品激发到激发态,在探测光的作用下,处于激发态的部分样品因受激辐射会从激发态回到基态,因此在相关波长范围内会得到一个 ΔOD 负的吸收信号或 $\Delta T/T$ 的正信号,如图 8.7 中信号 3 所示。由于激发态在发射荧

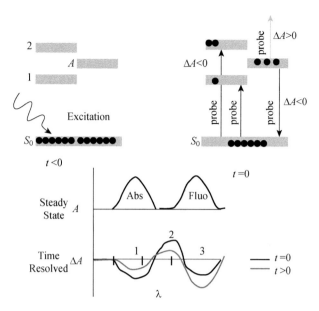

图 8.7 瞬态吸收实验中的不同信号

光之前会先有一个初始的弛豫过程(如内转换),因此受激发射信号不一定在激发后立即出现。由于稳态吸收谱和发射谱常常是有重叠的,因此基态漂白和受激发射信号也常常重叠,难以完全分开。

通常单线态在 fs-ns 时域,三线态在 ns-μs 时域,例如,量子点半导体的激发态寿命通常是 ps 级的,而富勒烯是 ns 级的,瞬态吸收对研究染料敏化太阳能电池、非线性光吸收、半导体材料的载流子迁移率、单碳纳米管的自由载流子、有机光电材料的基本原理有着不可替代的作用。

8.6 荧光和磷光发射光谱

8.6.1 发射光谱仪基本工作原理

处于分子基态单重态中的电子对,其自旋方向相反,当其中一个电子被激发时,则跃迁至第一激发单重态轨道,也可以跃迁至能级更高的单重态上。这种跃迁是符合光谱选律的。如果电子跃迁至第一激发三重态轨道上,则属于禁阻跃迁。单重态与三重态的区别在于电子自旋方向的不同,而激发三重态往往具有较低的能级。在单重激发态中,两个电子平行自旋,单重态分子具有抗磁性,其激发态的平均寿命大约为 10^{-8} s。而三重态分子具有顺磁性,其激发态平均寿命为 $10^{-4}\sim1$ s。单重态与三重态通常分别用 S 和 T 表示。

处于基态的分子因吸收特定频率的能量而被激发至激发态,而后由不稳定的激发态返回基态时通过辐射跃迁和非辐射跃迁等方式失去能量。其中通过辐射跃迁方式失去能量就会看到分子发光现象。通过第一激发单重态跃迁至基态时产生的发光现象称为荧光,而通过第一激发三重态跃迁至基态时产生的发光现象称为磷光。而非辐射跃迁则是指以热的形式辐射多余的能量,包括振动弛豫(VR)、内部转移(IC)、系间窜跃(ISC)以及外部转移(EC)

等。各种跃迁方式发生的可能性及程度则与物质本身的结构以及激发时的外部环境等因素有关。

荧光产生与有机化合物的结构密切相关:①首先是跃迁类型,$\pi^* \rightarrow \pi$ 跃迁时荧光效率较高,这是由于 $\pi \rightarrow \pi^*$ 跃迁时具有较大的摩尔吸收系数,同时系间跨越至三重态过程的速率常数较小,也有利于荧光产生;②共轭效应,易实现 $\pi \rightarrow \pi^*$ 激发的芳香族化合物容易产生荧光,提高共轭程度也有利于增强荧光效率并产生红移;③刚性平面结构,多数具有刚性平面结构的有机分子具有强烈的荧光,因为该结构可以降低分子振动,减少与溶剂的相互作用,从而减少了碰撞去活的可能性,因此具有较强荧光;④取代基效应,芳香环上有给电子基团(如—OH、—OR、—CN、—NH$_2$、—NR$_2$ 等),荧光效应增强。这是由于产生了 p-π 共轭作用,增强了 π 电子共轭程度,从而有效增强了最低激发单重态与基态之间的跃迁概率。而吸电子基团(如—COOH、—NO、—C═O、卤素等)则会削弱甚至猝灭荧光。卤素取代基随着原子序数的增加而荧光降低,这是由于"重原子效应"使系间窜跃速率增加所致。在重原子中,能级之间的交叉现象比较严重,因此容易发生自旋轨道的相互作用,增加了由单重态转化为三重态的概率。此外,各种外部因素也会影响荧光强度。①溶剂影响,随着溶剂极性的增大,$\pi \rightarrow \pi^*$ 跃迁的能量减小,导致荧光增强,常伴随荧光峰红移。②温度影响,温度升高使荧光强度下降。这是分子内部能量转化作用以及外转化去活概率增加所致。③溶液 pH 的影响,具有酸性或碱性基团的有机物质,在不同 pH 时,其结构可能发生变化,因此荧光强度将发生改变。而对无机荧光物质,pH 会影响其稳定性,因此也会使荧光强度发生改变。

与荧光光谱相比,磷光具有三个特点:①磷光波长比荧光要长;②磷光寿命比荧光长(磷光为禁阻跃迁产生,速率常数小);③磷光寿命和强度对重原子和氧敏感。而许多内部和外部因素也同样会对磷光强度产生影响,例如温度,随着温度的降低,分子热运动速率减慢,磷光逐渐增强。此外重原子效应也会对磷光强度产生影响,使用含有重原子的溶剂(如碘乙烷、溴乙烷)或在磷光物质中引入重原子取代基团,都可以提高磷光物质的磷光强度。重原子的高核电荷使得磷光分子的电子能级交错,容易引起或增强磷光分子的自旋轨道耦合作用,大大提高系间窜跃的概率,从而增强磷光效率。

8.6.2　荧光发射光谱仪

任何荧光都具有两种特征光谱,即激发光谱与发射光谱。

荧光激发光谱是通过测量荧光体的发光通量随波长变化而获得的光谱,它反映了不同激发光引起荧光的相对效率。激发光谱可供鉴别荧光物质,在进行荧光测定时供选择适宜的激发波长。

荧光发射光谱又称为荧光光谱,如果激发光的波长和强度保持不变,而让荧光物质所产生的荧光通过发射单色器后,照射于检测器上,扫描发射单色器并检测各种波长下相应的荧光强度,然后通过记录仪记录荧光强度对发射波长的关系曲线所得到的谱图,称为荧光光谱。

荧光光谱表示在所发射的荧光中各种波长组分的相对强度。荧光光谱可供鉴别荧光物质,并作为荧光测定时选择适当的测定波长或滤光片的根据。

8.6.3 磷光发射光谱仪

由于激发三重态寿命长,使激发态分子发生 $T_1 \rightarrow S_0$ 这种分子内部的内转化非辐射去活化过程以及激发态分子与周围的溶剂分子间发生碰撞的能量转移过程,或发生某些光化学反应的概率增大,这些都使磷光强度减弱甚至消失。为减少这些去活化过程的影响,通常在低温下测试磷光。在低温磷光分析中,液氮是最常用的冷却剂。要求所使用的溶剂在液氮温度下具有足够的黏度并能形成透明的刚性玻璃体,对所分析的试样应该具有良好的溶解特性。溶剂应在所研究的光谱区域内没有很强的吸收和发射。常用的溶剂为 EPA(由乙醇、异戊烷和二乙醚按照体积比 2∶5∶5 混合而成)。使用含有重原子的混合溶剂 IEPA(由EPA∶碘甲烷=10∶1 组成),有利于系间窜跃,从而增加磷光效应。

由于低温磷光需要低温实验装置且溶剂选择受限制等因素,因此人们还发展了多种室温磷光法(RTP)。①固体基质室温磷光法(SS-RTP),该方法基于测量室温下吸附于固体基质上的有机化合物所发射的磷光。所用载体包括纤维素载体、无机载体以及有机载体等。理想的载体是既能将分析物质牢固地束缚在表面或基质中以增加其刚性,并能减少三重态的碰撞猝灭等非辐射去活化过程,而本身并不产生磷光背景。②胶束增稳的溶液室温磷光法(MS-RTP),当溶液中表面活性剂浓度达到临界胶束浓度后,便相互聚集形成胶束。由于胶束的多样性,改变了磷光团的微环境和定向的约束力,从而强烈地影响了磷光团的物理性质,减小了内转化和碰撞能量损失等非辐射去活化过程的趋势,明显增加了三重态的稳定性,从而实现在溶液中测量室温磷光。③敏化溶液室温磷光法(S-RTP),该方法在没有表面活性剂存在的情况下获得溶液的室温磷光。分析物质被激发后并不发射荧光,而是经过系间窜跃过程衰减至最低激发三重态。当有某种合适的能量受体存在时,发生由分析物质到受体的三重态能量转移,最后通过测量受体所发射的室温磷光强度而间接测定该分析物质。该方法中,分析物质本身不发磷光,而是引起受体发磷光。

8.6.4 时间分辨发射光谱仪

时间分辨发射光谱(TRES)是一种瞬态光谱,是激发光脉冲截止后相对于激发光脉冲的不同延迟时刻测得的荧光发射,反映了激发态电子的运动过程(即荧光动力学)。一般测量的是荧光衰减谱,即固定检测的激发波长 λ_{ex} 和发射波长 λ_{em},记录荧光强度随时间的变化。通常可采用两种时间分辨技术实现这一测量,即基于时域的脉冲法与基于频域的相移法。如图 8.8 所示。

脉冲法采用很短的脉冲光源,而相移法则采用可以给出各种频率简谐波的调制光源。由于激发光源的不同,两者得到的信号有很大差别。脉冲法得到的荧光发射强度首先增强,达到峰值后开始逐渐衰减,当激发光的强度可以忽略后,衰减情况就变得与 δ-脉冲响应的衰减曲线 $I(t)$ 一致。因此,若要得到真实的 δ-脉冲响应参数,需要对测量得到的荧光信号进行去卷积的运算。

相移法的激发光源为正(余)弦函数形状的简谐波,它与 $I(t)$ 的卷积结果仍为一个正(余)弦函数,且激发光与信号光的频率一致,只是存在相位上的差异,以及平衡位置与振幅上的变化。相位上的变化用相移 Φ 表示,而平衡位置与振幅上的变化则用调制因子 M 来表示($M = m/m_0$,如图 8.8 所示)。由于这些参数都可以直接通过激发光与信号光的比较得到,因此相移法不需要通过去卷积的手段处理获得数据。

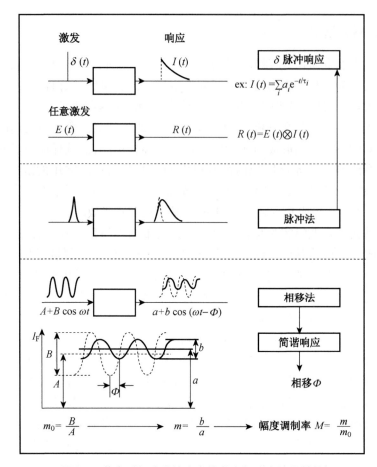

图 8.8　荧光时间分辨技术中的激发与响应信号转换

8.7　质谱

质谱(mass spectrometry)是 19 世纪末发展起来的。20 世纪 40 年代主要用于气体分析、元素质量和含量分析。到 20 世纪 50 年代后期已广泛地应用于无机化合物和有机化合物的测定。现今,质谱分析的足迹已遍布各个学科的技术领域。特别是质谱技术在生命科学领域的应用,更为质谱的发展注入了新的活力,形成了独特的生物质谱技术。

质谱是带电原子、分子或分子碎片按质荷比(或质量)的大小顺序排列的图谱。质谱仪是一类能使物质粒子转化成离子并通过适当的电场、磁场将它们按空间位置、时间先后或者轨道稳定与否实现质荷比分离,并检测强度后进行物质分析的仪器。质谱仪主要由分析系统、电学系统和真空系统组成。

8.7.1　质谱分析基本原理

待测化合物分子吸收能量(在离子源的电离室中)后产生电离,生成分子离子,分子离子由于具有较高的能量,会进一步按化合物自身特有的碎裂规律分裂,生成一系列确定组成的碎片离子,将所有不同质量的离子和各离子的多少按质荷比记录下来,就得到一张质谱图。

由于在相同实验条件下每种化合物都有其确定的质谱图,因此将所得谱图与已知谱图对照,就可确定待测化合物。

8.7.2　质谱仪

利用运动离子在电场和磁场中偏转原理设计的仪器称为质谱计或质谱仪。前者指用电子学方法检测离子,而后者指离子被聚焦在照相底板上进行检测。质谱法的仪器种类较多,根据使用范围,可分为无机质谱仪和有机质谱计。常用的有机质谱计有单聚焦质谱计、双聚焦质谱计和四极矩质谱计。目前后两种用得较多,而且多与气相色谱仪和电子计算机联用。

8.7.3　质谱解析

解析未知物的图谱,可按下述程序进行:

第一步:对分子离子区进行解析(推断分子式)。

确认分子离子峰,并注意分子离子峰对基峰的相对强度比,这对判断分子离子的稳定性以及确定结构是有一定帮助的。

(1) 注意是偶数还是奇数,如果为奇数,而元素分析又证明含有氮时,则分子中一定含有奇数个氮原子。

(2) 注意同位素峰中$(M+1)/M$ 及$(M+2)/M$ 数值的大小,据此可以判断分子中是否含有 S、Cl、Br,并可初步推断分子式。

(3) 根据高分辨质谱测得的分子离子的m/z 值,推定分子式。

第二步:对碎片离子区的解析(推断碎片结构)。

(1) 找出主要碎片离子峰,并根据碎片离子的质荷比,确定碎片离子的组成。

(2) 注意分子离子可能脱去的重要碎片。

(3) 找出亚稳离子峰,利用$m^* = m_2^2/m_1$,确定m_1 与m_2 的关系,确定开裂类型。

第三步:提出结构式。

根据以上分析,列出可能存在的结构单元及剩余碎片,根据可能的方式进行连接,组成可能的结构式。

8.7.4　质谱分析的应用

高分辨质谱可以准确测定分子和碎片离子的整数质量,同时显示出相应同位素离子的相对丰度。在分子离子峰丰度相当强的情况下,根据同位素的相对丰度能够估计可能的分子式,同理,也可用以估计某些碎片离子的元素组成,结合对分子断裂规律的分析,可以得到有机化合物骨架结构的启示和官能团存在的信息。质谱中出现的离子有分子离子、同位素离子、碎片离子、重排离子、多电荷离子、亚稳离子、负离子和离子-分子相互作用产生的离子。综合分析这些离子,可以获得化合物的相对分子质量、化学结构、裂解规律和由单分子分解形成的某些离子间存在的某种相互关系等信息。

有机质谱在化合物结构鉴定上起着重要的作用,与红外光谱、紫外-可见光谱和核磁共振波谱同为有机结构鉴定的四大分析工具。质谱方法以其高灵敏度、高分辨率和分析速度快而居于特别重要的地位,通常只需要微克级甚至更少的样品即可得到很好的、可供结构鉴定的质谱图,一次分析仅经历几秒,甚至不到一秒的时间就可以完成。

8.8　电化学

在有机光电材料中，能带的准确测定对有机光电器件的研究至关重要。以循环伏安法（CV）为代表的电化学方法可以有效表征有机光电材料的能带结构。由于电化学方法所用设备简单，操作方便，且能够同时给出有机光电材料的全部能带结构参数，因此具有广泛的应用。

能带理论中的带隙（E_g）是指价带顶与导带底的能量之差，即最高占有分子轨道（HOMO）和最低未占有分子轨道（LUMO）的能量之差。有机光电材料的 HOMO 能级上失去电子所需的能量对应于电离势（I_p），此时有机发光材料发生氧化反应，有机光电材料得到电子填充至 LUMO 能级上所需的能量对应于电子亲和势（E_A），此时有机光电材料发生还原反应。

在电化学池中，当给工作电极相对参比电极电位施加一定的正电位时，吸附于电极表面的有机光电材料的分子会失去价带上的电子而发生电化学氧化反应，随着电位的增强，电极表面的电化学氧化反应继续进行，此时工作电极上有机光电材料发生电化学氧化反应的起始电位（E_{ox}）即对应 HOMO 能级。类似的，当给工作电极相对参比电极电位施加一定的负电位时，吸附在电极表面的分子将在其导带上得到电子发生电化学还原反应，随着负电位的增强，电化学还原反应继续进行，此时工作电极上的有机光电材料发生电化学还原反应的起始电位（E_{red}）即对应 LUMO 能级。

标准氢电极（NHE）电位相对于真空能级为 -4.5 eV，所以由电化学结果计算能级的公式为：

$$E_{HOMO} = eE_{ox} + 4.5 \tag{1}$$

用饱和甘汞电极（SCE）作参比电极，它相对于 NHE 电位为 0.24 eV，则计算能级的公式为：

$$E_{HOMO} = eE_{ox} + 4.5 + 0.24 = eE_{ox} + 4.74 \tag{2}$$

以 CV 测试 HOMO 能级为例，以四丁基高氯酸胺作为电解质，在二氯甲烷（DCM）中配制电解液（0.1 mol/L）。以玻碳电极作为工作电极，铂丝电极作为辅助电极，饱和甘汞电极为参比电极，用 CHI600C 电化学工作站测量一个有机材料（DCM 溶液，浓度 10^{-3} mol/L）的氧化-还原曲线，扫描速率为 0.1 V/s，可得到 CV 曲线。对氧化峰的起始电位作切线得到 E_{ox}，再根据上述公式（2）即可计算得到材料的 HOMO 值。

材料的 LUMO 能级则可以借助吸收光谱的低能量截止波长（λ_{abs}）和 HOMO 能级值推算得到。

$$LUMO = HOMO - E_g = HOMO - \frac{hc}{\lambda_{abs}}$$

8.9　X 射线衍射

X 射线和其他电磁波一样，能够产生反射、折射、散射、干涉、衍射、偏振和吸收等现象。

在物质的微观结构中,原子和分子的距离(1~10 Å 左右)刚好落在 X 射线的波长范围内,因此物质(特别是晶体)通过 X 射线的散射和衍射能够传递极为丰富的微观结构信息。

X 射线照射到晶体上会发生多种散射,而衍射现象其实是一种特殊的表现。当 X 射线被散射时,散射波波长等于入射波波长,因此会互相干涉,其结果就是在一些特定的方向加强,从而产生衍射效应。而晶体可能产生衍射的方向则取决于晶体的微观结构类型(晶胞类型)及其基本尺寸(晶面间距、晶胞参数等)。晶体的空间点阵可以分解成三组互不平行的直线点阵。直线点阵沿着 α 方向产生衍射的条件是满足劳埃方程。

首先考虑一行周期为 a_0 的原子列对入射 X 射线的衍射,如图 8.9 所示。当入射角度为 α_0 时,在 α_h 角处观测散射线的叠加强度。相距为 a_0 的两个原子散射的 X 射线光程差为 $a_0(\cos \alpha_h - \cos \alpha_0)$,当光程差为 0 或等于波长的整数倍时,散射波的波峰和波谷分别相互叠加而强度达到极大值。光程差为 0 时,干涉最强,此时入射角 α_0 等于出射角,衍射称为零级衍射。

晶体结构是一个三维的周期结构,设有三行不共面的原子列,其周期大小分别为 a_0、b_0、c_0,入射 X 射线同它们的交角分别为 α_0、β_0、γ_0,当衍射角分别为 α_h、β_k、γ_l,则必定满足下列条件:

$$a_0(\cos \alpha_h - \cos \alpha_0) = h\lambda$$
$$b_0(\cos \beta_k - \cos \beta_0) = k\lambda$$
$$c_0(\cos \gamma_l - \cos \gamma_0) = l\lambda$$

其中衍射指标 h, k, l 为整数,$h, k, l = 0, \pm 1, \pm 2, \cdots$。$\lambda$ 为入射线的波长。该方程是晶体产生 X 射线衍射的条件,称为劳埃方程。

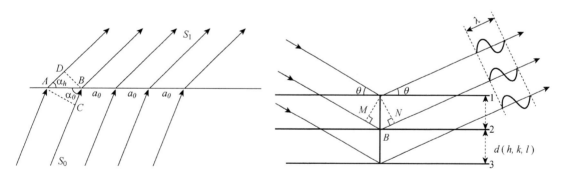

图 8.9 一行原子列对 X 射线的衍射   图 8.10 满足布拉格方程的 X 射线衍射示意图

晶体的空间点阵也可以划分为一族平行且等间距的晶面。一个晶体在不同指标的晶面空间的取向不同,晶面间距 d 也不同。当一束平行波长为 λ 的 X 射线照射到该网面上,入射角为 θ,其散射波的最大干涉强度产生的条件应该是:①入射角与散射角大小相等;②入射光线、散射光线和法线在同一平面内。X 射线在晶体中的衍射示意图如图 8.10 所示。由此可推导出晶面产生衍射的条件为:

$$2d \sin \theta = n\lambda$$

其中 n 为 1, 2, 3 等整数,θ 为相应某一 n 值的衍射角,n 称为衍射级数。该方程称为布拉格方程。

根据布拉格方程,可知晶面间距 d 越大,则衍射角度 θ 越小。此外,还可以根据该方程求得相应晶面的 d 值。

需要指出的是,布拉格方程只是确定了衍射方向与晶体结构基本周期的关系,通过对衍射方向的测量,我们可以确定晶体结构的对称类型和晶胞参数。而 X 射线对于晶体的衍射强度则决定于晶体中原子的元素种类及其排列分布的位置。

8.9.1 单晶 X 射线衍射方法

X 射线单晶衍射仪是表征单晶结构的有效手段。该检测手段对待测样品的要求如下:单晶体尺寸在 50 μm～0.5 mm 之间,样品必须为单一的晶体,不能是混合物,不能存在双晶、裂缝、位错等。

X 射线单晶衍射仪具有四圆单晶衍射仪的欧拉衍射几何结构,它由加工精度极高且旋转轴交于一点的四个圆组成。这四个圆分别称为 ϕ、ω、χ 和 2θ 圆,如图 8-11 所示。ϕ 圆是测角仪头上绕安置晶体的轴自转的圆,旋转角称为 ϕ 角;ω 圆是带动垂直的 χ 圆转动的圆,旋转角称为 ω 角;2θ 圆是与 ω 圆同轴只带动探测器转动的圆,用于测量 θ 角,并收集强度数据。ϕ 和 χ 的作用是用于调节晶体的取向,使晶体的某一组点阵面转到适当的位置,ω 和 2θ 圆是使晶体旋转到能使该点阵面产生衍射的位置,并使衍射线进入探测器接收范围。仪器在工作过程中,通过四个圆的配合,将晶体中的对应倒易点阵点旋转到衍射平面并与反射相碰,通过探测器检测到所有衍射角和强度。

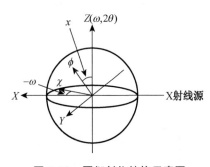

图 8.11　圆衍射仪结构示意图

四圆共有 3 个轴,这三个轴与入射 X 射线在空间上交于一点,晶体安放在交点上。除三个轴以外,测角仪还有一个实验坐标系,其原点为各轴的交点,采取右手坐标系,当圆处于零位时,取 ω 和 2θ 圆的轴为 Z 轴,入射 X 射线方向为 X 轴,按右手定则,在 $2\theta=90°$ 的方向为 Y 轴,如图 8.11 所示。

具体操作步骤如下:放置晶体,确保晶体位于四个圆的共同中心。随机收集 20 个衍射点,并对该 20 个点的三维位置(4 个圆的角度读数)求出初级晶胞参数及定向矩阵。按照劳埃方程式,计算出三维空间所有可以检测的衍射点位置,在三维空间逐点收集其衍射强度。最后解析晶体结构并鉴定物相(结构因子反推)。

8.9.2 粉末 X 射线衍射方法

粉末衍射法的基本原理是:一束单色的 X 射线入射到取向完全任意、数目很大的小晶体上,小晶体尺寸约为 1～10 μm。为了减少择优取向,通常多晶样品是转动的。假设晶体中有一个点阵平面 (hkl) 满足布拉格反射条件,入射线与点阵平面 (hkl) 构成 θ 角,其反射线与入射线的夹角则为 2θ。由于小晶体的取向是任意的,每一组 (hkl) 平面的衍射线都形成相应以入射线为轴、顶角为 4θ 的圆锥面。凡是晶面间距大于 $\lambda/2$ 且满足布拉格反射条件的点阵平面组都可以获得相应的衍射线锥面。所有的粉末 X 射线衍射的实验方法都包括 X 射线源和用于正确地记录满足布拉格定律的晶体衍射线的实验装置。

　　X 射线衍射仪的核心部件是 X 射线测角仪,测角仪扫描范围:正向 2θ 可达 $165°$,反向 2θ 可达 $-100°$。2θ 测量的绝对精度为 $0.02°$。辐射探测器接收样品的衍射线信号后,将其转变为电信号(瞬时脉冲)。多晶衍射仪计数测量的方法有连续扫描法和步进扫描法。连续扫描法扫描速度快、工作效率高,一般用于对样品的全扫描测量。步进扫描法测量精度高并受步进宽度与步进时间的影响,适用于做各种定量分析工作和点阵常数的精确测定。在测试过程中可调控的参数有加速电压、加速电流、狭缝光栏宽度以及扫描速度等。最终获得如图 8.12 的一维衍射谱图,其中横坐标 2θ 代表衍射方向,纵坐标强度代表不同衍射方向上辐射探测器接收的 X 射线的计数量的大小。

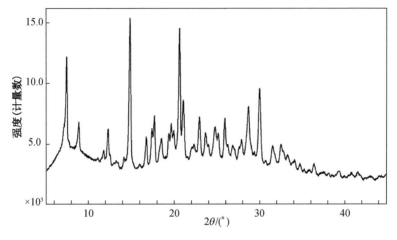

图 8.12　粉末 X 射线衍射谱图

附录

表1 常用元素相对原子质量表

名称	元素符号	相对原子质量	名称	元素符号	相对原子质量	名称	元素符号	相对原子质量
氢	H	1	铝	Al	27	铁	Fe	56
氦	He	4	硅	Si	28	铜	Cu	63.5
碳	C	12	磷	P	31	锌	Zn	65
氮	N	14	硫	S	32	银	Ag	108
氧	O	16	氯	Cl	35.5	钡	Ba	137
氟	F	19	氩	Ar	40	铂	Pt	195
氖	Ne	20	钾	K	39	金	Au	197
钠	Na	23	钙	Ca	40	汞	Hg	201
镁	Mg	24	锰	Mn	55	碘	I	127

表2 常用有机溶剂沸点、相对密度表

名　　称	沸点/℃	相对密度 (d_4^{20})	名　　称	沸点/℃	相对密度 (d_4^{20})
甲醇	64.96	0.791 4	苯	80.10	0.878 7
乙醇	78.50	0.789 3	甲苯	110.60	0.866 9
正丁醇	117.25	0.809 8	二甲苯	140.00	0.860 0
乙醚	34.51	0.713 8	硝基苯	210.80	1.203 7
丙酮	56.20	0.789 9	氯苯	132.00	1.105 8
乙酸	117.90	1.049 2	氯仿	61.70	1.483 2
乙酐	139.55	1.082 0	四氯化碳	76.54	1.594 0
乙酸乙酯	77.06	0.900 3	二硫化碳	46.25	1.263 2
乙酸甲酯	57.00	0.933 0	乙腈	81.60	0.785 4
丙酸甲酯	79.85	0.915 0	二甲亚砜	189.00	1.101 4
丙酸乙酯	99.10	0.891 7	二氯甲烷	40.00	1.326 6
二氧六环	101.10	1.033 7	1,2-二氯甲烷	83.47	1.235 1

表 3 常用有机溶剂的纯化

名称	性 质	纯化方法
丙酮	沸点 56.2 ℃,折光率 1.358 8,相对密度 0.789 9	(1) 于 250 mL 丙酮中加入 2.5 g 高锰酸钾回流,若高锰酸钾紫色很快消失,再加入少量高锰酸钾继续回流,至紫色不褪为止。然后将丙酮蒸出,用无水碳酸钾或无水硫酸钙干燥,过滤后蒸馏,收集 55~56.5 ℃的馏分。 (2) 将 100 mL 丙酮装入分液漏斗中,先加入 4 mL 10%硝酸银溶液,再加入 3.6 mL 1 mol/L 氢氧化钠溶液,振摇 10 min,分出丙酮层,再加入无水硫酸钾或无水硫酸钙进行干燥。最后蒸馏收集55~56.5 ℃馏分
四氢呋喃	沸点 67 ℃(64.5 ℃),折光率 1.405 0,相对密度 0.889 2	用氢化铝锂在隔绝潮气下回流(通常 1 000 mL 约需 2~4 g 氢化铝锂)除去其中的水和过氧化物,然后蒸馏,收集 66 ℃的馏分(蒸馏时不要蒸干,将剩余少量残液倒出)。精制后的液体加入钠丝并应在氮气氛中保存。处理四氢呋喃时,应先用小量进行实验,在确定其中只有少量水和过氧化物,作用不致于过于激烈时,方可进行纯化
二氧六环	沸点 101.5 ℃,熔点12 ℃,折光率 1.442 4,相对密度 1.033 7	二氧六环的纯化方法,在 500 mL 二氧六环中加入 8 mL 浓盐酸和 50 mL 水的溶液,回流 6~10 h,在回流过程中,慢慢通入氮气以除去生成的乙醛。冷却后,加入固体氢氧化钾,直到不能再溶解为止,分去水层,再用固体氢氧化钾干燥 24 h。然后过滤,在金属钠存在下加热回流 8~12 h,最后在金属钠存在下蒸馏,压入钠丝密封保存。精制过的 1,4-二氧六环应当避免与空气接触
吡啶	沸点 115.5 ℃,折光率 1.509 5,相对密度 0.981 9	无水吡啶,可将吡啶与几粒氢氧化钾(钠)一同回流,然后隔绝潮气蒸出备用。干燥的吡啶吸水性很强,保存时应将容器口用石蜡封好
石油醚	其沸程为 30~150 ℃,收集的温度区间一般为30 ℃左右。有 30~60 ℃、60~90 ℃、90~120 ℃等沸程规格的石油醚	石油醚的精制通常将石油醚用其同体积的浓硫酸洗涤 2~3 次,再用 10%硫酸加入高锰酸钾配成的饱和溶液洗涤,直至水层中的紫色不再消失为止。然后再水洗,经无水氯化钙干燥后蒸馏。若需绝对干燥的石油醚,可加入钠丝
甲醇	沸点 64.96 ℃,折光率 1.328 8,相对密度 0.791 4	为了制得纯度达 99.9%以上的甲醇,可将甲醇用分馏柱分馏。收集 64 ℃的馏分,再用镁去水。甲醇有毒,处理时应防止吸入其蒸气
乙酸乙酯	沸点 77.06 ℃,折光率 1.372 3,相对密度 0.900 3	于 1 000 mL 乙酸乙酯中加入 100 mL 乙酸酐、10 滴浓硫酸,加热回流 4 h,除去乙醇和水等杂质,然后进行蒸馏。馏液用 20~30 g 无水碳酸钾振荡,再蒸馏。产物沸点为 77 ℃,纯度可达 99%以上
乙醚	沸点 34.51 ℃,折光率 1.352 6,相对密度 0.713 8	新配制的硫酸亚铁稀溶液(配制方法是 60 g FeSO$_4$ · H$_2$O、100 mL 水和 6 mL 浓硫酸)。将 100 mL 乙醚和 10 mL 新配制的硫酸亚铁溶液放在分液漏斗中洗涤数次,至无过氧化物为止。先用无水氯化钙除去大部分水,再经金属钠干燥。其方法是:将 100 mL 乙醚放在干燥锥形瓶中,加入 20~25 g 无水氯化钙,瓶口用软木塞塞紧,放置一天以上,并间断摇动,然后蒸馏,收集 33~37 ℃的馏分
乙醇	沸点 78.5 ℃,折光率 1.361 6,相对密度 0.789 3	(1) 在 100 mL 99%乙醇中加入 7 g 金属钠,待反应完毕,再加入 27.5 g 邻苯二甲酸二乙酯或 25 g 草酸二乙酯,回流 2~3 h,然后进行蒸馏; (2) 在 60 mL 99%乙醇中,加入 5 g 镁和 0.5 g 碘,待镁溶解生成醇镁后,再加入 900 mL 99%乙醇,回流 5 h 后,蒸馏,可得到 99.9%乙醇

续表

名称	性　质	纯化方法
二甲亚砜	沸点 189 ℃,熔点18.5 ℃,折光率 1.478 3,相对密度 1.101 4	二甲亚砜能与水混合,可用分子筛长期放置加以干燥。然后减压蒸馏,收集 76 ℃/1 600 Pa(12 mmHg)馏分。蒸馏时,温度不可高于 90 ℃,否则会发生歧化反应生成二甲砜和二甲硫醚。也可用氧化钙、氢化钙、氧化钡或无水硫酸钡来干燥,然后减压蒸馏
N,N-二甲基甲酰胺	沸点 149～156 ℃,折光率 1.430 5,相对密度 0.948 7	硫酸钙、硫酸镁、氧化钡、硅胶或分子筛干燥,然后减压蒸馏,收集 76 ℃/4 800 Pa(36 mmHg)的馏分。其中如含水较多时,可加入其 1/10 体积的苯,在常压及 80 ℃以下蒸去水和苯,然后再用无水硫酸镁或氧化钡干燥,最后进行减压蒸馏
二氯甲烷	沸点 40 ℃,折光率 1.424 2,相对密度 1.326 6	可用 5%碳酸钠溶液洗涤,再用水洗涤,然后用无水氯化钙干燥,蒸馏收集 40～41 ℃的馏分,保存在棕色瓶中
二硫化碳	沸点 46.25 ℃,折光率 1.631 9,相对密度 1.263 2	对二硫化碳纯度要求不高的实验,在二硫化碳中加入少量无水氯化钙干燥几小时,在水浴 55～65 ℃下加热蒸馏、收集。如需要制备较纯的二硫化碳,在试剂级的二硫化碳中加入 0.5%高锰酸钾水溶液洗涤三次。除去硫化氢再用汞不断振荡以除去硫。最后用 2.5%硫酸汞溶液洗涤,除去所有的硫化氢(洗至没有恶臭为止),再经氯化钙干燥,蒸馏收集
氯仿	沸点 61.7 ℃,折光率 1.445 9,相对密度 1.483 2	除去乙醇可将氯仿用其二分之一体积的水振摇数次,分离下层的氯仿,用氯化钙干燥 24 h,然后蒸馏
苯	沸点 80.1 ℃,折光率 1.501 1,相对密度 0.878 7	噻吩和水的除去:将苯装入分液漏斗中,加入相当于苯体积七分之一的浓硫酸,振摇使噻吩磺化,弃去酸液,再加入新的浓硫酸,重复操作几次,直到酸层呈现无色或淡黄色并检验无噻吩为止。将上述无噻吩的苯依次用 10%碳酸钠溶液和水洗至中性,再用氯化钙干燥,进行蒸馏,收集 80 ℃的馏分,最后用金属钠脱去微量的水得无水苯

表 4　常用有机溶剂在水中的溶解度

溶剂名称	温度/℃	在水中溶解度	溶剂名称	温度/℃	在水中溶解度
庚烷	15.5	0.005%	硝基苯	15	0.18%
二甲苯	20	0.001%	氯仿	20	0.81%
正己烷	15.5	0.014%	二氯乙烷	15	0.86%
甲苯	10	0.048%	正戊醇	20	2.60%
氯苯	30	0.049%	异戊醇	18	2.75%
四氯化碳	15	0.077%	正丁醇	20	7.81%
二硫化碳	15	0.120%	乙醚	15	7.83%
醋酸戊酯	20	0.170%	醋酸乙酯	15	8.30%
醋酸异戊酯	20	0.170%	异丁醇	20	8.50%
苯	20	0.175%			

表5 常用洗涤剂的配制

名 称	配制及使用
铬酸洗涤液	在粗天平上称取研细了的重铬酸钾 20 g,放于 500 mL 烧杯中,加水 40 mL 加热使之溶解,冷却后,徐徐注入 35 mL 粗浓硫酸。注意应边加边搅拌,配好的溶液应为深褐色,多次使用后效力降低时,可加入适量的高锰酸钾粉末,用时防止它被稀释
氢氧化钠高锰酸钾溶液	4 g 高锰酸钾溶于水中,再徐徐加入 100 mL 10%氢氧化钠即成,该液用于洗涤油腻及有机物,在器皿上留下的二氧化锰可用浓硫酸洗掉
硫酸铁的酸性溶液或草酸及盐酸洗涤液	该液用于清洗使用高锰酸钾之后覆盖于滴定管和其他玻璃器皿上的棕色二氧化锰薄层用。大多数不溶于水的无机物都可以用粗盐酸洗去。灼烧过沉淀物的瓷坩埚,可用热盐酸(1:1)洗涤,然后用铬酸混合液和水洗涤,此时常常不能除去坩埚底部的沉淀,例如三氧化二铁、氧化铜等,因它们已与瓷釉融合,但这些坩埚仍可以使用
肥皂及碱液洗涤液	当器皿被油腻弄脏,可用浓碱(30%~40%)处理,或用热肥皂溶液洗涤,然后用热水或蒸馏水清洗
硝酸洗涤液	在铝和搪瓷器皿上的沉淀,用 5%~10% HNO_3 除去,酸宜分批加入,每一次都要在气体停止放出后加入
合成洗涤液	将合成洗涤剂用热水冲成浓溶液,洗时放入少量溶液(最好加热),震荡后用水冲洗,这种洗涤剂用于常规洗涤。器皿清洗后,先用自来水,后用蒸馏水清洗,水沿着器皿的壁完全流掉,如器皿是清洁的,壁上便留有均匀的一层薄水膜

表6 常见二元、三元共沸混合物

共沸物	组分的沸点/℃	组成(W/W)	共沸点/℃	共沸物	组分的沸点/℃	组成(W/W)	共沸点/℃
水/乙醇	100/78.5	5/95	78.15	水/二甲苯	137~140.5	37.5/62.5	92
水/正丙醇	97.2	28.8/71.2	87.7	水/吡啶	115.5	42/58	94
水/异丙醇	82.4	12.1/87.9	80.4	水/二硫化碳	46	2/98	44
水/正丁醇	117.7	37.5/62.5	92.2	甲醇/二氯甲烷	64.7/41	7.3/92.7	37.8
水/异丁醇	108.4	30.2/69.8	89.9	甲醇/氯仿	56.2	12/88	55.5
水/叔丁醇	82.5	11.8/88.2	79.9	甲醇/四氯化碳	77	21/79	55.7
水/异戊醇	131	49.6/50.4	95.1	甲醇/丙酮	56.2	12/88	55.5
水/正戊醇	138.3	44.7/55.3	95.4	甲醇/苯	80.6	39.1/60.9	57.6
水/氯乙醇	129	59/41	97.8	甲醇/甲酸甲酯/环己烷	17.8/48.6/33.6	50.8	
水/乙醚	35	1/99	34	乙醇/乙酸乙酯	78.3/78	30/70	72
水/乙腈	81.5	14.2/85.8	76	乙醇/苯	80.6	32/68	68.2
水/丙烯腈	78	13/87	70	乙醇/氯仿	61.2	7/93	59.4
水/甲酸	101	26/74	107	乙醇/四氯化碳	77	16/84	65.1

续表

共沸物	组分的沸点/℃	组成(W/W)	共沸点/℃	共沸物	组分的沸点/℃	组成(W/W)	共沸点/℃
水/丙酸	141.4	82.2/17.8	99.1	乙醇/苯/水	78.3/80.6/100	19/74/7	64.9
水/乙酸乙酯	78	9/91	70	乙酸乙酯/四氯化碳	78/77	43/57	75
水/二氧六环	101.3	18/82	87.8	乙酸乙酯/环己烷		46/54	71.6
水/氯仿	61.2	2.5/97.5	56.1	乙酸甲酯/环己烷		83/17	54.9
水/四氯化碳	77	4/96	66	氯仿/丙酮	61.2/56.4	80/20	64.7
水/二氯乙烷	83.7	19.5/80.5	72	甲苯/乙酸	101.5/118.5	72/28	105.4
水/苯	80.4	8.8/91.2	69.2				

表7 常见化学物质的毒性

危害级别	毒物名称
Ⅰ级(极度危害)	汞及其化合物、苯、砷及其无机化合物、氯乙烯、铬酸盐、重铬酸盐、黄磷、铍及其化合物、对硫磷、羰基镍、八氟异丁烯、氯甲醚、锰及其无机化合物、氰化物
Ⅱ级(高度危害)	溴甲烷、硫酸二甲酯、金属镍、甲苯二异氰酸酯、环氧氯丙烷、砷化氢、敌敌畏、光气、氯丁二烯、一氧化碳、硝基苯、三硝基甲苯、铅及其化合物、二硫化碳、氯气、丙烯腈、四氯化碳、硫化氢、甲醛、苯胺、氟化氢、五氯酚及其钠盐、镉及其化合物、敌百虫、氯丙烯、钒及其化合物
Ⅲ级(中度危害)	苯乙烯、甲醇、硝酸、硫酸、盐酸、甲苯、二甲苯、三氯乙烯、二甲基甲酰胺、六氟丙烯、苯酚、氮氧化物
Ⅳ(轻度危害)	溶剂汽油、丙酮、氢氧化钠、四氟乙烯、氨

表8 核磁共振谱中质子的化学位移

质子的类型	化学位移	质子的类型	化学位移
RCH_3	0.9	$ArOH$	4.5~4.7（分子内缔合10.5~16）
R_2CH_2	1.3		
R_3CH	1.5	$R_2C=CR-OH$	15~19(分子内缔合)
环丙烷	0.22	RCH_2OH	3.4~4
$R_2C=CH_2$	4.5~5.9	$ROCH_3$	3.5~4
$R_2C=CRH$	5.3	$RCHO$	9~10
$R_2C=CR-CH_3$	1.7	$RCOCR_2-H$	2~2.7
$RC\equiv CH$	7~3.5	HCR_2COOH	2~2.6
$ArCR_2-H$	2.2~3	$R_2CHCOOR$	2~2.2

续表

质子的类型	化学位移	质子的类型	化学位移
RCH_2F	4~4.5	$RCOOCH_3$	3.7~4
RCH_2Cl	3~4	$RC\equiv CCOCH_3$	2~3
RCH_2Br	3.5~4	RNH_2 或 R_2NH	0.5~5(峰不尖锐，常呈馒头形)
RCH_2I	3.2~4		
ROH	0.5~5.5(温度、溶剂、浓度改变时影响很大)	$RCONRH$ 或 $ArCONRH$	5~9.4

表 9 核磁共振氢谱和碳谱的化学位移

类型	结构			$d(^1H)$	$d(^{13}C)$
烷烃	CH_3			0.6~1.2	5~30
	CH_2			1.2~1.5	21~45
	CH			1.4~1.8	29~58
环烷烃	3 元环 CH_2			−0.2~0.2	−2.9
	4 元环 CH_2			1.95	22.3
	5 元环 CH_2			1.5	26.5
	6 元环 CH_2			1.44	27.3
CH_3	CH_3—C—C—G	G＝X, OH, OR, N 等		0.8~1.4	27~29
	CH_3—C—G	G＝C＝C,Ar		1.05~1.20	15~30
		G＝X, OH, OR, C＝O		1.0~2.0	25~30
	CH_3—C＝C			1.5~2.0	12~25
	CH_3—COR, CH_3—Ar			2.1~2.4	20~30
	CH_3—COC			1.7	5~30
	CH_3—G	G＝N, X		2.2~3.5	25~35
		G＝OR, OAr		3.2~3.8	56~60
CH_2	R—CH_2—G	G＝C＝O		2.3~2.6	32~45
		G＝C＝C		1.9~2.3	32~35
		G＝Ar		2.4~2.7	38~40
		G＝F		4.3	88
		G＝Cl		3.4	51
		G＝Br		3.3	40
		G＝I		3.1	13
		G＝OH, OR		3.5	67~69
		G＝NH_2		2.5	47~49

续表

类型	结构		$d(^1H)$	$d(^{13}C)$
CH₂	R—CH₂—G	G＝NR₂	2.5	60～62
		R＝COOH	2.4	39～41
		G＝CN	2.5	25～27
CH	R₂CH—G	G＝C＝O	2.5	40
		G＝C＝C	2.2	—
		G＝Ar	2.8	32
		G＝F	4.6	83
		G＝Cl	4	52
		G＝Br	4.1	45
		G＝I	4.2	20
		G＝OH,OR	3.9	57～58
		G＝NH₂	2.8	43
		G＝NR₂	2.8	56
		R＝COOH	2.6	—
		G＝CN	2.7	23
烯烃	＝CH₂		4.5～5.0	115
	＝CH₂(共轭)		5.3～5.8	117
	＝CHR		5.1～5.8	120～140
	＝CHR(共轭)		5.8～6.6	130～140
	C＝C＝CH₂		4.4	75～90
	C＝C＝C		—	210～220
炔烃	RC≡CH		2.4～2.7	65～70
	RC≡CR		—	85～90
芳烃	Ar—H(一般范围)		6.5～8.5	115～160
	ArNO₂	取代碳	—	148.5
		邻位	8.2	123.5
		间位	7.4	129.4
		对位	7.6	134.3
	ArOCH₃	取代碳	—	159.9
		邻位	6.8	114.1
		间位	7.2	129.5
		对位	6.7	120.8

续表

类型	结构		$d(^1H)$	$d(^{13}C)$
芳烃	ArBr	取代碳	—	123
		邻位	7.5	131.9
		间位	7.1	130.2
		对位	6.7	126.9
	ArCH₃	取代碳	—	137.8
		邻位	7.4	129.3
		间位	7.2	128.5
		对位	7.1	125.6
羰基化合物	醛	RCHO	9.4~9.7	200
		ArCHO	9.7~10.0	190
	酮	R₂CO	—	205~215
		5 元环 C=O	—	214
		6 元环 C=O	—	209
		ArCOR	—	190~200
	酸	RCO₂H ArCO₂H		165~185
	酯	RCO₂R ArCO₂R		155~180
	酰氯	RCOCl ArCOCl	—	168~170
	酰胺	RCONH₂ ArCONH₂		170
氰基	RC≡N		—	115~125
含活泼氢化合物	ROH(游离)		0.5~1.0	—
	ROH(氢键)		4.0~6.0	—
	ArOH(游离)		4.5	—
	ArOH(氢键)		9.0~12.0	—
	CO₂H(氢键)		9.6~13.3	—
	NH,NH₂(游离)		0.5~1.5	—
	ArNHR,ArNH₂(游离)		2.5~4.0	—
	R₃NH⁺,R₂NH₂⁺,RNH₃⁺(在 CF₃CO₂H 中)		7.0~8.0	—
	Ar₃NH⁺等(在 CF₃CO₂H 中)		8.5~9.5	—
	RSH		1.0~1.6	—
	ArSH		3.0~4.0	—

表 10　有机化学文献和手册中常见的英文缩写

英文缩写	英文全称	中文	英文缩写	英文全称	中文
aa	acetic acid	乙酸	Et	ethyl	乙基
abs	absolute	绝对的	eth	ethyl ether	乙醚
Ac	acetyl	乙酰基	h	hot	热的
ace	acetone	丙酮	i	insoluble	不溶的
al	alcohol	醇	liq	liquid	液体
alk	alkali	碱性的	Me	methyl	甲基
anh	anhydrous	无水的	mp	melting point	熔点
aqu	aqueous	水溶液	nd	needles	针状
b	boiling	沸的	peth	petroleum ether	石油醚
Bu	butyl	丁基	Ph	phenyl	苯基
bz	benzene	苯	py	pyridine	吡啶
chl	chloroform	氯仿	pw	powder	粉末
con	concentrated	浓的	s	soluble	可溶的
cr	crystals	晶体	sol	solution	溶液
dec/d	decompose	分解	solv	solvent	溶剂
dil	diluted	稀释的	sulf	sulfuric acid	硫酸
sub	sublime	升华	temp	temperature	温度
DL	racemic	外消旋	THF	tetrahydrofuran	四氢呋喃
meso	mesomeric	内消旋	W	water	水
DMF	dimethyl formamide	二甲基甲酰胺	DMSO	dimethyl sulfoxide	二甲基亚砜

参考文献

［1］樊美公,姚建年,佟振合.分子光化学与光功能材料科学［M］.北京:科学出版社,2009.

［2］Tang C W. 2-Layer Organic Photovoltaic Cell［J］. Appl. Phys. Lett.，1986，48：183-185.

［3］Tang C W，Vanslyke S A. Organic Electroluminescent Diodes［J］. Appl. Phys. Lett.，1987，51：913-915.

［4］Wu T，Huang M，Lin C，et al. Diboron compound-based organic light-emitting diodes with high efficiency and reduced efficiency roll-off［J］. Nat. Photonics，2018，12：235-240.

［5］Lin T，Chatterjee T，Tsai W，et al. Sky-Blue Organic Light Emitting Diode with 37％ External Quantum Efficiency Using Thermally Activated Delayed Fluorescence from Spiroacridine-Triazine Hybrid［J］. Adv. Mater.，2016，28：6976-6983.

［6］Bush K A，Palmstrom A F，Yu Z J，et al. 23.6％-efficient monolithic perovskite/silicon tandem solar cells with improved stability［J］. Nat. Energy，2017，2：17009-17015.

［7］Zhao W，Li S，Yao H，et al. Molecular Optimization Enables over 13％ Efficiency in Organic Solar Cells［J］. J. Am. Chem. Soc.，2017，139：7148-7151.

［8］Meng L，Zhang Y，Wan X，et al. Organic and solution-processed tandem solar cells with 17.3％ efficiency［EB/OL］.(2018-09-14).http://science.sciencemag.org/content/361/6407/1094.

［9］Yuan Y，Giri G，Ayzner A L，et al. Ultra-high mobility transparent organic thin film transistors grown by an off-centre spin-coating method［J］. Nat. Commun.，2014，5：3005-3013.

［10］黄维,密保秀,高志强.有机电子学［M］.北京:科学出版社,2011.

［11］Zhu T，He G，Chang J，et al. The synthesis, photophysical and electrochemical properties of a series of novel 3,8,13-substituted triindole derivatives［J］. Dyes Pigments，2012，95：679-688.

［12］张宝申,冯霄,陈美文,等.邻氨基苯甲酸实验条件的改进［J］.化学教育,1984,5(3):41-42,60.

［13］Xu S，Liu T，Mu Y，et al. An Organic Molecule with Asymmetric Structure Exhibiting Aggregation-Induced Emission，Delayed Fluorescence，and Mechanoluminescence［J］. Angew. Chem. Int. Edit.，2015，54：874-878.

［14］Albrecht K，Yamamoto K. A Dendritic Structure Having a Potential Gradient：New Synthesis and Properties of Carbazole Dendrimers［J］. J. Am. Chem. Soc.，2009，131：2244-2251.

［15］Miyaura N，Yamada K，Suzuki A. A new stereospecific cross-coupling by the palladium-catalyzed reaction of 1-alkenylboranes with 1-alkenyl or 1-alkynyl halides［J］. Tetrahedron Lett.，1979，20：3437-3440.

［16］Miyaura N，Suzuki A. Stereoselective synthesis of arylated (E)-alkenes by the reaction of alk-1-enylboranes with aryl halides in the presence of palladium catalyst［J］. J. Chem. Soc.，Chem. Commun，1979：866-867.

［17］Kotha S，Lahiri K，Kashinath D. Recent applications of the Suzuki-Miyaura cross-coupling reaction in organic synthesis［J］. Tetrahedron，2002，58：9633-9695.

［18］Dang Y，Chen Y. One-Pot Oxidation and Bromination of 3,4-Diaryl-2,5-dihydrothiophenes Using

Br₂：Synthesis and Application of 3,4-Diaryl-2,5-dibromothiophenes[J]. The Journal of Organic Chemistry,2007,72：6901-6904.

[19] Y Liang, Y-X Xie, J-H Li. Modified Palladium-Catalyzed Sonogashira Cross-Coupling Reactions under Copper-, Amine-, and Solvent-Free Conditions[J]. J. Org. Chem., 2006,71:379-381.

[20] K T Neumann, S R Laursen, A T Lindhardt, et al. Palladium-Catalyzed Carbonylative Sonogashira Coupling of Aryl Bromides Using Near Stoichiometric Carbon Monoxide[J]. Org. Lett.,2014,16：2216-2219.

[21] John H, Vincent T S, Stephen P K, et al. Lanthanide(Ⅲ) ion catalyzed reaction of ammonia and nitriles:Synthesis of 2,4,6-trisubstituted-s-triazines[J].J. Heterocyclic. Chem.,1988,25:767-771.

[22] Scheafer F C, Peters G A. Synthesis of the s-Triazine System. Ⅲ.1 Trimerization of Imidates[J]. J. Org. Chem.,1961,26:2778.

[23] 冯小玲,张春庆,张雪涛,等.在二硫化碳/正丁基锂/环己烷体系中合成高顺式聚异戊二烯[J].合成橡胶工业,2010,33(4):285-288.

[24] 孙琪,廖世健,徐筠,等.高活性的茂基钛配合物/正丁基锂加氢催化体系的研究[J].高等学校化学学报,1996,17(9):1441-1445.

[25] An Z, Zheng C, Tao Y, et al. Stabilizing triplet excited states for ultralong organic phosphorescence [J]. Nature Materials, 2015,14:685-690.

[26] Wang S, Zhou H, Tong L G, et al. The Synthesis of Poly(3-hexylthiophene) and Poly(3-dodecylthiophene)[J]. Journal of Petrochemical Universities,2008,2:6-9.

[27] MacNeil D D, Decken A. 2, 2′-Dibromobiphenyl[J]. Acta Crystallogr. Sect., 1999,55:628-630.

[28] 鹿亚婷,孙传智,孙南.过渡金属络合物催化的C—H键活化研究进展[J].山东化工,2013,42(5):50-53.

[29] 郑丹丹,陆爱兰,王艳.过渡金属催化碳—氢键活化反应的研究进展[J].广州化工,2013,41(4):5-8.

[30] Bo Liang, Mingji Dai, et al. Copper-free Sonogashira coupling reaction with PdCl₂ in water under aerobic conditions[J]. J. Org. Chem., 2005,70:391-393.

[31] Benoît Liégault, Doris Lee, et al. Intramolecular Pd(Ⅱ)-catalyzed oxidative biaryl synthesis under air: reaction development and scope[J]. J. Org. Chem., 2008,73:5023-5028.

[32] Huanhuan Li, Yang Wang, et al. Efficient synthesis of π-extended phenazasilines for optical and electronic applications[J]. Chemical Communications, 2014,50:15760-15763.

[33] Tomonari Ureshino, Takuya Yoshida, et al. Rhodium-catalyzed synthesis of silafluorene derivatives via cleavage of silicon-hydrogen and carbon-hydrogen bonds [J]. J. Am. Chem. Soc., 2010, 132：14324-14326.

[34] Dirk Leifert, Armido Studer, et al. 9-Silafluorenes via Base-Promoted Homolytic Aromatic Substitution(BHAS)[J]. Org. Lett.,2015,17:386-389.

[35] 朱林建,郭灿成.高纯8-羟基喹啉铝的简便合成方法[J].化学试剂,2004,26:369-370.

[36] 刘爱云.新型8-羟基喹啉类化合物电致发光材料和器件的研制[D].济南:山东大学,2005.

[37] 马倩,吴静,李红岩,等.含咔唑基团铕配合物的合成和荧光性能研究[J].中国稀土学报,2009,27:151-155.

[38] 刘坚,刘煜,罗翠萍,等.含三芳胺基的单环金属铂配合物的合成及其光物理与电化学性质[J].高等学校化学学报,2006,27:1873-1876.

[39] 晏彩先,李艳,姜婧,等.蓝光材料FIrpic的合成、结构表征及光物理性能测试[J].贵金属,2014,35:19-25.

［40］Chen X L，Yu R，Zhang Q K，et al. Rational Design of Strongly Blue-Emitting Cuprous Complexes with Thermally Activated Delayed Fluorescence and Application in Solution-Processed OLEDs［J］. Chem. Mater.，2013，25：3910-3920.

［41］Iraqi A，Barker G W J. Synthesis and characterization of telechelic regioregular head-to-tail poly（3-alkylthiophenes）［J］. J. Mater. Chem.，1998，8：25-29.

［42］邱锡元.PPV导电高分子膜可充电电池的特性研究［J］.福州大学学报（自然科学版），1998（4）：101-105.

［43］丁伟，王玲，于涛，等.微波辅助活性自由基聚合法制备丙烯酰胺共聚物［J］.高分子材料科学与工程，2013（4）：17-20.

［44］丁伟，王玲，于涛，等. 微波辐照下丙烯酰胺的原子转移自由基共聚合［J］.应用化学，2013（4），398-402.

［45］张宝文，陈建新，曹怡.共轭二烯在硅胶表面上的光氧化反应［J］.化学学报，1989（5）：502-505.

［46］Singh K，Basu T，Solanki P R，et al. Poly（pyrrole-co-N-methyl pyrrole）for Application to Cholesterol Sensor［J］. J. Material Science.，2009，44：954-961.

［47］Sharma A L. Electrochemical Synthesis of Poly（aniline-co-fluoroaniline）Films and Their Application as Humidity Sensing Material［J］. Thin Solid Films.，2009，517（11）：3350-3356.

［48］张新波，王家龙，张雅娟，等.超声波在有机合成中的应用［J］.化学试剂，2006，28（10）：593-596.

［49］曹小华，喻国贞，雷艳红，等. 科研成果转化为综合性、设计性实验的教学探索与实践［J］.化学教育，2009（11）：15-17.

［50］徐常龙，曹小华，刘新强，等.绿色化学实验设计初探［J］.实验技术与管理，2009（11）：137-139.

［51］张学红.超临界流体萃取技术［J］.化学教学，2006，6：33-34.

［52］Z Q Liang，Q F Zhang，L Jiang，et al. ZnO Cathode Buffer Layers for Inverted Polymer Solar Cells［J］. Energy Environ. Sci.，2015，8（12）：3442-3476.

［53］S Cho，K D Kim，J Heo，et al. Role of Additional PCBM Layer between ZnO and Photoactive Layers in Inverted Bulk-heterojunction Solar Cells［J］. Sci. Rep.，2014，4：4306.

［54］Liu H，Tao Y，Mao C D. Fluorescent carbon nanoparticles derived from candle soot［J］. Angew. Chem. Int. Edit.，2007，46（34）：6473-6475.

［55］张静姝，田磊.发光碳量子点的合成与毒性［J］.应用化工，2013，42（8）：1508-1512.

［56］李婷，唐吉龙，等.碳量子点的合成、性质及其应用［J］.功能材料，2015，46（9）：9012-9018.

［57］黄启同，林小凤，等.碳量子点的合成与应用［J］.化学进展，2015，27（11）：1604-1614.

［58］Bowers M J，McBride J R，Rosenthal S J. White-light emission from magic-sized cadmium selenide nanocrystals［J］. J. Am. Chem. Soc.，2005，127：15378-15379.

［59］Pan D C，Jiang S C，An L J. Synthesis of Highly Luminescent and Monodisperse CdS Nanocrystals by a Two-phase Approach under Mild Conditions［J］. Adv. Mater.，2004，16：982-985.

［60］Nedelcu G，Protesescu L，Yakunin S. Fast anion-exchange in highly luminescent nanocrystals of cesium lead halide perovskites（CsPbX$_3$，X＝Cl，Br，I）［J］. Nano lett.，2015，15（8）：5635-5640.

［61］刘翔凯，李泽华，等.具有优异发光性能的钙钛矿量子点研究进展［J］.半导体技术，2016，41（4）：249-260.

［62］Ding S Y，Wang Wei. Covalent organic frameworks（COFs）：from design to applications［J］. Chem. Soc. Rev.，2013，42：548-568.

［63］Vasylyev M V，Neumann R. New Heterogeneous Polyoxometalate Based Mesoporous Catalysts for Hydrogen Peroxide Mediated Oxidation Reactions［J］. J. Am. Chem. Soc.，2004，126（3）：884-890.

［64］董旭，房香，等.有机/无机杂化钙钛矿太阳能电池光照稳定性及其提升方法［J］. 科学通报，2016（9）：

1025-1025.

[65] 杨术明,付文红,等.采用有机碱矿化剂制备钙钛矿型 $CaTiO_3$ 纳米粒子的研究[J].信阳师范学院学报（自然科学版）,2009,22(3):423-426.